系统分析理论与方法

党延忠 著

科学出版社
北京

内容简介

本书是系统工程的前导性书籍，为认识系统、理解系统提供理论与方法。与“组织管理的技术”的系统工程类专著有所不同，本书系统分析的目的在于认识系统，实施系统工程的目的在于建造或改造系统，系统分析为系统工程提供认识基础。本书共 8 章，涉及系统、系统分析的概念，系统分析的模型化方法，特别是概念模型和结构模型方法。本书把系统作为认识事物的焦点，问题作为系统分析的视角，讨论问题驱动的系统分析方法，还介绍了一个综合应用案例。不同领域都可遵照“系统思维主导，专业知识支撑”的原则，把系统分析理论方法与专业知识结合，针对各自领域的问题进行系统认知。

本书可供管理科学、工程科学以及自然科学等领域的专业人士阅读参考，也可作为博士生教材。

图书在版编目(CIP)数据

系统分析理论与方法 / 党延忠著. —北京：科学出版社，2023.3

ISBN 978-7-03-075254-3

Ⅰ. ①系… Ⅱ. ①党… Ⅲ. ①系统分析 Ⅳ. ①N945.1

中国国家版本馆 CIP 数据核字（2023）第 047512 号

责任编辑：杨慎欣 张培静 / 责任校对：邹慧卿
责任印制：吴兆东 / 封面设计：无极书装

科学出版社出版
北京东黄城根北街 16 号
邮政编码：100717
http://www.sciencep.com
北京中石油彩色印刷有限责任公司印刷
科学出版社发行 各地新华书店经销
*
2023 年 3 月第 一 版 开本：787×1092 1/16
2024 年 5 月第三次印刷 印张：16 1/4
字数：395 000

定价：68.00 元

(如有印装质量问题，我社负责调换)

前　言

世界在发展，人类在进步，我们所面对的世界越来越复杂，人们的视野越来越宽广，所遇到的难题越来越多。大项目、大工程、大设备甚至大团队、大群体不断涌现，人工智能等创新发明不断增加，人工世界越来越复杂。可是，我们从小所受到的科学教育倾向于把复杂的事物分解为单元，简单地、割裂地理解，殊不知在分解的过程中一定程度上忽略了事物作为一个整体所具有的整体特性，使得人们的认知能力与复杂现实之间出现了明显的认知鸿沟。那么，如何认识复杂事物，如何迎接复杂性的挑战，如何认识事物整体才具有而割裂后将不复存在的整体特性及其来源，这些都是对人们认知能力的挑战，因此人们亟须提高对复杂事物的认知能力。

世界既是由无穷多个事物组成的实体世界，也是由无穷多个关系构成的关系海洋，任何事物都是千丝万缕的关系相互交汇的一个结点。当我们以关系的视角观察这个世界时，将会看到另一番景象：每个事物都“悬浮”在关系海洋之中，使得关系海洋成为一个由点和线组成的多维网络，其中既不存在没有关系的事物，也不存在没有实体的关系，任何事物都脱离不开这个关系海洋而独立生存和发展。另外，作为实体的事物，其内部的各个组成部分之间也同样存在着千丝万缕的关系，相互依赖和相互制约，使得内部的所有组成部分共同组成一个有别于其他事物的有机整体，如果没有这些相互依赖和相互制约的牵制关系，这个事物必将不复存在。任何事物，无论其外部还是内部都充满着关系，离开了关系，任何事物都将无所形成、无所依托和无所发展，这就是系统观念产生的客观事实依据。

对这样的世界图景，人们有必要把认识事物的焦点，从实体扩展到关系，并从外而内、从内而外地关注关系，在每一个事物原本存在的关系海洋中考察、分析和认识。用系统观念把被认识的事物看作“系统”来分析它、认识它，只有这样才能得到符合客观实际的正确结论，才能看清事物形成、生存和发展的原委，才能找到事物是这样而不是那样的原因。系统是一个由“实体”和“关系”组成的事物，可以在关系海洋中用一条边界围起来，边界内部是系统，边界外部是环境。系统既是认识世界的焦点，也是改造世界的对象，环境则是系统生存和发展的关系海洋。任何事物都可以被作为系统来看待，不仅包括由物理材质构成的硬系统即事物中的“物”，也包括各种因素相互作用而构成的软系统即事物中的“事”。比如，山川、河流、大地等自然物，高楼大厦和机械设备等人造物，以及人体组织、社会群体、经济事件、管理体制、运营机制等都可以被作为系统来看待，并利用系统分析方法辅助人们的认识。

本书只关注对系统的分析和认识，是系统工程的前导性书籍，系统分析属于“认识世界”的范畴，不属于“改造世界”的范畴。分析认识系统是建造或改造系统的前提和基础，没有正确地认识和把握系统就不太可能正确地建造和改造系统。有关系统工程类的书籍已经很多，但是专门介绍如何认识系统的系统分析类的书籍还不多见，本书是一本关于分析系统、认识系统的专门著作。认识事物既有焦点也有视角，本书从问题驱动的视角为系统分析提供方法，这是本书写作的基本意图。系统分析的目的在于把初始的“混沌整体”的事物变为结构清晰的“透明整体”，并不在于如何设计系统也不在于为系统设计和改造提供优化方法，设计方法和优化方法都属于“组织管理的技术”的系统工程理论和方法的范畴。

本书提供系统分析的理论和方法，按照两个框架来讨论：一个是把事物看作系统来认识的系统框架，也称为系统模式，把所要认识的事物嵌入这个系统模式中，并用系统模式来解释和描述所要认识的事物“是什么”和“怎么样”；另一个是如何利用系统模式来分析所要认识的事物的方法框架，也可以称为方法模式，为“怎样认识”事物提供理论、路径和方法。系统分析过程就是把被分析认识的事物逐步嵌入系统模式中的过程，当被分析的事物完全嵌入了系统模式时，系统分析的任务就完成了，此时就得到了一个结构透明的系统。

系统分析总是要解决一定的问题，爱因斯坦曾经说过：“提出一个问题往往比解决一个问题更重要，因为解决问题也许仅仅是一个数学上或实验上的技能而已。而提出新的问题、新的可能性，从新的角度去看旧的问题，却需要有创造性的想象力，而且标志着科学的真正进步。”那么，怎样提出新问题、找出新的可能性呢？本书按照问题驱动或面向问题的思路，从提出问题和发现问题开始展开系统分析。任何问题都由系统产生或与系统有关，可以一般性地把问题称为系统问题。问题是被主体感知到并试图解决的矛盾，矛盾是不平衡的关系即矛盾双方的差异，关系既可以是主体与客体之间的联系，也可以是客体之间的联系。关系这一概念是系统的核心概念，是关系海洋的基本构成部分。任何关系都依托于关系者而存在，关系者和关系共同构成了系统，所以提出问题和分析问题都是系统分析，反之可以利用系统分析理论和方法来发现问题、分析问题和明确问题，为进一步解决问题提供透明的问题构成要素、影响要素和问题结构。

本书按照先系统后方法的逻辑以及先理论后实践的次序进行编排。

第 1 章为了建立“世界是由系统构成”的这样一种系统观念，介绍系统的相关概念。系统是系统分析的对象，从最一般的角度给出系统的概念，并针对这个一般概念讨论系统特性、系统原理和简单的系统分类，来说明作为分析对象的系统“是什么”和“怎么样”的系统模式。把这个系统模式作为分析认识系统的一种框架，在此基础之上提出了“世界是由系统构成”的理念，认为世界上的所有事物都可以作为“系统”来看待，这是一个具有普遍意义的观点，无论任何领域都可以用系统观点作为解决问题的基本理念和分析的出发点。当面对一个事物并试图解决其中的问题时，可否把它作为系统来看待，针对这一点，本章还给出了最基本、最简单的“系统判据”，一旦把一个事物作为系统看待了，就初步具备了进一步深入认识事物的系统观念。

第 2 章讨论了系统分析的概念。系统分析既是一项思维活动，又是一种思维活动的辅助操作方法。作为思维活动来说，其目的在于把作为认识对象的事物当作系统来看待，通过系统分析把未知的系统在思维中变为清晰的系统，并回答系统“是什么”和“怎么样”，从而达到认识事物的目的。从方法来看，系统分析是指进行分析活动的途径、步骤、手段以及支撑方法的工具的有机组合，给出“怎样分析”的方法框架。系统分析的方法框架是一种在系统思想指导下，由分析思想、分析原则、分析方法和分析工具四个层面搭建而成的一种分析模式和流程。因此，本章从总体上给出了系统分析的概念，讨论了系统分析的内容、分析思想，阐述了系统分析应遵循的原则以及系统分析的三种分析模式和三种分析视角，为后续系统分析方法的讨论提供总体的架构性理论基础。

第3章讨论了系统分析的模型化方法。利用模型进行系统分析也称为模型化系统分析。模型化方法是系统分析的基本方法，是通过模型建立、模型转换和模型使用等分析手段，辅助系统认知的一种可操作的系统分析方法，对系统进行建模和利用模型进行分析的过程就是系统分析过程。本章提出了模型化过程中的“三个世界”概念以及在模型化过程中三个世界之间的关系，特别详细论述了符号世界中模型世界的结构，讨论了模型建立和模型转换的概念、联系和区别，给出了提高建模效率的相似性建模原理。

第4章讨论了系统分析的基本内容和基础模型。系统分析的基本内容主要是建立系统概念和系统结构概念，概念模型和结构模型是系统分析的基础模型，是对系统基本分析内容的表达和描述，任何系统分析都离不开这两种模型，是进一步深入分析的基础和前提条件。没有系统概念和结构概念的建立就不可能对系统进行深入的认识。因此，模型化系统分析的首要任务是建立系统的概念模型，然后再建立系统的结构模型，进一步利用结构模型对系统的关系结构进行分析。因此，本章首先讨论系统分析的内容、分析流程，据此给出两类模型，一类是概念模型，一类是结构模型，以及利用邻接矩阵进行结构分析的方法。概念模型是一种描述性模型，一般是利用自然语言和图形等初级表达方式，对系统外在的特征进行描述；结构模型则是在概念模型的基础上对系统内部关系之间的结构进行详细描述，两者相辅相成，先有概念模型后有结构模型，一旦结构模型建立起来了就意味着对系统有了一个初步的、全面的、内在的和整体的认识。在此基础上还需要利用结构模型对系统的结构特征进行深入分析，4.4节给出了利用结构模型进行系统结构分析的方法。

第5章和第6章讨论系统结构建模过程和方法。系统结构是系统要素之间关系的整体样式，是对对象世界（客观）和观念世界（主观）中关系的描述，因此第5章的重点是给出对象世界和观念世界中的基本关系和结构建模的基本分析过程。对象世界和观念世界中最基本的关系类型，是构成系统结构模型的“元关系”。进一步讨论了结构建模的基本分析过程，是系统分析的“元分析”。由“元关系”和“元分析”的不同组合就可以构成后续的结构建模的方法流程。为了给出一个整体的结构建模方法的概念，第5章还简单介绍了“解释结构建模”的典型要素法。第6章在第5章内容的基础之上继续讨论结构建模的三种方法：核心要素法、传递扩大法和间接关系法。6.4节讨论结构建模过程中碰到且必须解决的自蕴涵方程的求解方法——辗转相乘法。

第7章从实用化的角度，给出了问题驱动的模型化系统分析方法。对问题、问题系统进行定义，从三个角度对问题进行分类，给出问题驱动的概念。在简单回顾系统工程方法论的基础上，提出了一种实用性很强的问题驱动的模型化系统分析方法——下降上升法。

第8章为了促进读者对系统分析理论和方法的理解以及应用能力的提高，介绍了一个具有代表性的软系统工程方法的实际应用案例——大连市软件产业发展研究的系统分析。这是在20世纪90年代末，为解决大连市软件产业发展问题的成功研究案例，此后二十几年的发展历程证明了本书理论和方法的有效性和预测性，研究报告中关于软件产业发展的过程模式、软件园的组织模式、起步措施、发展步骤等都在实践中得到了印证。

本书所讨论的内容具有一定的普遍性，与具体的专业领域关系不大，这是因为世界是普遍联系的，无论自然界、工程领域，还是人类社会都是相互关联的。因此，任何领域都要面对系统（焦点）去分析问题和解决问题（视角），换言之，分析和解决的任何问题其背后都有一个系统，都是系统上发生的问题，都是系统问题。因此，系统分析理论和方法适用于广泛的学科和专业。不同的专业领域都可以遵照“系统思维主导，专业知识支撑”这样一条基本原则，把系统分析理论方法与领域的专业知识结合，针对各自领域中的系统问题进行分析与解决。

本书内容在讲稿的基础上整理而成，作者已经为博士研究生讲授二十余年，力图帮助博士生树立系统观念、建立系统思维、掌握系统分析方法，为后续的学习和科学研究奠定科学的思维基础。在讲授过程中，本书内容得到了广大博士研究生的肯定，他们也提出了许多非常中肯的建议，在此对所有听过本书内容的博士研究生表示感谢，也对参与本书制图和公式排版以及文字修改的胡德强、岳鑫等博士表示感谢。特别感谢大连理工大学研究生院对本书出版的支持。

由于作者才疏学浅，文字粗陋、写作能力有限，书中难免存在很多不足，敬请广大读者批评指正。

党延忠

2021年6月于大连

目　　录

第 1 章　系统的相关概念

导语

你是否想过，身边的事物为什么是现在这个样子，而不是另外的样子？一把椅子为什么可以供人端坐？为什么有的令人惬意，有的令人不适？不同的楼宇为什么拥有不同的作用？不同的机械为什么具有不同的功能？不同的企业为什么具有不同的盈利能力？不同的团队为什么具有不同的绩效？一项业务流程为什么具有不同的效益？甚至于，你想过吗：饺子作为中国的大众食品，既能登上大雅之堂又能进入陋巷茅屋，其味道独特，原材料虽只三三两两却能吃出不一样的味道，你知道饺子这种独特的味道是哪里来的、怎么形成的吗？

一把椅子、一座楼宇、一台机械、一个企业、一个团队，还有业务流程，连你吃的饺子、穿的衣服等一切事物都是系统！不论你在工作中还是日常生活中，系统俯拾皆是，你相信世界是由系统构成的吗？你会判断什么是系统吗？你能在你自己身边随手找出系统吗？

本章将给出系统的定义、判据、系统特性和原理，为你建立系统观。

1.1　系统概念

1.1.1　系统

“系统”是一个在日常生活和工作中经常被提到的名词，比如交通系统、供暖系统、供电系统、供水系统、通信系统、互联网络系统等，学校中的教学系统、学生工作系统、后勤保障系统，人体中的消化系统、免疫系统、神经系统、循环系统等不一而足。我们既生活在众多系统的包围之中，又在不断地创造或改造着系统。人类无时无刻不在与各种“系统”打交道，“系统”须臾不可离，躲也躲不开。

20 世纪以来由于科学技术的进步，“系统”作为一个科学概念其内涵逐步明确起来。世界上存在着各式各样的系统，有自然界的系统还有人类社会中的系统，如果撇开各种系统的具体形态和性质，可以发现无论什么系统都存在着一些共性，比如：系统都是由许多部分组成，各部分之间、部分与整体之间以及整体与外部环境之间都存在着联系；系统作为整体具有区别于其组成部分的整体特性。为了科学地表达系统的这些共性，以便于人们去认识、分析并建造和改造系统，人们开始把这些共性进行归纳并尝试着从科学而不是从日常的角度对系统概念进行定义。

一般系统论的创始人贝特朗菲把系统定义为相互作用的诸要素的综合体。我国系统学科的开创者钱学森先生给系统下的定义是：由相互作用和相互依赖的若干组成部分结合成的具有特定功能的有机整体，而且这个“系统”本身又是它所从属的一个更大系统的组成部分。此外还有更多的关于系统的定义，比如《牛津英语词典》中，系统的定义是：①一组相连接、相聚集或相依赖的事物，构成一个复杂的统一体；②由一些组成部分根据某些方案或计划有序排列而成的整体。《中国大百科全书·自动控制与系统工程》中对系统的解释是：相互制约、相互作用的一些部分组成的具有某些功能的有机整体。

现代系统科学研究认为，客观世界从自然界到人类社会，任何事物都是由各种要素以一定的方式构成的统一整体。不仅如此，一个业务过程、一个人的活动行为，就连人的思想也是一个统一的整体。系统的组成部分既可以是物质客体，也可以是观念、概念以及一个过程的阶段。系统的组成部分之间的结合方式，既有外部方式的机械式组合，也可以像生物、社会以及更加复杂的能量或信息的联系方式，但是作为整体的系统都表现为整体联系的统一性，即整体与部分、部分与部分、系统与环境的统一性。尽管系统的定义有千差万别，但是其中都包含着系统概念相关的几个关键的核心内容，即系统、要素、关系和环境，还有系统结构、系统能力和系统功能。为了后续讨论的方便，我们首先定义几个与系统相关的概念。

1. 系统的定义

系统是由两个或两个以上的组成部分，按照特定的规律相互依赖、相互制约组成的有机整体，这个有机整体拥有各个组成部分孤立存在时所不具有的新的特性，而且这个有机整体又与其他有机整体相互依赖和相互制约。

这个定义包含下面的几层含义：系统是可分的，可以分成许多个组成部分；同时又是不可分的，组成部分之间相互依赖、相互制约；由于这种可分与不可分的对立统一产生了新的特性，而新的特性一定是系统整体所具有的；并且这个有机整体与其他有机整体构成更大的有机整体。具有这些特点的有机整体就是系统。系统的组成部分是指系统内部的、构成系统必不可少的、比系统小的事物。

无论上述从哪个角度对系统做出的定义，其中都包含两个关键的特点：一是至少要有两个组成部分；二是组成部分之间必须具有关系。当我们面对一个事物时，只要能够分辨出这个事物具备上述两个特点，就可以断定这个事物是一个系统。

至于组成部分之间如何相互作用和相互依赖，有哪些新的特性，如何与其他有机整体相互关联，这些内容都是系统分析所要进一步完成的工作。

那么，请问：用上述的两个特点作为根据，你能在你的身边、在你的世界里，找到不是系统的事物吗？请找找看，如果找不到，就请你从此开始建立一个概念，世界是由系统构成的！

2. 要素的定义

组成系统的最小事物即系统的最小组成部分称为系统要素，简称要素。

要素是系统的最基本的组成单元，要素具备三个特点：一是不可再分或不再分；二是要素具有特定的属性；三是每个要素都与其他一些要素相互依赖、相互制约。比如在一个团队中，每一个人都是团队这个系统的一个基本构成单元，没有必要再对每个人进行划分，但是每个人都具有各自的性格、知识、能力和情感等属性，每个成员都与其他成员具有某种联系。再比如，一副眼镜，其中的镜片、镜腿和框架都是眼镜这个系统的基本组成部分，因此它们是眼镜这个系统的要素。

在系统中，要素是一个相对概念，即“最小事物”，所谓“最小”是相对于人们的认识需要而言的，如果只认识这个事物的外部特性就足以达到认识的目的，那么就不需要认识其内部组成。因而，不再对这个组成部分进行划分，不再关心这个组成部分内部的情况，只关注它的外部特性即可，这就是“最小”的意思。比如，一台汽车，由发动机总成、变速器总成、前后桥总成、车架总成等组成。其中，发动机由其内部的曲柄连杆机构、配气机构、冷却系、润滑系、燃料系、启动系和点火系组成。而点火系由火花塞、高压线、高压线圈和分电器等组成。汽车的组成关系可以按照不同等级画出一张整体的简略组成结构图，如图 1.1 所示。

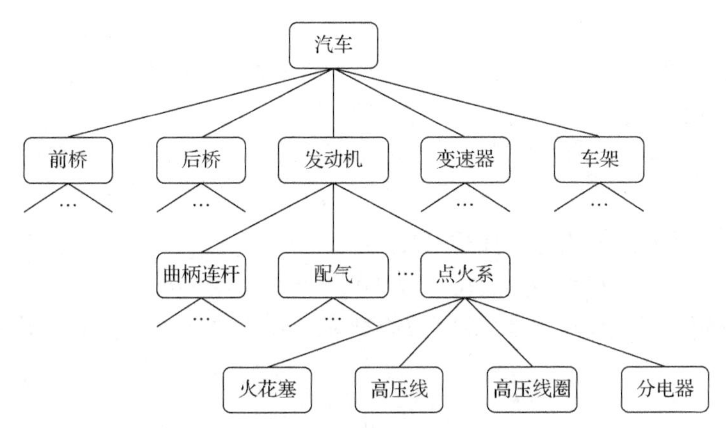

图 1.1 汽车整体简略组成结构图

由图 1.1 可见，最底层的火花塞、高压线、高压线圈和分电器等是汽车这个系统的最小构成单元，不再对这个层面的组成部分进行划分和考察其内部情况，因此火花塞这个层面的组成部分就是汽车这个系统的构成要素。处于系统整体和要素之间各个层面的组成部分都称为子系统，可以命名为一级子系统、二级子系统等。图 1.1 中发动机这个层面为一级子系统，曲柄连杆这个层面为二级子系统，第三级就是要素层面。系统虽然可以“无限可分”，但是一般来讲，在人们可认识的常理范围内都有一个基本的构成单位，比如一个机械系统的最小构成单元，一定是不再能用机械方法分解的零件，不可能再分到分子或原子，所以机械系统的要素就是不能用机械方法再分的零件。对机械材料这个系统而言，其构成要素可能就需要分割到分子甚至原子。一个企业的人力资源系统，其构成要素就是每一位企业员工。对于医生看病而言，人体整体是一个系统，他必须探测到人体内部的组成才能看病治病。

同一个系统中，一般具有不同的子系统，所谓不同是各个子系统具有不同的作用，它们分工合作，发挥各自的功能，协调一致地为系统整体做出贡献。

3. 关系的定义

要素与要素之间的相互依赖和相互制约的联系，称为要素之间的关系，简称关系。

相互依赖、相互制约可以是物质、能量和信息的任意作用方式和交流方式，也可以是空间的相对位置（空间联系），也可以是行为过程中活动状态之间的时间顺序（时间联系），也可以是思维体系中的思维流向（逻辑关系）等。在社会系统中，人是最基本的构成要素，人际关系是社会系统中最基本的关系，包括利益关系、认知关系、情感关系、信任关系、合作关系、竞争关系、爱情关系、亲属关系、同事关系等不一而足。

要素之间的关系是系统中最基本的关系，此外还有要素与子系统之间、要素与系统之间、子系统之间、不同层次之间、部分与整体之间以及系统与环境之间的关系。但是，在系统科学中，如果不做特殊说明，一般是指要素之间的关系。

“关系”是一个抽象的概念，在系统分析中，关系是抽掉了要素相互依赖、相互制约的具体“内容”之后的“形式”。比如，在一个大学中，人与人之间可能是内容丰富的老乡关系、同事关系、同学关系、恋人关系等，都可以称为他们之间“有关系”。

关系是系统科学中最重要、最核心、最基础的概念，它与系统、整体性、系统结构、系统能力、系统功能等密切相关。众多的组成部分如果没有关系把它们关联起来，这“堆”组成部分就不能成为一个“有机整体”。因此，可以认为关系是把组成部分粘在一起形成系统的“黏合剂”，由于关系的“黏合作用”，才使得这个“有机整体”产生了“新的特性”，新的特性是系统作为整体才具有的特性，一般称为“整体性”。

如果系统有n个要素，第i个要素记为$a_i, i=1,2,\cdots,n$，则系统的要素集合为

$$A=\left\{a_1,a_2,\cdots,a_i,\cdots,a_n\right\} \tag{1.1}$$

关系可以用二元关系式描述，如式（1.2）：

$$r_{ij}=<a_i,a_j>,\quad i,j\in N,\quad N=\left\{1,2,\cdots,n\right\} \tag{1.2}$$

式中，a_i、a_j分别表示系统中的第i和第j个要素，系统共有N个要素。系统中所有要素的关系集合记为

$$R=\left\{r_{ij}\middle|i,j\in N\right\} \tag{1.3}$$

则系统定义可以写成如下公式：

$$S=\left\{A,R\right\} \tag{1.4}$$

4. 系统判据

如果一个事物满足如下两点，则这个事物就是系统。第一，这个事物至少包含或可分为两个组成部分，即$n\geqslant 2$；第二，组成部分之间存在关系，即$R\neq\varnothing$。

这样，就可以得到关于一个事物是否为系统的判据：设一个事物S（system）由n个组成部分组成，则只要$n\geqslant 2, R\neq\varnothing$。那么$S$即为系统。

“至少包含或可分为两个组成部分”这句话有两重含义，一是指一个事物至少可以分成两部分；二是至少两个事物组成一个更大的新事物。比如，一副眼镜可以分为镜片、镜框等；再比如，一个男青年和一个女青年，通过恋爱、结婚，他们之间的关系成立了，就组成了一个家庭。眼镜和家庭都是系统。新创立的一个公司，是由许多个人和相关的资源构成，显然人和资源之间建立了各种关系，因此公司就是一个系统。所有人造的工程系统更是系统。

那么，你能在自然界、人类社会乃至日常生活中找出什么东西不是系统吗？

1.1.2 系统结构

系统中的关系一般不止一个，这就存在两个问题：一是关系的数量；二是关系集合的样式。关系的数量是指系统中共拥有多少条关系，那么“关系集合的样式”是指什么？下面就讨论这个问题。

1. 系统结构的定义

系统科学把系统中要素之间的关系集合的样式称为系统结构（system structure，SS）。

所谓“样式”（style），是指系统内部要素之间关系的连接方式。在相同系统中即使要素相同、关系的数量相同，但是只要它们的连接方式不同，则它们的“样式”即结构就是不同的。所以称“关系集合的样式”为系统结构，在系统的语境下也简称为结构。

图 1.2 为两个系统，虽然它们的系统要素相同，都有五个要素且完全相同，关系的数量

也相同，都有五条边，但是图 1.2（a）和图 1.2（b）的关系集合的“样式”是不同的，因此图 1.2（a）和图 1.2（b）两个系统具有不同的系统结构。

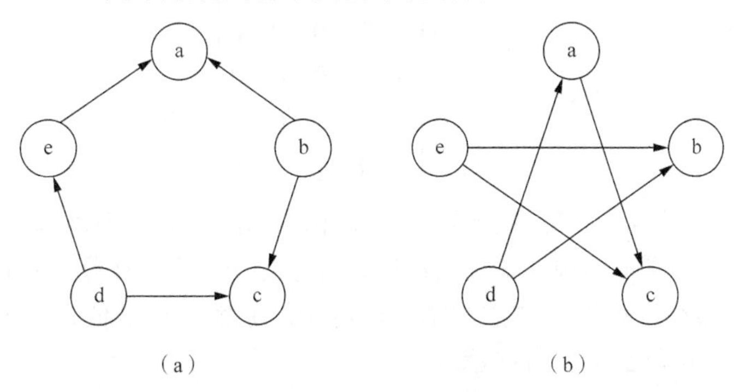

图 1.2　两种不同样式的系统结构图

2. 系统结构的表示

系统结构的表示，也称为系统结构模型，一般有三种基本表示方式。

（1）集合表示。系统结构可以用有序对的集合表示，如式（1.5）所示。

$$\mathrm{SS}=\left\{<a_i,a_j>\middle|\, i,j\in N\right\} \tag{1.5}$$

图 1.2（a）的系统结构用集合表述为

$$\mathrm{SS}=\{<b,a>,<b,c>,<d,c>,<d,e>,<e,a>\}$$

图 1.2（b）的系统结构用集合表述为

$$\mathrm{SS}=\{<a,c>,<d,b>,<e,c>,<d,a>,<e,b>\}$$

（2）结构图表示。系统结构都可以用“图”来可视化表示，直观且便于理解，如图 1.2 所示的两组图都是由结点和有向边组成的，简称结构图。

（3）矩阵表示。一般来讲，系统结构除了集合表示方式、结构图表示方式之外，还可以用邻接矩阵表示，邻接矩阵如式（1.6）所示。

$$\mathrm{SS}=\left[r_{ij}\right],\quad r_{ij}\in\{0,1\},\quad i,j=1,2,\cdots,n \tag{1.6}$$

这种表示仅仅是对系统结构的定性表示。当 $r_{ij}=1$ 时，表示要素 a_i 对要素 a_j 有影响关系；当 $r_{ij}=0$ 时，表示要素 a_i 对要素 a_j 没有影响关系。

图 1.2（a）的系统结构用邻接矩阵表示为

$$\mathrm{SS}=\begin{array}{c} \\ a\\ b\\ c\\ d\\ e\end{array}\begin{array}{c} \begin{array}{ccccc} a & b & c & d & e\end{array}\\ \begin{bmatrix} 0 & 0 & 0 & 0 & 0\\ 1 & 0 & 1 & 0 & 0\\ 0 & 0 & 0 & 0 & 0\\ 0 & 0 & 1 & 0 & 1\\ 1 & 0 & 0 & 0 & 0\end{bmatrix}\end{array}$$

图 1.2（b）的系统结构用邻接矩阵表示为

$$SS=\begin{array}{c} \\ a \\ b \\ c \\ d \\ e \end{array}\begin{array}{c} \begin{array}{ccccc} a & b & c & d & e \end{array} \\ \begin{bmatrix} 0 & 0 & 1 & 0 & 0 \\ 0 & 0 & 0 & 0 & 0 \\ 0 & 0 & 0 & 0 & 0 \\ 1 & 1 & 0 & 0 & 0 \\ 0 & 1 & 1 & 0 & 0 \end{bmatrix} \end{array}$$

日常生活中，关于结构的说法比比皆是，比如，经济结构、产业结构、产品结构、供给侧结构、需求侧结构、建筑结构、知识结构等。可是这些结构往往是用数据之间的比例或百分比的形式表示，那么这种表示方法与本书所讨论的系统结构是什么关系呢？含义是一致的？还是不一致的？这留给读者自己思考。

上述三种表示方式各有特点，集合表示其实就是定义式即关系集合的样式，便于对系统结构概念的理解。结构图这种图形表示方式直观且给人一个整体的系统全局的印象，便于理解系统的整体和结构，也便于讨论并对系统达成群体共识。矩阵表示的结构模型虽然抽象，但是其主要优点是可以进行运算，并通过运算对系统结构进行分析。

其实，现实的系统其要素之间的关系除了关系的“有”和“无”之外，还有以下四个方面。

（1）关系的性质，是指关系的含义。比如人与人之间的职务关系、同学关系、家族关系、恋人关系等各自的含义即关系的性质是不同的。

（2）关系的强度，比如朋友关系的亲密、一般、疏远等，可以用 0～1 的实数表示要素 x 和 y 具有关系 $r(x, y)$ 的强度。

（3）关系的可能性。从人类的认知角度来看，对于要素之间关系的认知似有还无，处于一种模糊状态，而人类处理事物（事务）时都是基于认知结果的，对于这种处于“模糊”状态的关系，也可以用 0～1 的实数表示，但其含义不是强度，而是关系有无的可能性，比如有关系的可能性非常大、比较大、一般、不太大、非常小等，用这种模糊语言来表达对于关系的认知结果，一般称为模糊关系，可以借助模糊数学方法进行关系分析。

（4）关系的方向。一般而言，关系是有方向的且有三种情况：x 对 y 有影响，y 对 x 有影响，x 和 y 相互影响。因此，系统结构图是一种有向拓扑图。关系矩阵中的方向是“由行指向列”。

结构是系统科学中最为重要的一个概念，是系统产生整体性的根本原因。系统的要素之间有无关系决定了系统是否能形成具有新的整体性的有机整体，而不同的系统结构则会产生不同的整体性。

1.1.3 环境

系统的定义中提到“这个有机整体又与其他有机整体相互依赖和相互制约”，其中的“其他有机整体”是在系统之外的事物，在系统科学中称为环境。任何事物都与其他事物相互联系、相互作用，即任何系统都处于一定的环境之中。正如恩格斯所说：“当我们深思熟虑地考察自然界或人类历史或我们自己的精神活动的时候，首先呈现在我们眼前的，是一幅由种种联系和相互作用无穷无尽地交织起来的画面。”辩证法告诉我们，世界是普遍联系的，任何事物、任何现象都与其他事物或现象具有千丝万缕的联系，这些联系是客观的、普遍的、是不以人的意志为转移的。但是，世界又是非均匀的，一些联系紧密的事物就构成了有别于其他事物的一个团块，每个团块都具有自己独特的整体特性，因而形成了五彩缤纷的世界。这种相对独立的团块都与周围的团块相互依赖、相互制约，每一个团块都可以成为我们在前面定义的系统，并构成系统科学中的基本概念——系统。

当一个事物被我们看作系统时，就相当于把这个事物与其周围的事物区分开来了（无形中存在一条系统边界线）。如果我们站在系统的边界向内看，可以看到要素、关系和子系统等；如果我们站在系统边界看边界，就会看到系统作为整体所具有的一系列整体特性；如果站在系统边界向外看，就可以看到系统与周围的很多事物也是关联在一起的，即任何系统都不是孤立地存在于世界之中。那么，系统周围的事物对于系统而言是什么呢？可以用一个概念来界定系统的外部情况，这个概念就是系统科学中的环境。那么，是否不在系统内部的所有事物都是环境呢，并非如此。下面给出系统环境的定义。

定义 1.1　与系统密切相关的外部事物的总体称为系统环境（system environment），简称为环境。

理论上讲，系统外部的所有事物与系统要么直接相关，要么间接相关，但是“距离”系统遥远的、影响极其微弱的事物一般不作为环境因素来考虑，现实中只把对系统具有显著影响或重要影响的外部因素作为环境来考虑。

环境因素可能独立地对系统产生影响，也可以相互协同对系统共同产生作用，即环境也是一个多种因素相互作用又相互影响的系统，所以有时也把环境称为环境系统。因此，可以按照系统的描述方式定义环境系统，即把与系统密切相关的环境因素记为

$$\mathrm{EE}=\{e_1,e_2,\cdots,e_i,\cdots,e_m\} \tag{1.7}$$

环境因素的关系也同样用二元关系式描述，如式（1.8）所示。

$$r_{ij}^E=<e_i,e_j>,\quad i,j\in M,\quad M=\{1,2,\cdots,m\} \tag{1.8}$$

式中，e_i、e_j 分别表示环境中的第 i 和第 j 个因素，环境中共包含 m 个因素。

环境因素之间的关系集合表示环境系统的结构，记为

$$\mathrm{ER}=\{r_{ij}^E \mid i,j\in M\} \tag{1.9}$$

则环境系统表示为

$$E=\{\mathrm{EE},\mathrm{ER}\} \tag{1.10}$$

式中，ER 表示环境系统中因素的关系集合。当 $\mathrm{ER}=\varnothing$ 时表示环境因素各自独立地与系统相互作用，环境对系统的影响关系不是系统性的，可以各自独立地发生作用。当 $\mathrm{ER}\neq\varnothing$ 时表示环境因素之间有关系，环境对系统的影响是系统性影响，这时就需要把环境也作为系统来看待。在“系统-环境”这一对关系中，系统是人们观察、建造或改造的对象，环境是影响系统的外部条件。

1.1.4　接口

1. 接口的定义

定义 1.2　简而言之，系统与环境相互作用的关系集合称为系统与环境的接口。

在“系统-环境”这对关系中，并不是所有系统要素与环境因素之间都有关系，往往是双方各自的一部分要素相互作用、相互制约而发生关系。比如，一个制造型企业，只有领导、

负责原材料供应以及产品销售的员工等与上下级、与市场等环境打交道，其他大部分员工都在企业内部负责产品的制造工作，不与外部环境发生关系。对于一个服务性企业来说，可能大部分员工都不同程度地与外部环境互动。另外，环境对系统的影响是“系统性”的，也就是说在系统边界即使只看到几个环境因素与系统关联，但是由于全部环境因素之间的相互作用，因此环境与系统之间的关系是环境整体与系统整体的相互作用。

因此，把系统和环境在相互作用时具有直接关系的双方要素称为前台要素，具有间接作用的要素称为后台要素。系统的前台要素$\{a_i\}_{i\in \text{front}}$与环境的前台要素$\{e_j\}_{j\in \text{front}}$之间的关系称为接口关系，并把既包含接口关系，又包含系统和环境双方所有前台要素所组成的系统，称为接口系统（interface system，IS），简称接口。若记

$$\text{IS}^a=\left\{\{a_i\}_{i\in \text{front}},\{e_j\}_{j\in \text{front}}\right\} \tag{1.11}$$

为接口的要素集合，记

$$\text{IS}^r=\left\{<\{a_i\}_{i\in \text{front}},\{a_j\}_{j\in \text{front}}>\right\} \tag{1.12}$$

为接口的关系集合，则接口系统可以表示为

$$\text{IS}=\left\{\text{IS}^a,\text{IS}^r\right\} \tag{1.13}$$

比如，系统S与环境E之间的接口（虚线包围的部分）如图 1.3 所示。

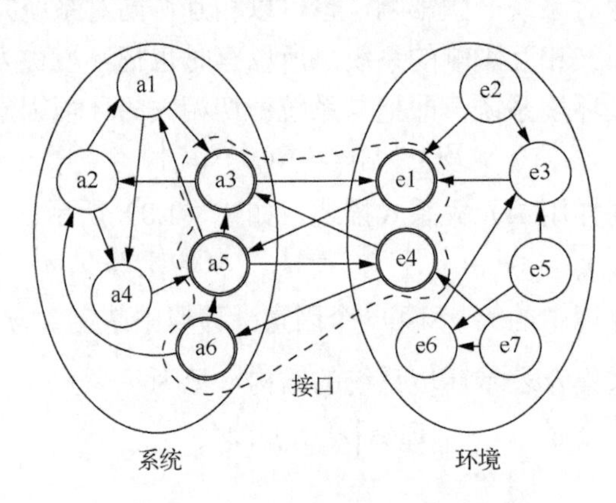

图 1.3　系统S与环境E之间的接口

系统为$S=\left\{\{a_1,a_2,a_3,a_4,a_5,a_6\},R\right\}$，环境为$E=\left\{\{e_1,e_2,e_3,e_4,e_5,e_6,e_7\},\text{ER}\right\}$，系统的前台要素为$\{a_3,a_5,a_6\}$，环境的前台要素为$\{e_1,e_4\}$，则接口要素为$\text{IS}^a=\left\{\{a_3,a_5,a_6\},\{e_1,e_4\}\right\}$，如图 1.3 中双框线结点，接口“关系集合的样式”也可以称为接口结构，$\text{IS}^r=\left\{<a_3,e_1>,<a_5,e_4>,<e_1,a_5>,<e_4,a_3>,<e_4,a_6>\right\}$，如图 1.3 中系统和环境的前台要素之间的箭头所示，则图 1.3 中的系统接口即

$$\text{IS}=\left\{\text{IS}^a,\text{IS}^r\right\}=\left\{\{a_3,a_5,a_6,e_1,e_4\},\{<a_3,e_1>,<a_5,e_4>,<e_1,a_5>,<e_4,a_3>,<e_4,a_6>\}\right\}$$

接口关系有两种情况：一种是不可见的关系，这种关系至少依附于两个要素实体；另一种是可见的实体，这种作为关系的实体可以独立存在。前者在自然系统和社会系统中普遍存在，比如人际关系就是不可见的，关系不是实体。后者在人造系统中普遍存在，比如，机械系统中的螺丝钉就是一种关系，螺丝钉与所连接的两个零件的螺纹共同构成了接口，在这里

作为“关系”的螺丝钉就是可见的实体。计算机系统中的人机界面是人与计算机的接口，也是实体。网络连接中的“路由器”也是专门用于连接不同网络系统的实体接口，还有各种通信系统及手机中的连接器。甚至“人造”的社会中介组织，婚恋中的“媒婆”都是实体接口。

“接口”属于关系范畴，接口是系统与环境相连接的边界，只有接口中的关系集合及其样式才使得系统处于一个真实的环境之中。因此，接口的内涵包括量和质两个方面。

2. 接口的量

接口的量是指接口中关系的数量，在图 1.3 中接口关系的数量为 5，即在系统与环境之间有 5 条有向边连接。每个关系都是一条物质、能量及信息的通道。接口关系的数量越大，通道越多，说明系统与环境之间的连接越紧密。当系统的全部要素都与环境的前台因素以“多对多”的方式相关联时，系统与环境最为紧密，系统与环境难以分离。另外，当系统与环境的接口关系数量为零时，说明系统与环境毫无关联、各自独立，系统与环境将没有物质、能量及信息的交换，双方无法相互作用、相互制约。

“量”的另一层含义是接口关系的强度，通过所有接口关系的强度可以计算出“系统-环境”之间的连接强度，可以用连接强度表示环境对系统的影响强度。

3. 接口的质

接口的质是指接口关系 IS^r 集合的样式。这里的“样式”可以参照系统结构进行理解，只不过这里的“样式”是指系统的前台要素与环境的前台要素之间关系的连接方式。在同一个系统以及同一个环境中，即使前台要素相同、接口关系的数量相同，但是只要它们的连接方式不同，则它们的“样式”即接口的质就是不同的。本书把前台要素之间“关系集合的样式”称为接口结构（interface structure），用以表示接口的质。除了可以用有序对集合的式（1.12）表示之外，还可以用接口矩阵和接口结构图来表示。比如，图 1.4 和图 1.5 是相同的系统和环境，它们分别都有三个系统前台要素和两个环境前台要素，都有五个关系。但是，图 1.4 和图 1.5 的边界关系的集合“样式”是不同的，因此图 1.4、图 1.5 具有不同的接口结构。

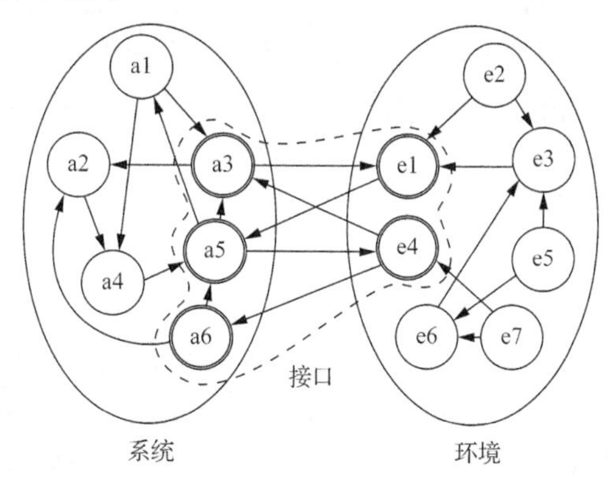

图 1.4　接口结构图（一）

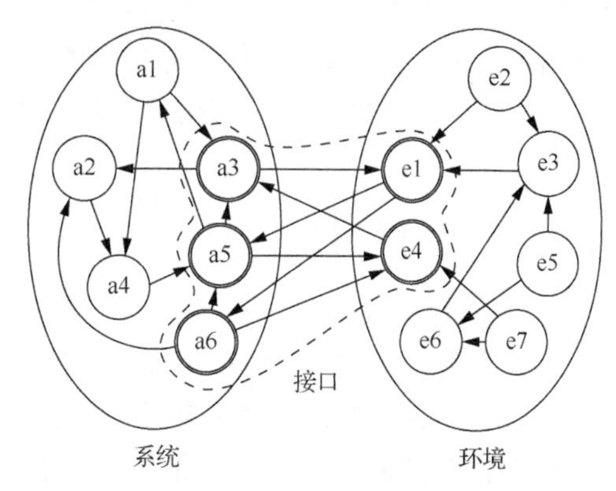

图 1.5　接口结构图（二）

图 1.4 的接口关系集合：

$$\mathrm{IS}^r=\{<a_3,e_1>,<a_5,e_4>,<e_1,a_5>,<e_4,a_3>,<e_4,a_6>\}$$

图 1.4 的接口结构矩阵：

$$
\mathrm{IS}^r = \begin{matrix} & a_3 & a_5 & a_6 & e_1 & e_4 \\ a_3 & 0 & 0 & 0 & 1 & 0 \\ a_5 & 0 & 0 & 0 & 0 & 1 \\ a_6 & 0 & 0 & 0 & 0 & 0 \\ e_1 & 0 & 1 & 0 & 0 & 0 \\ e_4 & 1 & 0 & 1 & 0 & 0 \end{matrix}
$$

图 1.5 的接口关系集合：

$$
\mathrm{IS}^r = \{< a_3, e_1 >, < a_6, e_4 >, < e_1, a_5 >, < e_1, a_6 >, < e_4, a_3 >\}
$$

图 1.5 的接口结构矩阵：

$$
\mathrm{IS}^r = \begin{matrix} & a_3 & a_5 & a_6 & e_1 & e_4 \\ a_3 & 0 & 0 & 0 & 1 & 0 \\ a_5 & 0 & 0 & 0 & 0 & 0 \\ a_6 & 0 & 0 & 0 & 0 & 1 \\ e_1 & 0 & 1 & 1 & 0 & 0 \\ e_4 & 1 & 0 & 0 & 0 & 0 \end{matrix}
$$

与系统结构的描述类似，现实的系统接口中除了接口关系的“有”和“无”之外，也有四个方面：①接口关系的性质，即关系的含义的区别。②接口关系的连接强度，可以用 0～1 的实数表示要素 x 和 y 具有关系 $r(x, y)$ 的强度。③接口关系的可能性，依然是从人类认知的角度来看，对于系统与环境之间关系的认知往往似有还无，处于一种模糊状态，并基于这种认知结果来处理系统与环境的关系，对于这种处于“模糊”状态的关系，也可以用 0～1 的实数表示，但其含义不是强度，而是有无关系的可能性，比如有关系的可能性非常大、比较大、一般、不太大、非常小等，用这种模糊语言来表达对于关系的认知结果，可以称为模糊接口关系，可以借助模糊数学方法进行关系分析。④接口关系的方向，一般而言，接口关系也是有方向的且有三种情况，即若记 x 为系统前台要素、y 为环境前台要素，则系统对环境的影响记为 x 对 y 有影响，环境对系统的影响记为 y 对 x 有影响，系统和环境相互影响记为 x 和 y 相互影响。因此，接口结构图也是一种有向拓扑图。接口矩阵中的方向同样是“由行指向列”。

1.1.5　三个相对性

1. 系统的相对性

系统是人们认识事物的一种观念，因此与人的观察视野或思考问题的范围有关。比如一个国家在制定高等教育发展规划时，涉及全国所有的高校，即由所有的高校组成了一个全国规模的高等教育系统。在这个系统中，每一个高校都是一个要素或子系统。如果一所高校制定学校的发展规划，那么这所高校就变成了一个系统，其中的院系就是这个高校系统的构成要素或子系统。因此，系统边界的界定是针对问题和视野的“格局”进行的。

2. 要素的相对性

在系统中原本认定的一个要素，但是由于分析的需要，还要对要素内部的情况进一步分析，那么这个原本的要素就变成了一个子系统，而划分出来的新的部分才是要素。因为原本的要素不再是构成系统的最基本组成单元了，而是由比它更小的部分组成，这些更小的部分才是系统要素。比如，大学规划时，如果不考虑学院内部的状况，学院就是大学系统的构成要素，如果还要考虑学院下属单位的发展，此时下属单位就是要素，而学院则变成了子系统。

要素的相对性体现了系统分析关注点的不同。比如，在汽车的总装车间装配整车时，只关注发动机总成、变速器总成、前后桥总成、车架总成等各种总成之间的装配关系，并不关心每个总成内部的构成情况，对于总装车间而言，这些总成就是最小单位，是汽车系统的构成要素。对于发动机装配生产而言，发动机是一个系统，其内部的曲柄连杆机构、配气机构、冷却系、润滑系、燃料系、启动系和点火系就是发动机总装车间的关注层面，因此这些就是发动机总装时的最小单位，是所关注的要素。再比如，对于点火系而言，火花塞、高压线、高压线圈和分电器等则是点火系的要素，而起动机、点火开关和蓄电池则是启动系的要素。对于生产火花塞的企业而言，可能还需要对火花塞进行划分，因此对于火花塞生产而言，火花塞是个系统，其内部还有其自身的构成要素。再举一例，一所大学，由多个学院组成，每个学院由多个系组成，每个系由多个研究室/教研室组成，每个研究室由多名教师组成，构成了一个多层次的大学系统。在这个系统中，每一名教师都是大学系统的基本构成要素。对于校长来讲，他的关注点是每个学院的情况，因此对于校长而言，学院是大学系统的构成要素。对于学院院长而言，可能直接关注到每位教师，因而教师是学院系统的要素。

3. 环境的相对性

系统外部的影响因素构成了环境，但是环境的边界究竟在哪里？对于自然科学、工程领域中的工程项目、机械制造等这类“硬系统”而言，系统与环境的边界是清晰的，影响系统使用的外部因素也是比较清晰的，因此，对于这类硬系统而言环境比较容易界定。但是，对于社会经济系统、管理系统和政治系统这类软系统而言，它们所处的环境因素众多，相互交织、错综复杂，并且处于不断变化过程中。这类系统不仅与环境的边界不易确定，而且环境即影响因素也不易确定，此时的系统边界是游移不定的，环境也是游移不定的，因而环境也就具有了一定的相对性。

1.2　系统特性

系统作为事物的一种概念，高度地概括了所有事物普遍存在的共同属性，其中的每一个属性就是系统这个概念的一个特性，称之为系统特性。系统特性是一切系统本身所固有的客观属性，概括起来讲包括整体性、关联性、层次性、多元性、多维性、适应性和动态性七大特性。

1.2.1　整体性

整体性是系统作为整体所具有的特性。整体性具有如下特点：①“整体所具有”是指系统整体上体现出来的，不是组成部分所具有的原始特性；②整体性相对于组成部分的特性而言，是一种新的属性，是组成部分构成系统之后“涌现”出来的新特性，并非组成部分特性的简单叠加；③当系统一旦被分解、被割裂，整体特性将不复存在，也不能分解为组成部分的局部特性。比如，一台汽车的行驶功能是汽车作为一个整体所具备的属性，不是任何一个零部件单独可以提供的，如果把汽车用机械方法拆解为零部件，那么汽车作为一个整体的行驶功能就不存在了，因此行驶功能就是汽车的整体性。再比如平顺性、可操纵性等驾驶性能也是汽车作为一个整体所体现出来的特性。

广义的整体性可以分为两类：一种是具有加和（叠加）特点的整体属性；一种是非加和性的整体特性。汽车的整备质量是全部零部件的质量之和，汽车整备质量是汽车的属性之一，是加和性的属性，整备质量可以分解为各个零部件的质量。再比如一个公司的总产值等于下属各分厂的产值之和，可以分解为各个分厂的产值；一个电子系统的总功耗等于各部件功耗之和，也可以分解为各个部件的功耗等。这类可以加和得到的整体总量就是加和属性，是加和整体性。

但是，从系统的角度来看，系统分析关注的是非加和整体性。这一点反映了在整体内部的各个组成部分之间存在着相互作用和相互制约，组成部分孤立存在和作为整体一部分时的性质和行为发生了新的变化，这种相互作用和相互制约是整体或者说是系统所具备的。由于相互作用、相互制约和相互依赖而产生的整体性就是非加和整体性。比如，氢和氧化合成水 $2H_2+O_2 \longrightarrow 2H_2O$，反应式两边既有质量守恒等加和关系，又存在着形成水之后，产生了水在物态性质、化学性质等方面不同于氧、氢的非加和关系的新的特性。

这种非加和性的整体性是系统的质变，这种整体性是形成系统之前所没有的，而是要素“组合”之后才产生的效应，所以也称之为组合效应。例如，一个电力系统是由水力发电厂、火力发电厂组成的整体，它具有一些单独电厂不具备的新功能。如在检修时可以互为备用，水电、火电各尽所长，分别承担基荷与峰荷，可以错开用户高峰而节约容量，局部事故也可以不间断电力供应。这些都是电力系统形成后的系统性能、整体性能。由于整体性是系统组成部分按照一定规律结合之后产生的，是整体所具有的，当系统解体之后，这种整体才具有的整体性就不存在了。比如，前面提到的水，当把水分解为氢和氧之后，虽然说“物质不灭”，但水作为氢和氧化合物的整体特性却消失了。当一个企业破产之后，企业的功能就没有了。如果上述的电力系统把水电和火电分开独立运营，则作为“电力系统”的一些上述整体特性也就不存在了。一台机器，分解之后作为机器整体的性能也随之消失。

从系统的视角来看，无论是建造一个系统还是改造一个系统，所关注的就是这些分解之后消失了的、组合之后又产生了的整体特性。这些特性一般都具有非加和性的特点，是系统组成部分的不同性质、不同特点、不同功能相互作用的结果，与组成部分相比是一种性质上不同的新特性，是事物由低层次到高层次的一次飞跃，这种飞跃也称为整体涌现性或整体突现性（whole emergence）。行驶功能和驾驶性能不是任何一个零部件的功能，但又与每一个零部件有关系。正因为如此，人类才不断地通过建造新系统或改造旧系统，获取新的特性和新的功能，以满足人类自身不断增长的美好生活的需要。

以下凡无特别说明，整体性均指非加和整体性。整体性是整体思维和系统思维形成的根本原因，如果系统没有整体性，就不可能产生整体思维和系统思维。

整体性是一个概括的说法，其含义是指整体所具有的特性，包括整体的功能、整体的性状、整体的作用、整体的效果、整体的行为、整体的性能等不一而足，凡是整体所具有、孤立的部分不具有的特性都属于整体性范畴。

整体性是人们研究事物，把一个事物作为系统来看待的根本原因。如果一个事物它的整体与组成部分在特性方面没有质的区别，就没有必要把它作为一个系统来看待。整体性是系统观产生的客观基础，依据系统整体性所形成的整体性思想和整体性原则是系统思想的重要组成部分。

综上所述，系统在整体上的属性有加和性和非加和性之别，加和性是由组成部分构成系统过程中的量变，非加和性是由组成部分构成系统过程中的质变。从系统的角度分析问题和解决问题时，更关注的是非加和性，因为这种特性是“新”的特性，是质变，可以说综合就是创造。当系统分解后非加和性不复存在，并且在部分中也无从寻觅，而加和性在系统分解之后的部分身上依然存在。另外，系统的组成部分在整体中既获得了新的特性，同时也失去了一些孤立存在时的特性。

1.2.2 关联性

系统是组成部分之间紧密关联在一起的一个整体，关联是系统的一个固有属性，称之为关联性。系统无论其内部的组成部分，还是系统与环境之间，都存在相互依赖、相互制约的关系，这种相互作用的关系是系统的固有特性之一。从系统的内部来看，组成部分之间的相互依赖、相互制约，称为内部关联。系统与环境之间的相互依赖、相互制约的互动关系，称为外部关联。

1. 关联性是产生整体性的根本原因

关联性与整体性具有密切关系，没有关联性就没有整体性。内部关联是整体性产生的根本原因，是内因；外部关联是影响系统整体性对环境能否发挥作用的条件，是外因。如果没有系统内部组成部分之间的关联，系统的整体性就不会产生，如果没有系统与环境的关联，系统整体性就不能发挥或表现出来。反之，一个具有整体性的事物，其一定具有关联性，即其内部的组成部分一定是相互联系在一起的。如果外部环境能够“感知”到系统的存在，那么系统与环境一定是相互关联的。比如：一“堆”建筑材料，在没有构筑成建筑物之前，就是一盘散沙，当按照一定的结构关联在一起之后，就变成了一个具有特定功能和作用（整体性）的建筑物。一“堆”汽车零件，如果按照汽车组装技术规范的要求关联（组装）在一起，就变成了一辆可以开动的汽车。广场中玩耍的一“群”人，各自运动，自得其乐，但是同样的这群人如果关联（组织）起来，就可以成为力破千钧的团队，比如拔河的团队、打篮球或踢足球的球队等，这就是组织的力量，关联的力量。关联性是系统的根本特性，是系统分析最重要的关注点，分析整体性产生的原因就需要分析系统的关联性，关联性是“因”，整体性是“果”。

关联性是事物普遍联系这一哲学范畴在系统认知范畴中的一种反映。“当我们深思熟虑地考察自然界或人类历史或我们自己的精神活动的时候，首先呈现在我们眼前的，是一幅由种种联系和相互作用无穷无尽地交织起来的画面。”

2. 系统是一个有机整体

所谓有机整体是指存在于系统整体中的各个组成部分之间的联系不是随意的，是按照一定的客观规律组成的整体。整体性只有在系统的统一运动中，在整体与部分、部分与部分、系统与环境之间的关联中，并按照一定规律进行一定程度的物质、能量、信息的交换才能体现出特定的功能和性质，每一个组成部分的运动都是系统整体关联中的运动，关联性使得系统的所有组成部分得以相互协调、相互配合。正如贝特朗菲曾指出，在数学上以微分方程组表示一个系统时，整体性是指系统任一个要素的变化是系统所有要素的函数，而每一要素的变化均会引起其他所有要素及整个系统的变化。比如，汽车的行驶功能、驾驶性能是汽车所有零部件在统一协调的运动中体现出来的，统一协调就是以关联为基础和前提，所有零部件之间通过关系进行相互适应的运动过程。系统中，没有无用的部分，也没有不受制约的部分。如果真有这样的部分，那么它就是一个“异物”，终将被排除在系统之外。系统能够成为一个有机整体，其根本原因就在于系统具有关联性。“关联”使得系统成为一个有机整体，简单地说：有机性就是关联的规律性。

3. 整体中的部分有别于孤立的部分

关联性不仅使得系统成为整体，还使得整体中的部分有别于孤立状态的部分，其原因就在于关联改变了组成部分原有的特性。整体中的各个组成部分，不论它是能够独立存在的，比如机器中的零件，还是不能独立存在的，比如人体中的各个器官，它们只有在整体中才能体现出它们各自存在的意义，如果离开了整体它们将失去作为系统组成部分的意义。比如，一个孤立的齿轮和处于一台机器整体中的齿轮具有不同的功能。俗话说：“三个臭皮匠，顶个诸葛亮。”三个皮匠之间的联系必须是“有机”的，否则就不能“顶个诸葛亮”。也就是说，在整体中的组成部分已经被系统赋予了新的特性。比如，不同的社会组织都是由人组成，但是企业组织、政府组织和教育组织都具有不同的社会功能和文化特质，不同的社会组织具有不同的整体功能。同样的一个人，比如一名大学生在学校时具备所在学校的学风和气质，当他毕业后进入企业，企业就会把他所在的企业的整体性赋予他，使他具备这个企业赋予他的职能和企业特质。如果进入政府机关，那么政府机关就会赋予他公务员的职能和所在机构的文化特质。

部分与整体的关联有三种方式：一是部分在整体中保持着相对的独立性。比如齿轮箱中的齿轮，电子装置中的元器件。二是部分在整体中必须改变自己才能与其他部分结合，在整体中不能保持相对独立性，但存在着改变形态离开整体物的可能性。比如化学性的整体，水分子就是由氢与氧以离子形态结合而成的。在水分子中，氢和氧都失去了其各自的独立性，但一旦分解还可以恢复为氢和氧分子。三是部分在整体中才存在，不可能转化为独立物。例如，人的手如果离开了人体就不称其为手了。不论哪一种联系形式，部分只是整体制约下相对独立的部分，离开整体就丧失了作为整体的品格。

整体中的部分与孤立状态时相比，其特性一般可分为三种情况：①保留一些自己原有特性；②被相互关联抑制的原有特性；③整体对部分赋予的一些新的特性。如果用属性的集合来表示系统要素，则孤立状态的事物a与系统中的同一个事物即要素a'具有不同的属性，记$a=\{p_1,p_2,\cdots,p_i,\cdots,p_k\}$，其中$p_i$是$a$的第$i$个属性；并记$a'=\{p_1,p_2,\cdots,p_m,p_{m+1},\cdots,p_k,p_{k+1},\cdots,p_{k+L}\}$，其中$p_1\sim p_m$是保留的原有属性，$p_{m+1}\sim p_k$是被相互关联抑制的原有属性；$p_{k+1}\sim p_{k+L}$是整体赋予的新属性，则属性集合$\{p_1,p_2,\cdots,p_m,p_{m+1},\cdots,p_k,p_{k+1},\cdots,p_{k+L}\}\neq\{p_1,p_2,\cdots,p_i,\cdots,p_k\}$，所以$a'\neq a$，即系统的组成部分与孤立状态的同一事物是不完全相同的。因此，用系统的观点观察事物，不能孤立地进行，必须在关联中观察。这也是系统思想形成的客观基础之一。

例如，在化学中无论是价电子转移或共有，还是自由电子的存在，都是化学键电性能本质的表现，但这种电子运动的状态在原子内部和在分子内部是有质的区别的，原子在化合成分子时，失去了大部分本来的属性，而保留的只是极少一部分属性。所以整体性的形成就是系统中各要素部分特性的丧失。一个学生毕业之后，进入到企业，虽然他获得了企业员工的特性，但同时又失去了学生的某些特性，当他转行到政府部门后，他既获得了公务员特性，也失去了企业员工的特性。否则，他不会成为新组织中的一员。组织中的个人与所谓的自由职业者不同，人在不同的组织中既获得了新的特性，同时也丧失了一些特性。

1.2.3 层次性

系统的各个组成部分都有自己的整体性，根据组成部分整体性的相似特点，可以把组成部分分为要素、一级子系统、二级子系统等不同的层级。不同层级的组成部分之间的根本区别在于各个层次都具有不同的整体性。而且，由于高层次是由低层次组成的，所以高层次具有低层次所不具有的新的特性，同时高层次也抑制了低层次的一些特性。比如，大学是一个人才培养系统，自上而下有学校层面、学院层面、系层面等。显然，每一个层面的职责、作用都不相同，但是每一个层面的组织都具有相似的职能。下级组织都要受到上级组织的制约和领导，与独立的组织相比，必然会失去一些自由功能。

虽然上一层次的系统可以分解为下一层次的子系统，但是下一层次每个子系统的整体性不是由上一层次整体性分解出来的，而是由下一层次中各个子系统之间相互作用、相互制约和依赖而涌现出来。反之，上一层次的整体性也不是下一层次各个子系统的整体性的加和、总和或综合，而是下一层次的全部子系统相互作用、相互制约、相互依赖构成了上一层次的系统而涌现出来的。也就是上下层次系统之间具有“分解-整合”的关系，但是上下层次的整体性不具有“分解-整合”关系。

同一层次有多个组成部分，每个部分就是这一层次上的一个子系统，因此同一层次的各个子系统具有相似性，既具备这一层次的共同整体性，又具有各自的整体性。比如处于同一层次的学院，除了都具有“学院”的共同整体属性之外，各个学院还具有各自的整体属性。

层次性与关联性密不可分。系统由于层次性的存在，关联性可以分为要素之间的关联、子系统之间的关联、要素与子系统之间的关联、下级子系统与上级子系统的关联、要素（个体）与系统（整体）的关联、局部与全局的关联等。如果说同一层次组成部分之间的关联性称为横向关联性的话，那么不同层次之间的关联性则可以称为纵向关联性。

1.2.4 多元性

在现实系统中，系统的要素之间都具有不同的属性，或者说系统的组成是异质的，即要素是不同的。要素的异质性越大，系统潜在的可能性就越大。这种不同要素组成的系统是现实系统的一种特性，称之为多元性。不仅构成系统的要素是多元的，每个层次的组成部分（子系统）也是异质的，都具有多元性。比如一个生态系统既有生物又有非生物，既有动物又有植物，既有木本植物又有草本植物。一个企业组织的各个部门在职能上都是异质的，各自行使各自的职能，从企业整体上看企业系统的内部组成是多元化的。一个团队中的成员每个人的人格特质各有不同，在团队中所担当的角色也各有不同；职称、学历及专业技能不同，才有可能使团队潜藏着涌现多种整体性的可能。反之，如果团队所有成员都是清一色的博士，这种团队可能都无法正常运作，遑论团队的创造性了。一台机器也是这样，即机器的所有零部件一定都是不同的，无论性状、结构、材质，还是作用都是不同的，这就是多元性或异质性。一般来讲，异质性的组成部分，除了各有不同的作用之外，还有各自的“利益”和“诉求”。比如，企业、政府等社会组织系统中的人自不待言，就连机器中的零部件也需要在不同的条件下才能正常运转。与多元性对应的是单一性（一元性），与异质性对应的是同质性。

在社会科学和管理科学的理论研究中，为了减小研究难度往往对系统进行简化，假定系统要素是同质的，从而突出研究所要关注的重点。比如，研究环境治理政策时，往往可以假定企业的行为规则是相同的，即企业是同质的，都为了追求利润最大化，不惜破坏环境。这种假设是为了减小研究难度，但研究结论很可能与现实具有很大的差距，理论成果不能“落地”，这是因为现实中企业在本质上是异质性的。在尊重现实的同时，无疑会增加研究的难度。

1.2.5 多维性

任何系统的整体都具有多种属性，每一个属性都是系统的整体特性，即整体性不是单一的。比如一个人有年龄、身高和体重等多种特性，他不仅有学习能力，还有组织领导能力、职业担当能力以及文学创作能力和体育运动能力等，这就是多维的含义。每一种属性都有质和量两个方面，每一种属性都是质与量的统一，称为一个维度。比如一个人有年龄、身高、体重等不同质的属性，每一种属性都有量的变化范围，在数学上称为值域，年龄的值域是(0,100 岁)、身高的值域是(0,2.5m)、普通人的体重值域是(0,100kg)。但是，并非所有系统的所有整体性都是可以精确定量或可精确测量的。

如果说多元性是系统内部的组成特性，那么多维性就是系统的外部特性。多维性以质和量的统一，从系统整体的外部规定了和区别了系统“是什么”或“不是什么”。可以从多维性认识系统和区分系统。但是，外部的相似不等同于内部也相似，本质上不同的系统可能具有相同或相似的外部特性，换句话说具有相同或相似的整体性。比如，同年同月同日的生日、相同的体重和身高，但是不一定具有相同的世界观、人生观和价值观。

每个维度的属性代表了系统的一个方面的特点，是系统对外关联“接口”的一个端点（另一个端点在环境中），每个维度都可以作为人们观察系统的一个角度，从不同的维度可以观察到系统的不同风貌。系统观点主张全面地看事物的根据即在于此。

1. 系统侧面的概念

当我们以“问题驱动”的观点进行系统分析的时候，往往不可能或没必要对系统进行全面的立体化的分析，而是只需要分析系统中与“问题”密切相关的一些要素就足以解决问题，这些与“问题”“密切相关”的系统的组成部分，我们称之为“系统侧面”。比如，对一个企业进行分析，可以从政治的角度分析、从经济的角度分析、从人力资源的角度分析、从产品开发能力的角度分析等，每个角度都构成了一个系统侧面，所有的系统侧面就构成了一个完整的企业（系统）。一个维度一个视角就可以构成一个系统侧面，多个维度、多个视角也可以共同构成一个系统侧面。比如从政治、经济的视角分析企业，政治、经济两个维度共同构成了分析的系统侧面。

但是，需要注意系统侧面之间的关联性，不能孤立地研究分析系统侧面，而是把其他系统侧面作为“环境”来研究。

2. 系统侧面与子系统的区别

系统侧面与子系统是不同的概念，子系统是从系统内部来看的系统的组成部分，是一个完整的“局部”。但是，系统侧面不是系统的某个或某些“局部”，而是从系统外部来看的，可能涉及系统的大部分或绝大部分的组成部分。比如，对企业的人力资源进行系统分析，这个分析视角对企业的每个部门（局部）都要涉及。正如日常我们常说的“从侧面看问题”和“从局部看问题”是不同的含义一样。

1.2.6　适应性

适应性（adaptation）这一术语来源于生态学，本义是指生物体表现出来的与环境相适应的一种特性，是生物体通过遗传组织所形成的在特定环境中的适应变化能力。比如：生物的保护色使生物能与生存环境几乎融为一体，水母、海鞘等水生生物的躯体近乎透明，北极熊的白色皮毛使其与北极冰天雪地的白色环境协调一致。再比如凶猛的老虎、猎豹所具有的分割色是为了隐蔽狩猎，斑马、长颈鹿皮毛上的花纹是为了潜藏躲避猛兽的伪装，所具备的对环境的适应性。适应性不只是皮毛的色彩，还有更广泛的含义。

适应性这一概念可以推广为一般系统的特性，无论自然系统、人工建造的系统，还是社会组织系统都具有适应性，如果系统没有适应性就不能在环境中生存和发展，必然遭到环境的淘汰。比如一成不变的大楼，如果与周围的环境不协调，其下场必将是要么改造，要么拆除。一个人如果与其所在的组织不和谐，他就会通过改变自己与周遭环境相适应，否则将被其所在的组织淘汰。

适应性分为自适应性和他适应性。所谓自适应性，是指系统具备自我调整与环境关系的能力，比如生物系统、社会系统都具备自适应性。所谓他适应性，是指系统不具备自我调整与环境关系的能力，系统能够在环境中生存需要借助外部力量的协助，比如人造产品是否适应市场是依靠设计者进行适应性设计和适应性制造，否则产品的生命周期一定会很短。由于环境的变化是永恒的，适应性还体现在系统随着环境的变化而变化的能力。

系统的适应性不只是系统对环境的适应性，还包含系统内部要素的适应性，即要素对系统整体，其实也是要素对其自身环境的适应能力。一个要素之所以成为某一系统的要素，其所具备的适应能力是最基本的生存能力。凡是具有自适应能力的系统都是复杂系统，其要素具有自适应能力，霍兰（Holland，1988）将这种具有自适应能力的要素称为“适应性主体”（adaptive agent），把这类系统称为“复杂自适应系统”（complex adaptive system，CAS）。这类系统中的要素已经不再是只有外部的、静态属性的要素，而是具有内部自我调整、自我进化能力的“活”的“适应性主体”，具备了在环境作用下自我调整的内部机制和能力。比如：企业研发团队中的每一个成员都是一个具有主观能动性的“适应性主体”，每一个成员都可以根据自己在团队中的状况随时调整自己的态度和行为，从而为团队做出自己的贡献，并与其他成员一起协作“涌现”出团队整体的创新成果。

1.2.7　动态性

动态性是不言而喻的，包括系统的运动和演化两个方面。所谓运动，是指系统在保持自身整体性和结构不变的前提下所反映出来的行为，比如物体的位移、大楼功能的发挥、软件系统的运行、社会组织系统的日常工作等，这些运动都不改变系统本身所具备的整体特性，也不改变系统的组成成分和结构。

演化则不同，是指系统的发展变化即系统的组成部分以及内部结构的改变，同时系统的整体性也发生了变化，从而使得系统的行为方式发生了变化。比如社会变革与进步、企业改革、生态系统的变迁、软件系统的升级、团队的发展、物种的进化、学生的成长、人体从生到死的过程等，这些变化都是系统内在的结构变化，并引起系统整体性的变化。

运动和演化不是截然分开的，演化是大时间尺度的变化，是质变。运动是小时间尺度的状态变化，是量变。比如，我国的汽车设计从改革开放初期至今发生了许多变化，汽车一代一代地改型，性能一步一步地提高，这个过程就是演化过程。而汽车在公路上的奔驰行驶则是时间和空间上的位移，是运动过程，在这个过程中汽车的结构和功能并没有变化。

1.3 系统原理

上面讨论了系统中的相关概念和特性，这一节讨论这些概念之间的关系，也就是所谓的系统原理。

1.3.1 整体性原理

有人引述贝塔朗菲一般系统论中“整体大于它的各部分的总和”的论述，俗话“一加一大于二”作为系统性原理的一种直观表述，概括地说明了整体性产生上的形象性。但是，由于整体与部分之间的联系无论在量的方面，还是质的方面都有着多种复杂的情况，所以简单地用“大于”来表达是不够确切的，事物在可比性即同质的前提下才可以说“大于”或“小于”的“量”上的差别，但是不同的质之间不能说谁比谁大或小。因此，应该具体分析整体中各部分结合的不同方式和条件，从质的方面来研究整体所具有的哪些性质是系统的组成部分所没有的。例如，马克思、恩格斯在研究协作、分工、手工业和机器大工业的不同效应时曾指出：许多人协作，许多力量融合为一个总的力量，就造成一种“新的力量”，这种力量和它的一个个力量的总和有本质的差别。因为这种力量不仅提高了个人生产力，而且创造了一种新的生产力，即集体生产力，它和个人生产力有质的差别。又如拿破仑所描写过的一定数量骑术不精的法国骑兵，由于形成一个密集队形和严格的纪律，它所显示出来的整体性的新的力量，就能战胜骑术较精、剑法高超、善于单个格斗，但缺乏严格纪律、人数较多的马木留克骑兵。前者整体显示出来的力量大于单个作战的力量之和，而后者则相反。

一方面是由于质的不同，另一方面又是有得有失，所以单纯地说整体大于部分的总和是不够确切的。倒不如还是用亚里士多德的原意“一般来说，所有的方式显示的整体并不是其部分的总和”来表达整体性较为确切。如果$E_1,E_2,\cdots,E_n$表示各个组成部分，$\sum\left(E_1,E_2,\cdots,E_n\right)$表示整体，$P$（property）表示它们的性质、功能，则整体性原理的上述表述可以写成

$$P\left[\sum\left(E_1,E_2,\cdots,E_n\right)\right]\neq P\left(E_1\right)\cup P\left(E_2\right)\cup\cdots\cup P\left(E_n\right) \tag{1.14}$$

这个公式可以称为整体性原理，即系统的整体性（性质、功能等）不等于各个组成部分属性（性质、功能等）的总和。

中国有句俗语“三个臭皮匠，顶个诸葛亮”，指的就是这样一种组合。但是，中国还有另外一句俗语“一个和尚挑水吃，两个和尚抬水吃，三个和尚没水吃”，同样也是三个人的集合，为什么反而出现相反的效应呢？这就是结合得不好，产生了不良的整体性，而前者则产生了良性的整体性。所以说，整体性不一定都是“好的”，也有“不好的”整体性。

在进行系统分析时，首先需要明确：系统整体性是在系统由各组成部分结合成系统时所产生的，是从质的方面不同于各组成部分性能的。但是，当组成部分形成一个系统后，既有可能产生人们所希望的“好”的整体性，也有可能产生人们所不希望的“坏”的整体性。特别是人工系统更是如此，建造系统是为了获取新产生出来的“好”的整体性，不产生或者消除“坏”的性能。本书只研究如何利用系统思想“认识世界”的问题，不研究如何利用系统

思想“改造世界”的问题。至于如何建造才能获得人们所期望的“好”的整体性，这是现代系统工程所要解决的问题。

系统整体具有组成它的部分在孤立状态下所没有的新特性。如果说系统组成部分之间的关系是横向关系的话，那么系统整体与组成部分之间的关系就是低层次与高层次之间的纵向关系。这种纵向关系是层次之间的关系，很难建立一般的函数关系，所以一般把这种纵向关系称为涌现关系，这是系统层次之间的质变。

整体性原理可以更详细地进行理解：①系统整体具有组成部分以及组成部分总和所不具有的新的特性；②系统具有什么样的整体性既取决于系统的要素性质、要素的种类和数量，又取决于要素之间的相互作用的方式即系统结构；③整体性产生与否，则仅仅取决于要素之间关系的总和，即系统是否建立了结构；④系统新产生的整体性对环境而言可能是有利的，也可能是无影响的，或者是有害的。

根据整体性原理，不难理解“综合就是创造”这句话。至于创造出来的新性能是“好”还是“坏”，这属于价值评判问题，系统的环境是价值评判者。我们可以建造一个系统，从而获得所需要的系统整体性，这就是创造和创新。因此，可以说综合或者集成就是创新，因为产生了原来所没有的新的东西。综合或集成出来的当然应该是有机的整体，也就是系统。而不是一个集合，一个“堆”。另外，我们也可以通过破坏一个系统来消除不希望的整体性，这也是解决问题的一种办法。比如企业破产、摧毁黑社会组织、分解报废的机器等。一般情况下，我们可以通过调整关系、调整结构来改变系统的整体性。

1.3.2　系统能力原理

1. 系统能力

在系统的整体性中最重要的一个是系统所具有的对环境做功的潜力，我们把这种潜力称为系统能力。系统能力是在系统构成过程中形成的蕴涵于系统之中的整体性，只与系统内部因素有关，与环境和外部条件无关。无论系统是否与环境相互作用，它仍然存在于系统之中。只有系统与环境相互作用时，这种潜在的系统能力才能发挥出来，否则就潜伏于系统本身。比如：每个学生都具有学习的能力，但是在不学习时，就表现不出学习能力；停在机场的飞机尽管没有启动，仍然具有飞翔的能力。只有在相应的场合并满足一定条件时，这种潜在的能力才会发挥出来。系统能力是系统的潜能，不是显能。

那么，什么是系统能力形成的内在影响因素呢，下面用一条系统原理来说明。

2. 原理

系统能力（system capability，SC）由要素能力、要素种类、要素数量、要素之间关系集合的样式（即系统结构），四个方面综合作用而产生，这一表述称为系统能力原理。可以形式化地表示为

$$\mathrm{SC}=\mathrm{emerge}\left(\mathrm{AoE}, \mathrm{ToE}, \mathrm{NoE}, \mathrm{SS}\right) \tag{1.15}$$

式中，SC 表示系统能力；AoE（ability of elements）表示构成系统的基本单元，即要素所具有的能力，不同的要素有不同的能力；ToE（types of elements）表示要素的种类，要素在质上的区别；NoE（number of elements）表示要素数量，反映系统的规模大小；SS（system structure）表示系统结构。特别是 emerge 表示系统能力与影响因素之间的关系，这种关系是一种从下而上、从局部到整体的纵向关系，称为“涌现”或“突现”关系，不是一般的函数

关系。

AoE 、ToE 和 NoE 是形成系统能力 SC 的物质基础，是系统能力产生的前提条件，SS 是要素之间的关系集合。只有物质基础，但没有“关系”仍然不能产生系统能力。比如料场中的建筑材料，是一堆一堆放置的，相互之间没有形成特定的结构关系，因此只有建筑材料还不能产生系统能力。再比如，一堆汽车零部件，绝对没有汽车的能力，除非按照零部件之间的特定关系装配在一起才能产生汽车的能力。反之，当把一台机器拆解（取消了“关系”，破坏了结构）后，这台机器的整体能力就没有了。对社会组织而言，“关系”就是人与人之间的关系，有正式组织的关系和非正式组织的关系，这些关系把具有一定能力的个人，按照一定的规则组织起来，成为一个具有特定职能的社会组织系统，比如企业、政府、高等院校等广泛的社会组织无一不是如此。“关系”是系统分析的最重要的关注点。系统能力原理形象地表示为图 1.6。

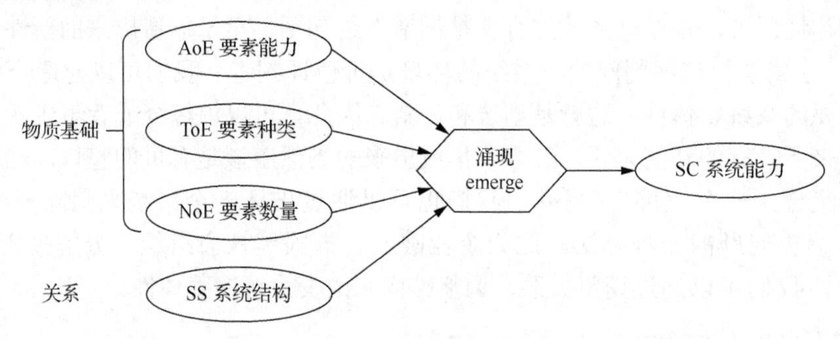

图 1.6　系统能力原理图

系统能力是四种影响因素共同作用而“涌现”出来的一种整体性。由系统能力原理可知，改变其中的任何一个因素，或调整任何两个因素或者三个因素都可以改变系统能力。这一点是人们改造系统、调整系统能力的理论依据。

从系统能力原理可以拆解出多个推论，如下。

推论 1.1　在要素种类、数量、要素之间的关系不变的情况下，通过改变要素的能力，可以获得系统能力的改变。

$$\mathrm{SC}=\mathrm{emerge}\left(\mathrm{AoE}^{*}, \mathrm{ToE}, \mathrm{NoE}, \mathrm{SS}\right) \tag{1.16}$$

比如，企业的人力资源管理中，在不改变人员的学历结构、不增加人员数量也不改变人与人之间的组织关系的前提下，可以通过员工培训提高每一个员工的能力，从而提高企业的组织绩效。

推论 1.2　在要素能力、数量、要素之间的关系不变的情况下，通过改变要素的种类，可以获得系统能力的改变。

$$\mathrm{SC}=\mathrm{emerge}\left(\mathrm{AoE}, \mathrm{ToE}^{*}, \mathrm{NoE}, \mathrm{SS}\right) \tag{1.17}$$

比如，在上例中，可以通过引进高层次人才，来改变企业员工的构成结构，从而改变系统能力，提高企业创新能力和绩效。

推论 1.3　在要素能力、种类、要素之间的关系不变的情况下，通过改变要素的数量，可以获得系统能力的改变。这就是在经济系统或社会系统中的所谓“规模效应”。

$$\mathrm{SC}=\mathrm{emerge}\left(\mathrm{AoE}, \mathrm{ToE}, \mathrm{NoE}^{*}, \mathrm{SS}\right) \tag{1.18}$$

比如，扩大企业员工规模相当于改变了要素的数量，可以改变企业能力和绩效。但一个企业只有达到一定“规模”才能产生某种效应，涉及体量大小的问题。

对于现实中不同的系统，可以通过改变不同的因素组合启发出更多的调整系统能力的思路和方案，并进一步提出解决问题的方法。

系统能力原理告诉人们什么因素对系统能力有影响，但是，没有告诉人们如何影响。不同类型的系统具有不同的涌现机理，不同类型的涌现机理是什么？是否具有一般性和普遍性？如何形式化地表示涌现机理？能否如同一般函数关系那样表示涌现关系？这些都是系统科学需要深入研究的问题。如果能够用“函数关系”表示“涌现关系”，那么就可以比较方便地通过调整四大影响因素或其组合来控制系统能力。这个原理告诉我们在对实际系统的问题进行分析时需要从哪些方面下手来分析系统问题产生的原因了，方向对了还怕路远吗，因此系统能力原理在分析系统问题时具有很强的实用价值。

一个系统不只具有一种能力，而是具有多方面的能力，所以系统能力 SC 是一个集合概念。

$$SC=\{SC_1,SC_2,\cdots,SC_n\} \tag{1.19}$$

比如，一个企业既能生产，又能服务。一个博士毕业生也有许多能力，比如工作能力、研究能力、创新能力、组织领导能力，甚至操持家务的能力等。

1.3.3　系统功能原理

1. 系统功能

系统功能（system function）是指系统与环境相互作用时，系统所发挥或表现出来的系统能力。系统能力是系统功能的基础，没有系统能力就不会有系统功能，因此系统功能也是系统所具有的整体性。

系统功能与系统能力是既相关又不同的两个概念，相关是指系统功能必须以系统能力为基础，系统不会产生其本身没有能力基础的功能；不同是指系统能力是系统的潜力，不管系统是否与环境相互作用，它都是存在的。系统功能是系统与环境相互联系、相互作用，并且在环境中从事某种活动的过程中才能表现出来的系统能力。它可以与环境进行能量、物质或信息的交换，并对环境施加影响，使环境的行为、状态发生变化，可以说系统功能是已经对外“做功”的系统能力。

系统能力是系统功能的内因，系统环境是系统能力发挥的外因，而能力的发挥必须是在从事一件活动的动态过程中才可能实现，并且活动是按照一定“机制”进行的。对于自然系统而言，所谓活动就是系统按照自然规律（机理）所进行的运动；对于人工系统而言，活动则是按照人的目的或控制规律（机制）所进行的一件有意义的工作，比如，人为规定的业务流程（business process）、工作流程（work flow）等都在某种程度上反映了系统的运行机制。

一般在特定的环境中，系统能够发挥出来什么能力以及发挥得如何，是受到环境条件制约的，所以系统功能往往只是系统能力的一个子集。环境条件不同，系统能发挥出来的能力也不同。比如，一个博士毕业生，如果在高校工作，他可以发挥教学和科研的能力；如果在政府机关工作，可以发挥公务员职能；如果在企业工作就可以发挥企业员工的职能；在家里当然可以承担家庭成员的角色，所发挥出来的职能和工作都是他本身所拥有的潜在能力。

2. 原理

系统功能（system function，SF）是指具有系统能力的系统在一定的系统环境以及系统与环境相互作用关系条件下，依据一定的机制或机理，在运动过程中所发挥出来的系统能力，这一表述称为系统功能原理。用公式表达为

$$\mathrm{SF}=\mathrm{function}\left(\mathrm{SC},\mathrm{SE},\mathrm{SI},\mathrm{SM}\right) \tag{1.20}$$

式中，SF（system function）表示系统功能；SE（system environment）表示系统所处于的环境因素；SI（system interface）表示系统与环境之间的系统接口，环境通过接口对系统产生相互作用和相互制约；SM（system mechanism）表示系统机制。行为是可以“观测”的，通过对系统的行为分析可以“得知”系统发挥了什么功能，从而推测出系统所具有的系统能力。式（1.20）还可以表示为图 1.7。

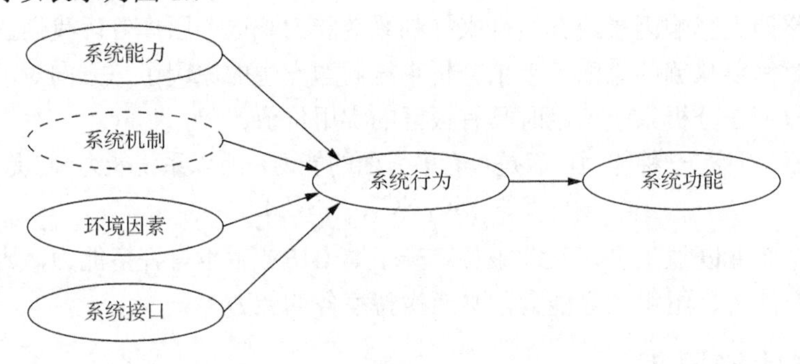

图 1.7　系统功能原理图

系统能力是“纯洁”的，无好与坏之分。但是，当系统与环境发生作用时，所产生的功能就有可能对环境造成不同的影响，这种影响对环境而言，既可能是有利的，也可能是有害的，这涉及系统价值问题，是系统评价所要研究的问题。因此，从价值的角度来看，系统能力无所谓好坏，但系统功能则是有价值区分的。比如，某地为了发展经济，建设了一座小化肥厂，为本地民众带来了经济收益，这是好的一面。但是，废水、废气、废渣等排放物也给本地的环境造成了极大的污染，这是坏的一面。

根据系统功能原理可以得到如下几条关于系统功能的推论。

推论 1.4　在环境因素 SE 、系统机制 SM 、系统接口 SI 不变的前提下，若改变系统能力 SC ，就可以改变系统的功能。

$$\mathrm{SF}=\mathrm{function}\left(\mathrm{SC}^{*},\mathrm{SE},\mathrm{SI},\mathrm{SM}\right) \tag{1.21}$$

比如，企业员工可以通过培训学习来提高自身的业务能力，来适应更高要求的工作任务。

推论 1.5　在系统能力 SC 、系统接口 SI 、系统机制 SM 不变的前提下，若改变环境因素 SE ，就可以改变系统的功能。

$$\mathrm{SF}=\mathrm{function}\left(\mathrm{SC},\mathrm{SE}^{*},\mathrm{SI},\mathrm{SM}\right) \tag{1.22}$$

比如，一个在原企业不能充分发挥作用的博士毕业生，他的人际交往方式没变，但是跳槽到其他企业之后，换了一个环境，就可能充分发挥他本身所拥有的才能。

比如，前述的博士毕业生，可以通过改变自己的行为方式和行事风格来改变自己在本单位中的处境，从而发挥自己的才能。

根据系统功能原理，还可以有更多的推论，每一个推论都是一种利用系统思维解决问题的思路和方案，在此不再一一列举。

由于系统功能与系统能力具有密不可分的关系，因此系统能力原理与系统功能原理也可

以联合起来，把式（1.15）代入式（1.20），得到式（1.23）：

$$\text{SF}=\text{function}\left(\text{emerge}\left(\text{AoE},\text{ToE},\text{NoE},\text{SS}\right),\text{SE},\text{SI},\text{SM}\right) \tag{1.23}$$

可以用一个图形（结构模型）来表示式（1.23），如图 1.8 所示。

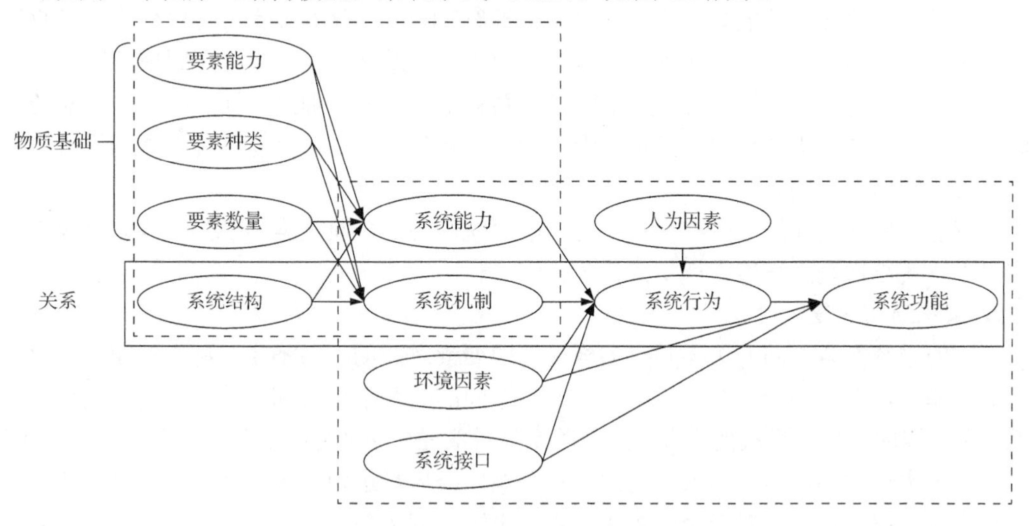

图 1.8　系统能力原理与系统功能原理联合总图

由此，可见有 6 个因素影响或制约系统功能，而不只是通常所讲的只有结构才制约系统的功能。这 6 个因素分别是要素的基本素质即要素能力、要素种类、要素数量、系统结构、环境因素、系统接口。其中，系统能力相关的 4 个因素是系统功能产生的内因，环境因素和系统接口是系统功能产生的外因。

1.3.4　结构-能力原理

在系统能力原理中，为了突出系统结构对系统能力的重要作用，可以在要素能力、要素种类和要素数量都不变的前提下，只关注系统结构的可变性对系统能力的影响。即系统结构在系统中是一个变量，这个变量的含义是指要素关系集合的样式是可变的、可调整的，前者意味着系统自身的演化，后者意味着可以人为地进行调整。无论哪一种改变的方式都意味着组成系统的要素之间的关系发生了变化，重新进行了组织，这种重新组织一定会引起作为系统整体性重要特性之一的系统能力的变化。因此，给出系统的“结构-能力原理”如下。

1. 原理

在要素能力、要素种类和要素数量都不变的前提下，系统能力随着系统结构的改变而变化，称此为结构-能力原理。用公式表示为

$$\text{SC}=\text{emerge}\left(\text{SS}^*\right)=\text{emerge}\left(\text{AoE},\text{ToE},\text{NoE},\text{SS}^*\right) \tag{1.24}$$

这一原理说明，通过改变系统结构可以改变系统能力，本书把这种现象称为“结构效应原理”。

“改变”既可以是系统自发的演化，也可以是外界力量，比如人为地对结构进行的调整和重组。前者如社会进步、企业发展，后者如企业重组、部门重组、人力资源重组等。

实质上，式（1.24）是把式（1.15）中的系统结构 SS 突出出来的写法，目的在于强调系统结构与系统能力之间的关系。系统结构在调整系统能力方面十分重要，故有必要单独列出

一个原理。比如国家的治理结构、经济结构调整、供给结构调整，企业的产品结构调整、人力资源结构调整等。改变系统结构是改变系统能力的重要途径，因此特别强调。

在更广泛的意义上，这个原理告诉我们：在物质基础（要素）不变的情况下，可以通过改变系统结构来改变系统能力。物质世界一共拥有 110 多个化学元素，可以构成一切物质。比如，化学中的同分异构体，金刚石和石墨是两种不同结构排列的碳原子组成的物质，它们的物理特性和化学特性天壤之别。基础建筑材料就那么几种，但是设计师和建造师建造了五彩缤纷的世界。基础机械材料也只是有限的几种，人们却创造了具有各种功能的机械。其差别就在于“结构”不同。

系统能力原理表述的重点在于哪些因素是系统能力的影响因素，而结构-能力原理重点在于突出了系统结构是系统能力产生的根本原因。

2. 系统结构的复杂性

真实的系统要素之间的关系具有多样性，即要素之间的关系不止一种。比如，一对邻居是一对好朋友，都在同一个企业中工作，他们之间的关系至少有邻里关系、同事关系、朋友关系。由这样的一群人组成的企业，人际关系的种类是十分丰富的。但是，企业是一个系统，在企业系统中最重要的是人与人之间的职务关系，恰恰是这种关系才把一群人组织在一起成为一个企业系统。那么，对于企业系统来讲，由于“职务关系”才构成了企业，其他关系不是构成企业的主要关系，因此“职务关系”是企业这个系统的构成关系。构成关系集合的样式就是构成结构。再比如一个家庭，夫妻关系、子女关系、兄弟姐妹关系这些都是家庭系统的构成关系。但是，有一些家庭的夫妻之间可能又是同一企业的同事关系，兄弟姐妹有可能是同学关系等，这些关系就不是“家庭系统”的构成关系，称为非构成关系。构成关系是系统的主要关系，是推动系统运行和演化的内部原因，是内因中的主要矛盾。

系统一旦形成，其中的非构成关系对系统整体性也有贡献。比如企业中的夫妻关系、同学关系、邻里关系等众多非构成关系对企业的性质、运营和绩效都会不同程度地产生影响，但是，一般情况下不会起到颠覆作用。再比如，任何正式组织（无论企事业单位、政府机关，还是科研院所、大专院校）中都存在非正式组织，而且不止一个，非正式组织中的关系相对于正式组织而言都是非构成关系。

非构成关系与构成关系具有相互影响作用，而且在一些内外部条件作用下，构成关系和非构成关系还可以相互转化，从而使系统能力或系统功能发生改变。

对系统的特定功能和作用而言，构成关系在系统中是有限的。也就是说，对于一种功能来说，对这个功能起主要作用的关系是有限的。多个构成关系相互之间也不是独立地对系统做出贡献，而是它们之间也是相互联系、相互作用的。另外，非构成关系与构成关系之间也是相互联系和相互作用的。这样就产生了“关系与关系的关系问题”“结构与结构的结构问题”。这是系统科学的新问题，目前还没有人系统地研究过。

因此，在系统分析中需要在重点关注构成关系的同时，也要对非构成关系给予足够的关注。构成关系可以产生系统中的主要矛盾，非构成关系则可以产生非主要矛盾。在系统分析过程中，抓住了构成结构，就抓住了主要矛盾。

一般来讲，在没有特殊指称的情况下，系统结构的含义就是指构成结构，系统结构原理的含义指的是构成结构与系统能力的关系。

虽然说，系统结构的基本定义是指要素之间关系集合的样式，但是，系统中的关系除了要素之间的关系之外，还有子系统与子系统之间的关系，低层次与高层次、局部与整体的关系，还有跨层次的关系、交叉关系等，因此系统结构是十分复杂的。涌现（emerge）是从低层次到高层次的一种纵向关系。

1.3.5　接口-功能原理

一般来讲，同一个系统，在不同的环境中会产生不同的功能。其含义在实质上是指不同的环境对系统具有不同的"抑扬"作用，从而使系统发挥出不同的系统能力，并通过系统对环境做功而产生系统功能。那么，为什么同一系统在不同环境中会产生出不同的系统功能呢？其原因就在于系统与环境之间的"接口"不同。

同一个系统在同一环境中，在系统能力不变的前提下，通过改变接口可以改变系统功能，这个原理也可以简称为"接口效应原理"，如式（1.25）所示：

$$\text{SF}=\text{function}\left(\text{SI}^*\right)=\text{function}\left(\text{SC},\text{SE},\text{SI}^*,\text{SM}\right) \tag{1.25}$$

在实践中，接口十分重要，无论系统能力如何，只要接口做得不好，系统就无法发挥出应有的功能。接口即系统接口一定包含两个方面：一是接口关系的数量（接口图中的边的数量）；二是接口关系集合的样式，即接口结构。因此，接口-功能原理也包含两层含义：一是改变接口关系的数量，增加或减少关系可以改变系统功能；二是即使在接口关系不变的前提下，通过改变接口结构也可以改变系统功能。

比如，企业中一名员工与同事不太融洽，他可以采用两种办法予以改善，一个办法是"跳槽"到其他企业，另一个办法就是可以通过调整与周围同事的关系，来改变自己在企业中的处境。再比如，一个企业到海外发展，其发展的情况与企业能否融入当地环境直接相关。一个毕业生就业于某一企业，他的能力和企业环境在短期内是不变的，这个毕业生能否适应企业环境，完全取决于自己与企业环境以及人际关系及其结构。

当一个系统在同一环境中，系统能力的发挥受到系统与环境之间关系结构即接口结构的制约，系统在一定的环境中所发挥出来的能力就是系统功能。在系统能力不变和系统所处的环境不变的前提下，根据系统功能原理可知，系统与环境的接口结构影响着系统能力的发挥，即影响系统功能的产生。

1.3.6　机制-功能原理

体制与机制是经常一起出现的两个概念，如果用系统语言来解释的话，体制应该对应系统结构的概念，是一个静态的概念。那么机制是什么呢？机制应该与运动、变化有关，与系统的行为有关。系统行为是怎样产生的呢？可以说系统行为受制于系统运行机制。

1. 系统运行机制

系统运行机制（简称机制）是指具有特定结构的系统在运动过程中，系统内部各个组成部分之间相互作用的秩序或次序，以及各个组成部分在这个秩序中运动方式的总和。

系统结构指的是各个组成部分之间相互关联的方式，是静态的联系，在一定的时期内是不变的。而运行机制则是系统运行中的动态联系。

更具体地说，机制就是系统某些组成部分之间的某些关系的动态组合的方式，这种动态组合呈现一种稳定的秩序、可重复的秩序，表现为一种规律。

图 1.9 中虚线的总体构成了系统的体制即系统结构，两条实线表示两种系统的机制。系统结构犹如一种由通道、管道组成的网络，而系统机制犹如一种在网络中由管道组成的路径中流淌的“流”。

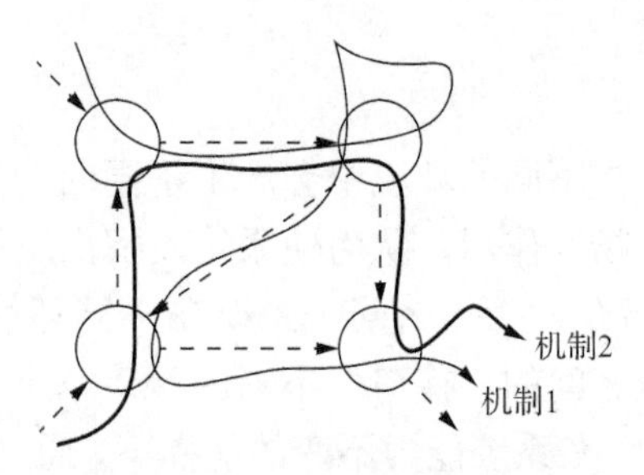

图 1.9　系统的体制与机制

比如一台数控机床，当组装完成之后机床这个系统的结构就已经确定下来，它所蕴涵的潜在的系统能力也就形成了，但是编制不同的程序，数控机床则会按不同的程序启动、驱动程序指令相关的零部件运转和中止，来完成特定的任务。在这里各个部件的启动、运转和中止等的秩序就是这台数控机床的机制之一，它蕴涵于所编制的程序之中，不同的程序反映不同的机制。程序的执行是可以重复的，每执行一次程序相关的部件就依次运行起来，从而完成相似的功能。

计算机的系统能力就更强了，可以利用程序的方式表现出机制，不同的程序过程拟定了计算机的不同运行机制。

从纯理论的角度讲，同一个系统结构中可以有许多种关系的动态组合（是一个既有组合又有排列的数学问题），是否所有的动态组合都会成为机制呢？不然！系统组成部分之间的相互关系，既是一种相互作用，也是一种相互制约，所以动态组合是一种有约束的组合，是路径组合。每个组成部分都是一个动作的主体，每个动作主体的运动“过程”也不是任意进行的，同样受到它内部机制的约束，因此机制是组成部分之间的相互作用、相互制约而产生的一种系统内部必然的趋势。对于自然系统机制就是规律，对于人工系统机制就是方法，就是过程（程序），对于社会组织系统机制就是工作流程或业务流程，业务流程是通过一系列的活动把活动的主体，即系统的组成部分（要素）相互关联起来，组成一个动态系统。业务流程再造（business process reengineering，BPR）就是改变系统的运行机制，从而改变系统功能。

机制是以系统结构即要素之间静态关系的集合为基础的。简单的系统可能只有一种能力，机制也只有一种。复杂的系统其潜在的能力很多，其机制也很多，比如计算机就是复杂系统，人们可以通过编制不同的程序使计算机的潜在能力发挥出来。人体更是复杂系统，特别是人的思维极其复杂，因此人类才会不断地创新（这是思维系统整体性的反映）。一般来讲，一个系统有多种机制，每一种机制将发挥出系统的一些功能。

再比如，企业这个系统的结构由组织结构确定，各种规章制度确定了企业系统运行（行为、机制）的总体框架，这个框架制约着系统能力可以发挥与不可以发挥的部分，比如一个系统它的结构决定了它具有 10 项能力，但是这个框架却制约着它只可以发挥 7 项能力，我们可以把这个框架称为体制。每一项业务的流程、操作方式等确定了企业这个系统关于这项业务的运行机制，从而完成这项业务所需要完成的功能。因此，也可以说体制是系统运行机制的全体，或者说体制是机制的集合。

系统的能力即潜能的产生与否完全由系统的结构决定，但是机制同系统的接口一样，也是影响系统功能产生即系统能力发挥效果的重要因素之一。因此，可以通过调整机制改变系统的功能。这就是本书概括出来的“机制-功能原理”。

2. 原理

在系统能力SC、环境因素SE、系统接口SI不变的前提下，若改变系统机制SM，就可以改变系统的功能。这个原理本书也称为“机制效应原理”。用公式表示为

$$SF=\text{function}\left(SM^{*}\right)=\text{function}\left(SC,SE,SI,SM^{*}\right) \tag{1.26}$$

1.3.7　适应性原理

任何现实中的系统都具有适应环境变化的“能力”，这种能力称为系统的适应性能力（adaptive capacity），有的系统具有“自适应能力”，有的系统没有自适应能力，但是为了使系统生存和发展就需要借助外力，来改变系统使其与变化了的环境相适应。

这个原理说明环境对系统的影响关系。环境的变化通过接口传导到系统，要么改变系统能力以适应环境变化，要么调整系统运行机制以改变系统的行为方式，也可以通过接口的调整来适应环境。无论改变系统能力、系统机制，还是改变系统接口，都是从系统这一方而不是环境一方所进行的适应性调整。

系统为了能够在变化的环境中生存和发展，要么改变系统接口，要么改变系统能力，要么改变系统机制，以达到与环境相适应的目的。

$$SF=\text{adapt}\left(SE\right) \tag{1.27}$$

$$SI=\text{adapt}\left(SF\right) \tag{1.28}$$

$$SC=\text{adapt}\left(SF\right) \tag{1.29}$$

$$SM=\text{adapt}\left(SF\right) \tag{1.30}$$

环境因素SE的变化，首先影响到系统能力的发挥即影响到最佳地产生系统功能，如式（1.27）所示，式（1.28）则表示可以调整系统接口SI的系统一方的关系，式（1.29）表示对系统能力SC进行调整，式（1.30）表示对系统机制SM进行调整。也可以通过系统接口、系统能力和系统机制的某种联合调整而达到系统适应环境变化的目的。

1.4　系统分类

关于系统的类型，可以从不同的视角、不同的维度进行分类，从而得到不同的分类结果。

1.4.1　系统成因分类

对系统进行最基本的分类，可以分为自然系统、社会系统、人工系统和复合系统。

（1）自然系统指以天然物为要素，由自然力而非人力所形成的系统，亦称天然系统。如天体系统、海洋系统、气象系统、生物系统、生态系统、矿产资源、原子系统等。自然系统是一个高度复杂的自我平衡系统，如天体的运转、季节更替、地球上动植物的生态循环和食物链等维持人体生命的各种系统都是按照自然规律自动调整来达到某种动态平衡的。系统内的个体按自然法则存在或演变，产生或形成一种群体的自然现象与特征。在自然界中，物质

流的循环和演变是最重要的，自然环境系统没有尽头，没有废止，只有循环往复，并从一个层次发展到另一个层次。地球上所有生命赖以生存的自然系统是庞大而又复杂的，是由各种自然力量彼此交错形成的。

（2）社会系统是人类按照一定的行为规范、经济关系、文化关系和社会制度相互联系、互利合作而形成的人类群体。比如一个家庭、一个公司、一个社团、一个城市、一个国家都是一个社会系统，也是不同层次的社会系统。家庭、公司是城市的子系统，城市是国家的子系统。社会系统是不断发展着的系统，以生产力为标准，社会系统的类型有游牧社会、农业社会、工业社会和知识经济社会。以生产关系为标准，社会系统的类型有原始社会、奴隶社会、封建社会、资本主义社会、社会主义社会。公司有国有企业、集体所有制企业、私营企业、股份制企业、联营企业、外商企业等。学校也是社会系统，包括大学、中学、小学等。甚至各种社会团体、社区街道、企业研发团队、科研组织、文化团体等都是社会系统。社会系统的要素是个人、人群和组织，联系是经济关系、政治关系和文化关系。比如，婚姻关系和血缘关系构成家庭，家庭的要素是夫妻、父母、子女等；雇佣关系、聘用关系、产权关系、股东关系等构成公司，公司的要素是设备、技术、资金、员工、管理者等；一个国家的要素是政府、公民、公司和社会各类组织，它们之间存在着经济、政治和文化的关系。社会系统是目的系统，主要特点是系统向目的点进发。社会系统能否向目的点发展，以及发展速度的快慢，都取决于该社会系统领导核心的方针路线的正确与否及其协调控制能力。不同的社会形态，社会系统领导核心不同。在农业社会中，由于农业社会是结构松散的社会系统，是相对简单的系统，强有力的“政治天才”可以运筹帷幄。工业社会比农业社会复杂得多，已不是靠任何“政治天才”个人所能正确领导的。在工业社会中，大系统的决策、控制必须是集体领导，采用民主原则。只有这样，才能确保大系统决策、控制的方向正确和得力；集体领导在工业社会中体现为政党的领导；知识、经济、社会、人际的联系更加紧密，社会结构更加扁平化、复杂化。

（3）人工系统是人类制造出来的系统，其中的系统要素是由人为设计、按照预先编排好的基本规则运作，以实现人们所希望的新的系统功能。人工系统包括高楼大厦、拦河大坝、高速铁路、高速公路等所有建筑类系统；航天器、飞机、火箭、导弹、机床、汽车、自行车等机械类系统；生产系统、交通系统、电力系统、计算机系统、教育系统、医疗系统、企业管理系统、金融系统等，甚至语言体系、音乐美术、电影电视、小说散文等文学文艺作品和科技论文、学术专著、研究报告、调研报告等知识体系都是人工系统。社会系统也是人工系统，是通过人们的组织而形成的系统。

（4）复合系统是指在自然系统的基础上，对其进行适当改造所产生的系统。比如人工复合生态系统，是由人类社会、经济活动和自然条件共同组合而成的生态功能统一体。在社会-经济-自然复合生态系统中，人类是主体，自然环境部分包括人的栖息劳作环境（包括地理环境、生物环境、构筑设施环境）、区域生态环境（包括原材料供给的源、产品和废弃物消纳的汇及缓冲调节的库）及社会文化环境（包括体制、组织、文化、技术等），它们与人类的生存和发展休戚相关，具有生产、生活、供给、接纳、控制和缓冲功能，构成错综复杂的生态关系。具体还可以分为城市复合生态系统、农村复合生态系统等。一个小流域的改造也可以变成一个人工复合生态系统。

1.4.2　系统构成分类

日常工作和生活中常说的事物，可以分开来看，一类是事，另一类是“物”。世界上的任何事物都是系统，因此，前者可以称为事的系统，后者称为物的系统。物的系统的特点是构成系统的要素是物质的，是实体。事的系统是自然界和人类社会的现象和活动。

物的系统其构成要素是物质的，是实体。自然系统、社会系统、人工系统和复合系统都是由某种物质要素构成的。比如，江河湖海、山川大地，企业集团、社区街道，人造卫星、高速铁路，农业生态、风力电站等。

事的系统的构成要素是过程、是活动。任何物的系统的运动过程和演化过程都可以作为事的系统来看待。特别是人类社会中事的系统都是有目的的活动，大到国际关系、社会经济活动，小到企业的各项业务，学校的教学科研活动，甚至个人的日常生活都是事的系统。事的系统是一个过程，这个过程由众多的“活动”组成，“活动”的相互作用、相互依赖、相互制约按照一定的逻辑在动态变化。在社会组织中事的系统一般称为业务系统、业务流程。

物的系统由于其构成要素是物质的实体，所以在系统工程领域中一般也称为“硬系统”，对应的系统工程方法也称为硬系统工程方法。相对应地，由于事的系统的构成要素是“软的”，所以事的系统也可以称为“软系统”，相应的分析方法被称为软系统工程方法。

概念系统是由主观世界中各种概念构成的知识体系。

符号系统是符号世界中的系统，包括由各种人工符号写成的文书文本、论著以及各种抽象模型和形象模型等。

结束语

系统是人类对事物本质特性的主观认识，是经过思维高度概括和抽象所形成的概念。判断一个事物是否可以用“系统”这个概念来看待，只需要两个条件：第一个条件是所面对的事物至少要由两个组成部分；第二个条件是组成部分之间必须具有相互依赖和相互制约的作用关系，这是判断一个事物“是否”为系统的最基本的判据。利用这个判据遍历整个世界，恐怕在人们视野可及的范围内难于找到不能用“系统”概念来描述的事物。因此我们有必要建立一个“世界是由系统构成”的系统理念，由此看待事物的观点就是所谓的系统观。除了上述两个判据，与系统相关的内容还涉及一个模式、一组概念、一组特性和一组原理，这些内容是后续讨论系统分析理论与方法的基本前提。

第2章　系 统 分 析

导语

系统分析是认识世界的思维活动和认知方法。本章讨论系统分析的内涵、地位，系统分析与系统工程的关系和区别，介绍分析内容和思想基础，给出了系统分析的原则、系统分析的模式和系统分析的视角等，从整体上介绍系统分析的总体概貌，为后面的系统分析方法讨论提供一个理论框架。

2.1　系统分析概念

系统分析这个词汇包含两层含义：一层含义是指系统分析是一种思维活动，这种思维活动需要采用系统观点，并在系统思想的指导下进行，属于思维范畴；另一层含义是指系统分析方法，为系统分析这种思维活动提供思维方式、分析方法和分析工具，属于方法论范畴。正如健身活动和健身方法一样，前者是活动，后者是方法，方法为活动服务，活动需要方法。为了更好地为思维活动提供服务，就需要研究符合活动特点的方法，方法不是自然产生的，是人设计出来的，因此系统分析方法的设计也需要符合系统分析的特点和要求。

2.1.1　系统分析是活动

作为思维活动的系统分析，其目的在于把作为认识对象的事物当作系统来看待，并通过系统分析这种思维活动，把初始为混沌状态的系统在思维中变为清晰的状态，回答系统“是什么”和“怎么样”，并且利用适当的方式把认知结果描述出来，从而达到认识系统的目的。

所谓“是什么”就是指系统包含哪些东西，比如系统具有哪些整体性、哪些组成要素、什么样的关系、哪些子系统、哪些层次等，这些东西是已知的还是未知的并根据它们的特点做出判断。所谓“怎么样”是指系统的状况如何，比如系统如何与环境关联（接口关系）、整体性与内部要素如何关联（涌现关系）、系统内部要素之间如何关联（结构关系）、系统如何运动（动态关系）等。把认知对象当作“系统”来看待，就是用系统观点或称为“系统观”来看待事物，其出发点是：①关系海洋，系统观点认为被认识的事物都不是孤立存在的，而是悬浮在关系海洋中的，并且事物的生存和发展都离不开它所处于的关系海洋，因此不能孤立地看待和认识对象，也不能孤立地分析对象，关系重于实体。②不可分的整体，系统是一个有机整体，其所具有的整体性是不可分割的，如果把分析对象分割为互不相关的部分，整体性将不复存在。③可分的全面，不可分整体的另一方面，系统又是可分的，没有分就没有所谓的全面，没有部分也就无所谓整体。其内部可分为不同的组成部分，其整体性可分为不同的多种属性，系统有多个层次等，只有可分才有部分，才有片面，众多的部分才有整体，众多的片面才是全面。这是系统分析活动的基本出发点，这些基本的出发点构成了系统分析活动的基本特点。

系统分析活动中的分析一词可以分为“分”和“析”两个含义来理解，“分”是要分解、分割、分离，“析”则是要比较、区分、辨别。不仅如此，在系统观点统帅下的思维活动，除了“分”和“析”之外，还要在关系海洋中对“析”出来的个体进行分类、归纳和关联处理，把部分整合为整体，把片面综合为全面。因此，系统分析这种思维活动的特点可以概括为三个词汇：系统、分析、综合。系统是认知对象，分析、综合是认知的活动过程。因此，系统分析作为一种思维活动，其概念就是“对系统进行分析与综合”，即把分出来的不同部分关联起来，整合为一个完整的整体。此时的整体不再是认知开始时的混沌整体，而是一个清晰的整体了。

比如一台汽车，从外观上看是一个“混沌的整体”，为了认识汽车需要对其进行系统分析。首先，从功能或作用方面对汽车进行“分解”，可以分为发动机、底盘、车身和电气设备等部分。其中，发动机是汽车的动力装置，其功能是使燃料燃烧并产生动力；底盘起到支撑的作用；车身则用于承载乘坐人和货物；电气设备起到为其他用电设备提供电力的作用。进一步，各个组成部分还可以继续分析。汽油发动机又可以分解为曲柄连杆机构、配气机构、燃料供给系、冷却系、润滑系、点火系和启动系；底盘由传动系、行驶系、转向系和制动系四部分组成；车身，比如承载式车身由底板、骨架、内外蒙皮组成；电气设备包括电源和用电设备，电源包括蓄电池、发电机，用电设备包括发动机的启动系、汽油机的点火系和其他用电设备。其次，根据各个组成部分的作用对象，识别各个组成部分之间的关系。发动机通过底盘的传动系驱动车轮使得作为整体的汽车行驶，发动机与底盘有关系；底盘既是汽车的整体造型，又支撑和安装发动机，也说明了发动机与底盘有关系；车身安装在底盘上，车身与底盘有关系；电气设备中的发动机启动系为发动机提供初始电能，而且也安装在底盘和车身上，电气设备与发动机、车身、底盘三者都有关系。通过系统分析中的综合方法可以得到各个组成部分之间的关系，并把各个组成部分构成一个整体。根据关系分析可以把各个组成部分用一张结构图画出来，如图 2.1 所示。这张图从抽象的角度给出了汽车的整体概念。当然，也可以根据下一层分解的部件画出更详细的结构图。

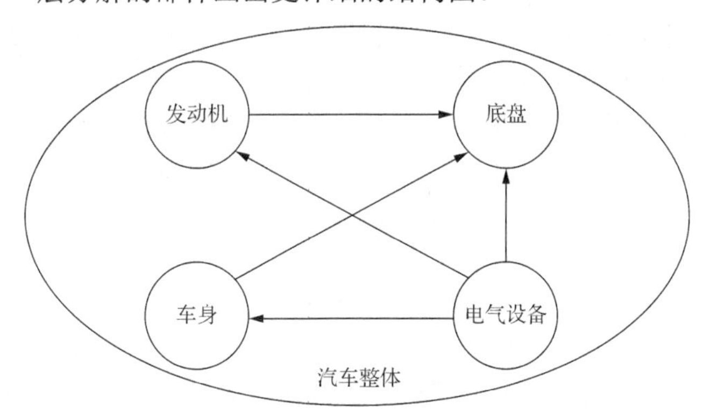

图 2.1　汽车整体的结构模型

《三国志》中有一个几乎妇孺皆知的故事——曹冲称象。“冲少聪察，生五六岁，智意所及，有若成人之智。时孙权曾致巨象，太祖欲知其斤重，访之群下，咸莫能出其理。冲曰：‘置象大船之上，而刻其水痕所至，称物以载之，则校可知矣。’太祖大悦，即施行焉。”说的是，有一次，吴国孙权送给曹操一只大象，曹操十分高兴。大象运到许昌那天，曹操带领文武百官和小儿子曹冲一同去看。曹操的人都没有见过大象。这大象又高又大，光说腿就有大殿的柱子那么粗，人走近去比一比，还够不到它的肚子。曹操对大家说："这只大象真是大，可是到底有多重呢？你们哪个有办法称它一称？"嘿！这么大一个家伙，可怎么称呢！大臣们议论纷纷。一个说："只有造一杆顶大的秤来称。"而另一个说："这可得要造多大一杆秤呀！再说，大象是活的，也没办法称呀！我看只有把它宰了，切成块儿称。"（分解思维）他的话音未落，所有的人都哈哈大笑起来。有人说："你这个办法可不行啊，为了称重量，就把大象活活地宰了，不可惜吗？"大臣们想了许多办法，没有一个办法行得通。这时，从人群中走出一个小孩，对曹操说："父亲，我有个办法，可以称大象。"曹操一看，正是他最心爱的儿子曹冲，就笑着说："你小小年纪，有什么法子？你说说，看有没有道理。"曹冲趴在曹操耳边，轻声地讲了起来。曹操一听连连叫好，吩咐左右立刻准备称象，然后对大臣们说："走！咱们到河边看称象去！"众大臣跟随曹操来到河边。河里停着一只大船，曹冲叫人把象牵到船上，等船身稳定了，在船舷上齐水面的地方，刻了一条道道（整体）。再叫人把象牵到岸上来，把大大小小的石头，一块一块（另一种分解：替代性分解）地往船上装，船身就一点儿一点儿往下沉。等船身沉到刚才刻的那条道道和水面一样齐了，曹冲就叫人停止装石头（综合完毕）。大臣们睁大了眼睛，起先还摸不清是怎么回事，看到这里不由得连声称赞："好办法！好办法！"到现在谁都明白了，只要把船里的石头一块一块地都称一下（分解），再把重量加起来（综合），就知道象有多重了。曹操自然更加高兴了。他眯起眼睛看着儿子，又得意扬扬地望望大臣们，好像心里在说："你们还不如我的这个小儿子聪明呢！"

这个小故事中也包含着系统思维的分析和综合两个方面。故事中要解决的问题是"在没有大秤的条件下，如何对大象称重？"（问题驱动），人们首先想到了"分解"即把大象切成块儿，大象必死无疑（整体不可分），这显然行不通。但是，曹冲用重量相等的多块石头与大象置换（等量替代），相当于对大象进行了分解。把思维中的分析用石头把大象等价地"分解"了。不仅如此，在对等置换并分解的基础上，还把各个石头块的重量加到一起即对分解了的部分进行综合，从而得到了大象的总体重量，解决了上面的"小秤称大象"的问题。这个故事包含了分析和综合两种思维方式。当然，还包含了"等量置换"的技巧。

综上所述，系统分析这种思维方式，绝不是单纯的分析思维，而是分析与综合相互融合，否则没有整体可言。分析与综合如何融合属于系统分析方法的内容。

2.1.2 系统分析是方法

1. 系统分析方法的建构

系统分析的第二层含义是指系统分析方法，是如何进行系统分析这种思维活动的方法。如何活动，无论是人的行为还是思维活动都需要一定的方法，所谓方法就是进行活动的途径、步骤、手段以及支撑方法的工具的有机组合。系统分析方法是一种方法框架，是一种在系统思想、系统原则约束下的系统化的分析流程。方法框架由系统分析思想、系统分析原则、系统分析方法和系统分析工具四个层面搭建组成，如图 2.2 所示。

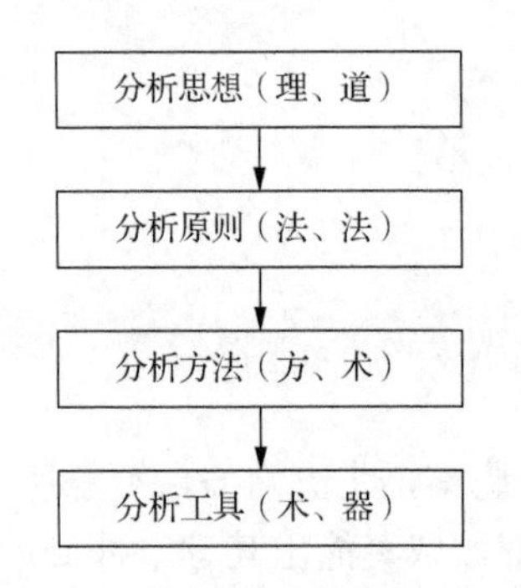

图 2.2　系统分析的方法架构

其中，分析思想是对事物的基本看法、基本理念和基本观点，是对系统内在规律、道理的把握，作为系统分析的指导思想，用于确定系统分析的大方向；分析原则作为衡量思想理念是否落实的尺度是思想的规矩、法度；分析方法是在原则规制下的操作流程和步骤；分析工具是配合方法实现系统分析这项思维活动的手段和工具。分别对应中医理论中的“理法方术”和《道德经》思想的“道法术器”四个层面。本书只讨论系统思想、系统原则和分析方法，不讨论分析工具。

（1）系统分析方法与系统分析活动的关系。

任何活动包括思维活动都需要方法，任何方法都是为某种活动服务的。同样的活动可以按照不同的流程、步骤进行，但是方法不同，活动的效果也将不同。符合规律（道、理）的方法会提高活动的效果，使活动事半功倍，否则将会事倍功半。

（2）系统分析方法与专业领域分析方法的关系。

系统化分析方法属于方法论范畴，系统分析不排斥专业领域的独特分析方法，虽然每个领域的独特方法都在一定程度上体现了领域的特定理念，但是由于任何事物都可以作为“系统”来看待，所以不同领域的独特方法都可以在系统思想和系统原则的统领下，为特定领域的系统分析所利用。

（3）系统分析方法总体架构。

系统分析方法总体架构中除了本书后续将要讨论的通用分析方法之外，还包括不同专业领域的领域专用方法。通用分析方法与领域专用方法相互补充，共同建构系统分析方法总体架构。建构的基本原则是：系统思想为指导，系统原则定规矩，通用方法定框架，专业方法为支撑。专业领域的方法和工具只要符合系统思想和系统原则都可以纳入系统分析方法架构中，形成各自专业领域的专门的系统分析方法体系，用于专业领域的系统认知。通用分析方法与领域专用方法共同建构，如图 2.3 所示。

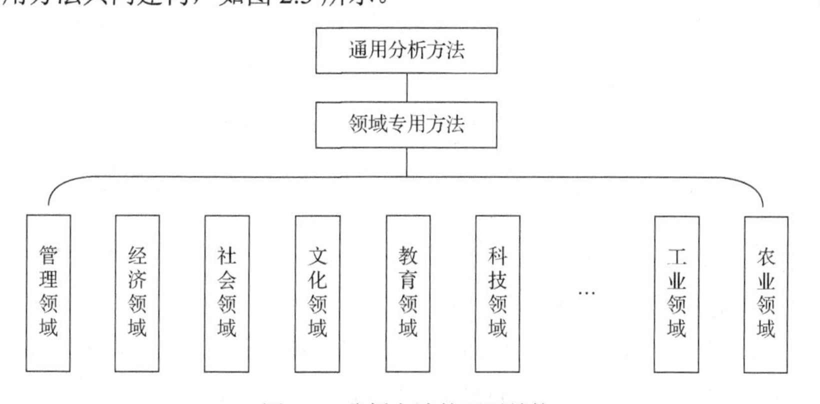

图 2.3　分析方法的两层结构

可以认为系统分析方法是一个由系统分析思想、系统分析原则和系统分析通用方法建构的“工具箱”，这个工具箱可以在不同的领域中装入领域专用方法和工具，从而建构一个各自专业领域的“专用工具箱”——专业领域系统分析方法体系。

本书只讨论通用的系统分析方法。

2. 系统分析方法的地位

系统分析方法是系统方法的重要组成部分。系统方法是指把认识对象、实践对象放在系统模式当中，以系统理念为指导，从整体与局部、系统与要素、要素与要素、系统与环境之间的相互联系和相互作用的关系中，全面地、综合地、动态地考察对象，以达到最佳解决系统问题的一种科学方法。

（1）系统方法的地位。

系统方法介于哲学方法和领域性方法之间，属于科学研究和工程实践中的一般性方法，在专业领域中则需要与具体的专业特性相结合转化为领域性的科学方法。哲学方法具有最广泛的普适性，既适用于自然科学、社会科学，又适用于思维科学的各个领域。领域性方法仅仅适用于特定领域的具体研究，比如工程领域的各种具体方法、数学领域的各种方法、物理、化学等各个领域都有自己独特的领域性、专业性方法，这些方法都带有各自的领域特征，适应性较小。系统方法处于方法体系的中间位置，具有承上启下的作用，适用于所有可以看作“系统”进行研究的领域。系统方法既不像哲学方法那样抽象和概括，又不像领域性方法那样狭窄，是具有广泛领域普适性的方法。三个层次之间的关系如图 2.4 所示。

（2）系统分析方法的地位。

系统方法包括系统分析方法、系统设计方法、系统评价与决策方法、系统实施方法、系统验收与总结方法等所有以系统为分析和实践对象的方法，如图 2.5 所示，系统分析方法处于系统方法的第一部分，是所有其他系统方法的基础和前提。

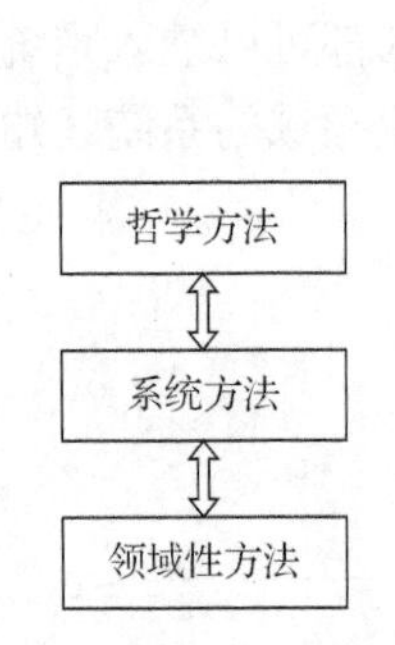

图 2.4　系统方法的地位

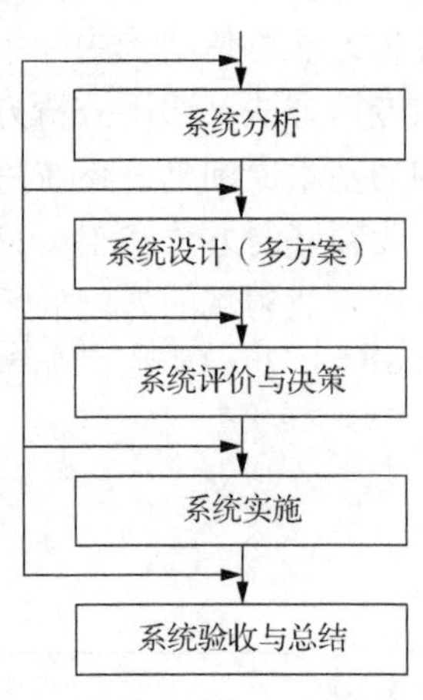

图 2.5　系统分析方法的地位

（3）系统分析方法与系统工程方法的关系。

系统分析方法属于认识问题、分析问题的方法，为系统分析这种认知思维活动提供分析的原则、理论、步骤和方法，是使人们对系统的认知从“混沌”的此岸到达“清晰”彼岸的桥梁或渡船。系统设计是为解决问题提供方案的思维活动，这项活动中包含方案的提出和优化，系统评价与决策是针对系统设计提出的不同条件下的多个方案进行分析评价，并在评价的基础上进行选择和决策的思维活动。系统实施是把通过决策选择出来的所谓最优方案作为蓝图进行系统的建造或改造的实践行动。系统验收与总结是人类经验上升为知识的不可或缺的重要步骤。

如果从“认识世界，改造世界”的角度来讲，系统方法可以分为两大部分，如图 2.6 所示，第一部分是认识世界的方法即系统分析方法，第二部分是改造世界的方法，包括图 2.5

中的系统设计方法、系统评价与决策方法、系统实施方法和系统验收与总结方法四个部分。也就是说，系统分析方法属于“认识世界”的方法论范畴，不是“改造世界”的“系统工程”方法。但是，所有的系统工程方法都是在系统认知的基础上才能进行的方法，所以系统分析（活动和方法）是系统工程的前提和基础，为系统工程提供系统的认知结果。反之，在系统工程的实践中还可以进一步加深对系统的深入理解。所以，系统分析与系统工程两者之间是一种由系统分析出发，在系统分析和系统工程之间相互交错进行的动态协同关系。

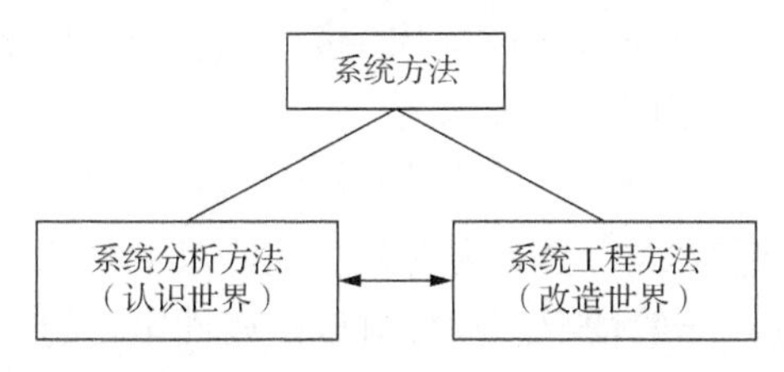

图 2.6　系统分析方法与系统工程方法的关系

（4）系统分析与系统工程的主要区别。

前者在于客观真实地认识事物，后者在于建造或改造一个新系统，钱学森等在《组织管理的技术——系统工程》一文中对系统工程定义如下：“‘系统工程’是组织管理‘系统’的规划、研究、设计、制造、试验和使用的科学方法，是一种对所有‘系统’都具有普遍意义的科学方法。”系统分析属于“认识世界”的范畴，系统工程属于“改造世界”的范畴。

2.2　系统分析内容

系统分析内容是指系统分析这种思维活动的任务和对象，是获知系统“是什么”和“怎么样”所应该完成的工作。

2.2.1　基础分析内容

1. 分析问题的界定

系统分析是一项有目的的思维活动，其目的在于解决问题，系统分析的全部内容都围绕着解决问题而展开。因此，系统分析是问题驱动的分析，界定问题并明确问题是系统分析的首要内容。

什么是问题？问题是被利益相关者感知到的矛盾，矛盾是不平衡的关系或者说是有差异的关系，关系是事物之间的相互作用、相互依赖和相互制约。问题是矛盾在利益相关者主观意识中的反映，是主体对矛盾的主观感知，所以问题源于矛盾。但是，矛盾不一定都能成为问题，只有当矛盾被利益相关者感知到，并且希望予以解决的时候才会变成利益相关者的问题。如果矛盾没有被利益相关者感知到或者即使感知到了也不以为然，那么矛盾就不是利益相关者的问题。被非利益相关者“看到”的矛盾并不构成非利益相关者的问题。比如，不想购买汽车的人并不会把汽车产品的实测指标与质量标准的差距变为自己的问题，反之对于打算购车的人他就会十分关注汽车质量，此时质量矛盾就会成为他的问题。关系、矛盾具有客观属性，是一种客观存在，不以人的意志而转移；而问题则不然，问题具有双面性，既有客观属性也有主观属性。所谓主观属性是指一个矛盾可以是某一个利益相关者的问题，但不一定是另一个主体的问题；一个利益相关者认为很严重的问题，而另一个利益相关者却不以为然。问题还具有情境依赖性，即同一个主体在某一情境下不认为某个矛盾构成问题，而在另一情境下可能就是问题，比如，在野外大声喧哗不是问题，但在室内大声喧哗就是问题。关于问题、问题驱动或面向问题等概念在后边还将详细讨论。

2. 确定目标

目标是利益相关者对问题解决程度的要求，是衡量系统分析目的的标准。可以用一组定性的或定量的指标 I（index）作为衡量目标的尺度。

系统 S（system）具有属性 P（property），用指标 I 以及指标所要达到的目标值 V（targeted value）表示系统分析的目标，用四元组表示为

$$\{S,P,I,V\} \tag{2.1}$$

指标是利益相关者的价值体现，具有客观和主观的双重特性。从客观的角度来讲，指标必须依赖于系统的整体属性，一般情况下指标可以是属性集合的一个子集，指标与属性之间一般满足式（2.2）：

$$I \subseteq P \tag{2.2}$$

从指标的主观特性来看，指标必须能够代表和表达利益相关者的主观愿望，能够代表并反映利益相关者的诉求，是他们所关心和关注的系统属性。指标的主客观性如图 2.7 所示。

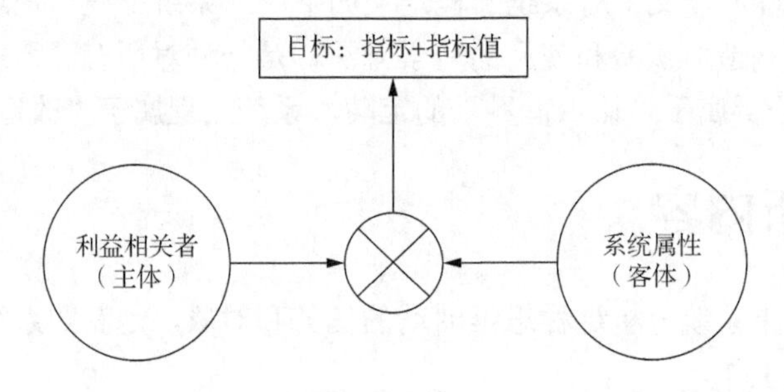

图 2.7　指标的客观性和主观性

确定目标需要完成两方面工作：一是确定指标体系，二是确定每个指标所要达到的程度即确定目标值。

系统属性能够作为指标，需要满足四个条件：期望匹配性、可获知性、可计量性和可评价性。

（1）期望匹配性。

期望匹配性是指系统属性要具有能够满足人的期望的特点。比如一个人饿了，他的期望就是需要某种东西使他解除饥饿感，显然馒头、米饭等都具有这个属性，而石头、泥土、木材等不具有这个属性。并非系统的所有属性都是人们所期望的。比如，改革开放初期的小化肥厂、小造纸厂、小染织厂等一些小工厂，虽然给本地带来了显著的经济效益，但是还有一些被忽视的不是人们期望的污染问题，这是缺乏全面看问题所带来的恶果。在确定指标体系时，需要用系统观点对系统属性进行全面考察并做出适当的处理。上述小工厂的指标既要有有益的属性也要有不利的属性，有些指标的值越大越好，有些则越小越好。经济效益越大越好，污染指标则越小越好，但是两类指标可能具有相关性，即越有效益就会越有污染，此时就需要在两类指标之间进行系统权衡。

（2）可获知性。

可获知性包括可观测性和可推测性。可观测性是指选定的指标通过人的五官等感觉器官和现代观察仪器设备是可以观测的。但是，并非系统的所有属性都具有可观测性，比如系统功能是可观测的，而系统能力一般来讲是不可直接观测的，只有系统对外做功即与环境相互作用并发挥功能时，才能表现出系统所具有的能力。通过系统功能可以推测而不是观测可以获知某种系统能力的存在，通过系统功能对系统能力的推测就是可推测性。狭义的可获知性仅指可观测性，广义的可获知性除了可观测性之外，还包括可推测性。

（3）可计量性。

可计量性是指选定的指标应该是可定量的、可计量的。所谓可以计量本质上是可以比较的，可以比较指标数值的大小、多少。一般来讲，系统的属性既有可定量的也有不可定量的，只要能比较出大小、多少或次序等都可以认为是可计量的。有的可以用数量指标描述，有的虽然不能用数量直接定量，但可以利用自然语言值来描述和比较，从而确定大小、多少或次序。

（4）可评价性。

可评价性是指标可以被利益相关者进行评价并方便决策选择的特性，比如可以做出好坏的判断、喜欢与否的判断等。尽管评价具有主观性，即同样的指标不同的人其期望值不同或价值观不同会做出不同的评价和判断，但是指标应该具有可以被评价和可以被判断的性质。可评价性的本质也是可比较性，没有比较就没有判断。这种比较一种是客观比较，一种是主观比较，前者是两个或多个指标的相互比较，后者是指标与利益相关者的心理尺度的比较。

3. 系统界定

（1）系统界定的概念。

系统界定也叫作系统划定，是指把我们所观察的事物从其所在的情境中划分出来，区分为系统和环境。从问题驱动的视角来看，则是根据问题的相关性在广泛的问题背景中找出问题的相关系统。如图 2.8 所示，被虚线包围的中心部分是界定的系统，周围是被区分出来的系统外部，两部分之和是问题背景。还不能简单地把系统外部统称为系统环境。

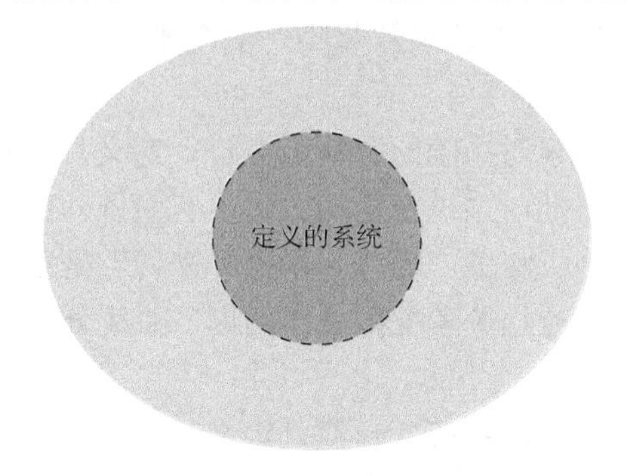

图 2.8 系统界定——把分析的对象从环境中划分出来

界定系统可以把需要观察分析的事物从广泛联系中区分出来，划出一条边界之后就可以“站在”系统边界上区分事物的内部和外部。“眼睛”向内即可看到系统的内部情况，对系统内部进行分析；反过来，在系统边界向外看，也可以观察和分析环境情况；还可以站在系统边界"低头"观察并分析系统与环境之间的接口关系。一般来说，系统分析的目的是认清系统的结构和变化规律，为使用系统工程方法改造系统或建造系统提供前提条件。对解决问题或改造系统来讲，系统的清晰定义可以使人们知道能够控制和改造的内部因素是什么，同时也可以知道环境的因素，虽然环境不能控制和改造，但是也可以清晰地认识系统与环境之间的接口，并通过调整接口关系或接口结构使系统更好地适应环境及其变化，并与环境和谐相处。

现实中，并不是所有的系统界定都是容易的工作。对"硬系统"而言，比如工程系统这类人工系统其定义是比较容易的，一座大楼、一台机械设备、一座水电站等具有自然的边界，区分系统和环境并不困难。对"软系统"而言，比如社会经济系统、管理系统、事物中的"事的系统"等，其因素及其关系往往处于一种模糊状态，不太容易划清系统边界。

（2）系统界定的基本原则。

基本原则：系统与问题对等。所谓对等是指系统边界内所包含的事物都是与问题有关联的事物，不多不少正好构成问题的"相关系统"，与问题无关的事物一般不纳入到系统中。这一原则也体现了面向问题，也是问题驱动的系统分析的基本原则。

（3）系统界定的意义。

系统界定的意义在于：①可以使系统分析聚焦于一个明确的对象，有利于分析主体确立分析的目标；②有利于把资源明确地集中于已经聚焦的分析对象以及分析之后的建造或改造对象，减少资源投放的盲目性；③有利于统一群体共识，现实中的系统往往具有广泛的利益相关者，需要广大的利益相关者有一个共同的认知焦点，这样既便于讨论又便于达成共识，有利于形成一个各方都能接受的系统概念。比如一个企业发现"员工干劲不足、绩效不佳"的问题，打算采取奖励策略来激励员工，具体采用给一部分员工发放绩效奖励的办法。那么，如何在全体企业员工中确定"一部分人"，这就是一个系统定义问题，把"一部分人"作为系统，其他人作为环境。对于这样一个简单的问题，在现实中并不容易做到，这条边界如果画不好，既没有鼓励作用也没有激励作用，很可能双方都不满意，即使在被奖励的员工之间也存在着"患不均"的关系，如果处理不好其激励结果很可能适得其反。

在这个小例子中，问题是"员工干劲不足、绩效不佳"，相关系统是所涉及的企业员工，解决办法是"发放绩效奖励"。在发放绩效奖励之前需要对相关系统进行界定。

4. 环境定义

系统环境需要根据外部因素对系统的影响强度进行定义，并非系统之外的所有因素都构成系统环境。环境定义就是要把与系统密切相关的所有系统外部的事物、因素找出来。系统外部的事物、因素哪些"密切"相关，哪些关联"不密切"是定义环境的根本依据，没有一个逻辑上的标准，只能依靠利益相关者根据系统问题、系统分析目的以及所掌握的数据、信息、相关知识和经验进行判断。

对于生存于比较稳定环境中的系统，一般只定义一个环境即可，但是对于一般的系统来说，其环境在不断变化的过程中或者很难准确定义环境，此种情况下就需要对同一个系统定义多种环境。由于环境也是被人们所认识和感知到的系统外部事物，因此环境的定义不可避免地受到分析者主观意志的影响。也就是说，定义的环境既有客观因素也有主观因素，因此一般地可以把这种具有主客观因素的环境称为"情境"，其构成因素如式（2.3）所示：

$$\text{situation}=\text{objective factors}+\text{subjective factors} \tag{2.3}$$

式中，situation 表示包含主观因素的环境即情境；objective factors 表示环境中不以主观意志而转移的客观因素；subjective factors 表示利益相关者的主观因素。即使同一个客观环境，不同的人或者同一个人的主观性在不同时期也不完全相同，为了更全面地进行系统分析需要对同一个系统给出多种情境的定义，用于分析不同环境对系统的影响。特别是人文、社会、经济、政治、文化、管理等这类“软系统”，其变动的因素、看不清楚的因素、受主观认识影响的因素很多，更需要定义多种情境。

2.2.2　系统外部分析内容

系统外部分析是在系统界定和环境定义的基础之上：①对系统整体性进行属性分析；②对已经定义的环境进行分析；③对系统与环境之间的接口进行分析。

1. 系统整体性分析

根据系统的整体性原理和系统多维性原理对系统整体特性进行分析。目的在于考察系统有哪些整体特性，是什么样的整体特性以及有多少数量和种类，整体特性之间是否具有影响关系，是什么样的影响关系。比如系统的“输入-输出”特性之间的关系，“输入-内部变量-输出”特性之间的关系，“输入-控制-输出”特性之间的关系等。

如前所述，系统整体性是系统作为一个整体所具有的特性，其特点是一旦系统解体，整体性就将不复存在。根据整体性的这一特点对系统表现出来的可观测到的所有特性进行分析，包括两方面的区分：①要区分观察到的特性是系统整体所具有的特性，还是系统局部特性的外露；②需要区分非加和的整体特性以及具有加和特点的整体特性，非加和的整体特性是系统分析所关注的重点，是系统整体“涌现”出来的特性，一旦系统解体这种“涌现”出来的特性将不复存在。

整体性包含三个方面：①整体所具有的属性；②系统作为整体所具有的系统能力；③在特定环境条件下系统整体所发挥出来并能够对外界做功的系统功能。整体性分析是在系统界定的基础上，根据分析目的，对已经分析出来的整体性进行比较分析，区分整体性之间的差别特别是质的差别，每一个不同质的整体特性都是一个维度，比如一个物体的几何形状，一般有长、宽、高等三个维度。根据多维性原理可知，即使是同一个系统其整体性也具有多个方面（多个维度）而且多种多样。既有“好的”，也有“坏的”，在分析时需要找全，不能遗漏，并且从正反两个方面进行分析。既要分析出对环境有用的维度，也要分析出对环境起到破坏作用的维度，同时还要分析出中立即暂时还没有表现出“好”和“坏”的维度。

一方面通过分析获得整体特性，另一方面还要分析整体特性之间的相互影响关系，尽管这些影响是通过系统内部的关系产生的，但是从系统外部也可以确定特性之间是否具有相互影响。比如一个物体的长、宽、高和重量之间具有关系，在相同密度的前提下，越长、越宽且越高的物体，重量也会越大，反之亦然。

2. 系统环境分析

环境分析包括三个方面：①确定环境中包含哪些要素，以及要素之间的关系。对于多种情境的环境分析而言，还需要对情境进行划分，比如划分为情境 1、情境 2 等。对每一个情境都需要分析出环境特点，以及包含的要素、影响因素以及要素之间的关系。②环境的定义。因为环境也是一个系统，所谓对环境的分析如同对一个系统分析。重要的关键点在于，虽然环境与系统有一条边界，但是环境的“外围”也需要有一个边界，并不是所有的系统外部的事物都属于环境，因此环境分析的另一个任务就是画出环境的外围边界。哪些事物应该划入环境中，哪些不应该划入环境的判断是环境分析的重点和难点。上述两个方面不存在先后的分析次序。环境分析的结果如式（1.7）和式（1.9）所示，综合公式为式（1.10）。③环境分析的立场。环境分析主要是站在系统的立场，分析环境因素对系统的正向影响和负向影响，同时也要分析系统对环境的正向作用和负向作用。特别是系统对环境的负向作用往往不易被重视。比如前面提到的小化工厂，在对本地经济发展做出贡献的同时，也会造成严重的生态环境、大气和水的污染。当人们的关注点在正面效益时，往往有意无意选择性地忽视了对环境的负向作用。

3. 系统接口分析

系统接口分析即分析系统与环境之间的关系及其结构。系统要素和环境因素并非都具有直接关系，更多的要素是没有直接关系的间接要素。因此，接口分析就是通过分析找出系统相对于环境的“前台要素”，在环境一侧找出相对于系统的“前台要素”。接口也是一个系统，在获得双方“前台要素”的基础之上，进一步分析双方“前台要素”之间的相互影响、相互作用和相互制约的关系。比如作为系统的输入变量，在环境一方则是输出变量，而在系统一方为输出的变量，对于环境而言则是输入变量。系统接口分析内容可见 1.1.4 节的描述。

接口是系统与环境相互作用的结合部，系统与环境的相互作用是通过接口实现的。因此，接口分析除了分析系统和环境的前台对接因素之外，还要分析系统与环境的协调问题。因为任何问题的解决都是关系的调整，同理，如果系统与环境发生矛盾，最简便的解决思路就是调整接口关系。比如小化工厂的污染问题，可以通过设置或调整污染的排放处理装置予以消除，排放处理装置就是小化工厂与环境的接口，只要把这个接口关系调整好就可以解决污染问题。在人工系统中，接口往往是一个专用设备，简单的比如螺丝钉，复杂的比如一个转接器、转换器。如果系统与环境之间有矛盾、不协调了，只要维修或更换接口即可，这是一种可以极大地简化处理和调整系统与环境之间矛盾的有效方法。接口分析的结构如式（1.11）～式（1.13）所示。

2.2.3 系统内部分析内容

1. 系统要素分析

系统要素是系统最基本的组成部分，包括组成系统的所有要素，并对找出的所有要素进行分类。把全部要素找出来就意味着系统的组成“成分”清楚了。还需要对要素的特点、性质和功能进行确认。要素分析的结果是一个要素集合，即式（1.1）$A=\{a_1,a_2,\cdots,a_i,\cdots,a_n\}$，一个属性矩阵用表 2.1 表示。

表 2.1　属性矩阵

	属性 1	属性 2	…	属性 j	…	属性 m
要素 1						
要素 2						
…						
要素 i				p_{ij}		
…						
要素 n						

每一行表示一个系统要素，共有 n 个要素，每一列表示要素的一个属性 property，系统的全部要素共有 m 个属性，表体是一个 $n\times m$ 矩阵。并不是每一个要素都有表中的 m 个属性，因此其中

$$p_{ij}=\begin{cases}0, & \text{要素}\, i\ \text{没有属性}\, j\\ 1, & \text{要素}\, i\ \text{拥有属性}\, j\end{cases} \tag{2.4}$$

系统要素分析最重要的是关于如何界定要素的“粒度”，需要根据问题和分析目的提出确定要素的标准和分解的最小粒度。对于同样的一个系统，不同的问题或不同的分析目的，可能获得的要素粒度不同、种类不同。

2. 系统关联分析

系统关联分析的目的是确定系统要素之间的相互依赖、相互制约的作用关系。关联分析的基本工作是确定一个要素与另一个要素之间是否有关系，针对系统中所有的要素都需要确定这种关联关系。在关联分析时暂不考虑关系的性质、种类和关联强度。这样的要求是为了突出“关联”这一重点，而暂时忽略关系的细节，为后续的系统整体结构分析奠定基础。

关联分析的结果是一个二元关系，如式（1.5）所示，还可以用一张由“结点”和“有向边”两种构图元素构成的网络图，如图 1.2，其中结点代表系统要素，箭头代表要素之间的关系，也可以用矩阵表示。

3. 系统结构分析

系统结构分析是系统分析的重头戏，包括两个阶段：第一个阶段是建立系统的结构模型，因为此时的分析是从系统中析取出“要素”和“关系”，构造出“结构模型”，所以把这个分析纳入结构分析的范畴；第二个阶段是利用结构模型进行深入的系统结构特征的分析。只要把系统的结构模型建立起来、把结构特征分析清楚了，系统的整体架构就清楚了，也就形成了系统的整体概念。本书将在后边详细讨论这两个阶段的结构分析方法。

4. 系统多元性分析

系统多元性分析也称为系统异质性分析。异质性是指系统要素的性质是有差异的、互不相同的，因此是对系统多元性的一种反映。一般而言，若系统有 n 个要素，记要素的类型数为 c，则 $1\leqslant c\leqslant n$。①如果 $c=1$，则系统的 n 个要素都是一种类型，即系统的要素是同质的，这个系统不具有多元性；②如果 $c=n$，则系统的 n 个要素分属于 n 个类型，说明系统要素相互之间都是不同的，是完全异质的，系统的多元性最强烈；③一般情况是 $1<c<n$，说明系统具有一定程度的异质性，即系统具有一定的多元特性。可以定义一个描述系统多元性的参数为异质度（heterogeneous degrees，Hd）：

$$\mathrm{Hd}=c/n,\ 1\leqslant c\leqslant n\ \text{且}\ n\geqslant 2 \tag{2.5}$$

异质度的重要意义：①异质度越大说明系统越加多元，系统蕴涵的发展和变革的可能性越大；②异质度越小说明系统要素越加趋同，其发展变革的可能性越小。因为异质性本质上是差异性，而差异就是潜在的矛盾，矛盾则是事物发展和变革的内生动力。

比如：一个由一群人组成的创新团队，如果团队成员都是同质的即都具有相同的学历、相同的专业、相同的经验和知识能力、同样的情感和人格特质，很难想象这个团队是具有创新能力的团队。反之，这个团队成员在各个方面都具有一定的异质性，那么这个团队一定蕴涵着创新的潜力。通过系统异质性分析可以判断一个系统，特别是社会经济系统的发展和创

新潜力，如果采取合适的管理控制措施，异质性越大的系统越有可能把潜力转化为发展和创新的活力。

2.3 系统分析思想

系统思想包含着还原思想和整体思想的精华，但是既不同于还原思想也不同于整体思想，系统思想对还原思想和整体思想既有继承又有发展。因此，可以粗糙地理解为：系统思想约等于还原思想加上整体思想。

2.3.1 还原思想

还原思想认为复杂的系统、事物、现象可以将其化解为各部分的组合来加以理解和描述。所谓还原，是一种把复杂的系统（或者现象、过程）层层分解为其组成部分的过程。还原论认为，复杂系统可以通过它各个组成部分的行为及其相互作用来加以解释。还原方法是迄今为止自然科学研究的最基本的方法，人们习惯于以“静止的、孤立的”观点考察组成系统诸要素的行为和性质，然后将这些性质“组装”起来形成对整个系统的描述。例如，为了考察生命，首先考察神经系统、消化系统、免疫系统等各个部分的功能和作用，在考察这些系统的时候又要了解组成它们的各个器官，要了解器官又必须考察组织，到最后是对细胞、蛋白质、遗传物质、分子、原子等的考察。

用还原思想来看，世界图景展现出前所未有的简单性。早在 19 世纪，德国物理学家亥姆霍兹（Helmholtz）就曾认为：“一旦把一切自然现象都化成简单的力，而且证明自然现象只能这样来简化，那么科学的任务就算完成了。”现代物理学借助“还原”，把世界的存在归于基本粒子及其相互作用；生物学家开始相信分子水平的研究将揭开生命复杂性的全部奥秘。复杂的世界经由还原被清晰地分割为可以重组的简单部分，关于世界的知识也被分解为种种不同、分类庞杂的学科与部门。弗兰克·卡普拉（Fritjof Capra）对此指出：“过分强调笛卡儿的割裂成碎片的方法成为我们一般思维和专业学科的特征，并且导致了科学中广泛的还原论态度——一种相信复杂现象的所有方面都可以通过将其还原为各个组成部分来理解的信念。”还原思想的核心理念在于“世界由个体（部分）构成”。牛顿力学观盛行的 18～19 世纪是还原思想的高峰。古代有机的、生命的和精神的宇宙观被世界是“钟表机器”的观念所取代。还原思想的持有者相信客观世界是既定的，世界是由基本粒子等“宇宙之砖”以无限精巧的方式构成，宇宙之砖的性质与相互作用从根本上决定了世界的性质，最复杂的对象也是由最低层次（同时也是最根本）的“基本构件”组装而成。从德谟克利特的原子论构想，卢克莱修的原子和无限虚空说，到近代牛顿的具有一定质量和运动的物体，又经道尔顿的原子论，并最终发展到当代还原论者的对原子内部的基本粒子和能量的确认。既然世界由不同层次的基本单元构成，那么那个最终无法还原的最小实体就是宇宙的本质与本原。

还原思想可追溯久远，但“还原论”（reductionism）这一词汇却来自 1951 年美国逻辑哲学家蒯因的《经验论的两个教条》一文。此后，还原论这一概念的内涵与外延都得到扩张。《大不列颠百科全书》把还原论定义为：“在哲学上，还原论是一种观念，它认为某一给定实体是由更为简单或更为基础的实体所构成的集合或组合；或认为这些实体的表述可依据更为基础的实体的表述来定义。”体现了还原思想的还原论方法是经典科学方法的内核，将高层的、复杂的对象分解为较低层的、简单的对象来处理，认为世界的本质在于简单性。

还原思想在自然科学中有很大影响，例如认为化学是以物理学为基础，生物学是以化学为基础等。在社会科学中，围绕还原论的观点还有很大争议，例如心理学是否能够归结为生物学，社会学是否能归结为心理学，政治学能否归结为社会学等。

还原思想对科学方法论产生的普遍影响是：各种复杂现象被认为总可以通过把它们分解为基本建筑砌块及其相互作用的关系来加以认识；不同科学分支描述的是实在的不同层次，但最终都可建立在关于实在的最基本的科学——物理学之上。

还原思想对现代科学的不同领域都产生了深刻的影响，并取得了丰硕的成果，但在复杂系统中也暴露了明显的不足。比如，在生物学研究中，还原思想表现最为明显，人们试图把生命运动形式归结为物理-化学运动形式，用物理-化学运动规律取代生物学规律。20 世纪初的还原论者把人类社会运动还原为低等动物的运动，把生物学规律还原为分子运动规律，再继续还原为物理-化学过程。现代生物还原论借用分子生物学取得的成就，认为就像遗传过程可以还原为化学相互作用一样，所有生物现象都可归结为物理-化学运动。生物学中的还原论还主张学科之间的还原，如果一门学科的理论、规律可以说明另一学科的理论、规律，则后一学科可以向前一学科还原。

再比如，在心理学研究中的还原思想痕迹十分明显。心理学独立后的第一个心理学派——构造心理学认为，心理学应该用实验内省的方法分析意识经验的内容或构造，从而找出意识的各个组成部分以及它们连接成为各种心理过程的规律。铁钦纳（Tichener）反对机能心理学派重视意识功用的特点，他只对确定组成意识经验的心理元素感兴趣，至于这样做有什么用处，他并不进行回答。他经过分析之后，找到能意识到的 44000～50000 种最简单的感觉元素。显然，构造心理学元素分析的方法与还原论同出一辙。20 世纪前半期风靡美国的行为主义心理学也采用了还原论立场。行为主义的创始人华生（Watson）认为，心理学应以客观的、可观察的行为为研究对象，放弃对捉摸不定的主观心理状态或意识状态进行探讨。行为主义者眼中的“心理”就是有机体的肌肉收缩或腺体分泌，心理学规律就是应用刺激-反应（stimulus-response，S-R）连接对行为的不同描述。行为主义者在对本能、习惯、情绪、动机、语言、思维的解释中贯穿了还原论的基本观点。例如，华生认为，言语动作就像打球、游泳一样，只不过是喉头内部一组肌肉的协调动作；言语习惯只不过是动作习惯的缩短或代替，婴儿学习言语的过程和养成其他动作习惯的过程是一致的。对于思维，华生也把它归结为细小的肌肉运动。

还原思想对于现代科技发展具有非常积极的意义。还原思想看到了事物不同层次间的联系，想从低级水平入手探索高级水平的规律，这种努力是难能可贵的；利用分解（分析、分割）的手段去“还原”一个事物，对于建造或改造一个事物（系统）显然是不可或缺的。特别是，在自然科学领域和工程领域，如果不能把一个系统整体进行分解（分析、分割），就一定不能制造或改造这个系统。但是，不同层级水平之间具有质的区别，每个层级都具有自己的整体特性，而这些不同的整体特性不可能通过分解而还原出来。如果不考虑所研究对象的特点，简单地用低级运动形式的规律代替高级运动形式的规律，显然是有悖于客观实际的。对于复杂领域，还原思想往往显得力不从心、削足适履。

还原思想比较符合人类思维的自然特性。还原是一种思维由整体到部分、由连续到离散的操作，这种“分解性”在很大程度上与人类主体思维的割离本性紧密相关。人类思维正是在这种连续与离散的矛盾中行进的。列宁在此基础上更明确地指出人类思维的割离本性："如果不把不间断的东西割断，不使活生生的东西简单化、粗糙化，不加以割碎，不使之僵化，那么我们就不能想象、表达、测量、描述运动。思维对运动的描述，总是粗糙化、僵化。不仅思维如此，而且感觉也是这样；不仅对运动是这样，而且对任何概念也都是这样。这里也有辩证法的本质。对立面的统一、同一这个公式正是表现这个本质。"这一思维的割离本性表明，人类对世界的理性把握总是非连续性的。在一定程度上，世界是因人类主体思维的本性才被解释（分解）为支离破碎。我们只能在这些支离破碎的思维逻辑点中重新拼合世界。

2.3.2 整体思想

整体思想也是一种哲学观点，这种思想的观点认为，考察一个事物即系统时，将系统分解为它的组成部分的做法是不妥的，对于高度复杂的系统，这种做法根本行不通，因此应该把系统作为一个整体来考察。比如考察一台复杂的机器，还原论者可能会立即拿起螺丝刀和扳手将机器拆散为成千上万个零部件来分别考察，显然这样的拆解会把机器整体所具有的功能和特性一并拆解消除，达不到认识机器整体功能和特性的目的。整体思想者则不然，采取不拆解机器的方式来认识机器所拥有的整体特性，试图启动运行这台机器，并在运行过程中观察机器的动态过程和功能发挥的行为过程，从而建立起整体上的输入和输出之间的有机联系，通过这样的方式可以了解机器的整体性能、整体功能和作用。

整体思想基本上可以认为是从系统的外部、从整体功能和整体属性开始思考的一种认识事物的思想，试图了解的主要是系统的整体功能和整体行为，但对系统如何实现这些功能的内在原因不做或做不了深入的分析。整体思想没有发展出完善的内因分析方法，因此不利于建造或改造系统，但是可以比较真实地反映系统的功能和作用。

整体思想古已有之。在中国，《易经》中就说道："一阴一阳之谓道，阴阳生四象，四象生八卦，八卦生万物。"卦和爻反映出古人对事物发展变化的整体性认识。古代的五行学说则认为，"以土与金、木、水、火杂，以成百物"，这五种元素相生相克，推动事物的发生发展，实现事物发生发展过程中的协调和平衡。道家的"道"是一个终极实在的概念，道家把客观世界看成是一个万物为一的整体，在《道德经》第42章中说，"道生一，一生二，二生三，三生万物"，这既是一个系统的生成过程，又是人对事物的认识过程。古希腊哲学家亚里士多德提出了"整体大于它的各个部分总和"的著名论断。无论中国还是西方，整体思想都具有一定的局限性，把整体与局部割裂开来，整体无法被还原到更精细的局部，微观层面的局部问题被忽视掉，失去了对局部的细化，也就更谈不上研究认识各部分之间的相互作用和联系。

整体思想并不是没有"分"的内涵，只不过整体思想的"分"是在功能层面上的分，而不是在实体层面上的分。比如，中医理论充分地体现了整体思想，中医有五脏六腑的概念，西医也有五脏六腑的概念。但是，中医的五脏六腑是对人体功能的划分即每一个脏腑都是人体的一个功能、一个子系统，而西医则是从解剖学的角度对生理器官的划分，西医的每一个脏腑都是人体的一个具体的器官、一个实体。因此，中医的五脏六腑与西医的五脏六腑的概念不能一一对应。这种不同的"分"法体现了不同的思想基础，中医的"分"是对整体功能的分，西医的"分"是对人体物质实体的分，前者体现的是整体思想，后者体现的是还原思想。中医的五脏六腑的每一脏器都是一个完整的功能，且功能是由众多组成部分有机构成而涌现出来的整体特性。这些众多的组成部分对于一个完整的功能而言都是不可或缺的，只有它们相互关联才能产生整体功能，如果把它们割裂开来，则脏器的整体功能就会消失，所以必须在整体上予以认识。因此说中医是整体思想的充分体现。西医则不然，西医的“分”是对五脏六腑的“实体”的分，是可以通过手术刀“拿出来”的可见的物质。

整体思想还关注“分”出来的部分之间的关系，比如中医把五脏六腑与中国的五行理论相互印证来说明脏腑之间的相互依赖和相互制约。五脏的“肝”对应五行的“木”，“心”对应“火”，“脾”对应“土”，“肺”对应“金”，“肾”对应“水”，五行生克图如图2.9所示。图中，实线表示相生关系，“相生”就是加强的意思；虚线表示相克关系，“相克”就是相反的意思。相生关系依次为木→火→土→金→水→木；相克关系依次是木→土→水→火→金→木。

图2.9是五行系统的静态结构关系，五行系统还通过相生与相克这两种基本机制的相互作用，产生一个具有自我动态调节功能的系统。比如“木”有个上冲信号，则通过相生关系引起“火”也上升，那么动态自我调节机制如何发挥作用呢？通过相克机制，则“木”克“土”、“土”克“水”、“水”克“火”形成一个自我动态调节机制，如图2.10所示，“＋”号表示相生关系、“－”号表示相克关系。从“木”到“火”的相生路径为木→火；从“木”到“火”的相克路径为木→土→水→火，在“火”这里既有一个“＋”号又有一个“－”号。如果相生与相克具有“适当”的量，则在“火”上的生克相互抵消，经过一个动态的自我调节过程，使“火”重新回到原来状态。不仅是“火”会通过这个系统的自我动态调节机制调回到原状，“木”也可以通过“火”，再走两步从“火”的“－”号到“金”的“＋”号、再到“木”的“－”号，“＋”号与“－”号相抵就可以使“木”也恢复到原来的状态。其实，在“木”与“火”之间还有多条自我动态调节的路径，不再赘述。

可以认为，这是中国古人对事物认识的一种功能性整体模型，在这个模型中既包含着结构关系，也包含着定性关系和定量关系的内涵。

中医把五脏六腑嵌入到这个模型框架中，就得到了中医五脏六腑的五行模型，图2.11是五脏的五行生克图。

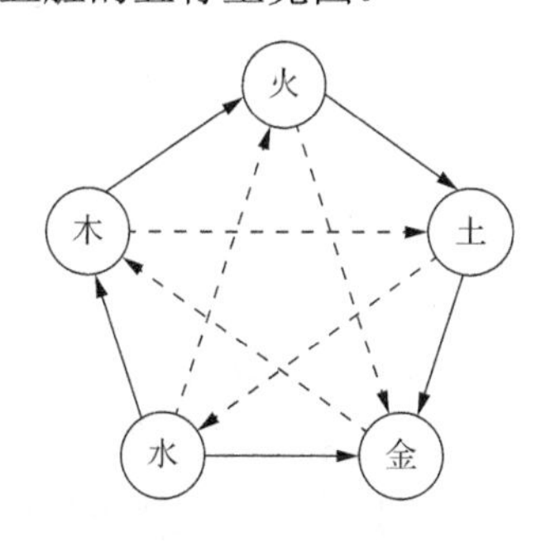

图2.9 五行生克图（一）

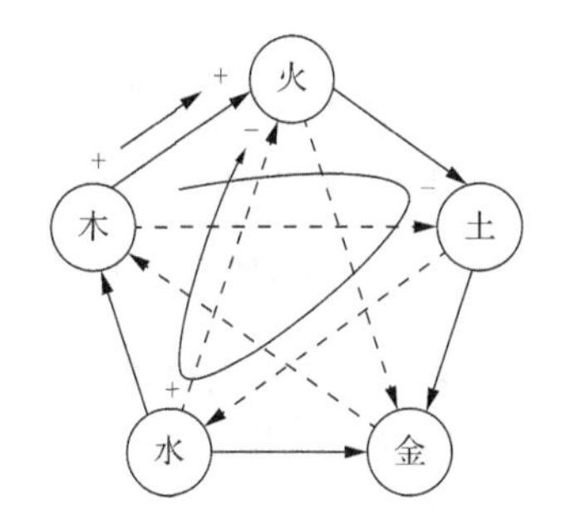

图2.10 五行生克图（二）

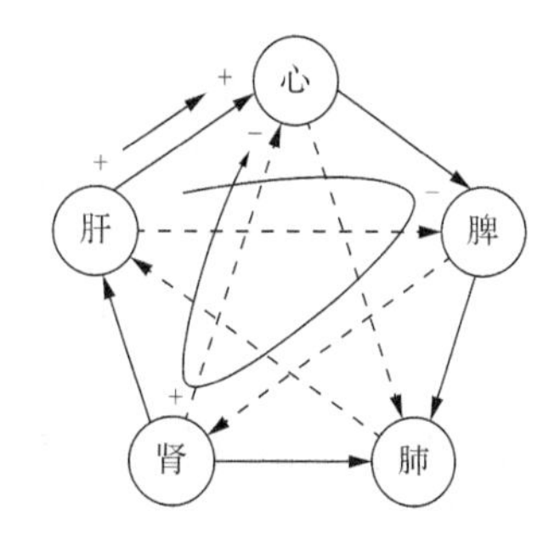

图2.11 五脏的五行生克图

第一，五行生克是功能之间的关系，不是实体之间的关系，这一点是与还原思想最大的差异。也正因为这个特点，限制了功能进一步的分解，不如还原思想对实体分解的彻底。第二，功能分解与实体分解相比，功能分解得到的“单元”，其边界并不是非常清晰。第三，功能是系统作为整体涌现出来的整体特性，其原因来自于整体内部的组成部分及其关系，那么功能对应的整体内部是什么样子，是由什么组成的，以及这些组成部分与整体是什么样的关系，在整体思想中也并没有提及。因此，可以说：整体功能对应的系统是一个“混沌的整体”。关于“混沌的整体”的认识问题，整体思想并没有给出有效的分析方法，也许还原论方法可以给出一个分析途径作为借鉴。

2.3.3 系统思想

系统是虚实结合的辩证统一体。任何系统都具有双面性，一面是“实体性”，另一面是“功能性”。“实体性”是指系统是由“零部件”、各种因素等系统要素或组成部分等“物质性”的存在所构成的实体性存在。“功能性”是指系统具有作用、表征、属性、功能等并依附于“实体”的客观存在，类似于中国传统思想中“气”的存在。

“功能性”与“实体性”之间是相互依赖、相互依托的关系，“虚”是“实”涌现出来的，“虚”是“实”的果，“实”是“虚”的因。“虚”依附于“实”才能存在，“实”依靠“虚”才能展现出生气和活力。这里所说的“虚”，不仅是系统功能，还包括系统属性、系统行为等，凡是系统整体所具有的特性都属于“虚”的范畴，都是“实”涌现出来的。系统一旦解体，所有“虚”的东西都将消失，皮之不存毛将焉附。

系统又是可分与不可分的辩证统一体。系统作为实体是可分的，比如一台机械，总可以分成总成、部件、零件，直到最基本的螺丝钉和单个的零件。系统作为功能的集合体，并不是组成部分的整体性的简单综合，也就是说上一级系统的整体性并不能通过“分解”而获得下一级系统的整体性，即使分解了也不是下一级的整体性。每一层次上的整体性都是这一层次的“实体”的相互作用、相互依赖而涌现出来的。这一点可以用图 2.12 来表示。

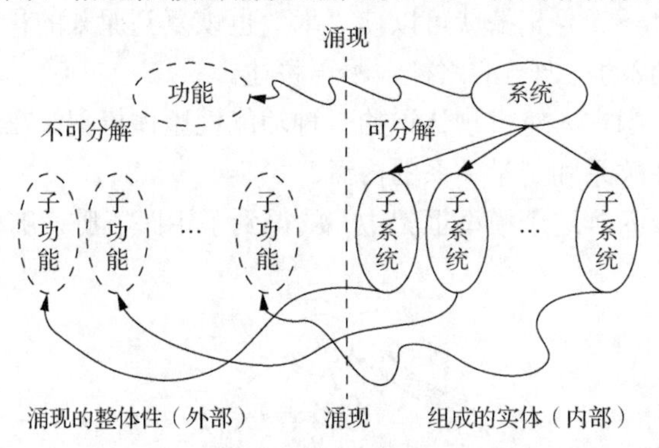

图 2.12 不可分的整体性与可分的实体

系统功能（整体性）是由系统“实”的组成部分通过相互作用、相互依赖涌现出来的，子系统的功能是由子系统的“实”的部分及其相互作用、相互依赖涌现出来的。虽然子系统是系统分出来的，但是子系统的功能不是由系统的整体功能分出来的，推而广之，子系统的整体性不是由系统整体性分出来的。用图 2.12 来表示这种关系：在系统的组成实体这一侧，系统与子系统是“分-合”的关系，子系统是由系统分出来的；而在系统的整体性这一侧，整体的功能（整体性）与子系统的功能之间没有直接的“分-合”关系，换句话说子功能不是整体功能分出来的，而是各自都是由对应的系统的实体涌现出来的。

那么，不可分的功能（整体性）是哪里来的？可以给出肯定的回答：来源于系统实体中全体组成部分之间的相互依赖和相互制约，即来源于由全部关系组成的系统结构。因此，在系统分析过程中，我们只要分析清楚并掌握了系统结构，就可以找到整体性的来源。尽管系统结构如何“涌现”出整体性的机理不清，但原因是肯定的，即整体性的根本原因是系统结构。也就是说，系统分析的基本的也是最重要的任务就是系统的结构分析。

那么，什么是系统思想？

既然系统是一个系统实体的可分与系统功能（整体性）的不可分的辩证统一体，那么，只用还原论“可分”的思想和整体论“不可分”的思想指导系统分析工作都具有片面性，需要一个既考虑可分又考虑不可分的统一思想来研究系统，这就是系统思想。因此，正如本节开头所言：系统思想约等于整体思想与还原思想的融合。

既然系统思想融合了还原思想和整体思想，其中就既包含整体思想的内涵也具有还原思想的精髓。整体思想从整体出发，把握全局，但往往容易忽略局部和细节；还原思想关注局部和细节，往往忽视了全局和整体。整体思想站在事物的外围，更关注于事物的整体特性和整体功能，但对事物内部组成不够重视；还原思想更注重事物的内部的组成成分，但往往忽略了事物在整体上的不可分性。

系统思想则是将系统作为一个整体来考察，将需要认识的事物像拆卸机械钟表一样进行层层分解，先考察和认识被分解后的事物的组成部分，然后再关注这些组成部分之间的关系，把组成部分按照系统本来的整体要求组合起来，从整体出发经过分解和综合又回到整体。使得整体思想与还原思想交织出现，共同促进，使系统分析进程不断推进，从而完成系统分析的任务。

系统思想、整体思想和还原思想作为不同的哲学观点以及由此延伸出来的思维方式和研究方法，它们本身无所谓正确与否，而是需要根据不同的事物和具体分析的目的和特点进行选择，选择最适合的就是最好的。在某种情形下采取还原思想和方法是最适合的，而在另外的情形下可能采取整体思想和方法最恰当，而对于复杂的分析对象则采用系统思想和方法最适合。但是，在大多数情况下，由于人类思维的特点和思维惯性，特别是在工程领域人们往往倾向于采用还原思想和方法，认为逻辑严密、比较可靠，也便于解释，所以只要有可能，往往习惯性地滑入还原思想的羁绊。

整体思想总是只能进行一些初步的研究，解释性不强。一旦深入下去就必须使用还原论的方法。因此，系统分析总是首先了解其大致的、整体的属性、功能和规律，这是整体思想的方法，接下来就需要对系统进行层层还原性分解，以此考察和研究它的深层次本质规律，找出产生系统整体性的内在原因。例如为了研究人体的生物性状，我们首先了解各个系统，如消化系统、神经系统、免疫系统等的功能，这时候我们是将各个系统当作一个整体来予以研究的；而接着要继续研究组成系统的各器官的功能，再接着是组织、细胞、分子、原子等层面，这便是一个逐层还原的过程。随着层层还原过程的深入，我们对人体的机制就能够得到越来越多的了解。分解还原之后，还需要把内在分解出来的系统组成部分和系统要素整合成系统的整体，把内在的实体和外在的功能（整体性）对应关联起来，这样一来一往的分析过程才能分析出系统的整体性的来源和结构。这种一来一往的分析思想就是系统思想对整体思想和还原思想的整合，无论对于认识系统还是对于建造或改造系统都是非常必要的。如果只有整体思想而没有还原思想的实体分解，那么就不能改造一个现存的系统，更不能设计和建造一个新的系统。反之，如果只有还原思想而没有整体思想的定向和全局把握，那么就不能正确地建造或改造一个有价值的系统。两者相辅相成，相互补充，这就是系统思想的核心精髓。

两者都有层次的概念，但是由于整体思想认为的层次是指功能的层次，由图 2.12 可见系统中上一层次的功能并不是由下一层次功能所产生，而是本层次所对应的组成部分（实体）相互作用、相互依赖而“涌现”出来，功能并不满足逐层分解的特点，所以功能不能逐层分解。还原思想的层次是实体的不同“粒度”的层次，上一层次的实体由下一层次的实体组成，所以对于实体可以逐层分解。因此，不同层次的功能不是整体功能的分解，也不能通过对整体功能分解的方法得到不同层次或子系统的功能。上级的功能不是下级功能的综合，下级功能也不是上级功能的分解（分析）。但是，上级的实体是下级实体的综合，下级实体则是上级实体的分解。

综上所述，系统思想吸收了还原思想和整体思想的精华，是在两者的基础上融合发展出的现代科学思维，因此，可以说系统思想约等于整体思想加上还原思想。系统思想要求人们在系统分析时，从传统思维转向系统思维时要有四个转变：从实体转向关系，从局部转向整体，从要素转向结构，从因果链转向因果网。当系统思想来指导系统分析时则需要：从整体出发，关注关系，全面思考，动态考察。不否定分解（分析），但更注重综合，强调组成部分之间的关系和全部关系的样式，即系统结构。整体总是相对于部分而言，有整体一定有部分，整体是功能，部分是实体（要素）。“从整体出发”就是从全局而不是从局部出发，可以把握住系统分析的大方向，不至于走错方向。在方向正确的基础之上，才可以说“细节决定成败”，否则没有正确的整体和大局，何谈细节。所以，整体、全局、方向、大趋势必须正确，战略全局、战略方向是胜利的前提。“关注关系”是因为系统结构的基本单元是关系，关注了关系就抓住了系统整体性产生的原因。“全面思考”是因为任何系统分析都有不同的利益相关者。“动态考察”是因为任何事物总是处于不断发展变化过程中。

2.4 系统分析原则

在系统分析过程中，如何保证系统分析过程和方法是符合系统思想和系统原理的，这就需要有一些“尺度”来约束和衡量系统分析的过程和方法。

所谓原则，是指导系统分析的规则，是衡量系统分析方法是否符合系统思想和系统原理的尺度。特别是在不同领域中可能会有各种不同的思维过程、具体分析方法、模型和工具，那么这些思维过程、具体方法、模型和工具是否可以用于系统分析之中呢，其判断标准就是系统分析的原则。如果某种思维过程、方法、模型和工具符合系统分析原则，那么它们就可以用于具体领域的实际系统分析当中，其分析结果就会符合系统的客观实际。否则就不能使用，如果使用了就有可能造成“名不副实”的后果。

2.4.1 整体原则

整体原则是指在系统分析过程中，从始至终都要关注系统的“整体性”。在思想上，所谓关注整体就是把局部（要素、子系统等）“放到”整体中考察，无论采用系统分析的“从整体到局部”的模式，还是“从局部到整体”的模式，都要时刻牢记系统是一个整体，系统具有不可忽视的“整体性”，分析过程自始至终都要做到“心中有整体”，局部与整体不可须臾分离。

在系统分析方法上，要把整体作为起点，从整体到部分再到整体，从整体到局部的方法以“分析方法”为主、以“综合方法”为辅，从局部再到整体则以“综合方法”为主、以“分析方法”为辅。系统分析过程是分析与综合的辩证统一过程，是一种分析与综合循环往复的过程。

从系统分析内容来看，虽然整体性是一切系统普遍存在的属性，但是由于事物内在的组成要素及其相互作用关系千差万别，所以整体的形成和整体性的表现形式、内在本质都各不相同。前面讨论过的整体性可以大致地分为两大类：一类是系统的可加和的整体性；另一类是非加和的整体性。整体原则主要关注的是非加和的整体性。依据具体的系统以及分析目的、分析任务的不同来界定整体性，包括：①区分加和整体性和非加和整体性；②区分对内的整体性和对外的整体性；③识别局部特性与整体特性，既不要把局部特性误认为是整体特性，也不要把整体赋予局部的特性误认为是局部特性。

从系统分析的起点来讲，整体原则要求分析时要以整体性为基本出发点，即始终坚持从整体出发，去认识、分析和研究一切实际系统。如果不坚持从整体出发，就不能正确地认识系统的整体所具有的特性和整体所具有的内在机理，也不能正确认识系统整体中的组成部分。正如爱因斯坦所说：“如果人体的某一部分出了毛病，那么，只有很好地了解整个复杂机体的人，才能医好它；在更复杂的情况下，只有这样的人才能正确地理解病因。”

比如一台汽车上的轮胎与专卖店中的轮胎是不同的，在分析汽车整体上的轮胎时，需要分析汽车这个整体给轮胎赋予了哪些新的特性，反之轮胎对汽车整体的驾驶性能、操控特性以及舒适性上做出了哪些贡献。这些分析必然影响轮胎的设计、制造、检测和验收。显然，这种分析与单独对轮胎的分析是不同的。再比如分析一个人的成长，一定会关注他赖以成长的群体和环境给予他的影响，既要看群体、环境给予他的特性，又要看他对群体的贡献。一个组织中的个体所做出的成绩不都是个人努力的结果，组织整体即组织的文化背景、组织的人际氛围以及软硬件条件等整体特性都会在个体身上反映出来。

2.4.2　关联原则

关联原则是基于“整体是由局部组成的”客观事实，因此就需要坚持“整体性是由关联性产生”的这样一种信念，关联才是系统的本质，如果没有关联性就一定没有整体性，任何事物都将不能成为系统。

从分析过程来看，关联原则强调，从始至终都要关注系统的“关联性”，不能人为割断联系，也不能主观臆造联系。

从分析内容来看，关联原则要求我们在进行系统分析时，既要考察系统内部的关联性，还要考察系统外部的关联性。内部关联性包括：整体与部分的关联、部分与部分的关联、层面之间的关联、要素与要素的关联等。外部关联则是系统与环境之间的相互影响关系、接口之间的关系等。既要分析关系的“有无”和“强度”，还要分析关系的性质和稳定性。

关联原则还要求把表面上看似没有联系的事物利用联系的观点深入分析，这样就一定能发现其隐蔽的本来的联系，这对于系统的分析就会更透彻，认识得更彻底。另外，从创新的角度来讲，关联原则还可以强化我们把本来看似没有联系的事物联系起来，就很有可能产生一些意想不到的新的东西，使系统涌现出新的整体特性，从而创新出一个新的事物。

关联原则与整体原则密切相关。系统的整体性产生的根本原因在于“关联性”，从第 1 章的系统原理可知：如果系统没有关联性就没有整体性。具体地看，如果没有系统内部关联就不会有系统能力的产生，如果没有系统与环境的关联就不会有系统功能的发挥。

整体原则的核心是关注整体，从整体出发，并非不能对系统进行分解（分析）。恰恰相反，由于系统是复杂的，如果不对系统进行具体分解（分析），就不会了解系统的组成等内部情况，也就无法知道整体性产生的内在机理和原因。但是，分不是目的，分的目的在于认清组成部分之间的关联关系，因此在分的基础上更要关注的是系统各个组成部分之间的关系，从各种关联性的综合考察中，发现系统整体性产生的原因，才能正确地揭示系统的性质和机理。

有些系统，在一开始分析时，没有“整体”的边界，也就是说暂时还没有整体，所以首先不是“分”，而是从某一事物（作为系统整体的一部分）出发，关注与这一部分关联的其他部分，逐步形成整体，这样的分析过程是一个“生成系统”整体的过程。但是，这并不违反整体原则，依然要“眼前无边界，心中有整体”。比如，宋代科学家沈括在《梦溪笔谈》中记载过这样一个故事：宋真宗大中祥符年间，京城汴梁（今河南开封市）曾经发生一场大火。一夜之间，整个皇宫楼台殿阁被烧成一片废墟瓦砾。火灾后，真宗皇帝命丁渭主持修复皇宫的工程。朝中大臣无不认为这是一项耗资巨大、旷日持久的工程。可是丁渭不以为然，欣然接受使命。丁渭面对的有到何处取土、如何运输以及废墟如何清理三个难题。丁渭首先下令挖掘宫前大街以取土烧砖，很快大街变成了一条宽大的水渠。接下来下令将汴水引入这条水渠，用竹筏和船运输建筑材料入至宫门。皇宫修好后，又将瓦砾灰壤填入沟中，复位街衢。最终，不仅节省了经费，还加快了皇宫修复的进度，巧妙地解决了上述难题，一举三得。当然，我们现在不能说丁渭就具备了现代系统思维，采用了现代的系统分析方法，但是可以认为丁渭具有“关联性”思维，注意到了皇宫修复工程中各个环节（取土、水渠、运输、处理瓦砾灰壤）之间的“关联性”，完美地“生成”了一个系统。

虽然我们无法猜测丁渭的思维过程，但是可以合理地进行如下分析：修复皇宫肯定需要建筑材料，包括砖、木材和其他用料，也肯定要处理瓦砾灰壤。如果建筑材料都从外地运输，那么瓦砾灰壤似乎与建筑材料毫无关系。此时，如果系统中只包含烧毁的皇宫一个要素的话，建筑材料和瓦砾灰壤都在“系统范围”之外，思维模式如图 2.13 所示。如果系统分析只停留在这种思维模式下，修复皇宫的问题似乎无解。

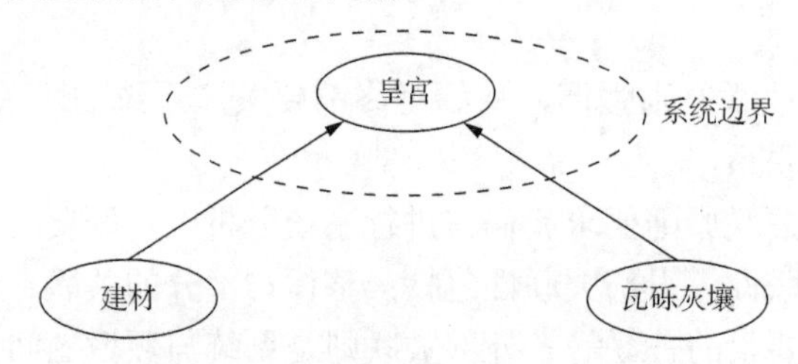

图 2.13　非系统分析的思维模式

可是，如果遵照“关联原则”继续深入分析，就会发现许多关系，并逐步扩大系统，生成整体。

为了方便分析，把建材分解为砖和木材等两部分，可以想到：其中砖是由土烧制的，所以砖与土有关系；木材等建材需要运输，运输是水渠的功能，所以木材等建材与水渠有关系；挖土就可以产生水渠，所以土与水渠有关系；水渠需要水才能成为水渠，所以水与水渠有关系；瓦砾灰壤可以填平水渠，所以瓦砾灰壤与水渠有关系。分析到此时，系统已经扩大，生成为包含砖、土、木材、水渠、水、瓦砾灰壤再加上烧毁的皇宫七个要素。七个要素还可以分成两部分：如果水从外地引入，木材等从外地购入，则把它们作为环境因素考虑；剩下的砖、土、水渠、瓦砾灰壤再加上烧毁的皇宫五个要素作为系统内部要素，它们之间的关联关系如图 2.14 所示。封闭虚线为系统边界，内部为系统，外部为环境。

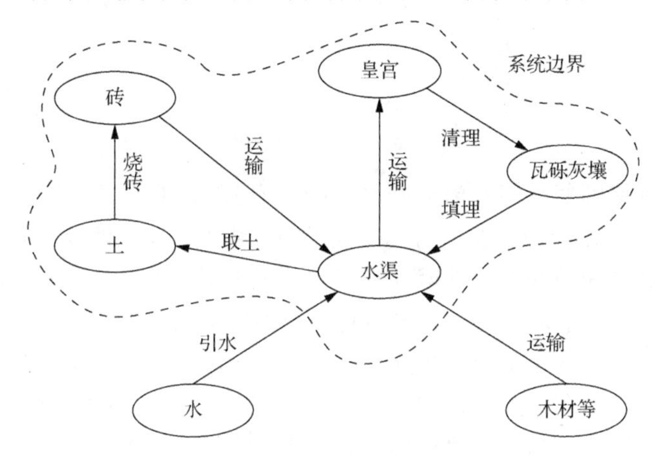

图 2.14 “关联性”分析

从图 2.14 可以看出，主要矛盾在于取土、运输和填埋，而烧砖、清理和引水不是主要矛盾。丁渭的方法抓住了主要矛盾，让这个看似无解的问题“迎刃而解”。

世界上没有独立存在的事物，无论是把一个大事物分成若干个部分，还是把一个事物扩大成一个更大的事物都离不开关联原则。从丁渭修复皇宫这个故事可以看出，按照关联原则进行系统分析，往往会得到事半功倍的效果。问题就是矛盾，而矛盾则是不协调的关系，所以关注关联、发现关系往往是解决问题的最好思路。在这个例子中，虽然分析的开始没有“看到”整体，但是丁渭“心中有整体”，因此才有可能通过关联把所有相关部分都连接起来，形成一个整体，最终圆满地解决了修复皇宫的问题。

整体原则和关联原则是系统分析中最重要、最基本的原则。再用一个广为流传的田忌赛马的故事来领会一下这两个原则的重要作用。简单来讲：战国时代，齐威王与大臣田忌赛马，两人各出上等、中等、下等三匹马，齐威王的三个等级的马都比田忌对应的三个等级的马强一些，如图 2.15 所示。局势 a 是齐威王的赛马方式，箭头方向表示“一方赢于另一方”，显然，齐威王三连胜。后来，军事家孙膑给田忌出了个主意：让田忌以下等马对齐威王的上马，以上等马对齐威王的中等马，以中等马对齐威王的下等马，即齐威王的出马顺序依然是“上、中、下”，但田忌的出马顺序变为“下、上、中”，局势 b 是田忌听从孙膑建议的赛马方式，田忌方两个箭头指向齐威王方，齐威王方一个箭头指向田忌方，表明田忌一败二胜，最终田忌赢得比赛。

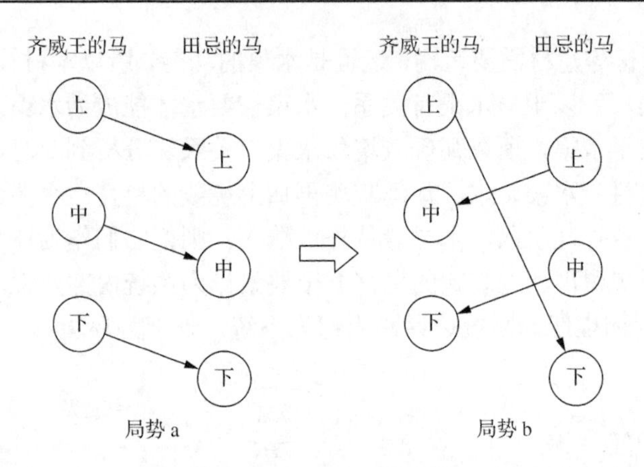

图 2.15　田忌赛马局势图

整体原则和关联原则怎么用？借助图 2.16 进行分析，其中的虚线表示思维分析的关注点。从图 2.16 可以看出，局势 a 表示的是齐威王的思维模式，显然他没有整体思维，只注重自己与田忌的上等马之间的局部特性即齐威王的马优于田忌的马，同样，注意到中等马之间的局部特性、下等马之间的局部特性。没有把所有参赛的马作为一个整体来考虑，只关注了整体中的三个局部。局势 b 是田忌（实际是孙膑）的思维模式，这个思维模式把所有六匹马作为一个整体来考察（用图中虚线包围），并且有两个子系统（图中实线包围部分）：齐威王的三匹马和田忌的三匹马。从这个“整体出发”来思考赛马问题。

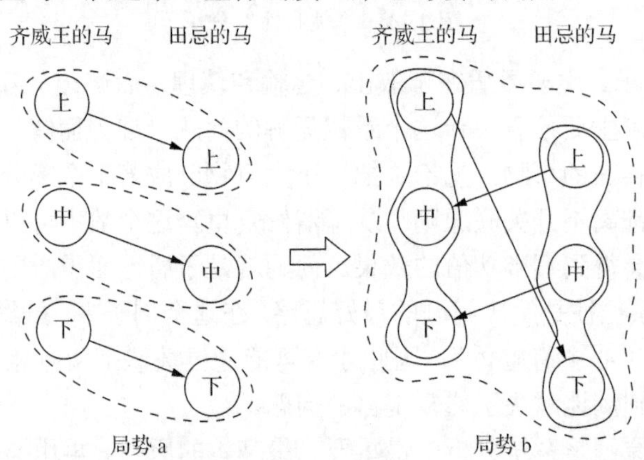

图 2.16　齐威王和孙膑思维模式的差异之一：整体原则

从图 2.17 也可以看出，齐威王没有发现上等、中等、下等三对马之间的隐性关系，如局势 a 中的单箭头虚线所示。田忌（孙膑）则注意到了三对马之间的隐性关系，并且把齐威王没有看到的这种隐性关系变为显性关系，如局势 b 中的单箭头实线，并且把齐威王看到的关系隐匿起来了，如局势 b 中的单箭头虚线所示。

从上面的分析可见，齐威王的思维模式首先缺乏对分析对象的整体认识，因而也就造成了关系分析的不够充分，即隐性关系没有发现。反之，田忌（孙膑）对这次赛马有充分的整体认知，并对关系具有深入的理解。这个故事说明两个问题：①整体原则与关联原则需要结合起来，辩证地使用，所谓辩证就是既要看到整体，也要看到关系，只有把整体分为部分或要素才能找到关系。②如果在分析之前就掌握了整体原则和关联原则，齐威王就不至于犯下赛马中的错误，输掉比赛。关联原则强调要关注关系，并且全面地分析所有要素之间的关系。

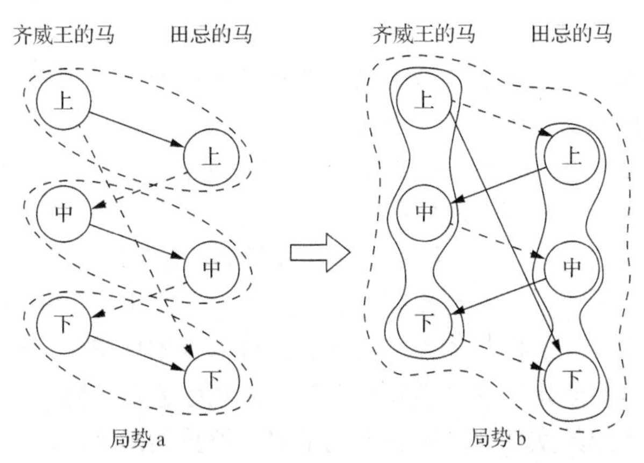

图2.17 齐威王和孙膑思维模式的差异之二：关联原则

其实，田忌赛马这个故事的原始版本已经到此结束，但是对关系的分析并不充分，还有关系没有分析。如果依照整体原则和关联原则，再进一步仔细分析还可以发现，齐威王还有取胜的可能。

如果齐威王打破局部思维，既用整体原则——把六匹马作为一个整体，把自己的马和田忌的马分别看作两个子系统，又用关联原则——发现新的关系，就可以再部署一个局势c，即齐威王的出阵顺序调整为“上、下、中”，对田忌的上一轮出阵顺序“下、上、中”，齐威王必赢无疑。如图2.18的局势c所示，齐威王以2∶1赢得比赛。

如果再仔细分析，田忌还能再赢一局吗？这样推导下去，会变成一个动态博弈问题吗？

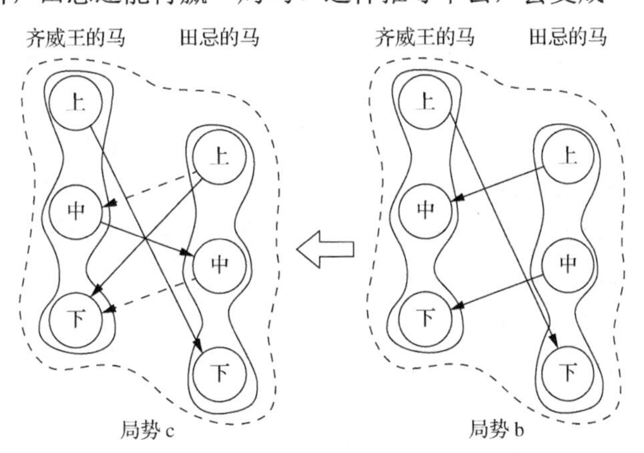

图2.18 齐威王以整体原则和关联原则分析后获胜

整体原则和关联原则统领下面所有的原则，并且贯穿于系统分析的整个过程，用以约束系统分析方法，须臾不可离，否则就容易陷入齐威王的思维模式。

2.4.3 全面原则

全面原则有两个方面：一方面是对系统外部分析的全面性，另一方面是对系统内部分析的全面性。前者对应多维原则，后者对应多元原则和层次原则。

1. 多维原则

多维原则是根据系统本身所具有的“多维性”而提出的分析原则，多维原则就是要从多个“维度”全面地进行系统分析。

整体性是系统作为一个整体所具有的属性或特性，任何一个事物即系统都具有多种属性或特性，每个属性都代表了系统的某一个侧面，系统从不同的侧面表现出不同的整体特性和行为，因此需要从不同的角度即所谓的“维度”考察系统和研究系统。比如一个儿童的年龄、身高和体重，这是三个属性，每个属性都代表了特定一个儿童的特点，站在观察者的视角来讲就是一个观察或分析的维度。再比如，改革开放初期，为了搞活经济，改善人民生活水平，一个时期内小化肥厂、小化工厂、小造纸厂、小煤矿厂、小水泥厂等小型企业风起云涌，确实促进了本地的经济发展，也提供了大量的就业岗位，为本地带来了经济效益，提高了本地老百姓的生活水平，这些都是这种“小系统”创造的正面效益。然而，这些小企业在带来经济效益的同时，也对本地的空气、河流和土地带来了严重的污染，对本地的人民健康也造成了严重的威胁，这些也是小系统的特性。正反两方面都是当初这种小企业对社会经济和生态环境产生的作用，都是这种系统的整体特性，每一个方面就是观察和分析的一个维度。系统的整体性是多方面即多维度的，对于环境而言既有好的也有坏的，需要做全面分析。利用“维”这个概念，是为了强调在分析的时候，既要关注定性分析，又要关注定量分析。一个维度代表一个整体性，以表示与其他整体性的“质”的区别，每个维度的整体性还有“量”的区别。对于上述的小企业系统而言，定性分析就是全面关注系统的各种整体属性，既要关注经济效益、改善生活、提高就业，也要关注空气污染、河流污染、土地污染等小企业系统的正反两方面整体性。定量分析是指在数量上分析每个整体性带来的效益有多少，环境污染带来的损失有多少，一增一减之后很可能小企业这个系统的总收益是负数。

2. 多元原则

多元原则也是根据系统的“多元性”特点，要求在系统分析中全面地关注到系统内部的多元特性，全面地对不同类型的组成部分进行系统分析。

多元性也称为异质性，即系统的内部组成是不同的，是有各自特点的。因此，在系统分析时不能忽略要素与要素的差别、子系统与子系统的差别，它们都有各自的特性，每个组成部分的特性都需要给予充分的关注，并对各自的特点进行全面的识别、比较和分类。

多元原则要求注意两种多元性，一是要素层面的多元性，二是子系统层面的多元性，而且即使是同一层次的子系统也都是不同的即多元的。之所以多元是因为要素特性或子系统的整体特性是不同的，预示着内外部关系及结构是不同的，因此在系统分析时就要有针对性地进行分析，从而避免同质化的错误。世界上没有绝对相同的事物，这就需要用多元原则来指导系统分析过程和系统分析方法的研究和使用。

系统的异质性越强即要素种类或子系统种类越多，则系统蕴涵的可能性也就越丰富，这一点在第 1 章中已经阐明。

3. 层次原则

层次原则是根据系统的“层次性”制定的系统分析原则，是指在系统分析时要关注系统的各个层面，对每一个层面的特性和特点都要予以全面的分析。

依据层次原则进行分析的关注点是系统不同的层次上所具有的不同整体性，每一层次的整体性都与这一层次的关系结构密不可分。因此，在系统分析过程中需要关注系统内部不同层次独特的整体性。注意区分不同层次之间整体性的差别，特别是各个层次整体性与系统整体性的差别，既不要把下级层次的整体性作为上级层次的整体性，也不能把上级层次的整体性混淆为下级层次的整体性。在保证上下层级不至于混淆的前提下，才能正确地从对应层次的整体性出发，分析对应层次子系统的关系结构，找出对应层次整体性产生的原因。

特别是在解决系统问题时，不同层次有不同层次的问题，这就需要在对应的层次中予以研究，既不能把低层次的问题拿到高层次中研究，也不能把高层次的问题拿到低层次中研究。如果一个组织机构中的高层领导，经常被别人说事无巨细、事必躬亲，说者可能是褒义，实则贬义。因为，这个领导混淆了组织层次，插手基层，反而扰乱了秩序，这是典型的违反层次性原则的表现。

2.4.4　动态原则

1. 运动性原则

运动是一个系统作为一个整体在时间和空间中的“位移”，从系统外部来看系统有行为、有“轨迹”，可以用系统的行为指标描绘出运动轨迹。运动原则就是根据系统“动态性”中的运动特性而制定的系统分析原则。

运动性原则要求系统分析注意如下问题：①不能静止地看问题，要在运动过程中对系统进行分析，特别是对系统行为的分析，并关注系统与环境的互动过程中系统的行为规律和特点。②同为一个系统，在不同的环境下可能会表现出不同的行为特征，因此系统分析需要对不同环境中的行为过程进行全面分析，去伪存真，找出系统行为的本质规律。③动与静是相对的、辩证的，在系统分析过程中需要根据这种辩证关系制定具体的分析方法和分析要求。

2. 演化性原则

演化是指系统在一定的环境下，其内部结构随着时间的变化过程。演化发生在系统内部的组成和结构中，运动是系统整体的行为过程。演化是任何系统都具备的特性，无论演化速度的快慢抑或连续和突变。

演化性原则要求在系统分析中关注系统的这一特性。对于演化速度较慢的系统，可以认为在分析周期中系统近乎不变；对于演化速度较快的系统，在分析周期中必须考虑演化对系统分析结果的影响，这就需要把演化作为一个重要因素在系统分析中予以考虑。

比如，一种型号的汽车，在行驶过程中是运动，而改款则属于演化的范畴。

2.4.5　适应原则

适应性是指系统能够与环境进行良性互动，并生存和发展的一种特性。适应性表明系统具有调整与环境关系的能力，无论是自适应还是他适应。短期的适应可以通过调整系统与环境的接口来实现，长期的适应则可能需要系统对自身的内部结构进行调整。只通过调整接口达到的适应可以称为“运动性适应”，而必须通过自身演化才能达到的适应可以称为“演化性适应”。不管运动性适应还是演化性适应，都可以促进系统的运动和发展，是运动和发展的外部原因。

适应原则要求在系统分析中关注系统适应性，对应自然系统、社会组织系统需要分析其本身所具有的适应能力和适应性机理。

对于人造系统需要分析如何才能使系统适应环境变化的适应性机制和调整方法。分析系统在环境中为什么能生存和发展的适应性特点和适应性机理，在设计系统时需要设计系统与环境的适应性机制。优化或最优化是系统思维中的一个重要概念，是属于设计范畴的概念，是指在设计一个系统的时候，要从优化的角度去设计和建造一个系统。在系统分析的时候，重要的还是要揭示系统本身所固有的特性。世界本来是一个不可分割的大系统，从人类以及人类所创造的一切都是世界的一个组成部分的角度来看，人造的系统不应该一味地追求自我优化，而应该追求与自然、与周边、与环境的最好适应，否则无法生存。从这一点来理解的话，可以说优化就是适应，最优化就是最佳适应。因此，应该把适应性作为目标或约束条件加到优化模型中。

适应性不仅在复杂自适应性系统（complex adaptive systems，CAS）中存在，无论对于自然系统，还是工程系统等现实系统中它也普遍存在。一个建筑物的建造，不能不考虑其与周边环境的适应问题。既需要考虑与环境的协调问题，也需要考虑系统随着环境的变化而调整适应性的问题。

总之，系统分析方法应该体现系统原则，从而体现系统思想。原则是思想的守卫者，思想是原则的主导者。

2.5　系统分析模式

系统分析方法是一种可操作的分析框架，反映了一种分析模式，比如“从整体到局部”的分析模式、“从局部到整体”的分析模式等。分析模式与初始掌握的问题信息或问题类型相关，不同的问题类型与初始信息对应不同的分析模式。分析模式包含分析流程、模型、算法和分析工具。分析是一个过程，凡是过程都有开始、承转和结束。分析模式整体上由分析流程表现出来，包括分析过程从何处开始、如何承转、如何结束的逻辑过程。还表明系统分析流程中应该分析哪些内容、先分析什么内容、再分析什么内容以及分析内容之间的逻辑关系。

由于问题类型不同以及掌握的初始信息不同，系统的分析模式也各有不同。系统分析大致划分为三种情况：第一种是在系统分析之前可以清晰划出系统边界即可以比较容易地界定系统的情况；第二种是系统分析之前难于界定系统边界即不能明确地定义系统，不知道系统究竟有“多大”，也不知道系统的边界在哪里；第三种情况是只知道一些个别事物与问题相关，但是不知道与问题相关的其他部分还有哪些，而且也不知道这个或这些事物是系统的整体还是最基本的组成要素。针对上述三种情况分别有三种分析模式：内探模式、外扩模式和双扩模式。

不同的分析模式有不同的分析流程。

2.5.1　内探模式的分析流程

当问题比较明确，系统边界清晰，可以容易地根据问题对系统进行界定，同时人们对系统的了解只是一个模糊的整体形象，只能掌握不完全的系统外部信息，内部信息基本不了解。此种情况下，应该采取“从整体到局部”“从外部到内部”的“由粗而细”的分析模式，力图在分析过程中逐步、逐层地获取补充新的信息并递进式向系统内部进行探索式分析，故称为“内探模式”。其对应的分析流程如图 2.19 所示。

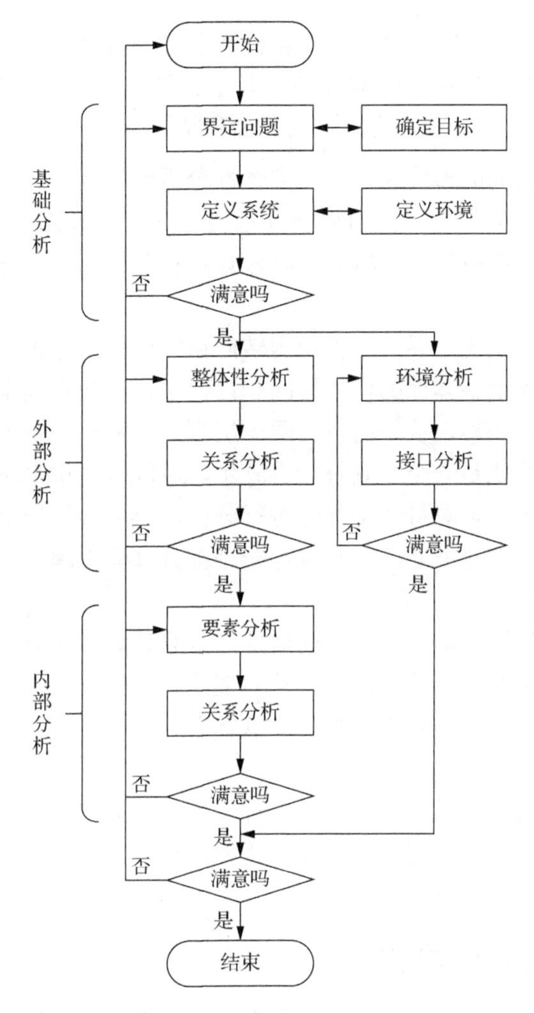

图 2.19　内探模式分析流程

尽管这种情况的问题比较明确，但是在开始系统分析之前也需要清晰地定义系统，把系统的整体比较完整地界定出来，所谓完整是指界定的系统规模应该与问题内涵匹配。因此，首先进行基础分析，对问题和系统进行明确和定义，并确定解决问题的目的和目标，在定义系统的同时也进行环境的定义。这是进一步对系统内部进行详细分析的基础和前提。

内探模式是从系统的边界开始分析，向系统内部进行探索。系统边界上表现出来的是系统的特性，一部分是可以被外界观察者观察到的特性，一部分是不能被观察到的。需要从可观察的特性开始逐步向不可观察的特性推进分析。系统可观察到的特性不一定都是整体特性，其中也会有局部特性表现出来，记可观察到的特性为

$$\text{可观察到的特性}=\left\{\text{整体特性},\text{局部特性}\right\}$$

整体性分析需要完成两件工作：第一件工作是区分系统整体所具有的特性和局部特性，即

$$\text{整体特性}=\left\{\text{可观察到的特性}\right\}-\left\{\text{局部特性}\right\}$$

又因为

$$\text{整体特性}=\left\{\text{非加和特性},\text{加和特性}\right\}$$

所以，第二件工作是区分整体特性中的加和特性和非加和特性，把非加和特性即组成部分形成系统是“涌现”出来的整体性，从整体特性集合中剥离出来即得到

$$整体性=\{非加和特性\}$$

进一步分析整体性之间的影响关系。在整体性分析的同时进行环境分析，所谓整体性都是系统能够对外施加影响的属性，是可以与环境进行交互的属性，代表了系统“是什么”，也就定义了系统。因此，在整体性分析的同时进行环境分析、确定环境构成因素，进一步分析环境与系统的接口关系。

内部分析是“站在”系统边界，分析视角转向系统内部，分析系统内部的组成情况和结构情况，目的在于找出系统整体性的内在原因和内在机理。起点是系统整体，把系统作为一个混沌的整体，像剥洋葱一样，从外而内一层一层剥开，每一层中再分析出这一层次的组成部分，每个组成部分可能就是一个子系统。进一步，对同一层次中对所有分出来的组成部分分析它们之间的关联关系。再对每一个部分进行分析，得到二级的部分，对这些二级部分建立二级部分之间的关系。往复循环，直到对每一个部分都能理解为止，最下层就是系统的全部要素和系统的结构模型。

如果上述分析结果能够满足解决问题的需要，则系统分析任务至此结束，其结果是一个层次分明、结构清晰的透明的系统。达到了从“混沌的整体”到“清晰的整体”的系统分析的目的。如果对系统分析结果不满意，则可以重复上述分析中的任何一个步骤，直到满意为止，如图 2.19 中的大循环所示。

绝大部分人工建造的工程系统都适用于这种模式。比如建造一个音乐厅，总体功能（系统的整体）是适应于音乐演奏，再考虑其他的诸如休息、简餐等服务功能，由此出发进行整体建筑的结构分析，直到工程设计和检验。

2.5.2 外扩模式的分析流程

第二种分析模式是一种“从内部向外部”“从局部到整体”的分析模式，故称为“外扩模式”，如图 2.20 所示。

如果在系统分析之初，掌握的是关于系统某一个局部的信息，且对系统整体基本没有多少了解，则采用外扩分析模式，逐步从一点扩大到系统全体，从内部扩大到外部。外扩模式要求从可感知到的系统要素出发，再考虑从初始要素向外的关系，并利用关系找出相关联的另外一些要素，这样一步一步向外扩大，直至找到系统的所有要素为止。

虽然系统分析的对象是系统整体，但是现实中往往不能一下子看到整体，更不能一下子看清系统，一般是只能看到一个或一些具体的现象，看不到系统的整体到底有“多大”。比如，对突发事件进行系统分析，事件所波及的范围在开始分析时是不确定的，一般从突发事件的事故点开始，按照某条路线（即关系）或某个边界（一组关系），以“点—线—面”的辐射模式向突发事件所波及的整体范围扩大，直到突发事件波及的所有事物都被找到为止。此时才能看到突发事件的影响范围。

外扩模式的分析流程（图 2.20）的第一部分也是基础分析部分，即界定问题、定义系统，同时确定目标、定义环境。在这个分析模式中，系统与环境的边界是一个动态分界线，随着系统的不断扩大，系统与环境的边界线不断地从一点向外扩展，直到分析结束，系统与环境的边界才能确定下来。

外扩模式的第二、第三大步骤与内探模式的第二、第三大步骤相反。第二大步骤是内部分析，包括系统的组成要素获取和要素之间的关系分析。第三大步骤是外部分析，包括三个方面：一是系统的整体性分析和关系分析；二是环境分析以确定环境的外边界；三是系统与环境的接口分析。

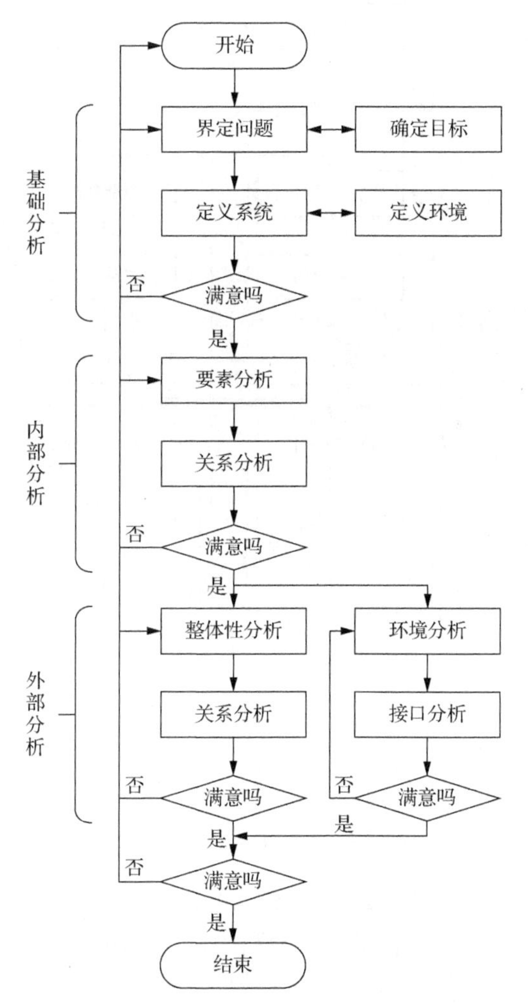

图 2.20　外扩模式分析流程

2.5.3　双扩模式的分析流程

第三种分析模式叫作双扩模式，是指一方面系统不断扩大，另一方面系统的详细组成部分也在不断增加。双扩模式是在既不掌握关于系统整体的信息，也不掌握系统组成要素的信息，但是可以比较轻易地获得关于系统某一层次中的局部信息的条件下所采用的系统分析模式。在这种情况下，上述的内探模式和外扩模式都不适用，分析可以从掌握信息最有效的这一层次中某个局部的组成部分开始，向上逐层上升分析，直到系统整体为止，向下逐层下降分析，直到获取系统的全部要素为止。这种模式是一种中间“开花”的分析模式，故称为双扩模式，如图 2.21 所示。

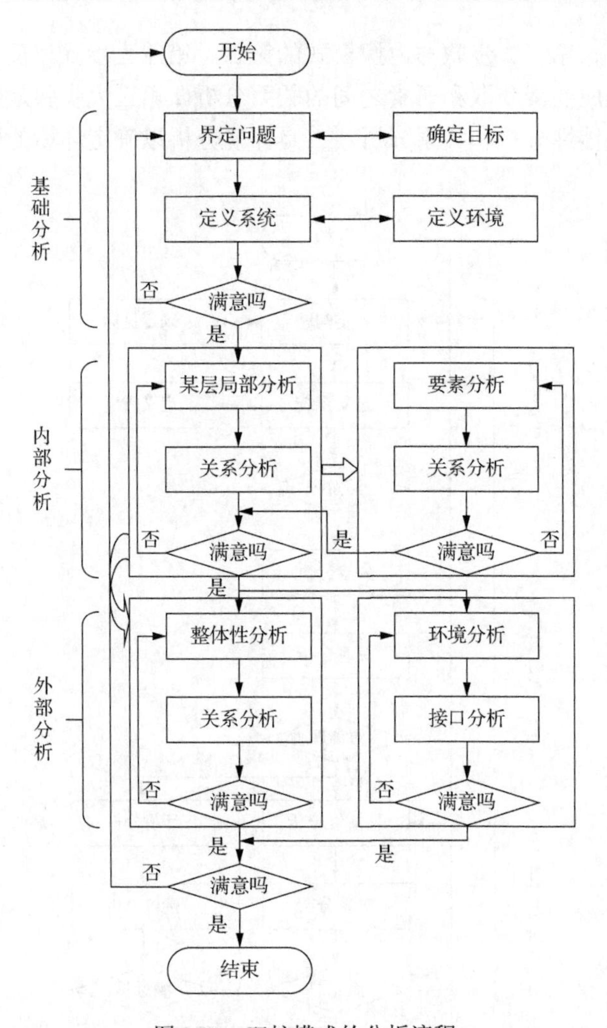

图 2.21　双扩模式的分析流程

从双扩模式的分析流程图（图 2.21）可见，从某个层次的局部分析开始，一个分析方向是整体性分析模块，另一个分析方向是要素分析模块，这两个方向可以相互启发，循环推进分析。其他模块与上述两种模式相似。

2.5.4　分析模式的共性特点

上述三个系统分析模式中一共有五个分析模块：一个基础分析模块、两个内部分析模块、两个外部分析模块。根据初始信息掌握情况的不同，对五个模块进行不同组合，便形成了三种分析模式。

其中除了基础分析模块之外，其他四个模块都具有共同特点即每个模块都可以概括为“实体分析”和“关系分析”两个部分。所谓实体分析是指明确“是什么”的分析，包括：整体性分析中的整体属性是什么，环境分析中的环境因素是什么，要素分析中的要素是什么，以及某一层次局部分析中的局部组成部分是什么，这里的“实体”包括“整体性”“环境因素”“系统要素”“局部组成部分”，即这四种对象的概括和抽象。所谓关系分析是指对“实体”之间是否具有相互作用和相互制约关系的分析，包括整体属性之间是否具有关系，环境因素之间是否具有关系特别是接口关系，系统要素之间是否具有关系以及系统某一层次的局部组成部分之间是否具有关系的分析，“关系”就是上述四种关系的概括和抽象。

根据上述概括，把外部分析和内部分析的四个模块的分析模式统一用图 2.22 来表示。

第 7 章将详细介绍一种问题界定和系统定义的方法——双下降分析方法。这种方法把明确问题和定义系统放在一个方法框架中，在明确问题的同时也定义了系统，是一个双边分析过程，如图 2.23 所示。

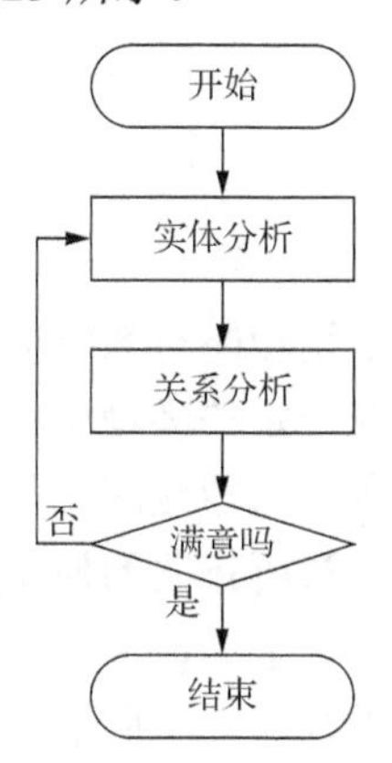

图 2.22　实体分析与关系分析的统一流程

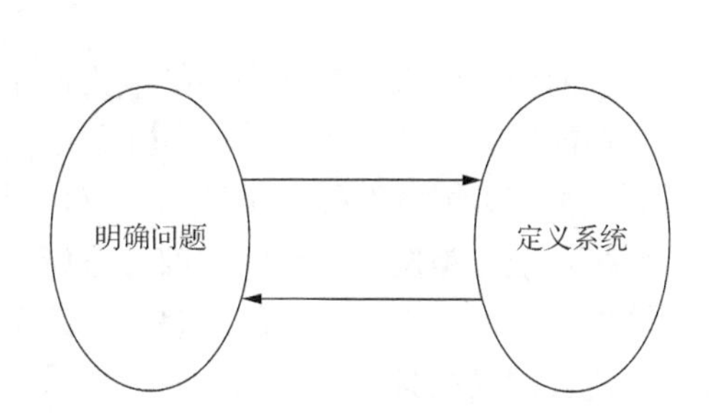

图 2.23　明确问题与定义系统的双边方法

2.6　系统分析视角

前面说到“世界是由系统组成的”，那么我们看到的一切事物都是系统吗？回答“是”也“不是”。所谓“是”是指人们在处理问题时，面对的事物符合系统概念的要求，因此面对的事物是一个系统，但是产生问题的系统侧面不同，掌握的信息不同，问题解决的目的不同，使得我们在分析问题、解决问题的过程中，对系统的分析视角有所不同。因此，我们不能把见到的事物完整地当作系统来看待，而是依据问题和信息来正确地界定系统。比如只分析事物的某一方面就可以解决问题，则没有必要无节制地扩大所谓的“整体观点”，正确地确定分析视角，适当地根据问题定义系统、转换分析视角，也是正确使用系统方法的基本原则。比如，只研究系统行为，则对系统外部关系进行分析即可，如果还要研究系统行为的内在机理，则还必须要研究系统的内部情况及其关系。这就是所谓的系统分析视角问题。概括地说，一般分为三种视角：功能视角、结构视角和双重视角。

2.6.1　功能视角

功能视角所对应的各种方法也被称为功能方法或黑箱方法，这种分析视角的关注点在于系统的外部特性，是把系统看作一个“箱子”，观察者从箱子外边的视角来观察和分析，只从箱子外边看箱子整体的特性，不看或看不到箱子内部的情况，因此系统是一个“黑箱”，只利用获取的外部特性来研究系统整体性即外部特性之间的关系。这种方法是对内在复杂性的一种简化处理，分析内容没有涉及系统的内在机理，把复杂的内在机理简化为外部特性的“直接”关联。比如，从系统的输入功能和输出功能的角度对系统进行分析的方法和行为研究的方法都属于黑箱视角。由于系统功能总是可以被外界感知到的，因此通过对反映系统功能的信息的观察，建立输出功能和输入功能之间的关系来描述和分析系统的行为，如图 2.24 所示。

图 2.24　黑箱视角

本书前面讲到系统功能和系统能力两个不同的概念，由系统功能与系统能力之间的关系和系统功能原理可知，系统功能是在系统能力的基础之上，在一定的环境中才能发挥出来。一方面，观察到系统发挥了某种功能就可以断定系统一定具备与之相应的系统能力；另一方面，系统功能只是发挥出来的一部分系统能力。因此，功能方法所建立的模型只描述了在特定环境中的系统行为，并不能反映系统的全部能力，功能方法一定是在特定环境下应用的方法，所建立的模型具有片面性。同一个系统在不同的环境中需要建立不同的功能模型，通用性较差，比如按照夏季条件开发的产品，其功能在严寒的冬季很可能不能发挥。

在特定的环境下，为了建造一个系统，只要能设计出一个系统并使其在同样输入作用下，产生所期望的目标输出，无论系统内部如何，都可以认为建造的系统是成功的。在此，输入是一个事物对黑箱施加影响，输出则是黑箱对其他事物的反应。输入可以是物质、能量或信息，特别是对于信息系统而言，只要一定的输入就能够获得期望的输出，很少追求系统内部结构上的相似性。这种方法与行为主义心理学的“刺激-反应”（S-R）观点相一致。

功能视角的所有方法都涉及系统的外描述。所谓系统的外描述，就是从系统外部的整体上对系统进行描述。因为系统在整体上表现出来的特性，是其组成要素或简单加和所不具备的特性，包括系统整体所具有的功能、属性和行为等，基于系统整体特性的描述就是外描述，因此而展开的分析就是一种从整体上把握系统的视角。

系统外描述：{名称,属性,属性值,行为规律,行为,能力,属性之间关系}。

一个系统 S 具有 n 个属性，属性的取值称为属性值。每个属性用一个变量 x_i 表示，称为属性变量。n 个属性可用一个属性变量的集合表示为 $X=\{x_1, x_2,\cdots,x_n\}$，用向量的形式表示属性：$X=\begin{bmatrix}x_1 & x_2 & \cdots & x_n\end{bmatrix}^{\mathrm{T}}$ 称为属性向量。

一个系统的属性变量可以分为四类：状态变量 z_j、控制变量 c_k、输入变量 i_l 和输出变量 o_m。相应地记状态向量为 $Z=[z_1 \quad z_2 \quad \cdots \quad z_J]$，控制向量为 $C=[c_1 \quad c_2 \quad \cdots \quad c_K]$，输入向量为 $I=[i_1 \quad i_2 \quad \cdots \quad i_L]$，输出向量为 $O=[o_1 \quad o_2 \quad \cdots \quad o_M]$。则系统的外描述可以用图 2.25 形象地表示。

状态变量是标识系统状态和行为的属性变量，不与环境直接发生关系；控制变量是环境因素对系统的状态和行为施加影响并对系统进行控制的属性变量，它可以改变状态变量的取值和系统的行为；输入变量是环境向系统输入物质、能量、信息的属性变量；输出变量是系统向环境输出物质、能量、信息的属性变量。

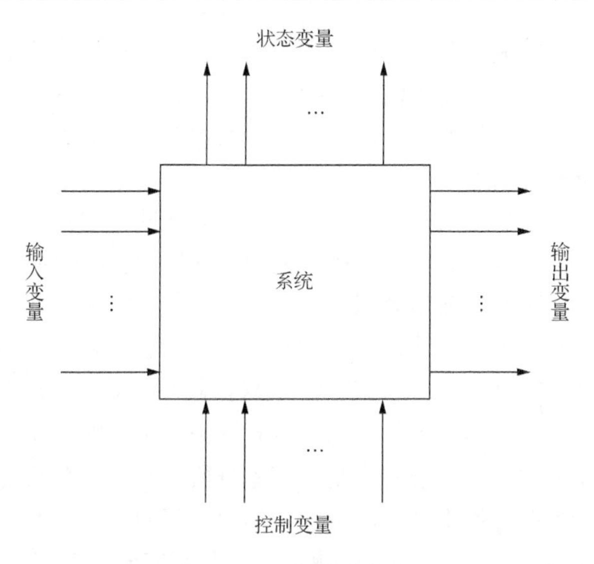

图 2.25　系统的外描述

状态向量在时刻 $t=t_0$ 时的取值称为系统 S 在时刻 t_0 时的状态，记为

$$Z(t_0)=[z_1(t_0)\quad z_2(t_0)\quad \cdots\quad z_n(t_0)]^{\mathrm{T}}$$

其中的每一个分量都是状态变量的状态值（属性值）。因此，状态也就是系统在 t_0 时刻的状态值的集合。

行为有两种方式表达：一种是离散时间表达方式，另一种是连续时间函数。

对于离散时间表达方式，行为表达为一个时间段 (t_1,t_l) 中的状态序列，记为

$$B_{t_1}^{t_l}=\{Z(t_1),Z(t_2),\cdots,Z(t_l)\}$$

在以时间 t 为横轴、状态值为纵轴的坐标系上，表现为一系列的离散点。

对于连续时间函数的表达方式：

$$Z(t)=f_Z(I(t),C(t))$$
$$O(t)=f_O(I(t),C(t))$$

如果 Z 是一维的，则在上述坐标系上是一个连续的曲线或分阶段的连续曲线，称为系统的行为轨迹。

功能视角广泛地应用于现实当中。比如中医看病，通常是通过“望、闻、问、切”等外部观测来诊断病情，并不需要对人体进行开刀解剖，这就是典型的功能方法。中医理论与西医类似，也有肝、心、脾、肺、肾五脏的概念，但是两者之间的概念界定大相径庭。西医的五脏是解剖学意义上的五脏，即可以看得见、摸得着、拿得出的生物组织实体，是在“器”的层面对人体五脏的定义。中医则不然，中医的五脏是从“气”的层面即功能层面对人体的划分，每一脏都是一个功能系统，都有不同的“气”即功能。因此，中医是一种功能方法即黑箱方法，只要每个脏器发挥正常功能并且相互协调运行，人体就是健康的。而西医是一种白箱思维，要在“器”的层面认清人体系统的构成。中医和西医各有特点。

在工程领域、社会经济领域、科研领域等所有实践领域中，功能方法广泛使用，比如：在计算机领域，功能方法主要应用于程序的功能测试。测试程序时，只负责从输入和输出视角检验程序的对与错，而不负责程序代码具体是怎样运行的。在人口研究领域，功能方法还被运用于人口的研究。掌握人口发展的现状和发展规律对于人类的发展有着很重要的意义。

但是，人口系统是个复杂的大黑箱，要认识它、控制它是个极大的难题。人口学家利用人口普查获得的信息建立了我国人口发展的动态模型。它忽略了人口系统内部各种细节，但是对于人口的出生率、死亡率、自然增长率、人口年龄构成等提供了很有价值的数据，可以从过去几年的人口变化信息来推断若干年后的变化状况。在心理学领域，心理学家对人的智商的测试就是一种功能方法，比如对人的智商进行测试，让被试者拼搭图案。如果拼搭所需要的时间比较短，反应迅速，则说明智商比较高。人的大脑生长在脑颅中，医生借助于各种仪器向大脑输入信息，从仪器中输出的信息来判断大脑是不是有病变，这也是功能方法。

功能视角的众多方法一般都可以称为黑箱方法，它是一种从系统的功能开始分析的方法，一般不追求系统内部的构成情况，或者无法分析系统内部的情况，因此也称为功能方法。从前面的讨论已经知道，功能是从系统外部可以观察到的系统整体性，是系统与环境相互作用时所发挥出来的系统能力，而系统能力是系统本身所具有的内在品质。因此，功能方法离不开特定的环境，是一种在环境中分析的方法，所观察到的系统功能与特定的环境条件密切相关，一定的环境只能观察到特定的系统功能而不是观察到全部的系统能力。因此，要想获得系统的尽可能多的能力特性，可以采用“情境实验”方法即通过设定并改变系统所处环境来观察和分析系统功能，情境是人为地对系统所处环境的模拟，带有一定的主观性。通过不同情境条件的改变对系统进行实验，给定一组情境条件模拟某一种环境情况就有可能观察到在另一个情境中没有出现的系统功能，从而发现一个新的系统能力，如此进行试验就有可能通过情境实验揭示系统的全部功能，情境越真实、越全面，实验所揭示的系统能力特性越完全。

总体而言，一般来讲对自然存在的系统（不是自己开发制造的人工系统）的系统分析都是从外部分析开始，其实采用的都是黑箱方法，然后从外而内、层层递进直至达到系统分析的目的为止。因此，对于一个陌生系统的分析都可以采用黑箱方法即功能方法进行。

2.6.2　结构视角

结构视角对应的方法也被称为结构方法，结构视角观察的焦点在于系统的内部组成及其结构，从内部描述系统的组成及其关系。这种方法的前提是可以观测到系统内部情况或了解系统内部情况的分析方法，一般也称为白箱方法，形象地表示为图 2.26。

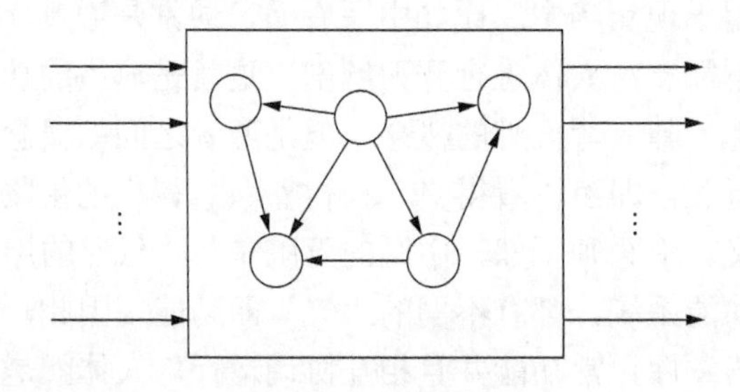

图 2.26　白箱方法

由系统能力原理可知，系统能力产生并受制于系统结构，系统能力蕴涵于特定的系统结构之中，系统能力不受特定环境的影响，可以更全面地揭示系统隐含的全部功能，更能比较全面地描述系统能力形成的内在机理。

结构视角的所有方法都需要对系统内部进行描述，包括对要素的描述、子系统的描述，特别是对关系和结构的描述。

系统内描述：{名称,要素,子系统,层次,关系,结构}。

子系统也如此描述。

关系的描述包括关系者（谁与谁的关系）、关系的性质（因果关系、并列关系、相似关系、输入输出关系等）。

结构描述了全部要素之间的关系，一般可以用关系集合或关系矩阵表达。

设系统 S 有 n 个要素，如果要素 x 和 y 具有关系 $r(x, y)$，则用有序对表示为 $<x, y>$。系统结构记为 $R_{\text{structure}} = \left\{<x, y> \middle| r(x, y)\text{true}\right\}$。比如，一个班级中的每个学生是一个要素，$r(x, y)$ 的含义为“老乡关系”，那么 $R_{\text{structure}}$ 就是这个班级“老乡关系”的结构。

系统结构可以用关系矩阵表达，$R_{\text{structure}} = [a_{ij}]_{n\times n}$，其中 $a_{ij} \in [0, 1]$，$i, j = 1, 2, \cdots, n$，矩阵的元素取自于 0 和 1 及其之间的任何实数，0 表示要素 i 和 j 没有关系 $r(x, y)$，1 表示有关系，0～1 的实数表示具有关系 $r(x, y)$ 的程度，也可以表示模糊关系。

关系的程度与模糊关系是不同的概念。“程度”是在肯定有关系的基础之上，对关系的密切程度的度量；“模糊度”是对“是否有关系”的推测的可能性的度量，当可能性被证实之后，关系就转化为关系的程度。比如，a 与 b 是否有关系的模糊度为 0.85，被证实之后其关系值（也叫作关系度）是 0.6。前者表示有 85%的可能是有关系，当被证实确实有关系之后，其关系的程度就是 60%，还没有达到“亲密无间”的地步。朋友关系就是一种有程度的关系。矩阵表示更精细且便于进行关系的代数运算。

白箱方法是一种从系统内部的组成部分和构成结构开始分析的方法，在建筑领域、机械制造领域等所有人工建造系统的领域，必须采用白箱方法，对系统的组成部分进行设计和制造，否则不可能产生一个新的系统。在系统设计领域，一般都是在一定环境条件下，首先设计系统功能，以满足一定的需要，再设计实现功能的系统内部组成及其结构。再反过来，通过实验来发现设计的结构是否还隐藏了设计时没有考虑到的能力，这些没考虑到的系统能力有可能是意外收获，也有可能是意想不到的不良作用，特别是对环境产生破坏作用的系统能力。比如，我国早期的五小企业，从设计功能上讲，可以带来经济效益、带来就业，可是系统在产生这些良性功能之外，还有高能耗、高污染、高成本等不良作用，如果能够通过结构化方法对系统内部进行透明的分析，找到隐藏不良功能的根源，就有可能设计出良性系统。

2.6.3 双重视角

双重视角是既关注系统的外部特性，又关注系统的内部组成及其结构的一种全面分析的视角。当然，这是最符合系统思想的一种分析视角，但是在现实中所具备的分析条件不一定满足双重分析的要求，或者由于所要解决的问题不同，也不一定需要进行全面的分析。

究竟采用什么样的分析视角，还要根据问题解决的“需求”和“可能”的条件来选定，所有的系统分析都需要投入大量的成本和资源，因此任何系统分析都要在“需求”和“可能”之间寻求一种最优的平衡。

尽管任何事物都可以作为系统来看待，但是当我们面对一个实际事物并试图解决其中的问题时，把这个事物的“什么东西”看成系统，这仍然是一个难题。比如一个企业的人力资源管理战略问题，一般没有必要把整个企业及其方方面面都综合到一起作为一个“系统”来看待，只需要把与人力资源相关的内容作为一个“系统”即可，不需要把整个企业作为系统。一个系统有许多“系统侧面”，比如人力资源就构成一个系统侧面，财务资源也构成一个系统侧面，生产体系也是一个系统侧面，产品营销也是不同的系统侧面。系统侧面与子系统不同，子系统是系统中的一个组成部分，而系统侧面是系统的一种属性，一种功能，不同侧面产生不同问题。所谓问题驱动，就是根据问题选取系统侧面，并定义“系统”，这个“系统”是整体系统的一个侧面。整体系统的其他侧面作为环境因素和条件参与系统分析。

总之，由于分析条件、信息完备程度等多种限制，可有三种视角定义系统。

第一种，对事物的内部构成不做分析或者不可能进行分析的情况下，把事物的外部特性作为整体，把系统的整体性分为输入特性、输出特性、状态特性三部分的综合，采用黑箱方法进行分析。

第二种，对事物的内部构成必须分析或者事物内部分析是可行的前提下，把事物的内部特性作为分析的对象，由内部的相关因素和外部特性共同构成系统，采用白箱方法进行分析。

第三种，对事物的内部构成可以进行部分分析而另一部分没有必要进行分析或者只可以对一部分分析而另一部分不能分析的情况，则把有必要分析或能分析的一部分连同外部特性共同构成系统，采用双重视角的灰箱方法。

结束语

系统分析这个术语有两种含义：其一是指系统分析是以系统为对象的一种认识事物的思维活动，其二又是一种对系统进行认知的思维方法。一般来讲，无论什么活动其结果都与活动的过程、活动的方法和工具密切相关，合适的过程和方法是获得正确认知结果的重要保障，这就需要活动过程和方法是可检验的。然而，思维活动是一种在人类大脑内部进行的隐秘的活动，其活动过程是不可见的且因人而异、因情境而异，这就使得思维活动的过程不可检验，也就无法判断认知结果的正确性。如果能把这种不确定的隐性过程变成可见的、可操作和可回溯的稳定的过程模式，就可以把系统分析变成可检验的过程，从而把不确定的隐秘的思维过程变为可靠的分析过程。本章给出了系统分析方法的一个整体框架，在这个整体框架的基础上进一步讨论系统分析方法。

第 3 章　模型化系统分析

导语

模型化是一种把不稳定的隐性的思维过程变成可见的、可操作和可回溯的显性化的分析方法，是系统分析的主干方法。系统分析从始至终都围绕模型化来推进对系统的认知过程，围绕模型而进行的系统分析称为模型化系统分析。模型化系统分析过程包括两个阶段：第一个阶段是建模过程，在这个阶段把系统中与问题相关的要素、关系、属性等用模型整体地、全面地描述出来，模型是对系统的初步认知结果；第二个阶段是利用第一阶段所建立起来的模型对系统进行深入分析，以求得对系统的深度认知。从模型化系统分析的整个过程来看，模型既是认知成果也是认知工具，因此模型化系统分析方法是借助模型对系统进行分析的一种间接分析方法。不仅系统分析要借助于模型，而且系统工程也广泛地采用模型进行设计、优化、实施、监管和评价等工作。

本章讨论的内容包括：模型的概念、作用和类型；模型化方法涉及的三个世界及其关系；模型世界的概念以及建模和模型转化等。

3.1　系统模型

3.1.1　模型化方法

系统分析方法是一种利用模型进行辅助分析的方法，本书称为模型化系统分析方法，简称模型化方法。模型化方法是对系统进行间接分析的一种方法，所谓间接分析是指利用模型替代原型作为分析对象进行系统分析，并不直接对系统进行分析操作。

分析意味着需要对分析对象做一些改变，比如分解、分割、解剖、析取，甚至是破坏性的实验等具有一定程度毁伤性的操作，因此从某种程度上讲，分析是一种“破坏”。但是，在现实中，直接在对象系统上进行分析往往是不可行的，这是因为：要么只有一个或极少数的分析对象，如果“破坏了”将无法挽回损失；要么分析成本过高无法承受；要么分析所要求的条件不具备、环境情况不允许等诸多原因，不能或不便在原型系统本身直接采取各种分析操作。况且对于新建造的系统，在分析时还不存在，更不可能在原型系统上直接分析。因此，如果能够利用模型替代原型进行分析，则可以回避或消除上述各种问题，这是因为模型可以任意改动，分析方案可以任意设计、实验参数可以任意安排和修改，模型也可以进行“破坏性”改变，在原型系统上需要做而不能做的任何操作都可以搬到模型上进行。模型化方法是系统分析流程中基本的、核心的方法，在分析流程中需要根据分析目的的不同，建立相应的分析视角和分析作用的模型，从系统的各个侧面、各个层次进行多角度、多层面的静态和动态分析。

模型化系统分析包括初步分析和深入分析两个阶段，如图 3.1 所示。

模型化过程与分析过程对应，也分为两个阶段：①模型化方法的第一个阶段是系统分析的初步分析阶段，这个阶段的主要任务是建立模型，称之为建立模型阶段，简称建模阶段；②模型化方法的第二个阶段，利用模型对系统进行深入分析，称为模型使用阶段，简称用模阶段，如图 3.2 所示。首先需要建立系统的等价模型，即利用信息获取方法和技术，获取原型系统与问题相关的信息建立模型。一旦建立起模型，系统分析工作就可以转移到模型上，利用模型来完成对系统的深度认知。

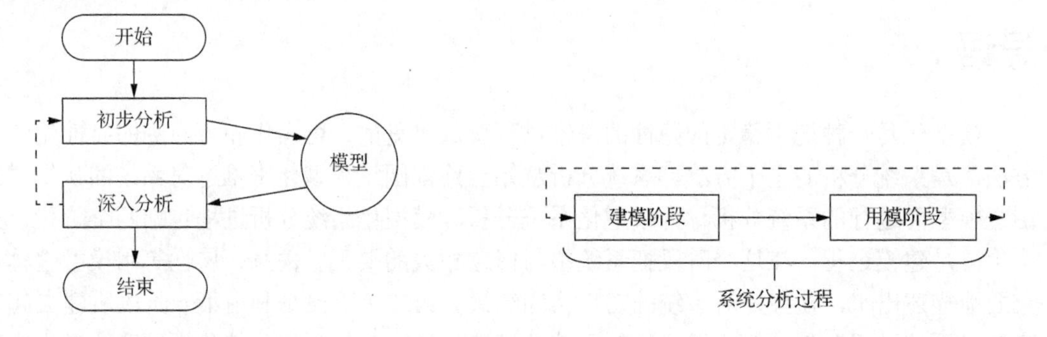

图 3.1　系统分析的两个阶段　　　　图 3.2　模型化系统分析的两个阶段

1. 建模阶段（初步分析）

建模阶段的目的在于构造出能够用于系统分析的模型，主要任务是逐步、循序渐进地收集与问题相关的全面的系统信息，进行去粗取精、去伪存真、由表及里、从个别到一般、从具体到抽象、从分散到关联，逐步把模型构造起来。

从认知的角度讲，随着系统分析过程的不断深入，认知结果不断地产生，同时不断地对认知结果进行记录，并逐步在记录的基础上推进分析的不断深入。从系统建模的角度看，建模并非一蹴而就，是一个不断完善的过程，不断地从分析过程中获取新的信息补充、修改和完善模型。分析与建模两个过程交互推进，螺旋式上升，直到建立的模型能够满足分析要求为止。建模阶段中的系统分析和模型构造两个过程相互交织，形成螺旋式推进的过程，如图 3.3 所示。

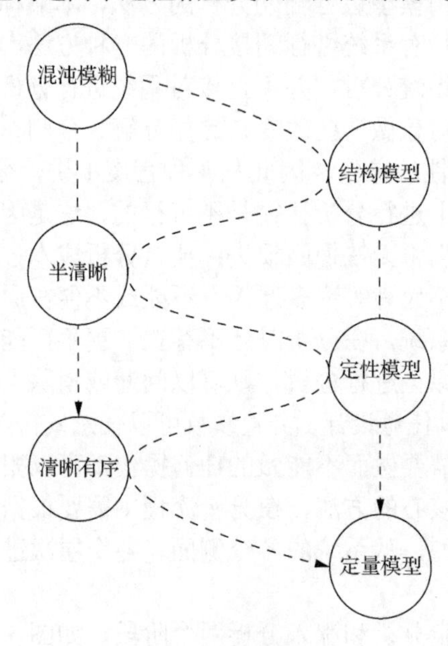

图 3.3　建模阶段

从人对系统的认知角度来讲，系统从混沌模糊状态，到半清晰，再到完全清晰的过程，系统（实际是系统侧面）在人的主观世界中也逐步变得清晰、有序。另外，把认知结果通过某种符号语言进行记录，不断地补充新增的认知成果、修改错误的认知成果、删除冗余的部分，模型也从无到有，再到趋于完整，最终产生模型。因此，模型的作用一方面是对认知结果的记录和描述，一方面对系统分析过程起到辅助作用。系统分析过程就是模型的构造过程，建模过程也就是系统分析的过程，即分析就是建模，建模就是分析。

2. 用模阶段（深入分析）

一旦模型构造完毕，就可以对系统进行深入分析，此时也意味着建模告一段落，此时的模型在某种程度上可以代替原型系统承担对系统的结构关系、定性关系或定量关系以及由静态分析转入动态分析的分析任务。对系统的结构、特性、变量的相互作用以及系统的内在机理、运行机制和系统行为等进行深入分析，也可以采用试验方法通过模型的参数调整或外部环境条件、管理及控制策略的改变进行试探性分析。

建模阶段和分析阶段既是顺序关系，也是反馈关系，即使在系统分析从初步分析进入深度分析阶段之后，仍然可以对模型补充新的信息和新的认识结果，在分析过程中进一步完善模型，如图 3.1 和图 3.2 中的虚线反馈箭头所示。

3.1.2 模型概念

什么是模型？所谓模型是指为了解决特定问题，并按照解决问题的需要，对与问题有关联的事物的某种或某方面特性，在一定抽象、简化、假设的条件下，采用物理的或非物理的任何方式所形成的与问题关联的替代物。从系统观点来讲，任何事物都可以作为系统来看待，因此任何事物的模型都是系统模型，简称模型。模型对应的原型系统一定是与问题有关的系统，故此称为问题相关系统，简称相关系统。不管什么模型都是为了解决特定问题，按照特定目标而有目的建构出来的，因而可以在某种程度上替代产生问题的相关系统，承担对相关系统上各种操作的“替身”。相对于模型而言，相关系统就是原型。

模型不是自然产生的客观事物，所有模型都是由某种“符号”作为“砌块”由系统分析人员搭建起来的人工系统。比如，数学模型是由数学符号包括变量、常数、参数和各种算符，按照特定的数学结构搭建起来的模型，用于表达事物的定性或定量关系，是现实事物的数学结构的替代物，具有承担对现实事物进行数学操作的功能。比如，运筹学中大量的数学模型都是对现实事物中的问题提供的数学结构，一般可以承担对相关系统的优化分析任务。再如，船模、航模、车模以及建筑模型等具有物理材质的模型可以承担相关系统的各种分析任务。一篇学术论文、一段讲话、一段视频文件、一幅图画、一套图纸，甚至一本小说都是对客观事物的描述，都具有替代物的作用，因此都可以认为是模型。比如，一篇学术论文是对一个理论、一个概念或一个学术观点的表述，《红楼梦》是对当时社会情境、风土人情的描写，反映了当时社会和人生百态。

模型包括由实物建造的和由非实物构建的两大类型，前者包括各种物理模型、生物模型、化学模型等，后者包括主观形式的概念化模型和外化出来的符号化模型。本书只对非实物模型进行讨论。虽然不同专业领域对模型都有各自专业的不同定义，但是从模型概念的共同内涵上看，模型都是表达客观事物或者主观思维的符号体系。无论模型使用什么材质、采用什么方式都是被分析对象的一个“替身”，记载和传递了被分析对象信息的一种“符号模式”，而其构建的材质都失去了原本的含义，只起到代表原型的“符号”意义。因此，模型是代表原型即被分析的对象的符号系统。模型有形式和内容两个方面，模型的结构是模型的形式，模型的意义是模型的内容，同样的内容可以采用不同的形式进行表达。

所谓符号是指人为地抛去了模型材质、形式等本身所具有的含义，把原型的特质以新的含义赋予了模型。比如，建筑模型、航模、船模、汽车发动机模型、航空母舰模型等模型，它们可以用不同材质的物料制作，但是物料本身并没有任何意义，这些模型的意义只在于代表了建筑物、飞机、轮船、汽车发动机等原型。因此，模型是一种抽象的符号，可以代表原型承担被分析、被认识的作用。

在系统科学中不仅仅是系统分析中使用模型，而且在系统设计、系统评价、系统决策，以及系统实施、系统检验和评估中都广泛地把模型作为一种基本的解决问题的分析工具。

模型的主要特点：抛开系统次要的、非本质的部分，抽出主要的、有用的部分进行研究；把系统的重要因素、关系、状态、过程突出出来，便于人们进行观察、试验、模拟和分析。模型相对于原型而言具有：①相似性。模型与原型一定要在某方面是相似的。②替代性。模型一定能够在问题分析或问题解决过程中代替原型。③间接性。通过对模型的研究，能够得到关于原型的更多信息和知识。④简洁性。突出主要因素和矛盾，忽略次要因素和矛盾。

什么是系统模型？系统模型是能够完整地反映问题所针对的系统侧面全面特性的模型。系统模型也是模型，因此它也是一种符号。不仅如此，系统具有整体性、多维性等多种属性，但是任何模型都不可能全面地、完整地反映系统的全部内容，只能反映系统的一个方面。比如反映系统内外部组成部分之间关系的结构模型，反映系统层次关系的层次模型，反映系统与环境接口关系的接口模型，反映系统变量之间关系的定性关系模型或定量关系模型，为了进行系统设计方案优化的优化分析模型，对系统进行评价或对方案评价的评价模型，预测系统未来发展趋势的预测模型，反映系统问题产生原因的因果关系模型、诊断模型等，这些都在某一方面反映了人们打算解决问题所针对的系统的某一个“系统侧面”。虽然是系统侧面，但是系统侧面也是一个整体，也具有关联性、层次性、多维性、多元性、动态性和适应性等所有系统特性，因此，系统模型除了模型的一般特点之外，还要能够分别代表这些系统特性，特别是所有系统模型都要满足整体性和关联性，其他特性根据不同的问题所针对的系统侧面的不同而不同。比如，从静态视角描述一个系统侧面的模型，一般不必把时间作为变量；而动态模型则需要反映系统的动态特性，这就必须在模型中有反映动态变化的因素和时间因素。

被模型代表的分析对象称为原型，模型与原型之间的关系是指代和被指代的关系，模型是原型的指代物，原型是模型的被指代物。指代是指模型被系统分析人员“指定”代表原型的意思，被指代是被指定为具有分析和被分析功能的意思。从指代和被指代的关系而言，模型是一种“符号”，用这种符号来代表原型，突出了与分析目的相关的主要因素而暂时忽略了次要因素。因此作为模型的这种指代物其本身的性质和状态已经失去自己原本的意义。比如，无论用木材还是用贵重金属制作的一艘航空母舰模型，当这个模型被指代为真实航空母舰的一个符号时开始，这个航空母舰模型的材质、重量以及化学、物理特性等本身原本所固有的特性已经没有任何意义，其意义只在于它是真实航空母舰的一个指代物。在模型身上应该能反映原型的缩小、等比或放大的几何尺寸和性能特征等原型的特性。比如，当一台真实的汽车在量产前接受各种实验和检测，尽管这台汽车与量产车无论材质、结构、功能等完全相同，但是它的作用是为了试验和测试，因而这台汽车仅仅就是一台模型，因为它不再承担载人的功能，而是代表量产后的大批量汽车承担分析和被分析任务的符号。既然材质、形式本身在模型与原型关系中没有任何意义，那么就意味着任何东西都可以作为模型来代表原型。就此，可以认为任何东西只要能代表原型的某些方面特征、特性等都可以制作成模型，比如上述的实物模型、数学符号构成的数学模型、计算机语言编程的软件模型、设计领域的图形模型等这些都是在工程、科研领域常见的模型。

除此之外，人们更自然地习惯于用自然语言来表达一个物品、一个情况、一个过程、一个问题、一个想法等所有事物，因此本书认为用自然语言撰写的一本研究报告、一篇论文、一本学术著作、一个发展规划、一个设计方案，甚至一本文学作品、一幅绘画、一首音乐等都是模型。比如，学术研究报告是客观世界的科学描述，小说则是客观世界的艺术化描述。模型既可以是客观事物的代表，也可以是主观思想的表达，它独立地存在于模型世界之中。又因为自然语言撰写的文章在某种程度上可以表达完整的系统侧面，所以都是系统模型，只不过模型的形式与抽象符号模型不同而已。不同形式的模型只要其内涵相同或相似就可以在一定条件下相互转换，任何抽象符号模型在建模之初都是用自然语言描述的，此后才转化为抽象模型，比如用科学符号表达的数学模型。自然语言模型的解释性较强但不便于运算，数学模型可以推理、运算但解释性不如自然语言模型，计算机语言模型一般不是给人理解的而是给计算机运行使用的。因此，不同形式的模型具有不同的功能。

由于问题不同、思维方式不同、建模的人主观意愿不同，以及认知能力和分析能力不同，也会使得原型与模型之间出现“一对多”的情况，如图 3.4 所示。

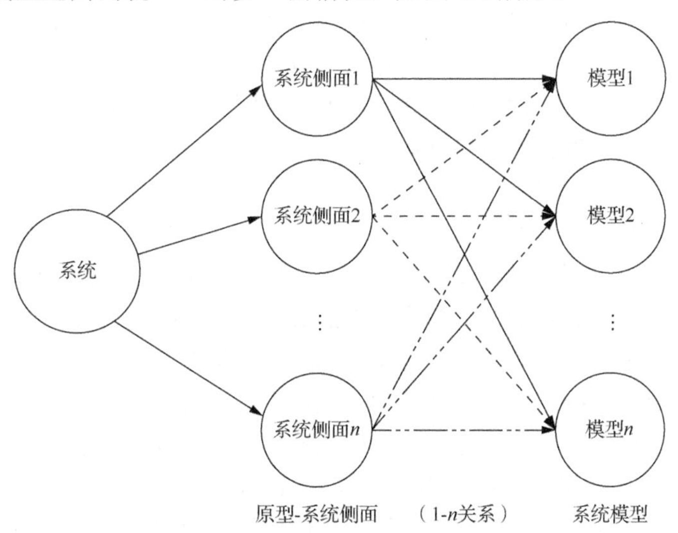

图 3.4　原型与系统模型的一对多关系

由于同一个系统可以产生不同的问题和不同的分析目的，每个问题和目的至少与一个系统侧面相关，因此一个系统会有多个系统侧面，而每一个系统侧面又可以建立不同形式、不同功能和作用的模型，因此系统侧面与模型之间也是一对多的关系。

简便起见，下面对系统模型和系统侧面模型不做严格区分，统称为模型，而系统和系统侧面除非专门论述不做特别区分，也统称为原型。

3.1.3 模型作用

1. 第一个作用是记录作用

模型最基本的作用是对系统分析结果的记载和描述，即所谓的意义承载和信息传递，要更好地发挥这个作用，则要求模型在辅助分析过程中，对分析结果有目的地、真实地、客观地进行全面记录。记录得越完备，对原型系统的反映越全面，在第二阶段利用模型进行深入分析时就越有可能正确地认识原型系统。

2. 第二个作用是代表作用

模型能够代表原型，是因为模型与原型具有相似性，而且相似性越大代表性越好，相似性越低代表性越不好。相似性是指模型内涵意义的相似，并非形式上的相似，即模型所蕴涵的意义应该与原型的意义相同或相似。只有这样才能起到代表的作用。只要模型能够代表原型，那么本来在原型上不能做的操作就可以转移到模型上轻易进行，对原型的复杂分析可以利用模型简单进行，在模型上施加实验方案或改造方案可以先在模型上进行试验，并不断地修改，以免造成对原型的伤害，分析所形成的结论可以先在原型上试验，再迁移到原型上实验，在模型上的发现有可能代表了对原型的发现。任何模型都不可能完全地代表原型系统的全部，只能代表原型系统的某一方面特性，即系统侧面。系统分析从问题出发，不同的问题将形成不同的主观视角，不同的视角形成不同的系统侧面。其次，模型是对系统中各种因素简化、概括，并在忽略次要因素、突出主要因素的基础上形成的。所以代表作用的含义是对原型系统某一侧面的“主要”因素的概略表达。模型与系统的相似性是代表性的基本要求，相似性越大代表性越强，模型就越能正确地反映原型系统。比如数学模型是对原型系统变化因素及其关系的描述，是针对原型系统的特征或数量依存关系这个系统侧面的代表。模型不同代表的系统侧面不同，相似性不同代表的程度也不同。能否建立一个相似性较高的模型，则取决于建模过程与分析过程的良好互动。

3. 第三个作用是解释作用

原型的意义是隐藏的，模型应该揭示原型的意义，因此模型可以对原型系统进行说明或解释，从模型本身就可以理解原型即分析对象“是什么”和“怎么样”的意义，可以利用模型解释原型的结构、机理和功能，解释原型中的关系、问题的因果关系等，这是所有模型的基本作用，否则模型就没有存在的必要了。比如，《红楼梦》是对社会背景的描述和说明，可以把现代人带入到它所描述的时代背景中，现代人通过阅读《红楼梦》就可以了解那个时代的封建礼教、民风民俗、社会百态，告诉现代人那个时代有什么、是什么和怎么样，这就是模型的代表作用或解释作用。《红楼梦》所描述的那个时代已经流逝，但那个时代的意义却被《红楼梦》保留下来。模型的意义可以用不同的模型形式表现，比如，小说、戏剧、电影、电视剧、连环画等，虽然模型的形式不同，只要意义相同就可以认为是代表同样原型的模型，不同的模型形式在同一个意义下可以相互转化，比如小说可以转化为剧本，剧本可以拍成电影或电视剧，还可以画成连环画等。不同形式的模型虽然都具有原型的意义，但是不同的形式具有不同的解释作用，小说、戏剧、电影、电视剧、连环画等的解释作用是不尽相同的。

4. 第四个作用是分析作用

模型承担了对原型系统进一步深度分析的任务，这是在系统分析中建立模型的重要目的。系统分析方法是一种利用模型进行分析的间接方法，模型一旦建立起来，就在某种程度上脱离了原型系统，基本上可以代表原型系统承担系统分析的任务，发挥被分析的作用。系统分析工作就可以转移到模型上进行，但是并不意味着利用模型分析就与原型毫无关系，模型与原型只是具有一定程度的相似关系，不可能完全相同，所以模型可能在被分析过程中还需要关照原型系统，并从原型系统中继续获取新的信息。在深入系统分析过程中，模型与原型之间具有如图 3.5 所示的连带关系。

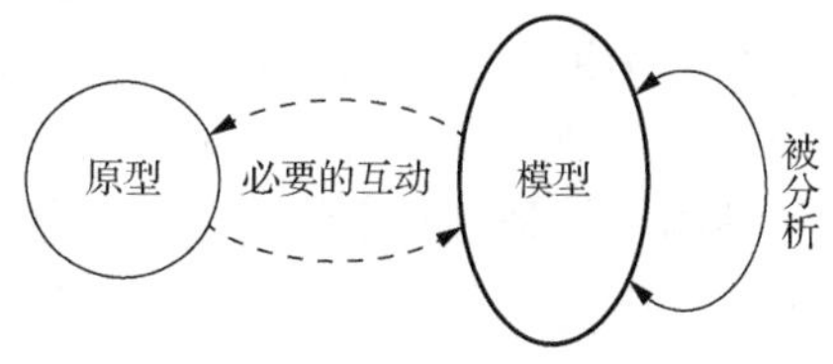

图 3.5　模型的分析作用

模型可以代表原型接受分析、实验、测试、改造等一切在原型系统本身不能完成的工作。但是，不同形式的模型其分析作用也不尽相同，有的分析作用强，有的分析作用弱，有的根本没有分析作用，只有解释作用。模型代替原型对系统进行详细的深入分析，其目的在于对原型的深度理解，而不必再利用原型直接进行分析，从而避免了许多大型、复杂系统不能在原型上直接分析的困惑。模型的解释作用与分析作用不一定同时具备。

总之，只要一个东西具备上述模型的特点，它就是一个模型，在系统分析过程中这个东西只代表分析对象，不再有其原本存在的意义。这样一来，模型的表现形式可以用各种符号，比如，数学语言符号表示的模型、自然语言符号表示的模型、计算机语言符号表示的模型，甚至于某种物理材料制作的等比例实物模型、医学研究中的小白鼠、农业工程中的试验田等，在被人们"指称"为只具有代表作用而失去本身原有意义的情况下，任何东西都是模型。因此，在系统分析中，模型不仅是数学模型，还包括更为广泛的自然语言模型、计算机语言模型、图模型和实物模型，只要能代表原型系统，并承担解释和分析任务的任何事物都是模型。毋庸置疑，数学模型是科学研究领域广泛接受和使用的分析工具，这是容易被广泛接受的模型概念，各种实物模型比如航模、车模、船模这类也被广泛接受。此外，从系统分析的视角来看，一本小说、一篇讲话稿、一篇调研报告、一本教材甚至一次访谈记录等这类用自然语言撰写的文章也是模型。它们可以把人们带入到不同的世界之中，小说可以把人带入到"虚拟现实"中，一篇讲话可以把人带入到宏伟的"未来世界"，一次访谈记录或调研报告可以把人带入到"真实世界"中，一本教材可以把人带入到"知识海洋"，说明它们都具有代表性。

不同专业领域都有各自领域关于模型的概念，系统分析与各专业领域的模型概念并不矛盾，只是对模型概念的外延进行了大幅度扩充，不仅包含了各专业领域的模型，还包括具有代表性而且可以分析和被分析的一切事物，对模型的这种理解有利于理解系统分析。

3.2　系统分析的三个世界

系统分析以及模型化过程涉及三个世界，即对象世界、观念世界和符号世界，分析过程就是在三个世界中穿行和游走的过程。

3.2.1　对象世界

1. 对象世界的概念

由所有分析对象组成的客观世界称为对象世界（objects world），其中的分析对象既包括自然存在、社会存在也包括人工制造存在，但不包括对象化的思维活动。从系统观点来讲就是既包括自然系统、社会系统，也包括人工系统。自然系统不依赖于人的活动可以独立存在，社会系统虽然是由人组成的，但是其发展变化规律又具有不以人的意志为转移的特性，人工系统既有独立存在的特性又包含人为因素。比如，自然生态系统、天体系统、江河湖海、生物种群等都是自然系统；国家、经济区域、居住社区、群团组织、企业公司都是社会系统；卫星、火箭、飞机、建筑物、高铁、机床等都是人工系统，这些客观存在都是对象世界中的对象，都是需要通过系统分析加以认识的客观对象。总之，对象世界是站在系统分析主体对立面的、独立存在的，又是被分析的客观世界。

系统分析主体是指在系统分析活动中处于主动和主导地位，具有自主性和创造性等特点和认知功能的一方，显然就是系统分析人员；对象即被分析的系统，是指在系统分析活动中处于被动和服从地位，具有受动性、非主导性和被认识性特点的一方。在系统分析过程中，人始终是系统分析的主体。

系统分析的对象是与系统分析主体的分析目的和解决的问题相关的系统，所以对象世界是由分析所指向的任何事物构成的客观世界。但是，并不包含所有客观存在的事物，与系统分析不相关的或没有进入分析主体认识视野的客观事物并不构成系统分析的对象。系统观点认为“世界是由系统构成的”，所以一切客观存在的事物、现象、关系和过程都可以是认识的对象，但是对象世界只是由被分析主体纳入到认识范围之内的客观事物组成，还没有纳入到认识范围的客观事物还不是认识对象。因此，客观世界包括两部分：一部分是对象世界，另一部分是还没有作为认识对象的事物。既然对象世界是客观世界的子集，那么对象世界就具有客观世界的一切特性和规律。从系统分析的角度来讲，对象世界中的每一个认识对象都是系统，因此可以简单地说：对象世界是由系统组成的世界。

2. 对象世界的特性

（1）对象世界的实在性。

所谓的实在性是指对象世界中的对象不是人的主观臆造出来的，尽管人工系统是由人设计并制造的，但一经制造完成就是一个客观实在，而不是存在于人的主观意念中的构思，一般也可以称为客观实在性。

（2）对象世界的独立性。

独立性与客观实在性密切相关，是指每个对象即系统都有独立存在的理由，其运动和发展不以人的意志为转移，而是按照本身所具有的客观规律在人的意志之外独立运行。因此，需要人们去分析和认识。

（3）对象世界的关联性。

关联性是指客观对象之间相互作用、相互制约而发生联系的特性，是客观世界的根本属性，是所有对象的普遍本性之一。对象世界中的对象并非孤立存在的一个一个的实体，而是相互影响、相互作用又相互制约。

联系是客观的，是每一个对象本身所固有，不以人的意志为转移。联系又是普遍的，对象世界中的一切对象系统都不能孤立存在，都与周围的其他对象系统以某种方式联系着，整个对象世界是一个相互联系的统一整体；另外，对象系统内部的各个组成部分、要素、环节也是相互联系的。如果一个对象系统没有外部关系就不能存在，如果没有内部联系就不会有整体性。之所以要以系统观点研究客观事物也即对象系统，就是因为联系的客观性和普遍存在才使得客观事物作为一个整体的特性而有别于孤立存在的事物。

在系统分析的概念体系中，一般把丰富多彩的“联系”概括地称为“关系”。“关系”是系统分析的一个核心概念，是最为重要的系统分析内容。联系的客观性和普遍性告诉我们在系统分析过程中注意观察、认真思考，摈弃主观臆造，特别要关注看似没有联系的事物之间可能存在着非常重要的联系，如果系统分析过程中发现了一个以往未曾看到的关系，往往可能会带来意想不到的认知结果，会使问题迎刃而解。联系的多样性提醒我们在系统分析过程中还要注意联系在性质上的区别，用不同的关系类型予以表达，并分析不同性质的关系对系统整体性的影响。系统分析的核心任务就是：要揭示系统内部以及与环境之间的各种联系。这就要求系统分析必须“从实体转向关系”“从局部转向整体”，并且始终把“关系”作为系统分析的核心内容。

（4）对象世界是永恒发展的。

客观事物运动变化的原因在于事物的相互作用，并且正是这种相互作用构成了运动和发展，相互作用必然使对象的原有状态和性质发生变化，从而引起了事物的矛盾运动，推动事物的发展。因此，用系统分析方法研究系统的发展变化时，还需要从相互联系中找到矛盾、分析矛盾，才能理解系统的变化和发展，反之也只有从运动、变化和发展出发，才能更深入地理解系统的关系、矛盾及其特性。客观世界的这一特性告诉我们在系统分析中既要研究关系又要关注矛盾，因为矛盾是一切事物发展的根本动力。

3. 对象世界的基本定律

对象世界符合客观世界的三大基本定律，即质量互变定律、对立统一定律和否定之否定定律。这三个定律都是“动态”的，是指客观事物即系统的发展变化的动态过程所遵循的规律。在系统分析过程中需要动态地、发展地看问题，特别是分析系统运动机理或设计运行机制时需要考虑的指导方针。客观世界本身就是一个矛盾体，其中的每一个客观事物即系统都是矛盾体，每个矛盾都是不平衡的关系。

（1）质量互变定律。

涉及三个概念：质、量和度。质就是一系统成为它自己并区别于其他系统的内部所固有的规定性。特定的质就是特定的系统存在本身，质和系统是直接同一的，系统总是具有一定质的系统，不具有一定质的系统在客观世界中是不存在的。而且，系统内在的质的规定性只有通过本系统与它系统的联系，通过系统之间的区别所表现出来，因而系统分析首先需要在质的规定性上对系统进行区分。

质的规定性往往又是通过多种多样的属性或特性表现出来，系统整体性就是一个系统区别于另一个系统的质的标志。但是，系统的质与属性不是完全等同的，一个系统在不同的环境关系作用下所表现出来的属性可能是不同的。比如，一个系统具有多种能力，但在不同的环境中所表现出来的功能是不同的，在系统分析时不能因为这样就否定了没有表现出来的系统能力，更需要发现在某种特定环境中没有表现出来的系统能力。属性是系统表现出来的质的某些方面，针对环境而言是不确定的，是相对的，但是系统的质则是多变的属性中内在的本质的联系。系统分析一般都是从可以“观测”的属性开始，但要透过现象看到本质。

量是事物在规模、程度、速度以及构成成分等可以用数量表示的规定性。客观世界中的每一个事物都有量的规定性，以示不同事物之间的区别。比如，一个企业规模的大小，包括人员多少、产值多少、利润增长多少、企业成本多少、效益多大等在量上规定了这个企业的概念。在系统分析中，大量不同类型、不同结构、不同用途的数学模型承担着对系统量的规定性的分析。比如优化模型是在量上求取问题解决方案的数学模型等。

质与量是不可分的，量总是质的量。一个系统有多种属性，每个属性都有量的规定性，因而系统量的规定性也是多方面的。比如一个社会可以用多个量来规定，诸如 GDP 的规模、科技发展程度、文化事业发展状况等。虽然系统量是多方面的，但是在系统分析中不要求面面俱到，而应该根据系统分析的目的和可能去把握分析的必要性，选取一部分能够反映系统质的规定性又能够满足分析目标的量。系统分析中区分系统的质和认识系统的量，二者是辩证统一的。区分系统的质是认识系统的开始，是分析系统的量的前提和基础，没有对质的区分基础，无从讨论量的分析。因此，在系统分析过程中的系统定义阶段、整体性分析阶段、要素分析阶段、层次划分以及子系统分析阶段，往往采用所谓的定性分析方法或叫作质性分析方法进行分析，目的就是要通过对“质”的分析来明确地定义系统，画出系统边界，弄清整体性，区分要素、层次和子系统。然后，再在质的规定范围内进行定量分析。

度是质和量的统一，所谓统一是指量总是特定质的量，不存在没有质的量，系统只有在一定量的范围之内，质才是不变的质，系统才是原来的系统，如果超出这个范围系统将会“变质”。度就是质变的关节点，在关节点的一侧事物的质保持不变，在另一侧质就称为另外的质。因此，在两个质变的关节点之间系统保持自己的质不变，但是量在变化，形成了量变的范围、限度或幅度，所以度是系统质不变的数量界限。比如，在一个标准大气压下，水的度是 0～100℃，在这个范围内水保持自身不变，如果超出这个范围的上下两个临界点，水将不再是水，要么变成冰，要么变成水蒸气。在系统分析中对度的认识和把握非常重要，如果不注意度的把握就有可能乱用优化模型。

系统总是在变化的，除非我们把它当作静止的来研究。系统的运动是永恒的，其运动、变化和发展是通过量变和质变交替表现出来的。量变是系统在原有性质的基础上，在度的范围内的变化，质变是系统性质的变化，是一种质向另一种质的“飞跃”，如果量变超出了度的范围质变就会发生。质量互变定律告诉我们：系统分析，特别是动态分析中量变到质变的分析就是要找出由一种质到另一种质的“拐点”。在系统分析中则往往采用一种基于定量分析的定性分析，即定量分析的目的不是为了得出具体的量的结果，而是通过对量的规定性的分析找出量变的“拐点”。

（2）对立统一定律。

对立统一定律又称矛盾定律，矛盾是对立双方不平衡的关系，是一切事物发展的源泉和动力，在某种情况下矛盾就是问题，解决了问题系统就发展了，就变化了。系统分析的目的就是揭示矛盾、解决问题，所以矛盾定律告诉我们在客观世界中矛盾是普遍存在的，因为关系是普遍存在的，矛盾是不平衡的关系。

系统分析是矛盾分析的前提，矛盾分析是揭示问题的基础。系统分析要找出不同组成部分之间的关系，矛盾分析则要找出不平衡即有差异的关系。在解决问题过程中则需要从系统中区分产生问题的主要矛盾和次要矛盾，矛盾的主要方面和矛盾的次要方面；还要注意找出主要矛盾和次要矛盾的相互转化条件，矛盾的主要方面和矛盾的次要方面的相互转化条件是什么。

（3）否定之否定定律。

系统分析始终是在揭示系统以及系统与环境的矛盾并协调矛盾即解决问题，对矛盾所涉及的关系进行调整。任何系统内部都包含着肯定和否定两个方面的因素，肯定的因素使系统维持其存在，否定的因素使系统衰落，肯定的因素与否定的因素之间的关系既对立又统一，在一定条件下可以相互转化。系统分析首先要分析系统的肯定因素，肯定系统是什么，被肯定的因素是什么和怎么样，同时也要分析系统的否定因素。比如，在分析小化肥厂时，肯定它为经济发展、增加就业、提高人们生活水平所做出的贡献，另外还要分析它对环境的污染和破坏，以及对人们身心健康带来的损害。既然如此，是不是把小化肥厂一关了之。这样当然可以消除污染以及由此而带来的身心健康问题，可是小化肥厂增加经济效益、增加就业等被肯定的因素也同时被消除了。否定之否定定律告诉我们，在解决系统问题时需要辩证地进行系统分析。肯定和否定是相互包含的，肯定包含着否定，否定包含着肯定，也就是说如果对肯定进行下一层次的系统分析，还会发现肯定因素中还可以分成下一级的肯定因素和否定因素，同样否定因素中也还包含着下一级的否定和肯定因素。因此，按照否定之否定定律，在否定了小化肥厂污染破坏环境、影响人们身心健康的基础上，如果能够对小化肥厂的设备进行改造，消除污染、提高健康水平，不仅加强了小化肥厂存在的理由，还会使环境提升到一个新的水准。改造和保留是对否定污染的否定即肯定，因此加强了系统即小化肥厂存在的可能性。这条定律提醒我们在进行系统分析时，既要看到系统构成因素中的肯定一面，也要分析否定的一面，而且还要看到肯定因素和否定因素中的相反内容，从而采取正确的分析策略和问题解决策略。

3.2.2　观念世界

1. 观念世界的概念

观念世界（conception world）是由人类思维产生的主观世界。主观世界是与客观世界相对的、由人的认知活动及其结果构成的世界，是人类大脑反映和把握客观世界的精神活动以及心理活动的总和。主观世界既包括认知活动过程，也包括认知活动结果。认知活动和认知结果共同形成了与客观世界相对的主观世界。与客观世界不同的是，主观世界不仅有认识活动及认知成果等理性部分，还有情感、意志以及欲望、目的、信念等感性部分，从普通心理学的角度来讲，主观世界是知情意的统一体。知情意分别是指认知、情感和意志。它们是人类心理活动的三种基本形式。认知是指人对于客观事物的感觉、知觉和表象，情感是指人对于客观事物是否符合人的需要而产生的态度体验，意志则是指人根据自己的主观愿望自觉地调节行动去克服困难以实现预定目的的心理活动。知情意中的情和意都是认知活动的影响因素，既可以促进和增强认知活动和结果，也可以阻碍和减弱认知活动和结果。主观世界不是人的大脑，但它是以人的大脑为物质基础的精神世界。每个人都有一个主观世界，其中的思维要素是客观对象在大脑中的主观映像，是思维活动的成果。

本书所谓的观念世界专指主观世界中的“知”，不包括“情”和“意”，而且在“知”这个方面只包括由认知活动产生的结果，不包括意识活动和认识活动。简单地讲：观念世界只包括认知结果，且把认知结果称为“观念”。

对象世界中的认识对象即系统相关的各种因素，比如要素、关系、属性等，在大脑中产生感觉、知觉、意象等并由大脑的思维能力能动地在主观世界中产生了概念、判断、推理等各种观念。每一个观念代表一个或一类对象，可以近似地认为每个观念都是对象系统的某方面、某部分在主观世界中的映像，构成了主观世界中的观念世界。观念世界是主观世界中的认识成果，它具有别人看不见、摸不着的隐秘性特点。

系统分析是系统分析人员把自己作为认识主体，把系统作为认识客体的认识活动，包括两个阶段：感性认识阶段和理性认识阶段。感性认识阶段的认识成果是感觉、知觉和表象；理性认识阶段的成果是概念、判断和推理。在系统分析中，既可以是对系统的要素、关系、属性、状态、过程的个别认识，也可以是对子系统、层次、结构和整体的全局性认识。分析过程是一个由个别到一般、由局部到整体、由浅入深、由感性到理性的不断深化过程，认识成果不断地凝练和积累，形成不同的观念。

所谓“观念”是指主观世界中的感觉、知觉、意象等形象思维要素和概念、判断、推理等抽象思维要素以及由它们按照一定结构构成的关于对象世界中系统的整体观念。观念包括局部观念和整体观念两个部分，其分类如表 3.1 所示。

表 3.1　主观世界中的观念模型

观念模型	感性观念（感性认识阶段）：感觉、知觉、意象	理性观念（理性认识阶段）：概念、判断、推理
局部观念模型	要素、关系、属性等感性观念模型	要素、关系、属性等理性观念模型
整体观念模型	层次、子系统、结构、系统等感性观念模型	层次、子系统、结构、系统等理性观念模型

每个观念都有两个维度：一个是感性与理性；另一个是局部与整体。关于要素、关系、属性的感觉、知觉和意象等以及概念、判断称为局部观念模型，与系统整体有关的观念如层次、子系统、结构、系统等的感觉、知觉和意象等以及概念、判断和推理称为整体观念模型。在对象世界中的单个对象，在观念世界中被映射为个体观念，也可以与其他相同或相似的单个对象被概括并抽象为类观念。比如，张三是对象世界中的一名大学生，在他的老师李四的观念世界中就会有一个关于张三的感觉、知觉、意象以及更为深入的概念和判断的关于张三的不同认知层次的“个体观念”，可是在李老师的主观世界中许许多多像张三这样的个体观念就会形成一个“大学生”的“类观念”，“类观念”是概括的、抽象的，是关于大学生的抽象观念。观念世界中的“个体观念”与对象世界中的实体是一对一的关系，而观念世界中的“类观念”与对象世界中的实体是一对多的关系，观念世界中的一个“类概念”，与对象世界中的众多实体对应。

本书所说的观念世界由上述四部分构成，各部分之间的关系如图 3.6 所示。

2. 观念世界的特点

（1）个别性。

每个人都有一个主观世界，每个人的主观世界都是不一样的。因此，在系统分析中，面对同一个系统，不同的人将会产生不同的观念。

（2）目的性。

观念世界的形成是系统分析人员有意识地分析对象系统而产生，这种分析是按照“趋利避害”原则进行，对于分析人员有用的东西加以分析认识，无用或有害的东西进行排斥，这种趋利避害就是有目的的选择。因而在观念世界中产生的观念也是有目的性的。

（3）主动性。

观念世界是系统分析人员主动分析认识系统所形成的结果，不是外力强加于大脑而形成的。

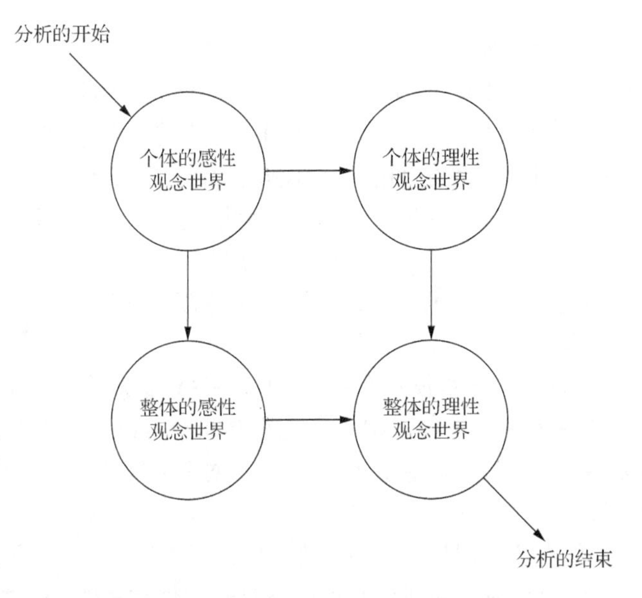

图 3.6　观念世界的四个组成部分及其关系

（4）信息性。

这一点是显然的，系统分析活动是一种信息性活动，是对分析的对象系统相关信息进行加工的活动。因此，主观世界中的各种思维要素和观念模型都是以信息形态的方式存在的。

（5）片面性。

人的认识能力是有限的，认识是从一点开始逐步展开的。每个认识主体对客观对象的观察都有自己的角度，从而形成对客观对象的某个侧面的认识结果。因而每个认识主体的认识都具有不同程度的片面性。在系统分析中，人们对系统的认识总是片面的、不完全的，所谓“换个角度看看”就是说分析视角要经常变化，看一看前一个视角看不到的地方。

（6）片断性。

客观事物总是在发展变化之中的，所谓片断性就是通过主体的认识所形成的观念世界只能反映客观事物运动过程的某一个阶段或某几个阶段的状态，这一点也是与认识能力的有限性相关的。对于系统分析来讲，需要用动态的观点观察系统，尽可能做到对系统全生命周期的分析考察。

（7）抽象性。

观念世界是对客观对象进行抽象概括而产生的，人类思维具有去粗取精、去伪存真的能力，观念世界的观念模型有两类，一类是关于对象个体的观念，另一类是由一类相似事物的相同或相似特征抽象出来形成的“类观念”。“类观念”就是抽象性的体现。有了“类观念”就可以触类旁通，使人类不必一个一个地分析所有的个体就能够获取同类的更多知识。

（8）差异性。

不同的人对同样事物的认识将产生不同的认知结果，多个人的认知结果之间存在着差异性。因此，在系统分析过程中需要提倡讨论，对各自所掌握的信息和知识进行交流，并达成共识，形成统一的系统模型。

3. 观念世界的反映方式

观念世界对客观事物的反映一般有两种方式：一种是以实体的方式进入观念世界；另一

种是以系统的方式进入观念世界。

前者把客观事物作为一个不可分的实体进行反映，形成实体观念；把客观事物的性质反映成属性观念；把性质的量的规定性反映成（属性）值观念；把客观事物的运动过程反映成行为观念。进一步，把实体与属性之间的联系反映为属于关系（定性关系）；把属性（质）与属性值（量）的统一反映为值域（度），即客观事物保持自己本质不变的量的限度、幅度、范围等。再进一步，把行为反映为客观事物的状态序列（连续的、离散的）。上述几个方面是对客观事物从外部的完整反映，为了方便把这个整体概念称为对象的观念，在不至于造成混乱的前提下，简称对象。即

对象（的观念）=实体观念+属性观念+属性值观念+行为观念

如果以系统的方式进入观念世界，则不但把客观事物反映成“对象观念”，还进一步对客观事物的内部组成情况进行反映，包括组成要素、要素之间的关系，把这个内外结合的概念称为系统的观念。即

系统（的观念）=整体观念+属性观念+属性值观念+行为观念+要素观念集合+结构观念

在观念世界中，观念模型或个别观念的形成不是一次性完成的，这与人的思维特点有关，是一个循序渐进的过程。

3.2.3 符号世界

1. 什么是符号

符号世界是人工世界，是由人类创造出来的符号组成的世界，是人类有意无意之中创造出来的、人类独有的世界，不是自然生成的。

在人类生活的世界中，符号无处不在。从交通信号灯到手势，从音乐到舞蹈，从建筑到绘画，从日常生活到科学研究，直至人类的交际互动都包含着大量的符号。符号是对人类社会的存在与运作起着根本性作用的人工产物。正是由于符号的产生和阐释，看似杂乱无章的世界被赋予了秩序及意义。人类的观念世界就是借助符号而构成的，思维活动如果脱离了符号就无法进行。

那么，什么是符号呢？所谓符号（signs）是人们共同约定俗成的，用来指称特定对象的标志物。比如“绿灯行、红灯停、黄灯亮了等一等”，这是关于交通信号灯颜色的共同约定。其形成是约定俗成的过程，据说 1858 年，在英国伦敦主要街头安装了以燃煤气为光源的红、蓝两色的机械扳手式信号灯，用以指挥马车通行，这是世界上最早的交通信号灯。1868 年，英国机械工程师纳伊特在伦敦威斯敏斯特区的议会大厦前的广场上，安装了世界上最早的煤气红绿灯。1914 年，电气启动的红绿灯出现在美国。这种红绿灯由红、绿、黄三色圆形的投光器组成，安装在纽约市 5 号大街的一座高塔上。红灯表示“停止”，绿灯表示“通行”。1918 年，又出现了带控制的红绿灯和红外线红绿灯。当行人踏上对压力敏感的路面时，红外线红绿灯就能察觉到有人要过马路，红外光束能把信号灯的红灯延长一段时间，推迟汽车放行，以免发生交通事故。1968 年，联合国《道路交通和道路标志信号协定》对各种信号灯的含义做了规定，绿灯是通行信号，红灯是禁行信号，黄灯是警告信号。此后，这一规定在全世界开始通用。人类的自然语言是与民族文化演化而约定俗成的，是人们在日常生活和工作中进行信息、知识交流的工具。科学语言比如数学符号是数学知识表达、记录和数学交流的工具等。总之，符号不管是约定俗成，还是人为规定，都是人工产物，不是自然存在。

2. 符号的形式与内容

符号有形式和内容两个方面，符号的形式可以被认识主体感知，其内容是人们共同约定来表达其所代表对象的意义，只要满足可感知、有意义这两点就可以人为规定其指代任何事物。另外，任何东西都可以作为符号使用，比如“=”是可以用眼睛感知的两条水平直线，在数学中是表示等价意义的符号，“$\sum$”同样可以被感知，表示了求和的意义，它们都可以被感知且有代表意义。再比如“中国”是中华人民共和国的符号，“阿里巴巴”在一定语境中是指由马云等人创立的互联网公司的符号，而在另一个语境即《阿里巴巴和四十大盗》这个故事中，又是一个人物的代表。符号与被反映物之间的这种联系是人为规定的、通过符号的意义来实现的。符号总是具有意义的符号，意义也总是以一定符号形式来表现的。既然符号具有意义，那么符号就可以作为特定信息的表现形式和载体，是信息表达和传播中不可缺少的一种基本要素。在系统分析中就可以作为观念世界中观念的载体而表现在符号世界中。此外，一个“东西”能够成为符号，还要具备两个不可分割的组成部分：能指和所指，前者是说符号要具备能够代表被代表事物的特性或能力，这就要求符号是一个体系而且符号具有表意规则即构词、造句和成文的规则，后者是指符号所代表的含义或观念。

3. 符号的类型

系统分析中，符号通常可分成语言符号和非语言符号两大类，这两类符号在系统分析过程中通常都要用到，本书重点讨论语言符号，至于非语言符号比如沙盘模型、建筑模型等不做讨论。语言符号又可以分为自然语言符号和非自然语言符号，无论是自然语言符号还是非自然语言符号，都可以把观念世界中的观念外化为符号世界中的模型。

符号还可以分为抽象符号和形象符号。上述所说的语言符号都是抽象符号，是以符号串（字符串）的方式表达意义。比如，自然语言是人与人的交际工具，逻辑语言是人与电脑的交际工具。认知科学认为，思维和认知是知识的逻辑运算，任何计算化的自然语言分析都主要依赖逻辑语言对这种分析的表述。需要用这样的一个字符串才能表达一个完整的意义（语义）。形象符号则是指一种图形，比如几何图形、地形地貌图、战争态势图、统计图表等，一般是以整体的、形象的方式表达意义。抽象符号需要大脑顺序地、一个一个地接受符号，然后在大脑中构成意象才能理解符号串的意义。形象符号则不然，它不用重新在大脑中构筑意象，一目了然直接就可以理解形象符号所表达的意义。

在系统分析中，广泛地使用形象模型，比如建筑图纸、机械图纸就是一种形象模型。客观上有形的东西可以用形象符号直接表达，比如上述各种工程图纸、几何学中的各种形状。但是，对于一些抽象意义的、没有客观形象的对象，比如系统要素之间的关系、所有关系构成的系统结构等，“关系”本来就是没有形象的是不可见的，由此构成的系统结构也是没有形象的，这类系统对象的表达也是建模过程需要考虑的问题。

4. 符号组成的世界

符号世界是指由上述讨论的基本符号和由基本符号建构的符号模型组成的世界。比如自然语言中的单字、单词是基本符号，一段文章描述了一种场景即模型，符号模型就是由基本符号按照建构规则（语法）组合起来的表达特定意义的符号系统。基本符号只有统一规定的约定俗成的基本含义，但是一般没有特定“所指”的对象，而符号模型则不然，符号模型是通过基本符号按照建构规则（可以统称为语法规则）建立起来的具有确定“所指”的观念（在观念世界中）的替代物和原型（在对象世界中）的代表。符号模型仍然是符号世界的组成部分，基本符号和符号模型属于符号世界，不属于对象世界，也不属于观念世界。

因此，符号世界可以分为两个部分：一部分是由基本符号集合、符号的组合规则（广义的语法规则）构成的基本符号世界；另一部分是使用符号及其规则对观念世界中观念的描述所构成的符号模型世界，简称模型世界，系统分析所得到的分析成果都在模型世界中。符号世界如图 3.7 所示。

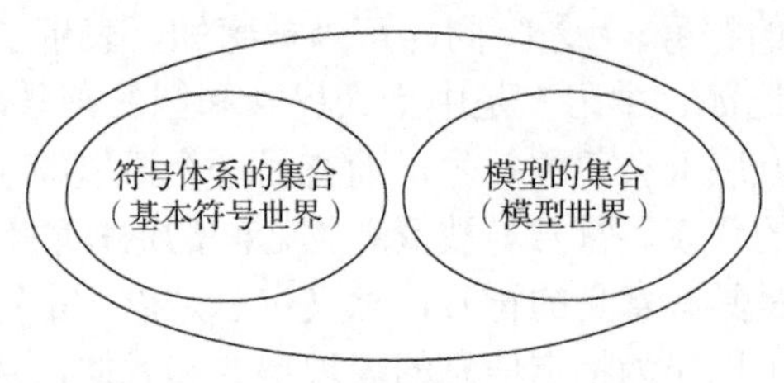

图 3.7　符号世界及其组成

基本符号本身没有特定的含义，只有基本意义，比如“ = ”“ + ”只是表示“等价”“添加”基本意义，没有特定的所指。如果“ $y=x+z$ ”就表示了三个变量 x 、 y 、 z 之间的定量关系的意义，这就是一个模型。因此，基本符号需要在使用时，由使用的主体通过某种组合规则，组合成表达一定对象的具有整体意义的符号系统，这个系统就是模型。模型是具有特定含义的，按照主体的目的，通过一定的手段，利用一定的符号体系，组合而成的符号系统。

其中，模型世界是由模型组成的集合，每一个模型都是由基本符号构建的代表客观事物或主观观念的符号系统，在下一节详细讨论。

3.2.4　三个世界之间的关系

系统分析的对象即系统、观念（概念）、模型分属于三个不同的世界，作为分析对象的系统是认识关系中的客体，它存在于认识主体即系统分析者的对立面，是不受认识主体影响的认识客体，由认知客体构成了对象世界；观念是认知结果，是认识主体即系统分析人员通过对系统进行分析，在大脑中产生的关于系统的观念，并存储在大脑的观念世界中；模型是观念世界中的观念外化出来的结果，存储在模型世界中。由此可见，系统分析是一种在对象世界（客观世界）、观念世界（主观世界）和模型世界（符号世界）三者之间不断互动而进行的认知螺旋过程，随着认知螺旋的不断攀升，人们对系统的认知结果不断积累和表达，将以模型的形式表达于模型世界之中。

也可以说，系统分析方法是通过模型的建立、转换和使用来实现对系统认知的方法。上面已经提到，从建模的角度来讲，系统分析就是建立模型和使用模型的过程，建模和使用模型就是系统分析，两个过程本质上是一致的，称为“模型化系统分析”。没有分析就没有模型，没有模型就不能深入分析。因此，“模型化系统分析过程”是在对象世界、观念世界和模型世界三个世界的交互过程中进行的。

从模型化系统分析过程的角度来看，三个世界的关系可以分为三种模式：基本模式、扩展模式Ⅰ和扩展模式Ⅱ。

1. 基本模式

对象世界、观念世界和模型世界关系的基本模式如图 3.8 所示。

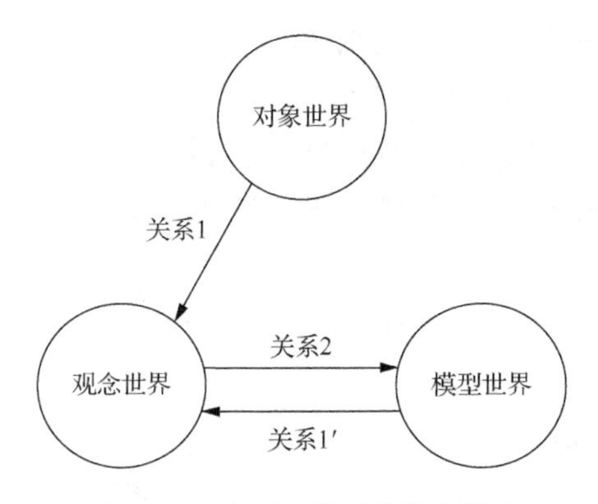

图 3.8　三个世界关系的基本模式

在图 3.8 的基本模式中，共有三个关系，关系 1 是分析主体对对象系统的认识关系，系统分析主体（个人或群体）通过收集对象系统的信息，去粗取精、去伪存真，抽象概括等分析，形成关于系统的理念和概念，并作为思维要素在主观世界中建立起关于系统的观念，此时的观念存储在人的大脑中，处于一种不可见的隐秘状态。关系 2 是外化关系，系统分析主体把观念世界中的观念通过某种手段外化出来、表述出来，并用语言的或数学的以及其他某种合适的符号体系和建构规则，变为模型世界中的模型，成为可见的、可被共享的知识。这个关系 2 所表示的过程就是建模过程。关系1′ 是第二认识关系即学习关系，对于同一个系统分析主体而言可以通过对模型的进一步理解，实现对系统的新一轮认知并在已有模型的基础上进行完善，获得更深入、更细致、更准确的模型。对于不同的系统分析主体而言，关系1′ 也是一种学习关系，可以利用模型学习到关于对象系统的相关知识。

在三个关系中系统分析主体可以有三种角色，关系 1 中的系统分析主体是认知角色，在关系 2 中系统分析主体是建模角色，在学习关系中系统分析主体是学习角色。主体的三种角色既可以由一个主体来承担，也可以由两个或三个主体来承担。因此，可以形成不同的建模方式：一种是直接建模方式，在这种方式中三种角色都由一个系统分析主体来承担，同一个主体既负责收集系统的信息并分析，还负责模型的建立工作，这样三种角色在三个关系中依次转换，螺旋式推进，最后完成建模的任务。第二种方式是间接建模方式，分析角色由一个系统分析主体承担，建模角色由另外的主体承担，建模主体需要与前者不断地互动交流，协助前者把主观世界中关于系统的观念逐步外化出来，并以适当的符号表示成模型。

2. 扩展模式 I

对象世界、观念世界和模型世界关系的第一种扩展模式——扩展模式 I，如图 3.9 所示。由图可见，图中用虚线包围的模型世界中多了一类计算机语言模型。所谓扩展就是指在模型世界中引进了这种具有“类大脑”功能的计算机语言模型。计算机语言模型与其他符号模型相比，是一种具有“活性”的模型，类似于人类大脑的功能，既可以存储模型和数据，也可以驱动模型“运算”，从而实现辅助系统分析的功能，对人类大脑的记忆和分析能力在一定程度上起到了替代、补充和扩展的作用。

其中，关系 3 是这种扩展模式中一个新的关系，是由于扩展了计算机语言模型而增加的，关系 3 的含义是通过编制计算机程序把符号模型转换为计算机语言模型，并以计算机软件工具加模型的方式使得这种模型变成可计算、可分析的“活的模型”，实现对系统的辅助分析。

在这种关系中，计算机只有计算和分析功能，但不具备接受原型系统数据的作用和建模功能，需要人为地把符号模型转化为计算机语言模型，才能承担系统分析的任务。比如，所有运筹学模型都需要软件工具进行分析求解，所有的统计分析也都可以利用软件包中的工具进行分析。在这种关系模式中，系统分析和建模仍然需要由人来完成，计算机只是辅助。

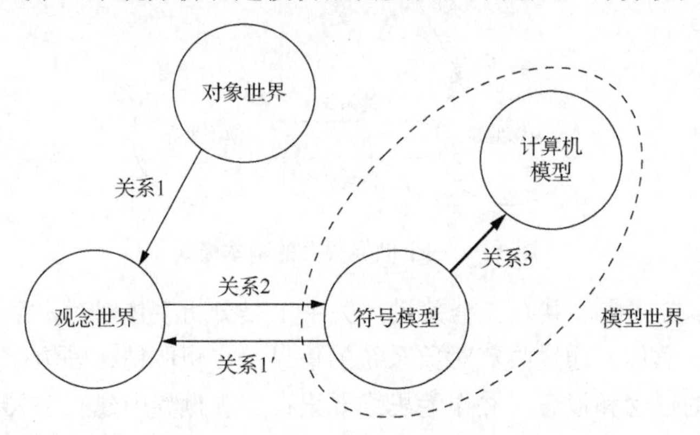

图 3.9　三个世界关系的第一种扩展模式——扩展模式 I

3. 扩展模式Ⅱ

随着计算机技术和人工智能（artificial intelligence，AI）技术的发展，一种新的系统分析或建模方式如图 3.10 所示，是三个世界关系的第二种扩展模式——扩展模式Ⅱ。由图可见，这种模式与扩展模式 I 相比多了一个关系 4，其含义是指计算机已经具备了人的智能，可以直接通过感知设备获取数据，并建立模型和进行系统分析，在不同程度上可以部分地代替人类（系统分析主体）的认知能力和建模能力。这种模式中的计算机在一定程度上直接获取“大数据”对系统进行分析和建模，如果说人是第一认识主体，那么计算机在不同程度上可以说变成了第二认识主体。

系统分析过程是需要分析主体在对象世界、观念世界和模型世界三个世界不断跨越转换的过程，一边不断地分析，一边不断地记录分析成果，再把成果纳入到分析过程，并与对象世界中获得的新信息进行融合，再分析，这样循环往复构成了系统分析和建模的一种螺旋式过程。

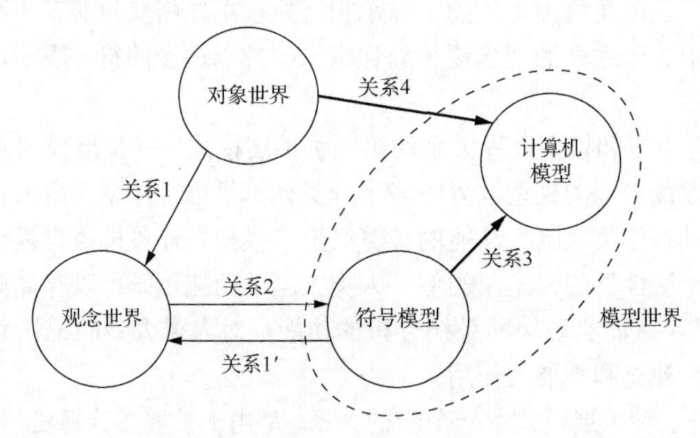

图 3.10　三个世界关系的第二种扩展模式——扩展模式Ⅱ

3.3　模型世界

模型世界是符号世界中以模型为构成要素组成的人工世界。所有模型都由认识主体建立起来，没有主体的认知就不会有认知成果，就一定不会有模型的建立。

3.3.1　模型世界的三维结构

本节用三个维度来阐述模型世界，如图 3.11 所示。系统分析中的模型种类十分丰富，不能一一列举，但是可以从形式、内涵和功能三个维度进行概括和分类。一个维度表示模型的一种属性，三个维度概括了所有模型都具有的三个属性。

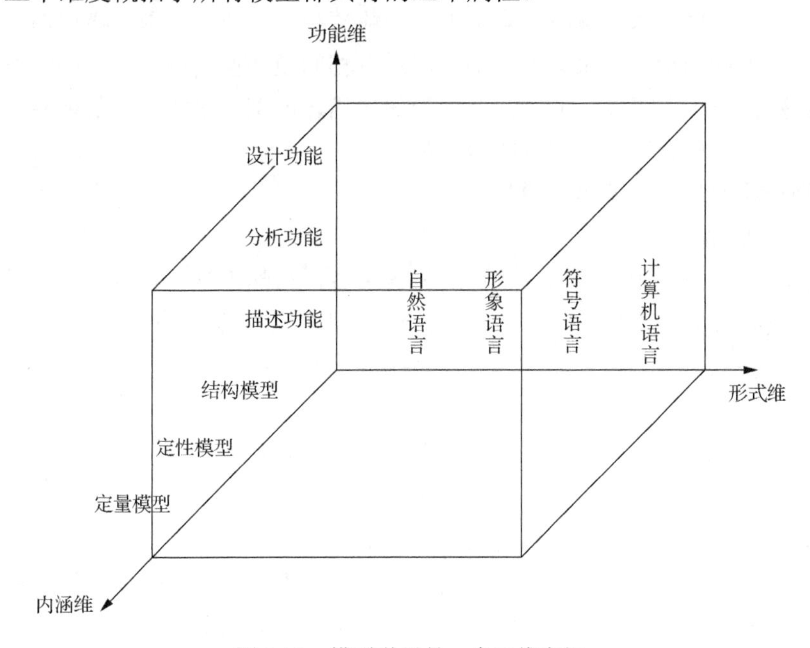

图 3.11　模型世界是一个三维空间

形式维是指模型的表现形式，即采用什么形式的符号体系和方式对模型进行描述。内涵维表示模型描述原型系统的哪方面内容。功能维是从模型服务于系统分析的作用方面进行分类。这是一个极其简化的三维空间模型，系统分析模型都可以在其中找到自己的位置，每个位置都有一个三维坐标，并用一个三元组{形式,内涵,功能}来界定和表示模型的类型。

比如，运筹学中的数学模型，对于优化模型来讲，它们属于用科学符号中的数学符号描述的、可以定量分析的具有设计功能的优化模型。建筑设计图和机械设计图等则是用形象化的图形符号描述的、具有设计功能的结构模型。

3.3.2　形式维

从模型的表现形式的视角，模型可以分为物理模型和符号模型。

物理模型又可以分为实物模型和模拟模型。实物模型是指根据相似性原则制造的按原型系统比例缩放的实物，例如，风洞实验中的飞机模型、航空器模型，水工系统的水坝实验模型，高楼大厦的建筑模型，船模等。模拟模型在不同的物理学领域，如力学、电学、热学、流体力学等系统中各自的变量有时服从相同的规律，根据共同规律制作出物理意义完全不同的模拟和类比模型。比如，在一定条件下由节流阀和气容构成的气动系统的压力响应与一个由电阻和电容所构成的电路的输出电压特性具有相似的规律，因此可以用比较容易进行实验的电路来模拟气动系统，电路系统就是气动系统的模拟模型。

本书不讨论物理模型，只讨论符号模型。所有符号不论什么形式其作用都是为了表示和交流，都可以称为语言。相对于物理模型这种具体的模型而言，用语言表示的符号模型都是抽象模型。这些抽象的语言符号包括自然语言符号、科学语言符号、形象语言符号和计算机语言符号，在模型世界的三维空间中，分别简称为自然语言、符号语言、形象语言和计算机语言，它们对应于形式维的四个刻度。用这些符号描述的模型分别称为自然语言模型、符号语言模型、形象语言模型和计算机语言模型。一般情况下，一个原型的模型通常可以用不同符号语言描述成不同的形式，虽然形式不同但具有相同或相似的内涵，不同的形式具有不同的作用。在特殊情况下，可能只能用一两种形式来描述原型，比如有些复杂系统只能建立自然语言模型来描述其概念，很难建立数学模型。

下面分别论述四种形式的语言模型。

1. 自然语言模型

自然语言模型是一类用自然语言描述的符号模型，虽然不是传统意义上的模型，但是在系统分析中却具有极为特殊的作用，比如在建模过程中，利用自然语言撰写的论文、报告，甚至文学作品来获取信息。不仅如此，就连系统分析所获得的结果也要利用自然语言来撰写分析报告和学术论文。

自然语言（符号世界中）是思维（主观世界中）的外壳，自然语言是人类表达思想最常用的语言，在日常生活中也是最广泛使用的语言，是人类最基本的交际工具，包括文字和语音。即使没有上过学的人也会使用语言表达自己的意思。因此，在系统分析过程中，无论是关于系统某些个别信息的获取和表达，还是对系统某些整体状况的表述，往往最自然的方式就是利用“自然语言”来描述对系统的观察和认知结果。自然语言是观念世界中观念的直接外化，是对象世界中原型的直接表达，自然语言模型是模型世界中最初始、最基本、最直接、最常用的模型。比如一篇论文、一本学术专著、一份调研报告、一段谈话记录、一份调查问卷，甚至一本小说、一个剧本、一段故事等，其中包含着大量有关原型系统的信息。这些都是对某个对象各种情况描述的自然语言模型，也是建立其他形式化模型的基础。比如，“儿童随着年龄的增加，身高和体重都在增加。”这一段话就是一个自然语言模型，描述了“儿童”这个分析对象有三个属性“年龄”“身高”和“体重”，以及三个属性之间的关系“‘身高’‘体重’都随着‘年龄’的增加而增加”。

但是，一般而言，自然语言模型不严格、不准确，具有含混性、模糊性，并且具有感情色彩，包含着一定的主观性。因此，在严谨的科学研究领域中常常使用严格的人工规定的符号语言来构造模型。

2. 符号语言模型

为了克服自然语言本身存在的局限性，人们发明了更为抽象的符号语言。在数学、化学、物理等科学领域，乃至更为广泛的技术领域、工程领域等所使用的各种科学符号就属于这类抽象符号。数学模型可以是一个或一组代数方程、微分方程、差分方程、积分方程或统计学方程，也可以是它们的某种适当的组合，通过这些方程定量地或定性地描述系统各变量之间的相互关系或因果关系。除了用方程描述的数学模型外，还有用其他数学工具，如代数、几何、拓扑、数理逻辑等描述的模型，特别是在系统分析领域中常用的运筹学模型等。

在系统分析时可以利用符号语言进行精确地系统描述。比如上面的例子中，可以用 B 指代“儿童”，用 x_1 指代“年龄”，用 x_2 指代“身高”，用 x_3 指代“体重”。于是，把“儿童”描述为

$$B=\{\text{objects-name}, x_1, x_2, x_3\} \tag{3.1}$$

表示“儿童” B 有三个属性，分别是 x_1、x_2 和 x_3；

$$x_2=f_2(x_1) \tag{3.2}$$

表示 x_1 影响 x_2，用数学术语称为 x_2 是 x_1 的函数，其含义是 x_2 随着 x_1 的增加而增加；同样

$$x_3=f_3(x_1) \tag{3.3}$$

表示 x_1 影响 x_3，其含义是“随着年龄的增长，体重增加”。

符号不只有科学符号，还包括交通信号、道路标识、自然灾害，如台风、暴雨、冰雹、降雪等预警符号这类广泛存在于日常生活中的符号。符号的含义是人为规定或者约定俗成的，科学符号的含义是人为规定的，而自然语言的含义则是约定俗成的，也有些符号是在约定俗成的基础上尊重人们的习惯，经过人为的规范化而形成的。因此，人们在使用符号之前，需要通过学习来了解符号的含义，才能由符号及其关系构成模型来描述原型并表达意义。

3. 形象语言模型

虽然符号语言可以比较精确地描述原型和意义，但是符号语言模型是一种抽象表示形式，需要专门学习和训练才能使用，不仅不直观，还难于形成整体印象。因此，对于系统的描述还可以利用形象语言的基本构图元素及其组合来表达人们对系统的整体认知。形象语言是构造可视化模型的基本语言，有两种情况：一种是对“有形”对象构造的可视化模型，比如几何中的各种形体，其所对应的对象本来就具体几何形状；另一种是对“无形”对象的可视化模型，这类模型是对“抽象”的概念的可视化，所对应的客体一般是一种概念，只存在于观念世界中，在对象世界中没有具体的对应客体。比如人际关系网络，虽然存在于客观世界中，但是关系是无形的，由其连接起来的网络也是不可视的，不便于理解和全局把握，为此，需要用一种可视化的形象语言进行可视化建模。这样就可以对无形的事物构造出一个有形的、可视化的，但又是抽象的、概念化的形象模型予以表示。比如，可以用一个网络模型描述人群中的人际关系，其中用圆形对单个人进行一种可视化的抽象表示，用圆形之间的有向边对人际关系进行可视化的抽象表示，这样就可以把无形的人际关系用可视化的抽象的网络模型表达出来。

一般而言，表示系统要素之间关系的可视化模型中，都可以用一个圆形代表系统的一个要素，在图形中叫作结点，用一个有向边代表要素之间的关系，在图形中也称为箭头。如果箭头从要素 A 指向要素 B，则表示“A 对 B 有关系”。

上述“儿童”的例子可以用图形描述为：图 3.12（a）表示儿童 B 有三个属性，图 3.12（b）表示三个属性之间的影响关系。

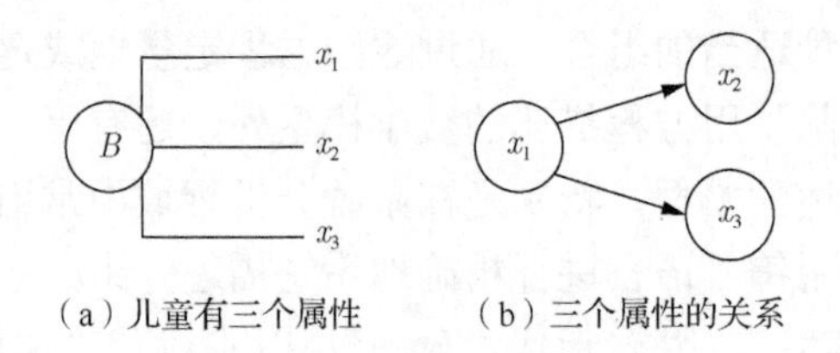

（a）儿童有三个属性　（b）三个属性的关系

图 3.12　图形模型

一般来讲，实际建模中，为了增加可理解性，模型可以联合使用多种符号语言描述。

4. 计算机语言模型

计算机语言模型是模型世界中比较特殊的一类模型，是具有“活力”的模型，是可“运算”的模型。计算机语言模型可以分为四个层次：表现层模型、逻辑层模型、实现层模型、物理层模型。对于一般的建模和模型的使用人员来说，只需做到逻辑层即可。

比如，二次曲线模型中，表现层可以是屏幕上或打印出来的曲线，如图 3.13 所示，也可以是一个数据表格或一个数学公式，甚至是一段文字描述。

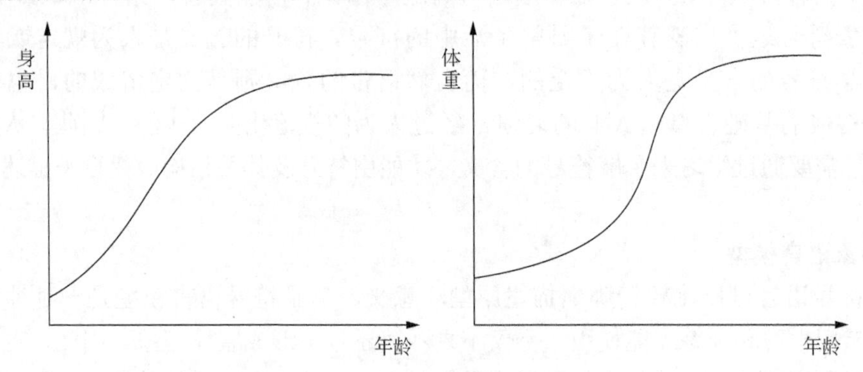

图 3.13　计算机语言模型的表现层

逻辑层是各个构成要素之间的逻辑关系，可用一段计算机程序语言编写的程序代码表示，比如函数关系 $x_2=f_2(x_1)$ 和 $x_3=f_3(x_1)$，可以转化为某种程序语言编制的代码。为了建立定量的函数关系式，还需要采集大量的数据，比如通过对大量“儿童”的调查和测量就会得到“年龄 x_1”“身高 x_2”“体重 x_3”三组对应的数据，建立一个数据表进行记录，并在计算机中按照数据的逻辑结构，建立相应的数据库进行存储。

把采集到的年龄、身高和体重的数据填入表 3.2 中，并存储在计算机数据库中，对此进行统计分析就可以得到 f_2 和 f_3 的具体函数关系。至此，这个模型就具有了预测的功能，如果有一个儿童其年龄为 7 岁，代入公式中就可以预测出他的身高和体重。

表 3.2　数据采集表

儿童 B 姓名	年龄 x_1	身高 x_2	体重 x_3
张三			
李四			
王五			
…			

实现层是一段二进制代码。物理层是存储在各种物理介质上的物理状态。系统分析人员一般不用涉及这两个层面，把精力集中在计算机语言模型的逻辑层即可。

3.3.3　内涵维

模型的内涵指的是模型的意义，所代表的是原型的内容，比如反映原型系统的基本概念结构、质、量、度等。初步描述原型系统大致是什么的某种论述是概念模型，描述原型系统内在关系结构或外在关系结构的模型是结构模型，描述原型系统的属性、特性等性质方面内容的模型是定性模型，描述系统属性变量之间数量关系的模型是定量模型。系统分析首先需要对系统建立一个初步的概念，一般把这个初步建立的概念称为概念模型。

1. 系统概念的基本描述

概念模型是指用自然语言或者鲜明而简单的图形，描述问题及其对应系统的概貌和轮廓的模型，是给出关于原型整体概念的模型。比如，一段需求分析文本、一个草图，描述并反映了系统分析任务的委托方和利益相关者的需求，并根据需求初步确定的系统功能以及初步设想的系统总体架构。概念模型是系统分析的初步成果，概念模型已经从总体上、宏观上给出了被分析系统的一个初步轮廓，但是还没有关于细节的描述，也缺乏对内在关系的描述。比如，初到一个城市，一段时间之后就会形成一个关于这个城市的初步概念。对于一个新人的认识也是这样，经过初步了解就会大概形成一个关于这个人的初步印象。概念模型尽管概括、粗糙、表面，但是概念模型所给出的描述内容是进一步深入进行系统分析的起点，概念模型所涉及的内容在问题明确阶段和系统筹划阶段就已经陆续加以明确，反映并渗透在立项报告、需求报告或初步设计报告的自然语言文本中。这些自然语言文本虽然与我们一般理解的模型相距甚远，不像模型，但是从系统分析的观点来看，其实概念模型已经就系统分析的问题、目的，系统的功能需求、系统的概况等进行了说明，已经从现实进入到主观世界中，并把人们的初步需求描述出来了，对系统已经有了一个概念，因此称为概念模型。在实际中，往往还以可视化的图形方式或结构化的工具，把概念模型表达出来，就变成了正规的概念模型。概念模型对于理清思路、明确问题、与别人（如委托方和利益相关者）进行沟通，都将发挥重要的作用。

2. 结构模型

结构模型是描述系统组成部分之间关系的模型，暂时忽略了次要矛盾，突出了系统的主要矛盾，即整体和关系。可以从全局的视角告诉人们被认知的系统“是什么”的整体概念。这个整体概念可以为进一步分析奠定统一的总体基础框架，后续的各种详细分析都在这个框架之内进行，既可以把握大局又可以窥测联系，在分析某一个局部问题时不至于“跑偏”。

要了解一个系统就需要分析系统的组成及其结构，这里所说的结构是指系统结构，关于系统结构的概念在第 1 章中已有定义，不是指具体物体的形态，而是关于系统组成要素之间关系的集合，是关于要素“关系”的总体描述。“关系”是指要素之间的相互作用、相互依赖和相互制约，比如，因果关系、顺序关系、联系关系、隶属关系、优劣关系、对比关系等。如果对于系统结构不了解，就相当于面对的系统是一个混沌的整体，如果能够把系统结构描述清楚，就相当于“看透”了系统，对系统有了清晰的认知和了解。

结构模型中的关系只表示系统组成部分之间是否具有关系即只表示关系的有无，不涉及关系的强度，这样就可以突出重点，给人一个清晰、直观的整体观念。结构模型是概念模型过渡到定量模型的中介，而且对于那些难于量化的系统也可以建立结构模型，因此在系统分析和系统综合中具有广泛的用途。其实，在各个学科和工程技术领域中，都已经以不同的形式自觉不自觉地使用过结构模型。比如，软件系统开发的结构化分析方法中从数据传递和加工角度以图形方式来表达软件系统逻辑功能、数据逻辑流向和变换过程的数据流图，作为描述程序运行具体步骤的程序流程图，面向对象分析中表示系统静态结构的类图，作为软件系统在某一时刻快照的对象图等都是结构模型。工程领域的网络计划图也是结构模型，描述了工作活动之间的整体关系结构，只不过添加了一些定量指标而已。系统结构模型的种类和表现形式很多，但在系统分析中以解释结构模型（interpretative structural modeling，ISM）的应用最为广泛，特别是在社会、经济和管理领域这类软系统分析中更是可以把看不见、摸不着的系统要素和关系整体地用可视化的图呈现出来，对于系统分析发挥着非常重要的作用。

结构模型是系统分析最重视的模型，结构模型在系统分析中至关重要，它既是对系统整体的描述，也是对所有关系的描述。所谓对整体的描述是指结构模型描述了系统的整体框架，给出了系统的整体轮廓。所谓所有关系的描述是指结构模型表述了系统组成部分之间的所有关联。“整体”和“关系”是系统范畴中最重要的两个概念，如果没有这两个概念，分析工作就谈不上是系统分析，分析的对象也谈不上是系统。结构模型是系统分析最重要的阶段性成果，起到从概念模型过渡到定性模型、定量模型的不可或缺的重要枢纽和桥梁的作用。

因此，本书将把结构模型和结构建模方法作为系统分析的重要模型和方法予以重点讨论，既包括模型类型介绍，也包括结构分析、结构建模过程和方法的讨论。

3. 定性模型

定性模型是对分析对象的属性及其关系的描述。所谓定性关系是指不同因素（变量）之间的变化趋势的关系，比如，当电阻值一定时，电压增加，电流就会增大，表示在一定条件下电压和电流的定性关系，并没有表示电压增加多少量，电流增加多少量；云层越厚雨量越大。定性模型是在结构模型的基础上对系统特性的进一步深入表达。

比如，“儿童随着年龄的增加，身高和体重都在增加。”这句话包含了两类模型。一类是结构模型，表示“年龄”“身高”“体重”三者之间是否有关系。此外，还表示了三者之间的定性关系：“年龄增加，身高增加”“年龄增加，体重增加”。可以分别表示为

$$x_1 \uparrow \rightarrow x_2 \uparrow$$

和

$$x_1 \uparrow \rightarrow x_3 \uparrow$$

这两句都表示了变量之间的变化趋势。

在更广泛的定性研究中经常使用所谓的定性研究方法（在社会科学和管理科学研究中也称为质性研究），指的是根据系统分析对象所具有的属性和在运动中的关系（矛盾）变化，从系统特性来分析研究对象性质之间的关系和区别，比如用系统观点来说就是系统整体性之间、外部特性与内部特性之间、系统与环境特性的差异或变化趋势之间的关系。需要依据一定的理论与经验，直接抓住系统特征的主要方面，将同质性进行归纳并暂时把数量上的差异省略。比如，层次分析法（analytic hierarchy process，AHP）是一种定性分析方法，其中需要建立定性模型；扎根理论也是一种定性分析方法，其中所使用的模型也是定性模型。定性研究方法中一般都需要定性模型，不同的研究方法的定性模型不尽相同，在此不再赘述。

4. 定量模型

定量模型是对系统要素或属性之间在一定“度”区间内的数量变化关系的描述，以表示变量之间的定量变化关系。比如，几乎所有的优化模型都是定量模型。一般来说，定量模型是人们最熟悉的模型，在此不再赘述。

3.3.4　功能维

任何模型都对系统分析具有一定的作用，模型的作用也是模型本身所具有的功能，是模型本身所具有的属性，这个属性称为功能属性。根据模型的功能属性可以对模型进行分类，比如，描述功能、分析功能、设计功能、决策功能、试验功能、实验功能、评价功能等若干类型。

1. 描述功能

描述功能是指模型具备对原型系统进行描述、说明和解释的作用，为系统分析人员提供一个关于被分析系统的完整概念，由此模型可知被分析系统“是什么”和“怎么样”。比如，一篇学术报告、一台设备使用说明书、一幅地形图、一张设计图纸等都可以提供关于对象系统某一方面的概念描述。描述模型既可以描述一个对象是什么和怎么样，也可以描述对象的行为及规律；既可以是对系统组成要素及其关系（结构）的描述，也可以是对属性及其关系的描述；既可以是定性关系的描述，也可以是定量关系的描述。所谓定性关系描述，就是从性质方面对系统的诸多属性及其关系进行描述，揭示对象所具有的属性和行为规律。所谓定量描述，是对系统属性之间定量关系的描述，一般来讲定量是在不同的性质之间的量变，比如水与温度的关系，在保持水是液体这个形态不变的前提下，描述 0℃与 100℃之间温度与水的关系的模型就是一种定量模型。

对关系的描述：

$$x_2 = f_2(x_1), x_3 = f_3(x_1) \text{或} x_3 = f_3(x_1, x_2) = f_3(x_1, f_2(x_1))$$

对属性的描述如表 3.3 所示。

表 3.3　属性描述

objects-name	x_1	x_2	x_3
张三	10	150	50
李四	11	145	46

2. 分析功能

分析功能是指可以利用模型对原型系统进行分析，此类模型相当于原型系统的一个备份，承担着对原型系统的分析认知作用。比如，绝大多数数学模型都具有分析和运算功能。在系统分析中，可以对系统的组成、结构、定性与定量之间关系、运行过程、系统演化过程等进行条理剖析，找出因果联系、发现变化趋势以及系统的运行机理等。所谓分析就是改变，通过改变模型的系统的变量、关系、条件参数、关系式等模型中的任意构成元素来观察系统整体属性的变化。

3. 设计功能

设计功能是指可以利用模型对系统的建造或改造方案进行增、删、改操作的功能，可以进行“积木化”操作，并对设计方案进行优化，所以凡是具有优化功能的模型都可以用于设计。比如，运筹学中的线性规划模型就可以对规划方案进行优化设计。在系统分析中，根据系统的组成及其关系可以对系统的未来状况、系统的运行过程、系统的演化过程进行计划、设计和描述。

4. 决策功能

决策功能是指模型具有多方案比较排序的功能。本质上讲，决策就是选择，方案数一般比较少，每个方案都有若干个评价指标，既可以是单指标选择也可以是多指标选择。其实，优化本身也是一种选择，只不过是在一定的约束条件下，通过优化计算得出模型的最优方案。但是，决策一定是人的选择，所有具有决策功能的模型要求模型中能够加入反映决策者意志的变量，比如指标的权重就是反映决策者意愿的变量，之所以称为变量是因为权重是可以调整的，可以根据决策者意愿的变化而调整，这一点与一般的优化模型有所区别。

5. 试验功能

试验功能是指模型可以改变一组参数或增减模型变量，来观察所带来的结果，从而确定各种关系和动态变化规律。不仅可以作为分析和认识系统结构和内在规律的模型，也可以作为方案优化的设计模型。比如物理试验、化学试验乃至复杂系统的计算试验、仿真试验等，不仅如此，再比如计算社会学中的模型既具有计算功能又具有试验功能。试验功能是可以用于发现系统的内在规律、发现系统运行的内在机理的模型功能。

6. 实验功能

实验功能是指在系统设计、决策分析过程中，通过设定某种环境条件或者在真实的环境中改变模型中的变量及参数、改变系统构成要素、关系即系统结构等来检验设计方案或决策方案的设计效果和决策效果，为评价提供素材。

试验和实验两者的作用不同，两者的功能也不一样。试验的目的在于发现，因此模型的试验功能应该能够起到发现机理或规律的作用。实验的目的在于验证，因此其功能则在于检验或验证已有的理论、假设的应用效果。《现代汉语词典》中对实验的解释是：为了检验某种科学理论或假设而进行某种操作或从事某种活动。对试验的解释是：为了察看某事的结果或某物的性能而从事某种活动。实验是对抽象的理论知识所做的现实操作，用以证明理论知识的正确与否或者推导出新的结论，是对理论知识的实际检验和运用。试验是对系统即事物或社会对象的一种检测性操作，用以检测正常操作（定量分析）或临界操作（定性分析）的机理和运行规律。

7. 评价功能

评价功能是可以根据预定的标准对系统价值进行比较的功能。评价模型一般可以用于决策分析，所有的决策都离不开评价。比如层次分析法的模型、利用模糊数学理论的模糊综合评价方法的模型、反向传播（back propagation，BP）神经网络综合评价法、数据包络分析（data envelopment analysis，DEA）法等。评价就是比较，以一定的标准对系统或方案进行比较，从而比较出某种序列，对多个系统或方案排序。比较可以是不同系统或方案之间的比较，也可以是所有系统或方案与评价标准进行比较。但是，无论哪一种评价其根本都是比较。

上述模型并不穷尽，只是为了便于理解给出一个大致的分类。其实，在实践中根据不同的用处还有许多不同的模型。比如，仿真模型是通过数字计算机、模拟计算机或混合计算机上运行的程序表达的模型。采用适当的仿真语言或程序，把物理模型、数学模型等转变为仿真模型。由于多种客观原因限制了在系统本身上进行实验，比如，实验成本昂贵；实际系统不稳定，实验可能破坏系统平衡造成危险；系统的时间常数很大，实验需要很长时间；待设计的系统尚不存在等。在这样的情况下，建立系统的仿真模型是有效的。数字模型，又称数字沙盘、多媒体沙盘、数字沙盘等，这类模型以三维方式建模，模拟出一个三维的建筑、场景、效果，可以在数字场景中任意游走、驰骋、飞行、缩放，从整体到局部再从局部到整体，任意驰骋。用三维数字技术搭建的三维数字城市、虚拟样板间、交通桥梁仿真、园林规划三维可视化、古建三维仿真、机械设备仿真演示借助计算机、显示系统等起到展示、解说、指挥、讲解等作用。数字沙盘是利用投影设备结合物理规划模型，通过精确对位，制作动态平面动画，并投射到物理沙盘，从而产生动态变化的新的物理模型表现形式。数字模型通过声、光、电、图像、三维动画以及计算机程控技术与实体模型相融合，可以充分体现展示内容的特点，达到一种惟妙惟肖、变化多姿的动态视觉效果。这些动态视觉效果对参观者来说是一种全新的体验，并能产生强烈的共鸣。

3.4　建模与模型转换

模型化方法包括三个过程：模型建立，即建模；模型转换，即把模型从一种形式变为另一种形式；模型使用，即利用模型进行系统分析。它们之间的关系如图 3.14 所示。

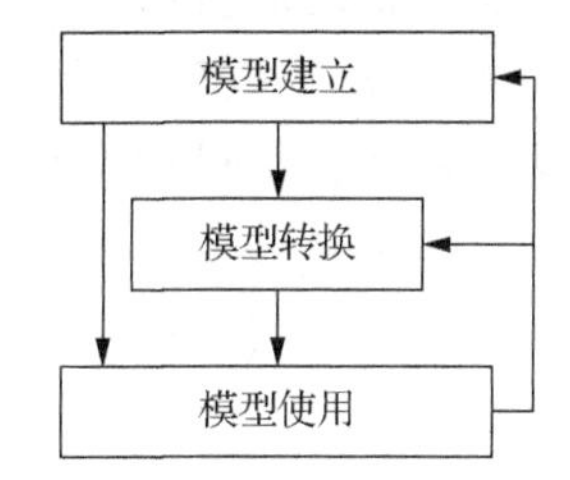

图 3.14　模型化方法的三个过程

从图 3.14 中可以看出，其中包含两条路径和一条反馈路径。一条是从模型建立到模型使用两阶段路径，这条路径表示模型建立起来之后，即可以把模型用于对系统的深度分析；另一条路径是从模型建立到模型转换，再到模型使用的三阶段路径，表示模型建立起来之后还不能立即使用，需要进行一系列的转换，模型才能用于对系统的深度分析，通过模型转换可以对系统进行多角度、多侧面的深度分析。反馈路径表示模型使用时的问题需返回上两步解决。

3.4.1　模型建立

什么是模型建立？简单地说，模型建立就是从无到有地把系统的模型构造出来。建模是从获取系统原型的相关信息开始，通过对系统相关信息的分析构造出模型的过程。建模过程一般可以分为广义建模和狭义建模两种情况。

1. 广义建模过程

从三个世界的角度讲，广义建模的过程涉及对象世界、观念世界和模型世界（包含在符号世界中）等三个世界和两个过程即认识系统的过程和观念外化的过程，如图 3.15 所示。

被分析的系统存在于对象世界中，从对象世界到观念世界的过程是对系统的认识过程，这个过程通过认识活动把系统有关的信息内化并存储在观念世界中，形成系统观念，包括关于系统的整体性的认识成果、系统要素的认识成果、要素之间关系的认识成果以及环境的认识成果、系统与环境关系的认识成果等，这些观念是建立模型的基本素材。从观念世界再到模型世界的过程是把观念世界中的系统观念外化出来，并用某种符号体系表示为符号模型的过程。

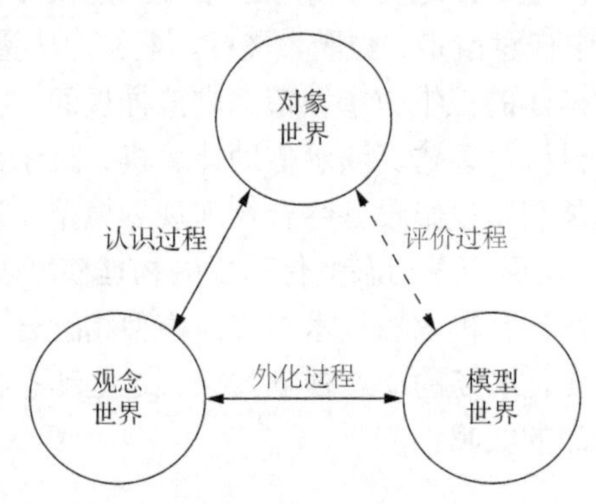

图 3.15　广义建模过程

除了认识过程和外化过程之外，还有一个不可忽视的过程就是评价过程，如图 3.15 中虚线箭头所示，评价是把已经进入到模型世界中的正在建立过程中的模型与对象世界中的对象系统进行比较的思维活动。通过比较和评价之后发现所建模型与对象系统差距较大或者与建模的目的有偏差，则需要重新审视对象系统、建模目的和所建立起来的模型，并做出修改。因此，建模过程中的认识过程、外化过程和评价过程不是一次性完成的，而是在三者之间不断反复、交替进行的螺旋式过程。在这个螺旋式过程中，不断地从对象世界获取新的信息，不断地在观念世界中形成或修改关于系统认识成果的观念，也是不断地比较评价并外化观念为符号模型的过程。

任何系统分析的最终目的就是为了解决问题，明确问题包括两个方面：一是要明确“问题是什么”；二是要明确“相关系统是什么”。所谓“问题是什么”是指能否对问题给出清晰的界定或定义，即明确问题所涉及的范围，划定边界、明确问题的状态、作用（有利的作用和不利的作用两个方面）以及主体希望的状态。因为问题的本质是矛盾，矛盾的本质是关系，关系是系统要素之间的相互联系、相互作用和相互制约，所以所谓明确产生问题的“相关系统是什么”就是明确发生问题的系统是什么，这个发生问题的系统就是问题的相关系统。比如机械产品的故障模式与效果分析（failure mode and effects analysis，FMEA）中，既涉及问题，又涉及相关系统，这里的故障就是问题，是一种表现出来或潜在的问题，产生故障（问题）的主体就是相关系统。比如，设计失效模式与效果分析（design failure mode and effects analysis，D-FMEA）产生故障的相关系统是机械系统、总成或零部件，过程失效模式与效果分析（process failure mode and effects analysis，P-FMEA）产生故障的相关系统就是过程。

更一般地说，问题是一种被人们感知到并希望予以消除的矛盾，矛盾至少是两个实体之间的不平衡关系。因此，可以说问题总是与系统有关，要么发生在系统内部的某些关系上，要么发生在系统与环境的关系中，要么发生在主体的期望与系统状态的差距上。前两者是发生在客观系统上的矛盾，称为客观问题，相关系统是客观的。后者是发生在主体与客体之间的矛盾，称为主观问题，相关系统既包括客观的一面也包括主观的一面。两类问题的解决思路是不同的。

明确问题的结果可能有四种情况：一种是问题是什么和相关系统是什么都非常清晰；第二种是问题清晰，但是相关系统是什么不清晰；第三种是问题模糊，但发生问题的相关系统清楚；第四种是问题和相关系统都处于模糊状态。对于后三种情况并不影响后续的分析，只不过需要本建模过程的多次进行，形成一种螺旋式过程。

在明确问题之后，为了解决问题必须对问题和相关系统建立模型，再进行系统分析。广义建模包括如下步骤。

第一步：采集直接数据（在对象世界中）。

直接数据是指从被分析系统直接获取的问题以及相关系统的“第一手”数据，是通过观察、测量等手段，直接采集而不是利用别人采集的数据。这类数据的特点是客观性，即在采集过程中不经过人为改变，要么是系统分析人员直接观察记录，要么是通过设备直接记录的数据。

一般来讲，采集的信息包括系统整体的信息、局部的信息、要素的信息和关系的信息等。

第二步：建立个别概念（在观念世界中）。

通过对数据的分析，形成关于系统的各种相关概念，包括系统概念、要素概念和关系概念。这些概念在观念世界中是不确定的、不准确的、模糊的，而且是个别的、分散的、孤立的。

第三步：外化并整合为系统模型（在模型世界中）。

利用特定的符号体系，把观念世界中被分析系统的相关概念外化出来，表示在符号世界中。把个别的、分散的、孤立的概念关联起来，形成整体模型。这个过程需要选定一种符号体系和表述方式，比如可以用自然语言符号表示，可以用可视化的图形表示，也可以用抽象的科学符号表示等不一而足。

第四步：模型检验（在符号世界和对象世界之间）。

对建立起来的模型需要采用一些方法进行检验，检验的本质是把模型与对象分析进行“比较”，检验的过程即对模型的评价过程如图 3.15 中的虚线所示。通过检验发现模型与实际的差距，如果差值在系统分析所设定的允许范围内则建模结束，否则需要返回第一步，直到差值达到允许范围内建模过程结束。

注意，广义建模强调直接从对象获取第一手数据，保证数据的客观性。广义建模流程如图 3.16 所示。

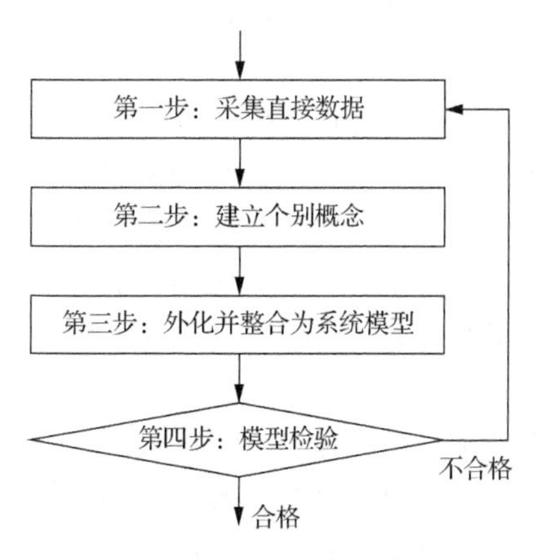

图 3.16　广义建模流程

2. 狭义建模过程

从三个世界的观点来讲，狭义建模只涉及观念世界和模型世界，并且只包含一个过程即外化过程，如图 3.17 所示。

把观念世界中已经存在的关于对象系统的认识成果，以某种符号体系表示于模型世界中。但是，这里所说的观念世界一般来讲主要是别人的，通过调查问卷、访谈、研讨等方式收集别人对系统的认识成果。首先，使别人观念世界中的认知成果能够外化出来，进入系统分析主体的观念世界中；再通过主体的自我整合在分析主体自己的观念世界中形成关于系统的认识结果；然后再外化出来形成模型。这种方式不直接接触对象世界，不从对象世界中直接采集数据，而是系统分析主体需要从别人那里采集关于模型即系统分析成果的信息。这个过程如图 3.18 所示。

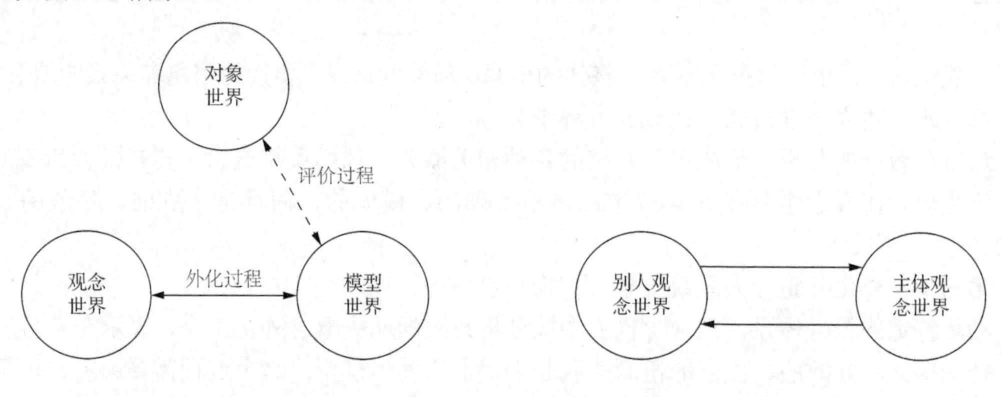

图 3.17　狭义建模过程　　　　图 3.18　观念世界的互动

在这个过程中，无论别人还是分析主体自己，在观念世界中关于系统的认识仍然存在不确定、不准确、模糊，而且个别、分散、孤立等特点，同时还存在更多的主观认识，以及多个别人的不同观念世界的不一致问题。

建模步骤一般如下。

第一步：获取别人认知结果（在观念世界中）。

利用别人的认知成果，对于分析主体而言是“第二手”信息，这种信息具有双重特性，一方面利用了别人的分析能力而形成的正确结果，这对建模是有利的一面；另一方面，别人的认识结果可能是错误的，就会误导分析主体，这是不利的一面。因此，对这种方式需要添加一个验证环节。

第二步：整合建立个别概念（在观念世界中）。

把别人的认识结果与主体自己的认识结果进行分析整合，去伪存真、去粗取精，形成关于系统的各种相关概念，包括系统概念、要素概念和关系概念。这些概念在观念世界中是不确定的、不准确的、模糊的，而且是个别的、分散的、孤立的。这个步骤一般需要整合一个群体对系统的认识结果，利用群体智慧，可以得到更好的结果。利用群体智慧获取概念的过程如图 3.19 所示。

第三步：外化并整合为系统模型（在模型世界中）。

利用特定的符号体系，把观念世界中被分析系统的相关概念外化出来，表示在符号世界中。把个别的、分散的、孤立的概念关联起来，形成整体模型。这个过程需要选定一种符号体系和表述方式，比如可以用自然语言符号表示，可以用可视化的图形表示，也可以用抽象的科学符号表示等不一而足。

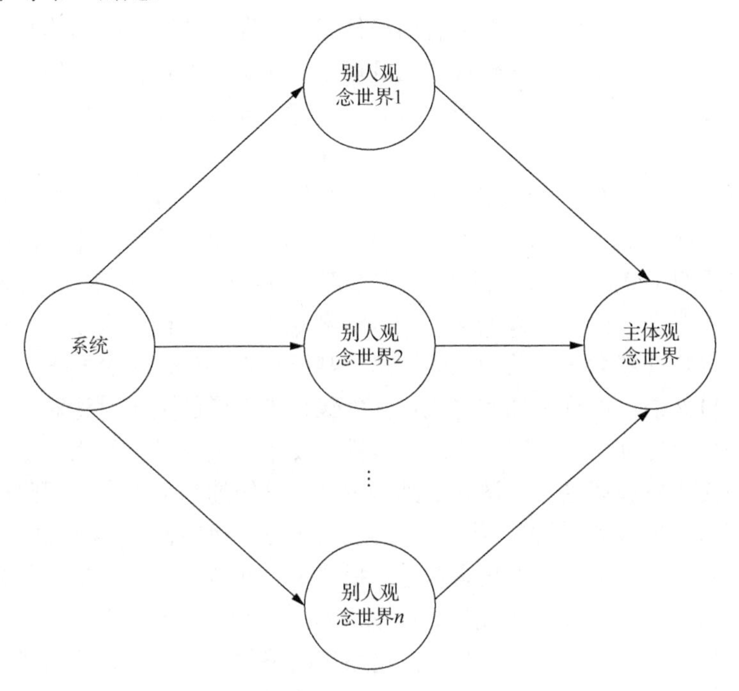

图 3.19　利用群体智慧获取概念

第四步：模型检验（在模型世界和对象世界之间）。

对建立起来的模型需要采用一些方法进行检验，检验的本质是把模型与对象分析进行“比较”，检验的过程即对模型的评价过程，如图 3.15 中的虚线所示。通过检验发现模型与实际的差距，如果差值在系统分析所设定的允许范围内则建模结束，否则需要返回第一步，直到差值达到允许范围内建模过程结束。

一般来讲，狭义建模过程的建模成本比广义建模要低，也可以更多地采集信息提高模型的信息来源，同时又借鉴了别人的智慧。如果能够掌握正确方法则可以提高建模的效果，但是由于狭义建模引进了更多的主观因素而使模型容易脱离实际。因此，更需要加强模型的正确性检验。狭义建模流程如图 3.20 所示。

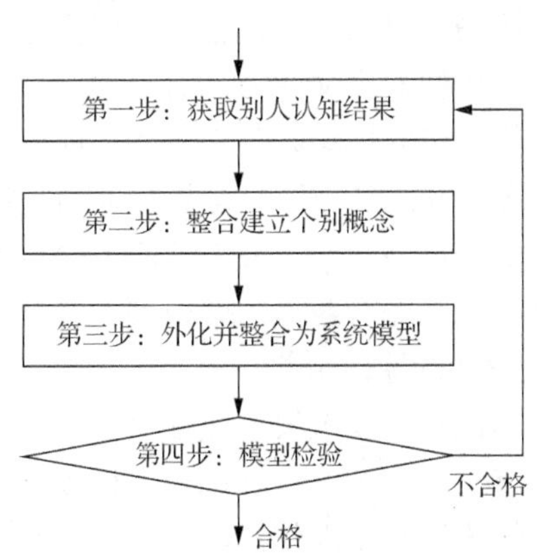

图 3.20　狭义建模流程

由于狭义建模的上述优势，在管理、经济和社会研究中广泛地使用狭义建模过程，因为管理研究、经济研究和社会研究的对象一般都比较宏大，不可能只靠一两个人的感知所获得的信息建模。对宏大对象的感知是相关者的群体感知，通过获取群体的感知结果是正确的途径，所以对于宏大的对象采用狭义建模方法既可行又实际。即使在工程领域，面对庞大的复杂系统，同样需要集中群体的认知成果和智慧才能建立起反映实际的模型。

3. 建模的起点

图 3.11 中模型世界三维空间的原点坐标是(自然语言,描述功能,结构模型)。建模从原点开始，即最初的系统模型就是“用自然语言描述的系统结构模型”。自然语言是人类表达思想的最直接、最自然的工具，无论是对话还是文本都是自然语言，是最初始、最基本、最直接、最常用也最有效的模型。比如一篇论文、一本学术专著、一份调研报告、一段谈话记录、一份调查问卷，其中包含着大量有关观念的信息，甚至一本小说、一个剧本、一段故事等。社交媒体也是利用自然语言进行沟通和讨论，其中包含了大量的关于讨论对象的信息，可以通过对社交媒体的分析提炼出关于对象系统的属性、要素、关系甚至行为特征等，采用计算机技术也可以利用文本挖掘理论、方法和工具，挖掘出系统的相关内容。因此自然语言模型是最基本的模型形式。即便是前面提到的“儿童随着年龄的增加，身高和体重都在增加。”这样的简单语句也是一个简单的自然语言模型，描述了“儿童”这个分析对象有三个属性“年龄”“身高”和“体重”，以及三个属性之间的关系“‘身高’‘体重’都随着‘年龄’的增加而增加”的系统模型。建立模型首先要分析清楚系统的整体属性、包含的组成要素、要素之间的关系，特别是要素及其关系是最先需要搞清楚的建模内容，描述要素及其关系的模型恰恰是结构模型，把系统结构说清楚就是一个描述问题。因此，自然地“用自然语言描述的系统结构模型”就成为建立任何系统模型的起点。有了这个起点，建模的其余工作就是模型的转换。

3.4.2 建模方式

1. 直接建模方式——数据驱动的系统分析

所谓直接建模方式是指从客观世界和（或）主观世界直接获取有关对象系统的数据，在没有先验模型的限制下，直接对系统及其问题结构进行描述的建模方式。

直接建模方式具有如下特点：第一，没有可以参照的预先设定的模型，因而建模过程没有某种框架的约束；第二，直接采集对象系统数据，获取信息。直接建模有两个途径，一种是直接观测对象系统，采集客观数据即广义建模；另一种采集了解对象系统的人所掌握的信息，获取关于对象系统的间接信息建立模型即狭义建模。前者是从客观世界获取信息，后者是从主观世界获取信息。这种建模方式是一种“数据驱动”的系统分析。可以利用数据挖掘、文本挖掘以及所谓的大数据分析、符号回归、人工智能中的机器学习算法等方法直接利用数据进行建模。总之，直接建模方式是先有数据后建模型，并非先有模型后采数据。

2. 间接建模方式——模型驱动的系统分析

所谓间接建模方式是指借助已知的系统模型建立对象系统模型的建模方式。这种建模方式根据相似性原理，把对象系统与已知系统进行比较，如果存在相似性，就可以参照相似的系统模型，通过补充、删除和修改等基本操作，建立对象系统的模型。这种方式也可以称为“模型驱动”的系统分析。一般而言，在现有模型的框架下，按照模型的要求收集数据，建立模型的过程就是间接建模。运筹学提供了大量的针对不同类型问题的模型，比如，线性规划模型、非线性规划模型、整数规划模型、动态规划模型等优化类模型；网络计划模型、排队论、存贮论、对策论、决策分析；还有随机类模型、机器学习类模型等不胜枚举。不同的模型适用于不同系统和特定的问题，在使用模型时往往没有注意到“为什么可以用这个模型而不用另一个模型”的问题，其实选用模型的背后都隐含着一个相似性原理在起作用。如果相似性原理利用得好，则模型选择的就会很准确，否则就会有削足适履的现象，所建立的模型不能很好地描述对象系统，从而不能很好地解决所要解决的系统问题。

总之，与直接建模正好反过来，间接建模方式是先选模型后采集数据，并非先采集数据而后建模。

间接建模方式的模型选择并非任意，需要遵循背后隐藏的规律即相似性原理。

3.4.3　相似性原理

客观事物发展过程中存在着相同和相异两个方面，只有相同才有可能继承，只有相异才有可能发展，所以相似不等于相同，相似就是客观事物之间既存在相同因素也存在相异的因素，是同与异这对矛盾的辩证统一。在系统建模中，相似性原理就是反映不同系统之间相似的内在依据，由此可以在原有相似系统模型的基础之上建立新系统的模型，这样既可以继承又可以创新，使得建模工作事半功倍。系统的相似是多方面的，对于系统建模来说主要有如下四个方面。

1. 系统相似原理

系统是由两个以上要素按照特定的关系组成的事物，是一个高度抽象的概念。这个概念是从客观世界的大量实际系统中概括抽象出来的并存在于主观世界中的概念模型，这是系统的最抽象特征。因此，可以说只要一个事物能够分成两个以上的组成部分，而且组成部分之间具有关系，那么这个事物就是系统。

系统相似原理：一个事物至少由两个部分组成且部分之间存在关系，那么这个事物就与系统是相似的，因此可以使用系统思想、理论和方法进行分析。

这种相似不是属性、特点、行为等内容上的相似，而是组成单元、连接关系及其样式等形式上的相似。世界是丰富多彩的，在内容上完全一样的事物是不存在的，但是抽象出的形式却可以是相似的甚至是完全相同的。根据系统相似原理，我们在处理各种问题时就可以把处理对象作为系统来考察和处理。关于要素之间的联系，系统相似原理并未进行特别说明，也就是说不管要素之间的联系是什么性质的，只要有联系就可以应用系统相似原理，把客观事物作为系统来看待，把其中的问题作为系统问题来处理和解决。

2. 结构相似原理

结构的全称是系统结构，指的是系统要素之间的关系集合，集合中的每个元素都是一个有序对$<a_i,a_j>$，这在前面已经说明。因此，系统结构模型就是把有序对作为元素而构成的集合。

所谓两个结构相似的系统是指两个系统的关系集合是相似的，即关系集合中的大部分有序对是相同的，只有少量的有序对是不同的。如果所有的有序对一一对应全都相同则称这两个系统的结构是相同的。

结构相似原理：两个结构相似的系统具有相似的结构模型。

结构相似这种情况既发生在三个世界之间，也发生在三个世界的各自世界之中。因此，有如下四种情况。

第一，客观世界中的系统在主观世界中具有结构相似的系统观念，在符号世界中具有结构相似的系统结构模型。

第二，在客观世界中，两个不同系统之间只要结构相似就具有相似的结构模型。

第三，在主观世界中，两个不同的系统观念只要结构相似就具有相似的结构模型。

第四，在符号世界中，用任何符号体系对系统的描述，只要具有相似的关系集合就具有相似的结构模型。

第一种情况表明，三个世界之所以能够进行相互转换，相互表示，其原因就在于不同的事物之间存在着结构上的相似性。如果符号世界中的结构模型能够正确代表系统，必须与对象系统是相似的；如果主观世界中的系统观念是对象系统的正确反映，则必须与对象系统是相似的；同样，如果符号世界中的结构模型能够正确地描述主观世界中的系统观念，则结构模型也必须与系统观念是相似的。依据这条原理去认识系统，描述系统。

第二种情况对应的是客观世界与符号世界的关系。如果建模过程中能够认识到两个系统具有相似的结构，那么就可以借用已知系统的模型作为对象系统的模型，这样就可以减轻建模的成本，提高建模的效率和准确性。

第三种情况说的是主观世界与符号世界的关系。在建模过程中，如果主观世界中拥有与对象系统相似的系统观念，就可以把这个观念对应的符号模型作为对象系统的结构模型。

第四种情况是指符号世界中，同样的系统可以有不同的描述形式，在模型世界中有自然语言描述的模型、科学符号描述的模型、形象符号描述的模型以及计算机语言描述的模型等多种模型的形式，不管采用什么符号语言描述，只要结构是相似的，就具有相似的结构模型。因此，具有结构相似的不同符号模型之间可以相互转换。比如，“儿童随着年龄的增加，身高和体重都在增加。”这一个自然语言模型，可以转换为抽象符号模型，用 B 指代“儿童”，用 x_1 指代“年龄”、用 x_2 指代“身高”、用 x_3 指代“体重”。于是，把“儿童”描述为式（3.1）～式（3.3）。进一步还可以转换为形象的图形模型和计算机语言模型等。虽然描述的形式不同，但是其内涵即结构都是一致的，因此都是表示同一个系统。一般而言，相似包含相同，所以相似性原理不排除相同性。

3. 功能相似原理

所谓功能相似原理是指在同样的环境中，作用相似的两个系统具有相似的功能，而具有相似功能的系统具有相似的功能模型。

功能是系统在特定环境中表现出来的能力，不同的系统在同样的环境中可能表现出相似的功能，因而它们之间可以相互代替。但是，环境不同各个系统的功能也将随着改变，其功能模型也将随之改变。因此，在不同的环境中，即使发挥着相似的功能，但是也不会有相似的功能模型，必须具体环境具体分析并建立差异化功能模型。

功能相似原理强调的是同一环境或相似环境中的不同系统之间的相似性。根据这一原理可以利用相同环境或相似环境中已知系统的功能模型作为参考建立对象系统的功能模型。

4. 行为相似原理

行为是系统与特定环境相互作用的动态“轨迹”。所谓行为相似原理是指两个不同的系统在相同或相似的环境中具有相似的行为轨迹。行为相似的系统具有相似的行为机理，因此可以利用已知系统的行为模型作为对象系统的行为模型的参考来使用。行为相似说明其背后的行为规律的相似，因而可以用相同或相似的动力学模型描述不同系统的行为。

在这四条相似原理中，系统相似原理和结构相似原理是建模（包括静态模型和动态模型）的基本原理，与环境和其他条件无关；功能相似原理和行为相似原理是系统分析与模拟的基本原理，根据这两条原理可以通过改变环境和其他条件来研究系统的功能种类和行为规律。

系统建模就是根据相似性原理把系统的关系和结构描述出来。

不管具体的模型是系统的结构模型、功能模型还是行为模型，从模型本身来讲它都是由一定的表达要素的符号和表达关系的符号组成的。因此，不管符号代表的是对象系统的要素还是代表对象系统的属性，在模型中都作为“模型系统”的要素来处理。

建模就是根据相似性原理，构造不同世界之间的同构映射，一般来讲这种映射是非常复杂的。比如音乐光盘与播放出来的音乐之间就是一种同构映射，这个映射需要经过复杂的光电转换，并通过复杂的设备才能实现。

3.4.4 模型转换

1. 什么是模型转换

模型转换是在模型世界中进行的工作，即保持模型内涵不变的前提下，在模型世界的形式维上把模型进行形式上的转换，以实现不同的模型功能。一般而言，把自然语言描述的模型转换为科学符号模型，再转化为计算机语言模型，通过分析计算之后再把结果转化为自然语言模型。

比如“儿童随着年龄的增加，身高和体重都在增加。”这一个自然语言模型，可以转换为数学模型和计算机语言模型，通过采集数据并统计分析后可以得到定量预测模型，还可以再用自然语言进行描述。

在系统分析中，系统模型从无到有的过程是建模过程，而模型转换则是从有到有的过程。只不过模型的表述形式发生了变化。

广义地讲，模型可以分为两大类型：一类是用物理材料、化学材料等按照一定的比例制作的实物模型，比如飞机模型、轮船模型、汽车模型、水坝模型、建筑物模型等；另一类是上面提及的符号模型。

在符号模型中，自然语言模型是主观世界中观念模型的最自然的表述形式（主观世界的外化），自然语言符号（单词）及其关系（构词规则、语法结构等）是约定俗成的。而科学符号及其关系是人为规定的，在使用之前需要定义，每个符号及其关系都有明确的、无二义性的定义。这两者相对于形象符号来说，都具有抽象性，从符号本身看不出对象的“形象”，需要通过对符号的组合分析和理解（思维中的形象化）才能形成对象的形象。计算机语言模型是一种综合性的模型，在表现层可以是形象的，在逻辑层是抽象的，在实现层和物理层则受逻辑的制约，并且计算机语言模型可以使符号运动起来，从而可以实现分析和计算。

四种符号模型在表现形式、表现能力、表现角度和认知作用上是不同的，自然语言符号与人工规定的符号相比虽然具有模糊性、二义性等特点，但恰恰是这种特点不仅可以表述和存储信息、知识，还可以表达和存储人的情感，科学符号模型由于其严格性、排他性反而不容易做到这一点。从认知的角度来看，不管是自然语言模型，还是符号语言模型都具有序惯性、局部性、间接性和紧凑性的特点，形象语言模型具有并行性、整体性、直接性和相对的铺展性等特点。尽管如此，它们都可以表述相同的观念模型，即同一个观念模型既可以用自然语言表达，也可以用符号语言表达，还可以用图形、图像表达，更可以用计算机信息系统表述和激活。因此，表述同一个观念模型的四种符号模型之间都可以相互转换。

自然语言模型是最自然的表述方式，所以在建模过程中自然语言模型处于领先的位置，再根据自然语言模型中包含的信息和知识转化为符号语言模型和形象语言模型，进一步建立计算机语言模型，利用计算机语言模型进行分析或模拟，从而达到对客观世界的认识和改造。

2. 模型转换的方式

模型转换根据转换过程中是否需要补充系统的新信息而分为两种方式：封闭式转换和开放式转换。

1）封闭式模型转换——利用先验知识

封闭式模型转换是指在模型转换过程中不需要补充新的信息，但是通过转化可以从不同的角度“揭示”出新的信息，转换是在模型世界中封闭进行的。比如中小学生做数学应用题就是典型的封闭式转换，如果做题的学生经验丰富，可以把自然语言描述的应用题快速地写成数学公式。

封闭式模型转化过程如图 3.21 所示。

软件工程的“瀑布式开发模式”中的需求分析、功能设计、模块的结构设计和结构化编程等工作一环紧扣一环，顺序进行，由于不需要补充新的信息，所以可以由不同单位分别接续进行。因此，“瀑布式开发模式”的软件系统开发方式就是典型的封闭式模型转换。

2）开放式模型转换

开放式模型转换是指在模型转换过程中需要补充新的信息。新信息有两个来源：一个是主观世界中的系统观念，另一个是客观世界关于对象系统的数据。

开放式模型转换的概念如图 3.22 所示。

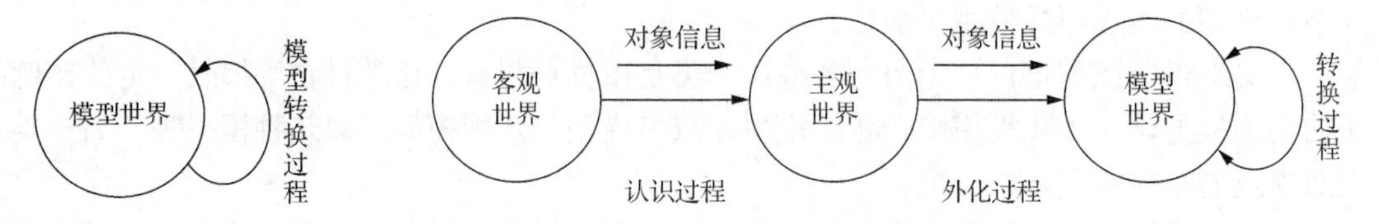

图 3.21　封闭式模型转换　　图 3.22　开放式模型转换

软件工程中的“原型法开发模式”就是典型的开放式模型转换，在模型转换的每一步都有新的信息加入。

结束语

系统分析是把模型作为分析结果和工具的系统认知方法，本章讨论了模型的概念以及在系统分析中的作用。本书中提出的模型，远远超出了现有各学科中关于模型的概念内涵。本书的模型是指“在一定抽象、简化、假设的条件下，采用物理的或非物理的任何方式所形成的与问题关联的替代物”。不仅仅是数学模型、物理模型，还包括用各种“符号”对系统的描述和表达方式，比如一本小说、一出戏剧、一篇学术论文、一组数据、一张图纸、一份规划报告或者策划方案等都可以看作模型。

模型化系统分析方法涉及三个世界，即对象世界、观念世界和符号世界。对象世界是客观的，由分析的对象构成，任何事物都是系统，因而对象世界的基本构成单元就是作为分析对象的系统。观念世界是主观的，其基本构成单元是系统分析主体通过分析认识所获得的与系统相关的各种观念和概念。符号世界中的最小组成单元是符号，这些符号要么是约定俗成的符号体系比如自然语言；要么是按照某种规则人为制定的符号，比如数学符号、物理符号等科学符号。其表现形式既有抽象的也有形象的，但是无论哪种符号都是人工创造出来的，因此符号世界是一种人工世界。无论什么样的符号都可以划分为两个部分：一部分是每类符号各自的基本符号和语法规则共同组成的基本符号体系；另一部分是由基本符号按照"语法"规则建构的关于系统的描述。前者比如自然语言中的单词、术语、词汇等基本单元以及组词造句的"语法"规则；后者则是利用基本符号按照规则建构的系统模型。比如文字版的《红楼梦》是用自然语言对当时情境进行描述的一个语言模型，而电视剧版的《红楼梦》则是掺杂了视听觉因素的综合符号模型。因此，符号世界可以分为两部分：一部分是基本符号（世界），另一部分是模型世界。前者是由不同符号体系组成的基本符号世界，后者则是由各种系统模型组成的模型世界。

下一章将重点讨论模型化系统分析中的基本模型：概念模型和结构模型。

第 4 章　概念模型化与结构分析

导语

模型化系统分析过程紧紧围绕着模型的建立、转换和使用逐步推进，分析过程中有两类模型最为基础和重要：一类是概念模型，另一类是结构模型。之所以重要，是因为概念模型是系统分析的原始点，是对被分析的系统建立起来的一个初步概念，是进一步分析的出发点。结构模型是对关系及其整体样式的描述，既体现了系统的整体性、关联性和层次性等众多系统特性，也是对这些特性的整体认识，利用结构模型还可以分析出特定系统的独有特点和结构特征。本章首先给出概念模型化分析和结构模型化分析的对象、内容和分析流程，依次讨论概念建模和基于结构模型的结构分析。关于结构建模过程和方法将在第 5、6 章讨论。

4.1　模型化分析内容与流程

4.1.1　分析对象

任何系统分析都是为了解决问题，问题总是发生于某个事物，以系统观念来看任何事物都是系统，因此可以认为任何问题都是发生于系统之上的问题，把这种发生于系统之上的问题称为系统问题，简称问题。相对应地把发生问题的系统称为问题相关系统，简称相关系统。

相关系统只是客观系统的一个侧面，在第 1 章中称为“系统侧面”。一个系统有多个侧面，因而可以认为系统是所有系统侧面的“并集”。系统侧面是分析主体以一定的视角，对客观系统所“看到的”系统，在解决问题的情境中，问题就是“观察”系统的一个视角，客观系统中的其他内容与问题无关或关系不大，因而可以忽略不计。为了方便且不至于混乱的情况下，在特定问题语境下把系统侧面称为问题相关系统，独立考察时也简称为系统。问题与相关系统（即系统侧面）的关系如图 4.1 所示。

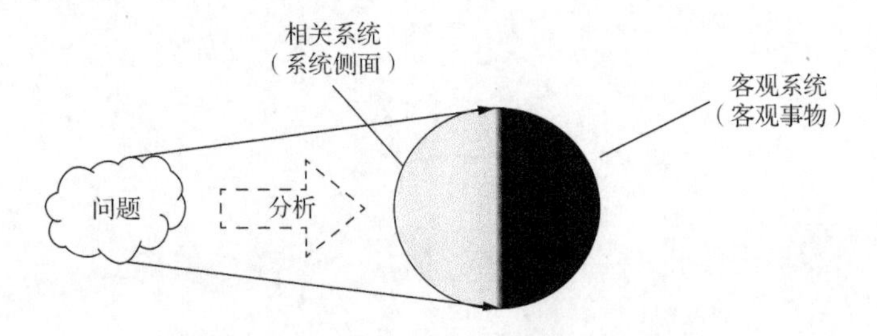

图 4.1　分析视角：问题与相关系统

比如，同是一台汽车即客观系统，它是客观的、完整的，但是不同的人群所关心的问题是不同的，对于汽车制造企业来说，它所关心的问题是如何把汽车制造出来。因此，与这个问题相关的系统侧面则是汽车的全部零部件和整车组装生产过程等关于汽车的所有事项。那么，所有事项就是“如何把汽车制造出来”这个问题的相关系统。对于市场销售者来说，他所关心的问题是“如何把成品车推销出去”，与此问题相关的是汽车的所有性能指标组成的系统侧面，即“如何把成品车推销出去”这一问题的相关系统。如果不了解汽车的各种性能指标就不能推销汽车，就解决不了把车推销出去的问题。对于销售者而言，他无须了解汽车是怎样制造出来的。对于使用者来说，则会从另一个视角关心汽车，来解决自己对汽车的具体需求，与这个问题相关的则是汽车的各种驾驶体验所构成的汽车的一个侧面，这个侧面就是使用者体验到的汽车概念，使用者对一台车的全部体验就构成了使用者的相关系统。使用者所体验到的“汽车”与汽车制造企业的“汽车”或者销售者所推销的“汽车”这三者都从不同的视角代表了同一台汽车。不同视角的“汽车”的并集构成了客观世界中真实的完整的汽车。

总而言之，从根本上讲，所有系统分析都是“问题驱动”“问题导向”或“面向问题”的系统分析，不存在没有问题的系统分析。站在“问题”的立场上就形成了观察和分析系统的一个视角。

完整的系统分析对象是依据问题相关系统展开的三个对象：系统、环境、接口。因此，系统分析应该从整体观点和联系观点出发进行模型化分析，包括对系统的模型化分析，对环境的模型化分析，对接口的模型化分析。三者之间并非各自独立分析，它们的关系如图 4.2 所示。

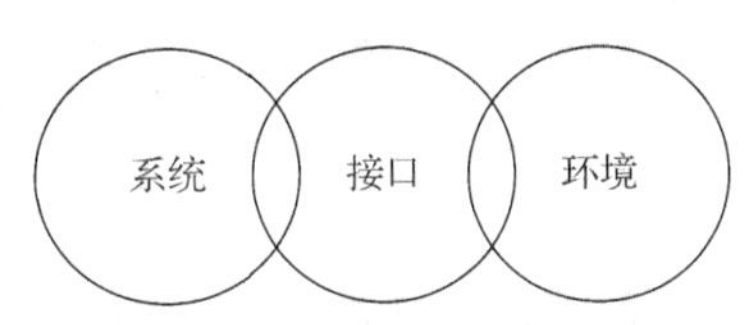

图 4.2　系统分析对象：系统、环境及接口

系统、环境、接口都是“系统”，都符合“系统”概念的内涵，因此都可以采用同样的模型化系统分析方法进行分析。

4.1.2　分析内容

1. 对系统的分析内容

系统分析内容由外而内包括四个方面。

（1）系统界定。

首先界定系统，为了明确分析对象，需要从问题的视角，对所要分析的系统（系统侧面，即问题相关系统）进行初步界定，以区分系统和环境，系统的边界越清晰越好，系统的概念越明确越好。

（2）外部特性。

系统的外部特性分析就是对系统整体性进行分析，包括系统属性、系统功能以及系统行为，列举系统的所有可观测的外部特征并做好三个方面辨析：①局部属性和整体属性的辨析；②整体属性中的非加和属性和加和属性的辨析；③整体属性之间往往并非各自独立，因此还需要对整体性之间的关系进行分析。系统功能和系统行为都属于外部特性，对其分析只是辨析系统有哪些功能和行为，并不分析功能过程和行为过程，这些留待后续详细分析时处理。

（3）内部组成。

系统内部分析包括三个方面：①组成部分的辨识，特别是基本的组成部分即系统要素；②根据关联性建立要素之间的关系；③系统的前台要素分析，为进一步接口分析奠定基础。

（4）内外关联。

对系统的整体性与系统要素进行关联性分析，建立系统外部特性与内部组成要素之间的关系。

2. 对环境的分析内容

同样，对环境分析也由外而内包括四个方面。

（1）环境定义。

虽然在系统界定时已经明确了系统与环境的边界，但是系统界定时主要是“眼界对内”的。由于环境是“无限”大的，究竟哪些系统之外的因素可以作为环境系统的组成部分，需要“划定”一个边界，为系统圈成一个有限的环境系统。

（2）外部特性。

环境既然也是一种系统，那么也一定具有整体特性即环境系统的外部特性。这部分分析就是对环境的整体性进行分析环境属性、环境对系统的作用，包括：①局部属性和整体属性的辨析；②整体属性中的非加和属性和加和属性的辨析；③整体属性之间关系的辨析。

（3）内部组成。

环境系统内部分析包括三个方面：①环境的组成部分辨识，特别是基本的组成部分即环境系统要素；②根据关联性建立环境因素之间的关系；③环境的前台要素分析，为进一步的接口系统分析提供前提条件。

（4）内外关联。

对环境的整体性与环境系统要素进行关联性分析，建立环境系统外部特性与内部组成要素之间的关系。

3. 对接口的分析内容

接口也是一个系统，在第 1 章中称为“接口系统”，因此接口分析也是系统分析，特别是人工系统中往往拥有专门的接口，以便于提高系统的适应性。

（1）接口定义。

接口一定包括系统的前台要素和环境的前台要素，这是接口的基本定义。把前面分析得来的系统前台要素和环境前台要素进行归纳来定义接口的基本范围。

（2）外部特性。

接口也是一种系统，也具有整体特性，因此需要从需求的角度出发界定或分析接口系统的整体属性、接口功能和接口的行为模式、转接/转换模式。

（3）内部特性。

系统的前台要素和环境的前台要素之间并非直接相关，很可能两者之间还需要有若干环节进行变换，分析内容包括：①除前台要素之外的接口内部要素的辨识或设计；②系统前台要素、环境前台要素、接口内部要素等三类要素之间的关系分析。

（4）内外关联。

对接口系统的整体性与接口系统的组成要素进行关联性分析，建立接口系统外部特性与内部组成要素之间的关系。

4.1.3　分析流程

认识一个事物总是由外而内、由表及里、由浅入深、由粗而细、由简入繁、由易到难的过程进行，直至认识任务结束为止。无论对系统、对环境还是对接口的分析都应该如此进行。

相对系统内部的组成要素而言，系统整体性为外、为表、为浅，系统内部组成则为内、为里、为深。相对于关系而言要素为简，关系则为繁。相对于结构建模而言，概念模型为粗，结构模型为细。相对于定性分析而言，结构分析为粗，定性分析为细。相对于定量模型而言，定性分析为粗、为易，定量建模为细、为难。因此，模型化系统分析内容的流程是从“系统”的外部属性分析开始，到“系统”的内部组成，再到内外衔接分析，如图 4.3 所示。

无论系统整体性分析，还是内部组成抑或系统接口分析，都需要进行模型化，模型化过程从概念分析的模型化开始，到结构分析的模型化，再到定性分析的模型化，最后到定量分析的模型化来展开，如图 4.4 所示。

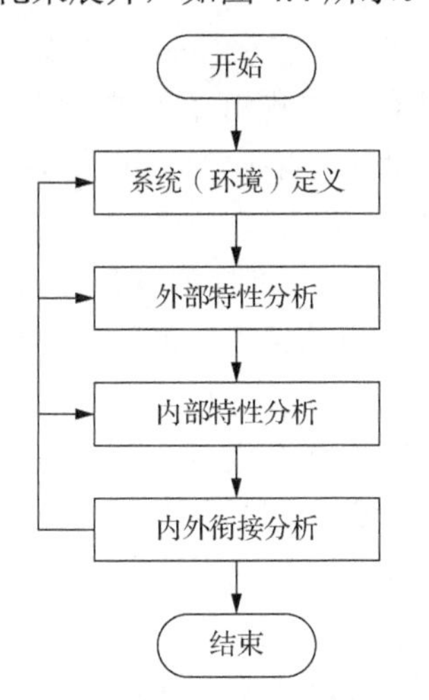

图 4.3　系统分析内容的流程

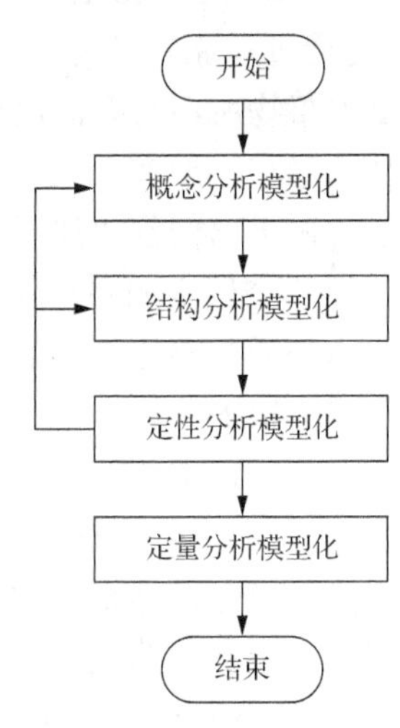

图 4.4　模型化分析过程

可以把上述分析内容和过程统一归纳为表 4.1，其中的“●”表示需要分析所标识的内容。

表 4.1　系统分析内容与模型化过程

	概念分析模型化	结构分析模型化	定性分析模型化	定量分析模型化
外部特性分析	●	●	●	●
内部特性分析	●	●	●	●
内外衔接分析	●	●	●	●

无论外部、内部还是内外衔接都需要概念分析的模型化、结构分析的模型化、定性分析的模型化和定量分析的模型化。本书只讨论概念分析的模型化和结构分析的模型化。

4.2　概念分析模型化

4.2.1　概念模型

在现实中，当我们初识一个系统时往往不能对系统给出一个明确的描述和界定，一般都会用自然语言做出一种概括的、整体的、模糊不清而且混沌的表述，既分不清表里和深浅，也分不清属性和功能，更分不清现象和本质。特别是对于社会、经济、环境、心理、管理、城市发展等这类软系统，更是如此。就连建筑、机械、水利、航空航天等工程类的硬系统，在开始作为一个议题进行议论时，对目标、规模、功能、结构各个方面往往也都处于一种说不清道不明的状态。

当人们在阐述问题、构思系统时，往往习惯性地使用自然语言，再加上一些图形、图表和数字来描述问题的概貌、系统的轮廓，反映任务委托人和利益相关者的需求，根据需求初步确定出系统功能，再依据系统功能提出系统总体结构等。这些内容在系统筹划阶段就开始逐步加以明确，一般分散在立项报告、需求报告、任务说明书，甚至概要设计等文件之中。这些初看不像所谓模型的东西，从系统分析的角度来讲，实际上已经从现实的具体情况抽象出问题的要点和系统需求的概貌了，因此这些表示已经给出了构思出来的概念，这就是所谓的概念模型（conceptual model）。

“概念”是通过对象的特有属性来反映对象的思维形式。特有属性是一个或一类事物所具有的，而其他事物所不具有的属性。属性就是事物所具有的那些相互区别、相互类似的东西，比如物体的形状、形态、关系、成分、行为、速度、体积等的质的、量的方面的规定都是事物的性质，由于它们都“属于”事物，所以叫作事物的属性。

每当人们对一个现实的系统进行分析时，系统概念都是一个“具体概念”，是以凝缩的形式反映事物内外矛盾整体的本质规定的思维形式。用马克思的话说，具体概念是“具有许多规定和关系的丰富的总体”，“是许多规定的综合，因而是多样性的统一”的思维形式。具体概念具有三个特征：①任何一个具体概念都具有一般、特殊或个别三个环节，是三个环节中的各种矛盾的规定、关系或联系的有机统一；②具体概念必须把握系统的内在矛盾及其诸多的规定；③具体概念必然是各项内容的综合，必须具有整体性。

系统一般是一个复杂的具体概念，因此，关于一般事物的“概念”不足以反映系统的特点，概括地说：“系统概念”是通过系统的特有属性及其关系以及所处环境共同反映系统的思维形式。系统概念中的“特有属性”指的是系统的整体性，即系统作为整体所具有且区别于组成部分和组成部分之和的“涌现性”。

概括地讲，系统用概念模型来描述的话，有形式和内容两个方面，从其形式上看一般采用自然语言为主，图形、图表、数字和专业性的符号为辅进行描述；在其内容上一般需要反映“谁”的需求，比如任务委托人和利益相关者，他们的需求是什么，根据需求，初步提出关于整体属性和功能以及大致的功能结构。这样就可以描述一个系统的整体概念。关于概念模型的表达方式不可能用完全结构化的方法进行描述，一般可采用半结构化的自然语言文本来表达，在不同的专业领域有不同的文本规范和格式要求。比如，科研项目申请书是对申请的科研项目的概念性描述；研究报告是对研究成果的概念性描述；项目招标书是对拟招标的项目的概念性描述；投标书则需要在招标指标的前提下对项目进行深一层次的设计性描述，但仍然是概念模型。这种以自然语言为主的描述方式，虽然不足以清晰、准确地表达系统的概念，但是这种概念模型却是任何系统分析不可逾越的起点。

概念模型的形成是一个过程，这个过程也称为概念建模。

概念建模所需要的信息和知识往往来自于方方面面，既包括利益相关者、任务委托者等这些需求者提出的主观表述，也包括客观数据的采集和环境信息的融合。由需求者提供的概念都是根据自己的主观理解、推断和感受对系统、系统的某一方面及其所处环境的描述，其中既有客观事实又有主观推断；既有正确的认知又有一定的误解；不同的人对同一个系统所形成的概念不尽相同、表述方式各有千秋；即使同一个人也会随着认识的深入而发生变化。客观数据和环境信息一般也有多种来源。所有的主观表述、客观数据和信息都是概念建模的基本素材，需要进一步进行去伪存真、求同存异的条理分析，尽可能地消除主观认知的错误，通过人际交流求同存异达成共识；多种数据源相互印证，挖掘出数据中的客观事实，增强可信性。即使还有主观因素，但是保留下来的主观因素也应该是众多利益相关者所达成的共识。最后，由报告撰写的主笔形成规范的文字报告，这步工作就是建立概念模型。概念建模过程如图 4.5 所示。

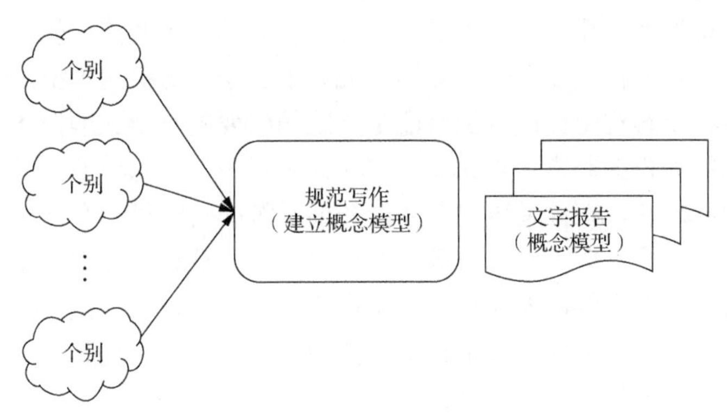

图 4.5　概念建模过程

图 4.5 中的多个“个别”代表着概念建模的信息来源于多方面，一般是多元、异构的，“规范写作”是指在满足某个专业格式要求的前提下，按照半结构化的写作提纲进行报告撰写即概念建模，最后形成以文字为主体的概念模型。

4.2.2　系统概念模型

从系统分析的角度来看，概念模型是表达系统的概括性描述，用以说明系统“是什么”和环境“怎么样”的大致情况。概念模型包括如下三个方面，称之为概念模型三要素：①系统的概要需求，主要是系统的整体性需求，特别是功能需求，这反映了任务委托人和利益相关者的需求；②系统的整体描述，包括整体属性、整体功能和整体行为等，是对需求的呼应；③系统环境的描述，包括环境的有利因素和不利因素，这反映了系统生存环境的宏观情况。

这三个方面从主观到客观、从系统到环境都进行概念的模型化分析并形成概念模型。因此，系统概念模型包括三个子模型：①关于系统需求的概念模型；②关于系统整体的概念模型；③关于系统环境的概念模型，如图 4.6 所示。

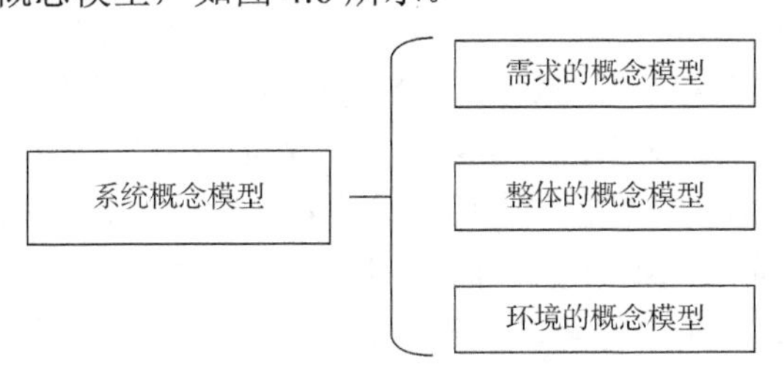

图 4.6　系统概念模型体系

系统概念模型的三个方面，在实际中可以体现在一个报告中，也可以分属于三个报告，比如用《系统需求报告》说明关于需求的概念，用《系统概要报告》描述系统的整体概要，用《系统环境分析报告》揭示系统所处的环境概念。

现实中，系统具有多元的利益相关者和众多的当事人，不同的利益相关者和当事人头脑中具有不同的系统概念，最终的概念模型应该是一个多元利益相关者和当事人达成共识的认识成果。

比如，在对企业发展状况进行访谈的过程中，可以从不同的人获得他们各自头脑中关于企业发展状况的概念，每个人都会以不同的方式讲出自己对企业状况的观察和理解以及一些主观推断。每个人的概念都不尽相同，表示方式和逻辑也是各有千秋。为了形成系统的一个统一的概念模型，访谈者（系统分析人员）不能偏听偏信，需要把这些广泛采集的大量访谈记录作为基本素材进行分析，建立一个能够达成共识的统一的概念模型。这个概念模型能够对企业发展状况有一个客观全面的，但可能是笼统的概要的框架式的描述，形成一个统一的概念作为模型化系统分析的起点。再比如，在软件工程中，概念模型可以使利益相关方对系统达成一致的认识和理解，在此基础上，才能开展系统的功能设计和结构设计。概念模型是对系统最初始的认识结果，假如没有对系统及环境的充分认识，或在利益相关方之间没有达成共识，就无法直接开展后续的系统设计和实现工作。但是，概念模型往往使用自然语言，但自然语言容易产生歧义，因此一般来说不同类型的系统项目所编制的写作规范、模板等半结构化描述方式就是为了尽量减少歧义。

概念建模是系统分析的一个必不可少的阶段，这个阶段的任务就是从系统整体、系统外部对系统建立一个整体概念，但是其内部结构和细节还需要进一步展开分析。

4.2.3　概念建模的辅助图形

在系统概念的建模过程中，如果能用一些可视化的方式，借用一些结构化或半结构化的工具，将有利于帮助人们理清思路、明确任务，并且与任务委托人和利益相关者进行更有效沟通和研讨。下面重点介绍概念建模可能用到的思维导图、流程图和控制图。

1. 思维导图

思维导图（the mind map），又称为心智导图，是表达发散性思维的有效图形思维工具，对于概念模型的建立具有很好的辅助作用，它简单却又很有效，是一种实用性的思维工具，因此其本身就是一种概念模型。思维导图充分运用人类大脑左右半球的机能，协助系统分析主体在系统概念模型的构建过程中发挥科学与艺术、逻辑与想象之间的相互促进关系，从而尽最大可能地开启大脑对系统的认识。

思维导图是一种将思维形象化的方法。基于发散性思维这种大脑的自然思考方式，每一次对系统概念的引入都可以成为一个思考的中心，并由此中心向外发散出成千上万的连线和关节点，每一个关节点代表与中心主题的一个连结，而每一个连结又可以成为另一个中心主题，再向外发散出成千上万的关节点，呈现出放射型立体结构，而这些关节的连结可以视为有向边代表系统中概念之间的“关系”，而关节点可以视为系统中的一个概念，思维导图也是一种网络状的图形。因此，思维导图可以用于系统的概念建模的分析过程。

在概念建模过程中，分析主体可以在纸面上或利用计算机屏幕用图形把这种概念网络逐步画出来。先从分析的主题开始，在纸上或屏幕中央用表示主题、核心意思的关键字或图形把它标记出来；然后联想并列出相关的次主题，把它与主题连接起来；再从各个次主题继续联想各有关因素并连接起来，如此这般就可以形成一个概念网络，作为概念模型的图形表示。思维导图不仅仅是概念模型的记载，利用思维导图建立概念模型的过程就是一种思维过程、分析过程和认知过程，它直观地反映了与问题相关各个因素或属性。

如图 4.7 所示，要修建一个热电厂，首先要分析其对哪些方面有什么影响。先把“修建热电厂”画在图 4.7 的中央，然后考虑它所造成的影响，比如，可以向电网供电、向工厂和住宅供电，但是它本身又会造成空气污染，依次在图中画出。

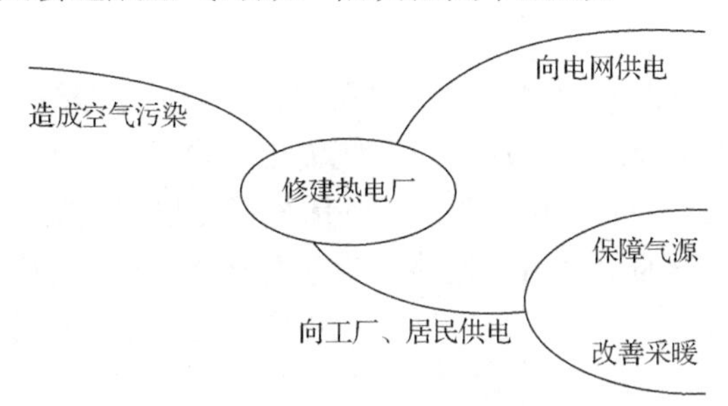

图 4.7　思维导图局部

还可以继续列出更详细的影响，这样一层接一层地画下去，就可以把有关的因素及其相互关系逐渐都列举出来。对于参与系统分析的个人来说，可以理清思路；对一个团队或者一个讨论会来说，可以大家提意见进行讨论并建立完整的系统概念模型。这个过程相互启发，有利于把每个人的隐性知识转化为显性知识，有利于达成共识。

思维导图看起来好像是一种分层的树状结构，其实不然，如果在同一层次上各个因素之间甚至于不同层次之间有关联，也可以用线连接起来，就变成了一种网状结构的概念模型。一些错综复杂的关系，如果用自然语言很难表达清楚，但是用这种网状的思维导图就可以一目了然，给人一个关于系统的整体概念。在此基础上，再配以文字就可以撰写成一篇研究报告。

2. 流程图

一项业务是一个流程，物质运输过程是物流系统，设备制造系统是一个生产流程，甚至开办一个展览会、人口普查等所有系统的动态过程和人类活动都是一个流程。流程是由多个活动组成的系统，称之为流程系统。流程系统的组成及其关系构成了活动所遵循的一种模式，依托于这种模型才能开展相应的活动。

可以利用流程图为流程系统建立概念模型，用于描述流程系统的模式。标准的流程图由顺序关系、分枝关系和循环关系组成，如图 4.8 所示，其中菱形框只表示在不同的活动之间需要有判断并选择，具体判断条件需根据具体流程确定。

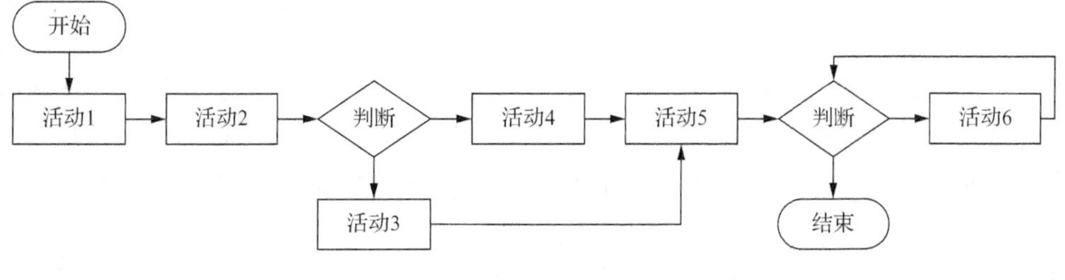

图 4.8　流程图

流程图在讨论系统动态过程的概念时同样具有可视化、直观的特点，便于讨论、有利于达成共识的特点，对于建立流程系统的概念模型具有重要意义。流程图表示一个系统的动态过程，除了可以描述业务流程之外，还可以描述任何具有过程性、阶段性的系统动态过程，比如生产流程、物流、信息流等。

业务流程再造就是对这种流程模式的调整。

3. 控制图

控制图是描述系统反馈控制功能的可视化表示，可以帮助系统分析主体表达关于控制过程的概念。

反馈控制系统是基于反馈原理建立的控制系统。所谓反馈原理，就是根据系统输出变化的信息对系统输出行为进行控制。即通过对系统输出（也可以是一个行为过程）与期望输出（行为过程）之间的偏差信号反作用于输入，对系统行为进行有目的的调制。在反馈控制系统中，既存在由输入到输出的信号前向通路，也包含从输出端到输入端的信号反馈通路，两者组成一个闭合的回路，如图 4.9 所示。反馈控制系统又称为闭环控制系统。

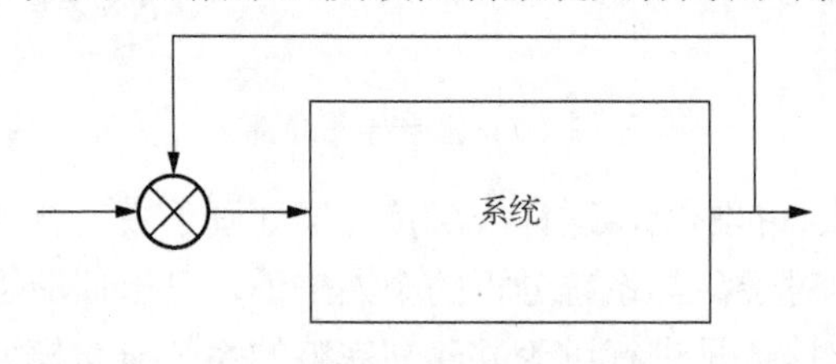

图 4.9　控制图

反馈控制是自动控制的主要形式。在工程上常把在运行中使输出量和期望值保持一致的反馈控制系统称为自动调节系统，而把用来精确地跟随或复制某一个过程的反馈控制系统称为伺服系统或随动系统。反馈是指从输出端取出一定的信号再反过来送回到输入端，反馈分为负反馈和正反馈。所谓负反馈（negative feedback）是指反馈信息的作用与控制信息的作用方向相反，对系统的活动起制约或纠正作用的反馈。所谓正反馈（positive feedback）是指反馈信息的作用与控制信息的作用方向相同，对系统的活动起增强作用的反馈。

表达概念或概念建模分析过程中，不只上面的三种图形，其他的诸如关系图、树状图、影响图等只要有利于表达概念的图形都可以作为概念模型化分析中的可视化工具和表达工具来使用。

4.2.4　举例

近年来由于高校扩招，学校各方面的资源愈加紧张，与学生日常生活密切相关的吃住亟须改善和扩建，这是所有扩招大学普遍存在的现象。比如某大学研究生扩招后原有住宿公寓床位明显不足，学校决定将某老旧的招待所改造成研究生公寓。但是，改造后的公寓餐饮设施不够完善，并且因为这个招待所地处偏僻，离学校其他就餐场所距离都很远，就连附近的校园外也没有可以满足公寓住宿学生餐饮的设施，特别是对于中午需要回公寓休息，下午又要继续上课的学生来说非常不方便。另外，考虑到青年学生的特点，在解决研究生就餐问题的同时需增加文娱功能，因此决定对招待所改造的同时，对原招待所食堂进行扩建并改造为餐饮为主、文娱一体的多功能餐厅，以满足在新公寓住宿的研究生的餐饮和文娱活动的需求。

1. 关系图

上面是利用自然语言，采用日常话语方式表达了一个关于“食堂扩改”问题的情境，人们可以不同程度地理解其中的内容，形成关于这件事情的总体概念，因此上面的表述就是一个关于“扩改”问题的概念模型。这个概念模型中包含了两个问题：一个是招待所改造为公寓；二是食堂扩建改造为以餐饮为主的多功能餐厅。问题涉及四个实体：第一个问题是针对两个实体即原招待所和新公寓，所以“招待所”和“公寓”是这个问题的相关系统；第二个问题与原食堂和多功能餐厅相关，所以相关系统是“食堂”和“多功能餐厅”。

显然，用自然语言表述的概念模型不同的人对其理解也不尽相同，往往会产生偏差，为了将其中所包含的全部内容更明确、无歧义地表示出来，可以用系统结构图表示，如图 4.10 所示。

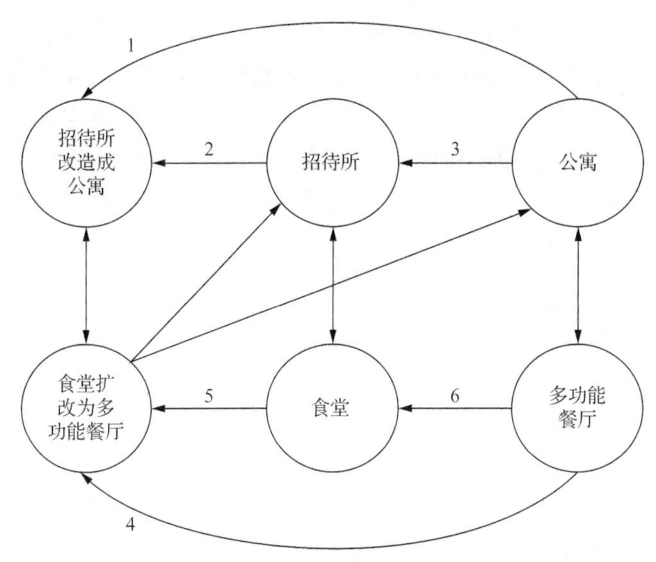

图 4.10　系统结构概念——Ⅰ型结构模型

显然，通过对概念模型的详细分析可知：“招待所改造成公寓”“食堂扩改为多功能餐厅”是两个问题结点，要素的性质是“问题”；“招待所”“公寓”“食堂”“多功能餐厅”是四个实体结点，要素的性质是“实体”。概念模型的语言叙述中采用显性或隐性方式表达了 11 个关系，在图 4.10 中对应画出 11 条边。其中，关系 1、关系 2、关系 3 表示“招待所”和“公寓”对“招待所改造成公寓”这个问题要素的影响，也可以反过来解释为如若解决“招待所改造成公寓”问题一定涉及“招待所”和“公寓”两个要素；关系 4、关系 5、关系 6 表示“食堂扩改为多功能餐厅”的解决，一定涉及“食堂”和“多功能餐厅”两个要素。又由于招待所和食堂、公寓和多功能餐厅是连在一体的，因此两个问题及其相关要素之间具有双向影响关系，如图 4.10 中三个双向箭头所示。食堂扩改为多功能餐厅不仅是改造还要扩建，因此“食堂扩改为多功能餐厅”这个问题要素还对招待所和公寓产生影响。这些关联关系说明招待所改造和食堂扩改不能单独进行，需要整体思考、分工协调。

图 4.10 是系统分析中最常用的一种关系图。

2. 树状图

从概念模型中还可以分析出系统的功能，即为研究生提供住宿、餐饮和文娱活动，画出

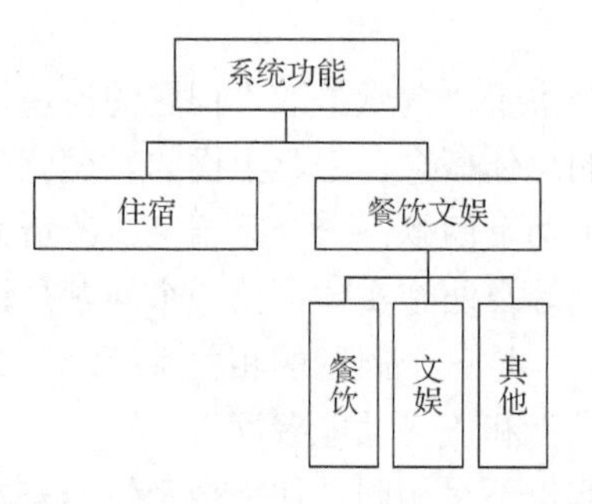

图 4.11　系统功能层次结构——II 型结构模型

系统功能层次结构图，如图 4.11 所示。

基本功能有四个，分别是住宿、餐饮、文娱和其他，可以分为两类：一类是住宿；另一类是餐饮文娱。其中其他是指还需要分析是否具备提供一些日常用品的销售服务等功能，这取决于周边环境是否可以满足。

上述两个结构图本身也表示了系统的概念，因此从本质上讲仍然是概念模型，只不过是用结构图更清晰、无歧义地表达出来，更有利于建立系统的整体概念。这种图与自然语言相比较，突出了系统要素和关系的表述，忽略了自然语言表述中更为丰富的内容，重点在于对系统结构的整体表达，不仅便于给出系统的整体概念也便于对系统整体的理解，符合关于系统结构的定义，即系统中全部要素关系的集合，因此一般称之为系统结构模型，简称结构模型。可见概念模型既可以用自然语言来论述，也可以用结构模型图来作为辅助表示，两者相辅相成相互支撑，共同起到表达系统初始概念的目的。

图 4.11 这种树形图也是系统分析中常用的可视化描述形式。概念模型只是进一步系统分析的基础和起点。

4.3　结构分析模型化

4.3.1　结构模型

在概念建模的分析阶段，一般还不可能对系统内部组成及其关系、系统的各种细节进行深入的认识，也不可能进行详尽的描述。因此，有必要在概念模型的基础之上，对系统内部组成及其关系、系统整体性及其关系、内外衔接关系进行结构化描述。不仅对系统进行分析，完整的系统分析还包括环境系统分析和接口系统分析，都需要进行组成及关系分析。这就是本节要讨论的结构模型（structural model）。

结构模型在系统分析中，指的是在直觉经验和逻辑分析的基础上建立的一种抽象结构形式，其目的在于使系统分析的成果系统化地表示出来。关于结构模型可以从不同视角进行不同的分类，比如描述系统要素因果关系的因果结构模型、描述系统功能的功能结构模型，还有描述人工系统结构的机械结构模型等。结构模型在说明系统外部特征及其关系、系统内部组成及其关系、系统内部与外部关联结构等方面具有非常重要的作用，这是与还原论方法区别的重要模型，可以说明“关系”和“结构”在系统中的关键作用，对于系统整体涌现性具有很强的解释作用。

1. 概念

什么是系统结构，在第 1 章已经定义为要素关系集合的样式。结构模型从系统“关联性”的角度描述了系统的结构样式，描述了系统各组成部分之间的关系。这里的“关系”是一个广泛的概念，只要组成部分之间有联系，不管是什么性质的联系都称为“关系”，比如因果关系、相关关系、影响关系、顺序关系、优劣关系、隶属关系、制约关系、作用关系、物流关系、能量流关系、信息流关系、合作关系等不一而足。

结构模型是反映要素“关系集合的样式”的模型。其中只考虑要素之间关系的“有”或

“无”，并不涉及关系的性质，也不涉及关系的强弱，所以简单、直观、便于理解。结构模型是从系统概念模型过渡到定性分析、定量模型的中介，即使对一些难于量化的系统也可以建立结构模型进行关联性分析，所以在系统分析和系统综合中应用十分广泛。

先从一个例子开始，图 4.12 是一个混合器，料液从上面流入，流量为 F_1，从下面流出，流量为 F_2，液面高度为 H，容器内气体的密度为 D，压力为 P。H 的大小要受到 F_1 和 F_2 的影响，而 H 又反过来影响 F_2，H 和 D 都会影响 P，为了表述这种影响关系，可以画出如图 4.13 所示的这种图形。从图中可以看出，每一个圆圈代表一个物理量（一个要素），圆圈中标有该物理量符号，带有箭头的线段表示影响关系。例如，从 F_1 到 H 的箭头线段表示 F_1 对 H 有影响。在 F_2 与 H 之间有两个箭头，方向相反，表示相互影响。

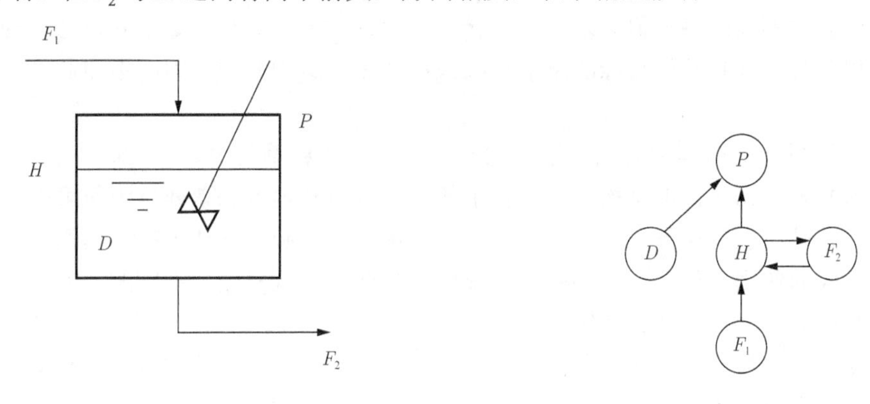

图 4.12　混合器　　　图 4.13　结构模型的图形表示：结构图（一）

不仅仅在工程系统中可以用这种图形表示，一些带有社会因素的系统更适合于这样表示，图 4.14 画出了一个地区发电供电与工厂、人口、环境之间的关系。

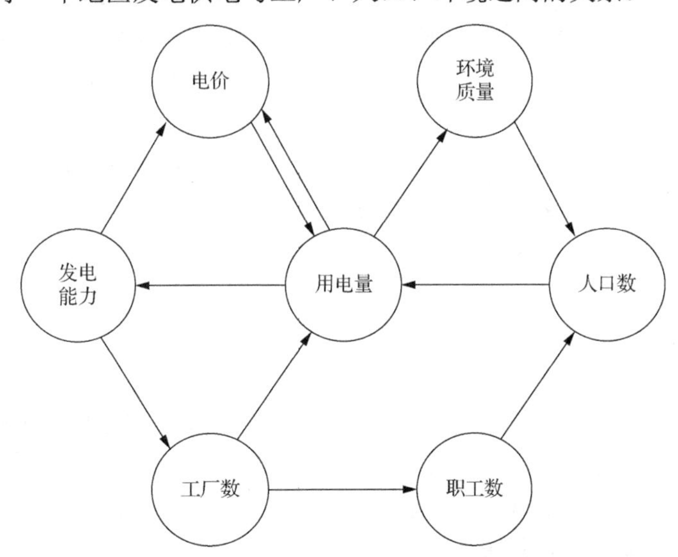

图 4.14　结构模型的图形表示：结构图（二）

从图 4.14 可以看出，工厂数对用电量有影响；而且工厂数对职工数也有影响，职工数又影响到人口数，人口数又影响到用电量。前者是直接影响，后者是通过职工数和人口数对用电量产生间接影响。每一个因素对其他因素的影响都可以从图中直观地看出来。

这种图说明系统结构可以用图表示，图用“结点”和“有向边”组成，有向边也称“箭头”。结点代表实际系统的物理量或因素，从系统的角度来说，结点代表系统的要素或组成部分；有向边的指向代表一个结点对另一个结点的作用关系，这种图是一种有向图。用这种有向图表示系统结构就称为系统结构图，简称结构图，用结构图表达系统结构就是结构模型。

相对自然语言表述的概念模型而言，结构模型具有很强的整体“解释”作用，可以从整体上建立起系统的整体概念和全局视野，也可以解释系统整体性的来源。用自然语言表述的概念模型具有模糊性、不确切性，其内容需要阅读的人通过理解，并在自己的大脑中建立起系统概念，建构的过程是依靠人的思维活动完成的，具有很强的主观性，不同的人会对同样的语言表述理解成不同的系统概念。因此，就会产生认知上的分歧，如果各自独立理解、不相互沟通，那么对于具有共同目标的复杂系统来说就无法达成共识，因而不能通过协作来完成共同的任务。

图形化、可视化的结构模型相对于自然语言表述更“精确”。每个人都可以外化出自己大脑中的概念并表示为各自的结构图，一目了然，可以直观地看出差异，因而可以作为讨论的模板，再经过讨论求同存异、去伪存真、去粗取精，建立起共同认可的结构模型，从而起到促进共识达成的作用。反之，如果有了可视化的公认的结构模型，不同的人就会在大脑中形成相同的系统概念，对于认识系统、分析系统和改造系统都具有统一的基准。从基于自然语言的概念模型到结构模型不是简单的形式变化，而是一个复杂的认知过程，结构模型不但具有记录认知成果的作用，更重要的是还能够启发和激活人的创造性思维，在明确系统结构关系的同时，还可以补充和修正语言模型的错误和不足，从而完善系统的结构特征。

模型化系统分析包括三个方面：①系统外部特性分析，目的在于获取系统整体性及其关系；②系统内部组成分析，目的在于获取系统的内部组成要素以及要素之间的关系；③系统内外衔接分析，目的在于分析内部与外部的关联情况。模型化系统分析的三个方面如图 4.15 所示。

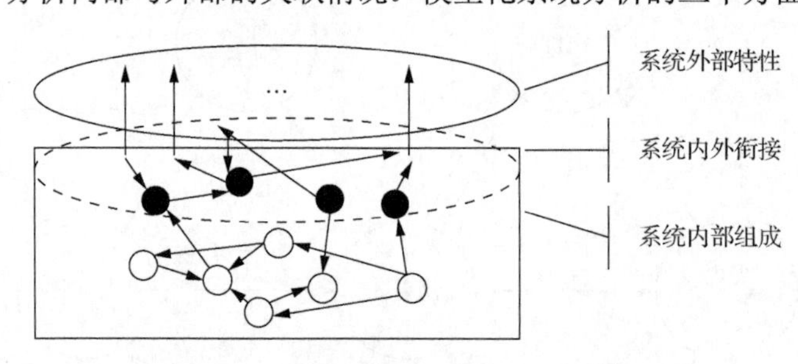

图 4.15　模型化系统分析的三个方面

图中，实线的椭圆形表示把系统外部特性即系统的整体性作为整体分析对象；实线的长方形表示对系统内部组成作为整体的分析对象；虚线的椭圆形表示把内外衔接作为分析对象。内外衔接的“关系”一般来讲是“涌现”关系，注意这个内外衔接关系不是系统与环境的接口，而是系统与整体特性的关系。

因此，“系统”的概念也要广义地理解，当只分析系统整体特性及其关系时，系统外部的整体特性和关系就是分析对象，当只分析系统内部组成及其关系时，系统内部组成及其关系就是一个分析对象，当分析内外衔接时系统内部的一部分组成与外部的一部分整体特性就是分析对象。这些分析对象都可以当作“系统”来对待。同样，“要素”的概念也需要进行广义地理解，当我们把系统整体性的全体作为系统来分析时，每一个整体特性，比如属性、功能等都是一个“要素”，整体特性之间的联系就是“关系”，因而整体特性及其关系的结构样式就是一个关于系统（外部）整体特性的结构模型。当把系统内部的组成作为“要素”并把组成部分之间的相互作用、相互制约作为“关系”时，所构建的是关于系统（内部）的结构模型。还可以构建系统内部组成部分与外部整体特性之间的结构模型。因此，结构模型不仅仅只能描述系统内部的结构，只要是两个以上的事物组成一个整体对象都可以为其建立结构模型。

在系统分析时需要同时分析的还有两个对象：一个是环境，一个是接口。也就是说，在系统分析过程中，涉及密切相关的三个分析对象，分别是系统、环境和接口，它们都是“系统”，相应地也有三个“系统”结构模型，分别是系统的结构模型、环境的结构模型和接口的结构模型。

2. 形式化定义

下面分别就系统、环境和接口的结构模型给出定义。

1）系统的结构模型

若系统 S 的要素集合记为

$$A=\{a_1,a_2,\cdots,a_i,\cdots,a_n\}$$

A 到 A 的二元关系记为

$$R=\{r_1,r_2,\cdots,r_j,\cdots,r_p\}$$

式中，每一个关系 r_j 都是一个有序对：

$$r_j=<a_k,a_l>$$

表示要素 a_k 对要素 a_l 有影响。

R 表示一个系统全部要素之间所有关系的集合，就是系统结构的定义。也就是说，系统结构模型就是一个要素集合 A 到 A 的二元关系。则系统可以记为

$$S=\{A,R\}$$

即系统 S 是要素集合 A 与二元关系 R 的集合，表明系统既要关注要素也要关注关系。

2）环境系统的结构模型

若环境系统 E 的要素集合记为

$$A_E=\{e_1,e_2,\cdots,e_i,\cdots,e_m\}$$

A_E 到 A_E 的二元关系记为

$$R_E=\{r_1,r_2,\cdots,r_j,\cdots,r_q\}$$

式中，每一个关系 r_j 都是一个有序对：

$$r_j=<e_k,e_l>$$

表示环境因素 e_k 对环境因素 e_l 有影响。

R_E 表示一个环境的全部要素之间所有关系的集合，这是环境作为一个系统而言的系统结构的定义。也就是说，环境系统的结构模型就是一个要素集合 A_E 到 A_E 的二元关系。则环境系统可以记为

$$E=\{A_E,R_E\}$$

即环境作为一个系统 E 是环境因素集合 A_E 与二元关系 R_E 的集合，表明对于环境进行分析时同样既要关注环境的要素也要关注环境因素之间的相互作用。

3）接口系统的结构模型

若系统的前台要素集合为 A^{front}，环境的前台要素集合记为 A_E^{front}，则

$$A^{\text{front}} = \left\{a_1^f, a_2^f, \cdots, a_i^f, \cdots, a_p^f\right\}$$

$$A_E^{\text{front}} = \left\{e_1^f, e_2^f, \cdots, e_i^f, \cdots, e_q^f\right\}$$

记 $\text{SE} = A^{\text{front}} \cup A_E^{\text{front}} = \left\{i_1, i_2, \cdots, i_i, \cdots, i_{p+q}\right\}$，则接口系统的结构关系是定义在双方前台要素集合SE到SE的二元关系，记为

$$R_I = \left\{r_1, r_2, \cdots, r_j, \cdots, r_m\right\}$$

式中，每一个关系 r_j 都是一个有序对：

$$r_j = < i_k, i_l >$$

表示要素 i_k 对要素 i_l 有影响。

R_I 表示了系统与环境的接口中全部要素之间所有关系的集合。

接口也是一种系统，其要素就是系统和环境的全部前台要素SE，而SE到SE的二元关系 R_I 就是接口系统的结构模型。则接口系统可以与系统或环境一样定义为

$$I = \left\{\text{SE}, R_I\right\}$$

无论上述的系统、环境还是接口，本质上都是系统。如无特别说明，在下面都以“系统”统一称谓并进行讨论，并且把系统表示为 S，要素集合表示为 A，结构模型表示为 R。

4.3.2 结构模型表示

1. 集合表示

一个要素 x 影响另一个要素 y，可以表示为有序对 $\langle x, y\rangle$，它是具有固定次序的要素组成的序列。属于系统的所有有序对的集合可以用二元关系来表示，结构模型本质上就是二元关系，因而结构模型可以用集合表示。

系统 S 的要素集合 A 的结构模型 R 可以表示为

$$R = \left\{\langle x, y\rangle \middle| P(x, y) = 1\right\}$$

式中，$P(x, y) = 1$，表示要素 x 影响要素 y 为“真”。

对于图 4.13 所示的结构模型可以表示为

$$R = \left\{< D, P >, < H, P >, < F_2, H >, < F_1, H >, < H, F_2 >\right\}$$

用集合的方式表示结构模型是一种最自然的方式，是因为在进行系统分析的初期人们并不知道全部的要素，更不知道全部的关系，只能一个一个地列举并添加到一个集合中，而集合中的元素（有序对）是可以不分先后的，想起哪个就添加哪个，看见哪个就添加哪个。集合表示是结构模型的最初形态。但是，集合表示不方便运算也不直观，所以可以把集合的形式转换为便于运算的矩阵表示以及直观而且便于建立系统整体概念的图形表示。

2. 结构图表示

系统结构模型的图形表示，称为结构图。系统结构是一种二元关系，结构图是研究二元关系的有力工具。用圆圈代表要素或组成部分，并记上要素或组成部分的名称或标号，

在结构图中称为结点（注意不能写成节点，结点是多条线交叉连接的“结”，而节点是一个过程的过渡点、转折点）；结点之间的有向边也叫作箭头，表示要素或组成部分之间的关系，如图 4.16 所示。

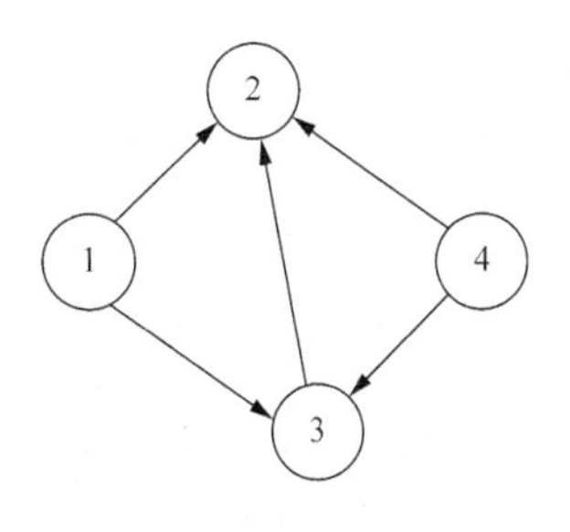

图 4.16　结构模型的图形表示：结构图（三）

系统的结构模型不只是单一关系性质的关系模型，一般是多种不同性质关系的复合关系，比如家庭系统的结构模型就是夫妻关系、亲子关系、兄弟姐妹关系的复合关系模型。

结构图直观，便于理解，但是不方便对结构模型分析和运算。

3. 矩阵表示

系统结构模型是一个二元关系，而二元关系可以用关系矩阵表示。因此，在系统结构建模时可以用关系矩阵作为系统的结构模型，称为结构矩阵。

要素集合 A 到要素集合 A 的结构矩阵 R 可表示为

$$r_{ij}=\begin{cases}1, & 当\ a_iRa_j\\ 0, & 当\ a_i\overline{R}a_j\end{cases} \tag{4.1}$$

则 $\left[r_{ij}\right]$ 是系统结构模型的结构矩阵表示，记为 M_s。其中 r_{ij} 是 M_s 中第 i 行第 j 列上的元素，显然系统结构模型是 $n\times n$ 方阵。其中“1”表示“有关系”，简称“有”；“0”表示“没有关系”，简称“没有”。

同理，环境系统的结构模型以及接口系统的结构模型都可以用矩阵表示，而且都是**方阵**。环境的结构矩阵是 $m\times m$ 方阵。

接口的结构矩阵是 $(p+q)\times(p+q)$ 方阵，其中 $(p+q)$ 是系统的前台要素与环境的前台要素的个数之和。

图 4.16 所示的结构图，用矩阵表示如下：

$$R=\begin{bmatrix}0 & 1 & 1 & 0\\ 0 & 0 & 0 & 0\\ 0 & 1 & 0 & 0\\ 0 & 1 & 1 & 0\end{bmatrix} \tag{4.2}$$

式中，有 5 个元素为 1，其余元素都是 0。

结构矩阵不直观，但是可以利用矩阵对系统结构进行分析。

4. 结构矩阵的运算

结构矩阵是布尔矩阵，下面讨论布尔矩阵的运算规则。

1）结构矩阵的逻辑和

如果 A 和 B 都是 $n\times n$ 布尔矩阵，则 A、B 的逻辑和：

$$C=A\cup B$$

也是 $n\times n$ 布尔矩阵。其中矩阵 C 的元素

$$c_{ij}=a_{ij}\vee b_{ij},\quad i,j=1,2,\cdots,n$$

即 C 中的元素是 A 和 B 中对应下标元素的最大值。真值表如表 4.2 所示。

表 4.2　逻辑和真值表

a	b	c
1	1	1
1	0	1
0	1	1
0	0	0

2）结构矩阵的逻辑乘

如果 A 和 B 都是 $n\times n$ 布尔矩阵，则 A 、B 的逻辑乘：

$$C = A \cap B$$

也是 $n\times n$ 布尔矩阵。其中矩阵 C 的元素

$$c_{ij} = a_{ij} \wedge b_{ij}, \quad i,j = 1,2,\cdots,n$$

即 C 中的元素是 A 和 B 中对应下标元素的最小值。真值表如表 4.3 所示。

表 4.3　逻辑乘真值表

a	b	c
1	1	1
1	0	0
0	1	0
0	0	0

3）结构矩阵的乘法（不同于逻辑乘）

如果 A 和 B 都是 $n\times n$ 布尔矩阵，则 A 、B 的乘法：

$$C = A \times B = AB$$

也是 $n\times n$ 布尔矩阵。其中矩阵 C 的元素

$$c_{ij} = \mathop{\vee}_{k=1}^{n} \left(a_{ik} \wedge b_{kj}\right), \quad i,j = 1,2,\cdots,n$$

结构矩阵的乘积符合矩阵乘积的“行乘列规则”和“最小最大规则”，即 A 的第 i 行第 k 列元素与 B 的第 k 行第 j 列元素取最小值，再取最大值。

4）结构矩阵的减法

这是为了在结构模型中去除关系，而定义的结构矩阵的专门减法。如果 A 和 B 都是 $n\times n$ 布尔矩阵，则 A 、B 的减法：

$$C = A - B$$

也是 $n\times n$ 布尔矩阵。其中矩阵 C 的元素

$$c_{ij} = a_{ij} - b_{ij}, \quad i,j = 1,2,\cdots,n$$

即 C 中元素的真值表如表 4.4 所示。

表 4.4　布尔矩阵的减法真值表

a	b	c
1	1	0
1	0	1
0	1	0
0	0	0

这个减法定义了“有”与“没有”之间的去除关系的运算，其中真值表的第三行是 0 减 1 等于 0，表示“没有”去除“有”还是“没有”。这与数学运算不同，数学运算中 0 减 1 等于−1。

5）可达矩阵的求取（略）

4.3.3　结构模型的其他表示

结构矩阵中有大量的 0，是一种极其稀疏的矩阵，在利用计算机处理时会占用大量的存储空间，也影响计算速度。为了只记录元素 1，不记录元素 0，可以用下面两种矩阵形式来表示，这样既可以大量减少存储空间占用还可以提高计算速度。

1. 索引矩阵

邻接矩阵的一种变形矩阵叫索引矩阵（index matrix），比如如下结构矩阵：

$$R=\begin{bmatrix}0&0&1&0\\0&0&1&0\\0&1&0&0\\1&1&0&0\end{bmatrix}$$

其中有 5 个 1、11 个 0，索引矩阵只记录 1，表示如下：

$$J=\begin{bmatrix}1&3\\2&3\\3&2\\4&1\\4&2\end{bmatrix}$$

索引矩阵的第一列表示有向边的起点结点号，第二列是有向边的终点结点号，表示箭头从第一列的结点指向第二列的结点，也就是说每一行表示两个要素之间有一条邻接关系。索引矩阵中不再记录 0。如果与集合表示相对应的话，索引矩阵就是一个有序对的集合，其纵向排列顺序没有特定意义。

2. 出现矩阵

另一种矩阵形式称为出现矩阵（occurrence matrix），如果系统方程为

$$f_1(x_1,x_3)=0$$
$$f_2(x_2,x_4)=0$$
$$f_3(x_2,x_4)=0$$
$$f_4(x_1)=0$$

可以构造一个矩阵，其每一行对应一个方程式，每一列对应一个变量，则矩阵的各个元素为

$$c_{ij}=\begin{cases}1, & x_j\in f_i\\0, & x_j\notin f_i\end{cases}$$

这个矩阵就叫作出现矩阵。对于上述例子，其出现矩阵为

$$\begin{array}{c}\\f_1\\f_2\\f_3\\f_4\end{array}\begin{array}{c}\begin{matrix}x_1&x_2&x_3&x_4\end{matrix}\\\begin{bmatrix}1&0&1&0\\0&1&0&1\\0&1&0&1\\1&0&0&0\end{bmatrix}\end{array}$$

这个矩阵的每一行表示对应一个方程中出现的变量。在系统分析中，每一个方程表示一个系统的整体性与系统内部的哪些要素有直接关系，出现矩阵可以作为系统内外部结构关系的模型。利用出现矩阵也可以对系统进行分解运算，后续再讨论。

4.3.4　结构模型的性质

由于结构模型本质上是二元关系，因而结构模型也具有二元关系的基本性质，下面利用矩阵形式进行讨论。记结构模型为R，N为系统要素的下标集合，则

$$R=[r_{ij}]_{n\times n} \tag{4.3}$$

1. 自反性

自反性是指要素对自身是否有影响的结构特征，包含三种情况：自反结构、反自反结构和非自反结构。自反性只涉及每个要素自身，要素与其他要素的关系不影响自反性，在结构图上只注意要素自身是否有回路箭头即可，在矩阵表示中只需根据主对角线进行判断。

1）自反结构

若$r_{ij}=1,\quad i=j,\quad \forall i,j\in N$，则称系统结构是自反的。如果是自反的，那么结构图中的每个结点自身都有一条闭合的回路，如图 4.17 所示。

自反结构的矩阵表示如下：

$$R=\begin{bmatrix}1&1&1&0\\0&1&1&0\\0&0&1&1\\0&1&0&1\end{bmatrix}$$

其特点是主对角线上的所有元素都为 1，其他元素与这个特性无关。比如，自反结构可以表示一个群体中所有的成员都具有自我反省的自律能力，在一个行业中所有的企业都具有自我激励和创新的能力。

2）反自反结构

如果结构是反自反的，则在任何结点上都没有闭合回路，如图 4.18 所示。

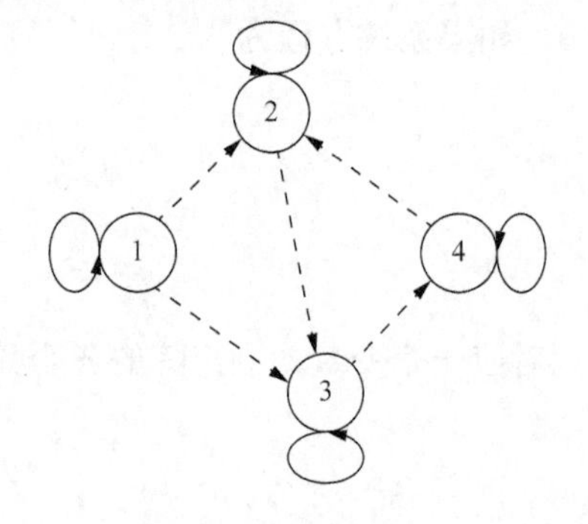

图 4.17　自反结构

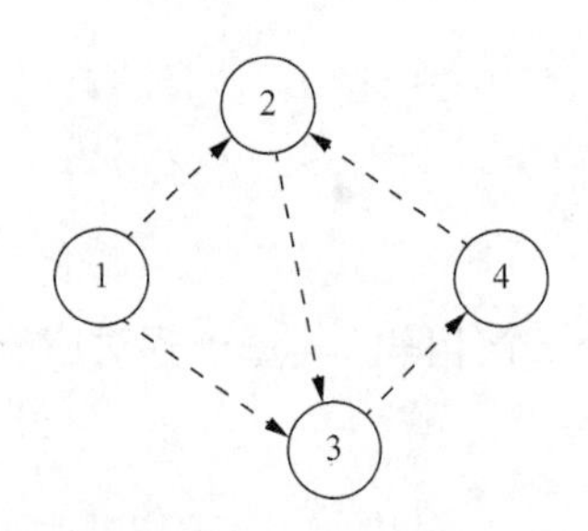

图 4.18　反自反结构

反自反结构的矩阵表示如下：

$$R=\begin{bmatrix}0&1&1&0\\0&0&1&0\\0&0&0&1\\0&1&0&0\end{bmatrix}$$

而且结构矩阵的主对角线上的元素全是 0，即 $r_{ij}=0,\quad i=j,$ $\forall i,j\in N$。

比如，反自反结构可以表示群体中所有的成员都不具有自我反省的自律能力，在一个行业中所有的企业都缺乏自我激励和创新的能力。

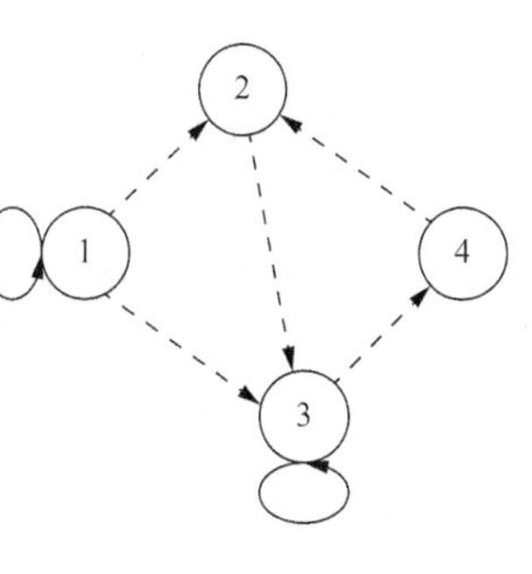

图 4.19　非自反结构

3）非自反结构

如果结构是非自反的，则在某些结点上有闭合回路，在某些结点上没有闭合回路，如图 4.19 所示。

非自反结构的矩阵表示如下：

$$R=\begin{bmatrix}1&1&1&0\\0&0&1&0\\0&0&1&1\\0&1&0&0\end{bmatrix}$$

结构矩阵的主对角线上的元素有些是 1，有些是 0，即 $r_{ij}=1,\exists i=j,\forall i,j\in N$。

比如，非自反结构可以表示一个群体中有些成员具有自我反省的自律能力，而有些则没有，在一个行业中有些企业具有自我激励和创新的能力，有些则没有。

2. 对称性

对称性反映要素是否具有相互作用的特性，包含三种情况：对称结构、反对称结构和非对称结构。对称性不涉及要素自身，而是指如果一个要素对另一个要素有影响，那么后一个要素对前一个要素是否也有影响的特性。在结构图上无须关注要素自身，而是关注要素的相互作用关系，在矩阵表示中根据以主对角线为轴的对称元素情况进行判断。

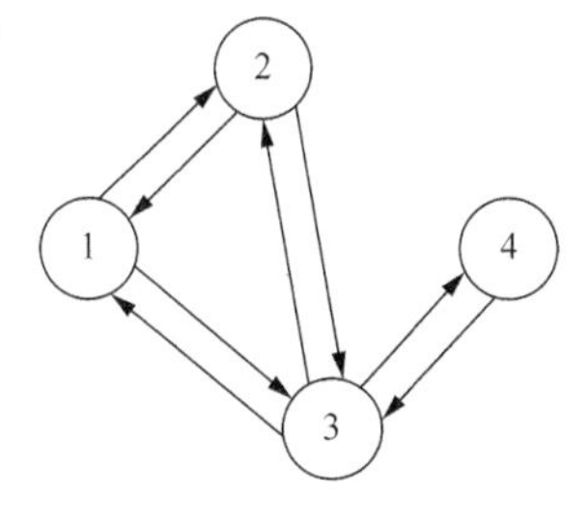

图 4.20　对称结构

1）对称结构

在系统 S 的要素集合 A 中，对所有要素而言，只要有一个要素影响另一个要素，那么后者也必定影响前者，这种结构称为对称结构。从图 4.20 可以看出，对所有要素而言，只要结点 i 到结点 j 有一条有向边，就必定从结点 j 到结点 i 也有一条有向边。换句话说，如果系统是对称结构的，则从一个结点到另一个结点必定有往返两条边。

相应的结构矩阵是关于主对角线的对称矩阵：

$$R=\begin{bmatrix}0&1&1&0\\1&0&1&0\\1&1&0&1\\0&0&1&0\end{bmatrix}$$

比如，对称结构可以表示一个群体中只要一个成员对另一个成员能够沟通，那么另一个成员也能够对前者沟通；企业创新联盟内的企业之间只要一个企业与另一个企业能够沟通，另一个企业也会与前者协作，从而提高联盟的创新能力。

2）反对称结构

如果是反对称结构，则说明在两个要素之间只存在一个影响另一个的情况。从图 4.21 可见，结点中只会存在一条有向边。换言之，如果系统结构是反对称结构，则在两个给定结点之间只能存在一条单向边，即没有返回边。

相应的结构矩阵是反对称矩阵：

$$R=\begin{bmatrix}0 & 1 & 1 & 0\\0 & 0 & 0 & 0\\0 & 1 & 0 & 0\\0 & 1 & 1 & 0\end{bmatrix}$$

比如，反对称结构可以表示一个群体中所有成员都是单方面与其他成员（不一定与全体成员）沟通，不是相互的。对于企业创新联盟而言也是如此，这种联盟必定存在问题。

3）非对称结构

如果系统的结构是非对称的，则在某些要素之间有相互影响、相互制约的关系，而在某些要素之间只有单方向的影响。如图 4.22 所示，在有关系的两个结点之间，有些有往返两条有向边，有些只有一个有向边。

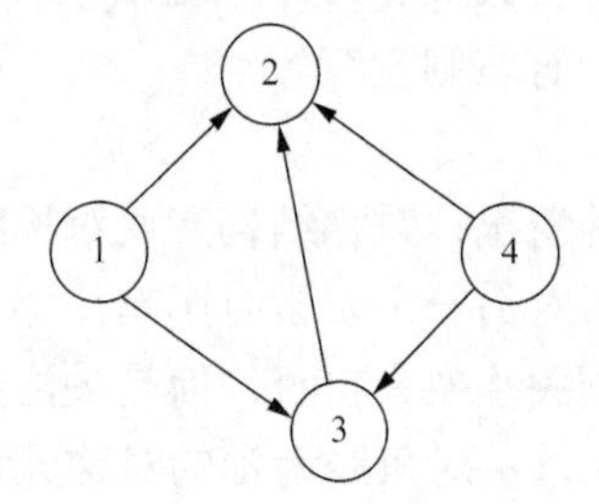

图 4.21　反对称结构

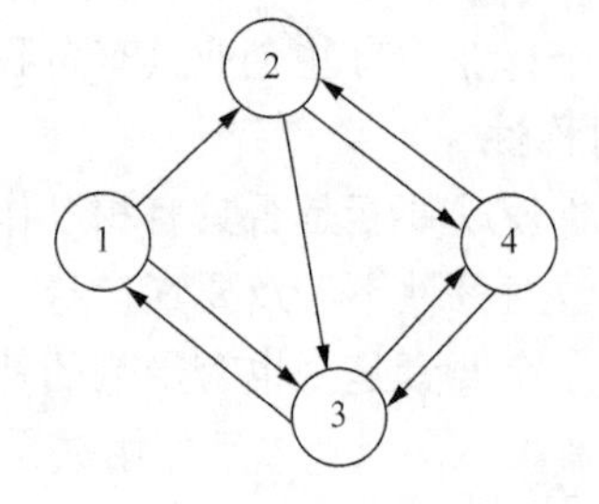

图 4.22　非对称结构

结构矩阵既非对称也非反对称：

$$R=\begin{bmatrix}0 & 1 & 1 & 0\\0 & 0 & 1 & 1\\1 & 0 & 0 & 1\\0 & 1 & 1 & 0\end{bmatrix}$$

比如，非对称结构可以描述群体中成员之间的互动情况，有些成员可以互动相当于代表两个成员的结点之间有往返两条有向边；有些结点之间只是单向箭头，表示成员之间虽然有关系，但不能互动；而有些结点之间没有边，表示这两个结点代表的两个成员之间不能互动。根据结构的不同可以定义一个群体的成熟度。企业创新联盟内的企业之间也是如此，有些企业可以互通有无，有些则只是单方向联通，有些甚至还没有建立关系，同样可以根据结构特性定义并评价企业创新联盟的成熟度。

3. 传递性

1）传递结构

如果 $r_{ik}=1, r_{kj}=1, \forall i, j \in N, \exists k \in N$，则必定有 $r_{ij}=1$，称系统结构是传递的。如果结构是传递的，则在结构图中只要从结点 i 到结点 k 有一条有向边，而且从结点 k 到结点 j 也有一条有向边，那么必定从结点 i 到结点 j 也有一条有向边，如图 4.23 所示。

传递结构的矩阵表示如下：

$$R=\begin{bmatrix}0&1&1&1\\0&0&1&1\\0&0&0&1\\0&0&0&0\end{bmatrix}$$

可见结构矩阵是个三角矩阵。比如，领导关系是传递关系，1 号是 2 号的领导，2 号是 4 号的领导，那么 1 号一定也是 4 号的领导。

2）反传递结构

如果系统结构是反传递的，则 $r_{ik}=1, r_{kj}=1, \forall i,j\in N, \exists k\in N$，则必定有 $r_{ij}=0$，则在结构图中虽然从结点 i 到结点 k 有一条有向边，而且从结点 k 到结点 j 也有一条有向边，但是从结点 i 到结点 j 一定不存在有向边。如图 4.24 中的实线所示，1 到 2 有箭头，2 到 3 有箭头，但是 1 到 3 一定没有箭头，在图中用虚线标识；同样 2 到 3 有箭头，3 到 4 有箭头，但 2 到 4 一定没有箭头，在图中用虚线标出。

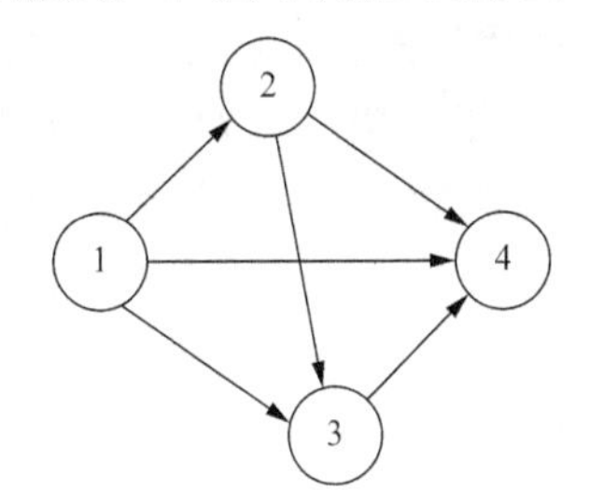

图 4.23　传递结构

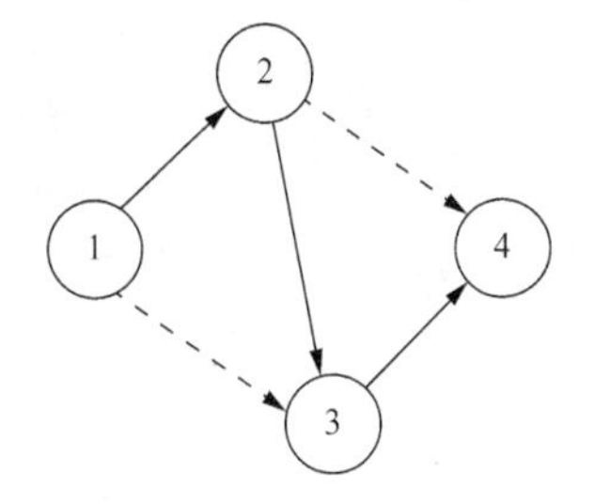

图 4.24　反传递结构

反传递结构的矩阵表示如下：

$$R=\begin{bmatrix}0&1&0&0\\0&0&1&0\\0&0&0&1\\0&0&0&0\end{bmatrix}$$

比如，父子关系，1 号是 2 号的父亲，2 号是 4 号的父亲，但是 1 号一定不是 4 号的父亲。

3）非传递结构

如果系统结构是非传递的，则 $r_{ik}=1, r_{kj}=1, \forall i,j\in N, \exists k\in N$，则 $r_{ij}=0, \exists i,j\in N$ 而且 $r_{ij}=1, \exists i,j\in N$。在图 4.25 中从结点 i 到结点 k 有一条有向边，而且从结点 k 到结点 j 也有一条有向边，则有些结点 i 到结点 j 有有向边，有些则没有。如图 4.25 所示，1 到 2、2 到 3，则有 1 直接 3；1 到 3、3 到 4，可是 1 不能直接到 4；2 到 3、3 到 4，同样是 2 不能直接到 4，如图中虚线所示。

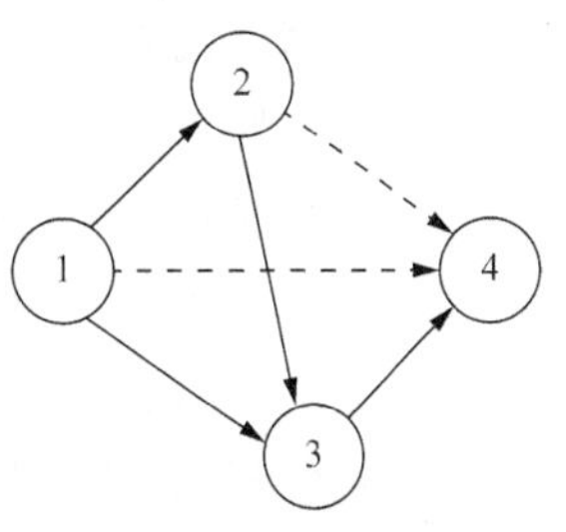

图 4.25　非传递结构

非传递结构的矩阵表示如下：

$$R=\begin{bmatrix}0&1&1&0\\0&0&1&0\\0&0&0&1\\0&0&0&0\end{bmatrix} \tag{4.4}$$

在一个非传递结构的系统中要素之间要么是异质性关系，要么是不成熟的关系。

4.3.5　邻接矩阵

系统要素之间的直接关系构成的结构称为邻接结构，表达邻接结构的模型称为邻接结构模型，相应的矩阵叫作邻接矩阵。

邻接结构中的要素关系是对客观世界中系统要素关系的真实描述，往往不符合数学上的自反性、对称性和传递性等特性。一般而言，对邻接结构不做任何上述数学性质上的限制，唯一的限制就是要素之间的关系要真实反映客观实际，而且表示的是要素之间的直接关系，并不是通过第三方要素作为中介的间接关系，“邻接”的含义就是“直接”。

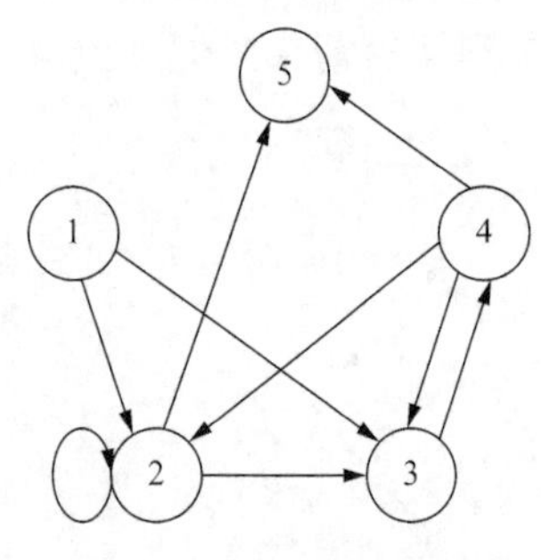

图 4.26　邻接结构图

邻接结构对应的结构图叫作邻接结构图，如图 4.26 所示，其中既有带回路的 2，又有带双向箭头的 3 到 4，还有跨结点传递的 1 到 2、2 到 3，同时还有 1 到 3 的关系，这组关系看似局部的传递关系，但是 1 到 3 的关系不是因为有 1 到 2、2 到 3 才有的，而是独立的直接关系，也就是说如果 1 到 2、2 到 3 的关系不存在，那么 1 到 3 的关系仍然具有独立存在的意义。

邻接结构的矩阵表示如下：

$$R=\begin{bmatrix}0&1&1&0&0\\0&1&1&0&1\\0&0&0&1&0\\0&1&1&0&1\\0&0&0&0&0\end{bmatrix} \tag{4.5}$$

对邻接矩阵没有任何限制，即不要求邻接矩阵具备某种特殊的性质，比如自反性、对称性、传递性等。但邻接矩阵所描述的系统结构应该是真实的。

邻接矩阵具有如下性质：

（1）邻接矩阵是表示系统要素直接关系的结构模型，与系统结构图一一对应。

（2）邻接矩阵 R 的转置矩阵 R^{T} 是结构图所有箭头反过来的图所对应的矩阵。

（3）在邻接矩阵中，全是 0 的列对应的结点（要素）表示系统中的任何一个结点都没有指向这个结点的箭头，这个结点称为系统的“源”，如图 4.26 中的 1 就是“源”结点。

（4）在邻接矩阵中，全是 0 的行对应的结点（要素）表示这个结点不指向系统内部的任何结点，称这个结点为系统的“汇”结点，如图 4.26 中的结点 5 即为“汇”结点。

（5）连通性，在结构图中，如果从系统要素 a_i 出发经过 k 段同向箭头到达 a_j，则称从 a_i 到达 a_j 存在长度为 k 的通路。

4.3.6　可达矩阵

间接矩阵表示从一个结点到另一个结点需要几步才能达到，有时往往需要了解从一个结点都能到达哪些结点，不管多少步。此种情况下，可以把邻接矩阵和所有间接矩阵放到一起来处理，放的方法即对邻接矩阵和所有间接矩阵进行逻辑和运算，如下式所示：

$$R_R = R \cup R^2 \cup R^3 \cup \cdots \cup R^n$$

一般认为每个结点都可以到达自己，这样就可以在前面再添加一个单位矩阵，如下：

$$R_R = I \cup R \cup R^2 \cup R^3 \cup \cdots \cup R^n$$

这个 R_R 被称为可达矩阵（reachability matrix），其也是 $n \times n$ 方阵，其中每个元素 $r_{ij}=1$ 表示要素 a_i 可以到达要素 a_j，且不管中间经过多少步，若 $r_{ij}=0$，则不能到达。上述公式只能认为是一个定义式，为了方便计算，可以用如下方法简化，根据逻辑和的运算律：

$$(I \cup R)^2 = (I \cup R)(I \cup R) = I(I \cup R) \cup R(I \cup R) = I \cup R \cup R^2$$

以此类推，得到可达矩阵的计算公式：

$$R_R = (I \cup R)^n = I \cup R \cup R^2 \cup \cdots \cup R^n$$

所以，只要计算 $(I \cup R)^n$ 就可以得到可达矩阵 R_R。比如图 4.13 所示的结构图可以表示为

$$R = \begin{array}{c} \\ P \\ D \\ H \\ F_2 \\ F_1 \end{array} \begin{array}{c} \begin{array}{ccccc} P & D & H & F_2 & F_1 \end{array} \\ \begin{bmatrix} 0 & 0 & 0 & 0 & 0 \\ 1 & 0 & 0 & 0 & 0 \\ 1 & 0 & 0 & 1 & 0 \\ 0 & 0 & 1 & 0 & 0 \\ 0 & 0 & 1 & 0 & 0 \end{bmatrix} \end{array}$$

则有

$$R_R = (I \cup R)^5 = \left(\begin{bmatrix} 1 & 0 & 0 & 0 & 0 \\ 0 & 1 & 0 & 0 & 0 \\ 0 & 0 & 1 & 0 & 0 \\ 0 & 0 & 0 & 1 & 0 \\ 0 & 0 & 0 & 0 & 1 \end{bmatrix} \cup \begin{bmatrix} 0 & 0 & 0 & 0 & 0 \\ 1 & 0 & 0 & 0 & 0 \\ 1 & 0 & 0 & 1 & 0 \\ 0 & 0 & 1 & 0 & 0 \\ 0 & 0 & 1 & 0 & 0 \end{bmatrix} \right)^5 = \begin{bmatrix} 1 & 0 & 0 & 0 & 0 \\ 1 & 1 & 0 & 0 & 0 \\ 1 & 0 & 1 & 1 & 0 \\ 1 & 0 & 1 & 1 & 0 \\ 1 & 0 & 1 & 1 & 1 \end{bmatrix}$$

这个可达矩阵表明 P 只能到达自身，D 可以到达 P 和 D 自身，H 与 F_2 都能到达 P、H 与 F_2 自身，F_1 可达 P、H、F_2 和 F_1 自身。

可达矩阵 R_R 中，如果有回路存在，则一定有子矩阵是满阵。例如，第 3、4 行与第 3、4 列的 4 个元素都是 1，对应的 H 与 F_2 构成一个回路。把从 H 到 F_2，再从 F_2 到 H 都有连接的结构称为强连接结构。

为了能够突出显示出回路，可以计算：

$$R_R \cap R_R^{\mathrm{T}}$$

上例中：

$$R_R \cap R_R^{\mathrm{T}} = \begin{bmatrix} 1 & 0 & 0 & 0 & 0 \\ 1 & 1 & 0 & 0 & 0 \\ 1 & 0 & 1 & 1 & 0 \\ 1 & 0 & 1 & 1 & 0 \\ 1 & 0 & 1 & 1 & 1 \end{bmatrix} \begin{bmatrix} 1 & 1 & 1 & 1 & 1 \\ 0 & 1 & 0 & 0 & 0 \\ 0 & 0 & 1 & 1 & 1 \\ 0 & 0 & 1 & 1 & 1 \\ 0 & 0 & 0 & 0 & 1 \end{bmatrix} = \begin{bmatrix} 1 & 0 & 0 & 0 & 0 \\ 0 & 1 & 0 & 0 & 0 \\ 0 & 0 & 1 & 1 & 0 \\ 0 & 0 & 1 & 1 & 0 \\ 0 & 0 & 0 & 0 & 1 \end{bmatrix}$$

如果计算得出 $R_R \cap R_R^{\mathrm{T}}$ 是满阵，即所有元素都是 1，则整个系统是强连接的，即系统具有全部要素都能够相互关联的结构。

如果结构模型图中没有回路，则必然存在一个 $v(v \leqslant n)$，使得

$$R^k = 0,\ k \geqslant v$$

从可达矩阵来看，一定有

$$R_R \cap R_R^{\mathrm{T}} = I$$

下面讨论利用邻接矩阵对系统结构进行分析。

4.4 基于邻接矩阵的结构分析

邻接矩阵是结构建模所得到的矩阵，本节只介绍在已经存在邻接矩阵的前提下，对系统结构进行分析，称为基于邻接矩阵的系统分析。关于如何建立结构模型将在后续章节中讨论。

4.4.1 结构缩减

定义：如果邻接结构中，有要素 a 到要素 b 的直接关系，同时又有要素 b 到要素 a 的直接关系，则称 a 和 b 是一个“关系环”。有“关系环”的矩阵是非对称矩阵或对称矩阵。

比如图 4.26 中，3→4 同时 4→3，因此结点 3 和结点 4 构成一个关系环，因为 3 与 4 之间的往返都是直接关系，根据定义 3 和 4 构成一个关系环。然而，2→3→4→2 虽然是可达的巡回路径，但是三个结点的任何两个结点之间都没有反方向的直接关系，所以 2→3→4→2 不是“关系环”。

关系环是强连接结构，可以联合起来作为“一个结点”看待，因为对关系环上的任一结点的关系都可以影响关系环上的任一结点，反之关系环上的任一结点对其他结点的关系都相当于任一结点对其他结点的影响。因此，可以根据邻接矩阵的这一特征对邻接矩阵进行缩减即降维。

利用邻接矩阵的运算对系统结构进行缩减（邻接矩阵降维）。图 4.26 结构图的邻接矩阵如下：

$$R = \begin{bmatrix} 0 & 1 & 1 & 0 & 0 \\ 0 & 1 & 1 & 0 & 1 \\ 0 & 0 & 0 & 1 & 0 \\ 0 & 1 & 1 & 0 & 1 \\ 0 & 0 & 0 & 0 & 0 \end{bmatrix}$$

第一步：找对称子结构。

计算 $R \cap R^{\mathrm{T}}$ 找出对称子结构：

$$R\cap R^{\mathrm{T}}=\begin{bmatrix}0&1&1&0&0\\0&1&1&0&1\\0&0&0&1&0\\0&1&1&0&1\\0&0&0&0&0\end{bmatrix}\cap\begin{bmatrix}0&0&0&0&0\\1&1&0&1&0\\1&1&0&1&0\\0&0&1&0&0\\0&1&0&1&0\end{bmatrix}=\begin{bmatrix}0&0&0&0&0\\0&1&0&0&0\\0&0&0&1&0\\0&0&1&0&0\\0&0&0&0&0\end{bmatrix}$$

虚线框中是对称子结构。

第二步：合并行、列。

由 $R\cap R^{\mathrm{T}}$ 可见，第 3 行（列）和第 4 行（列）有一个对称子结构。为了合并结点 3 和结点 4 需要把邻接矩阵 R 的第 3 行和第 4 行进行逻辑和计算，把第 3 列和第 4 列进行逻辑和计算，目的在于保留对原有结点 3 和结点 4 上的关系：

$$\begin{bmatrix}0&0&0&1&0\end{bmatrix}\cup\begin{bmatrix}0&1&1&0&1\end{bmatrix}=\begin{bmatrix}0&1&1&1&1\end{bmatrix}$$

$$\begin{bmatrix}1\\1\\0\\1\\0\end{bmatrix}\cup\begin{bmatrix}0\\0\\1\\0\\0\end{bmatrix}=\begin{bmatrix}1\\1\\1\\1\\0\end{bmatrix}$$

第三步：替换。

用新行替换 R 中的第 3 行和第 4 行，用新列替换 R 中的第 3 列和第 4 列：

$$\begin{bmatrix}0&1&1&0&0\\0&1&1&0&1\\0&0&0&1&0\\0&1&1&0&1\\0&0&0&0&0\end{bmatrix}\to\begin{bmatrix}0&1&1&0&0\\0&1&1&0&1\\0&1&1&1&1\\0&1&1&1&1\\0&0&0&0&0\end{bmatrix}\to\begin{bmatrix}0&1&1&1&0\\0&1&1&1&1\\0&1&1&1&1\\0&1&1&1&1\\0&0&0&0&0\end{bmatrix}$$

第四步：缩减。

删除第 3 行和第 4 行的任一行，再删除第 3 列和第 4 列的任一列，最后得到缩减矩阵：

$$\to\begin{bmatrix}0&1&1&1&0\\0&1&1&1&1\\0&1&1&1&1\\0&0&0&0&0\end{bmatrix}\to\begin{bmatrix}0&1&1&0\\0&1&1&1\\0&1&1&1\\0&0&0&0\end{bmatrix}$$

假设仍然用 3 来代表“3-4 关系环”，得到缩减的邻接矩阵：

$$\begin{array}{c} \\ 1\\ R^{r}=2\\ 3\\ 5\end{array}\begin{array}{c}\begin{matrix}1&2&3&5\end{matrix}\\ \begin{bmatrix}0&1&1&0\\0&1&1&1\\0&1&1&1\\0&0&0&0\end{bmatrix}\end{array}$$

依据这个矩阵画出结构图，如图 4.27 所示。

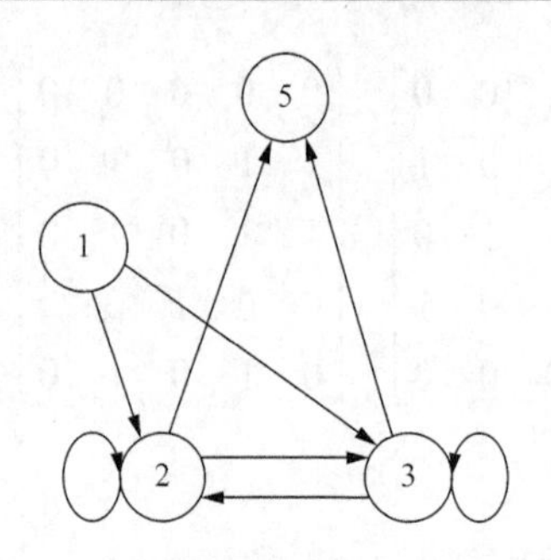

图 4.27　缩减的邻接结构图（一）

注意，缩减后出现两个新情况：一是在新的结点 3 上出现了一个自回路（矩阵中对应元素为 1），说明原来的 3→4 与 4→3 的往返关系相当于合并之后的新结点 3 的自回路；二是 2 和新结点 3 又形成一个新的“关系环”，一般来讲不用再对此进行缩减，理由是 2→新 3 与新 3→2 的关系性质可能不同。这个 2 和新 3 的“关系环”是在“形式上”处理出来的。

当然，如果不考虑关系的性质，还可以继续缩减。

第一步：找对称子结构。

$$ {}_1^{r}R \cap {}_1^{r}R^{\mathrm{T}} = \begin{bmatrix} 0 & 1 & 1 & 0 \\ 0 & 1 & 1 & 1 \\ 0 & 1 & 1 & 1 \\ 0 & 0 & 0 & 0 \end{bmatrix} \cap \begin{bmatrix} 0 & 0 & 0 & 0 \\ 0 & 1 & 1 & 1 \\ 0 & 1 & 1 & 1 \\ 0 & 1 & 1 & 0 \end{bmatrix} = \begin{bmatrix} 0 & 0 & 0 & 0 \\ 0 & 1 & 1 & 1 \\ 0 & 1 & 1 & 1 \\ 0 & 0 & 0 & 0 \end{bmatrix} $$

第二步：合并行、列。

由 ${}_1^{r}R \cap {}_1^{r}R^{\mathrm{T}}$ 可见，第 2 行和第 3 行有一个对称子结构，把第 2 行和第 3 行进行逻辑和计算，把第 2 列和第 3 列进行逻辑和计算：

$$ \begin{bmatrix} 0 & 1 & 1 & 1 \end{bmatrix} \cup \begin{bmatrix} 0 & 1 & 1 & 1 \end{bmatrix} = \begin{bmatrix} 0 & 1 & 1 & 1 \end{bmatrix} $$

$$ \begin{bmatrix} 1 \\ 1 \\ 1 \\ 0 \end{bmatrix} \cup \begin{bmatrix} 1 \\ 1 \\ 1 \\ 0 \end{bmatrix} = \begin{bmatrix} 1 \\ 1 \\ 1 \\ 0 \end{bmatrix} $$

第三步：替换。

用新行替换 ${}_1^{r}R$ 中的第 2 行和第 3 行，再用新列替换第 2 列和第 3 列，然后再删除第 2 行和第 3 行的任一行，删除第 2 列和第 3 列的任一列，最后得到缩减的新邻接矩阵：

$$ \begin{bmatrix} 0 & 1 & 1 & 0 \\ 0 & 1 & 1 & 1 \\ 0 & 1 & 1 & 1 \\ 0 & 0 & 0 & 0 \end{bmatrix} \rightarrow \begin{bmatrix} 0 & 1 & 1 & 0 \\ 0 & 1 & 1 & 1 \\ 0 & 1 & 1 & 1 \\ 0 & 0 & 0 & 0 \end{bmatrix} $$

第四步：缩减。

$$ \rightarrow \begin{bmatrix} 0 & 1 & 1 & 0 \\ 0 & 1 & 1 & 1 \\ 0 & 0 & 0 & 0 \end{bmatrix} \rightarrow \begin{bmatrix} 0 & 1 & 0 \\ 0 & 1 & 1 \\ 0 & 0 & 0 \end{bmatrix} $$

假设仍然用 2 来代表“2-3 关系环”，得到第二次缩减的邻接矩阵：

$$
{}_{2}^{r}R = \begin{array}{c} \\ 1 \\ 2 \\ 5 \end{array}\begin{array}{c} \begin{matrix} 1 & 2 & 5 \end{matrix} \\ \begin{bmatrix} 0 & 1 & 0 \\ 0 & 1 & 1 \\ 0 & 0 & 0 \end{bmatrix} \end{array}
$$

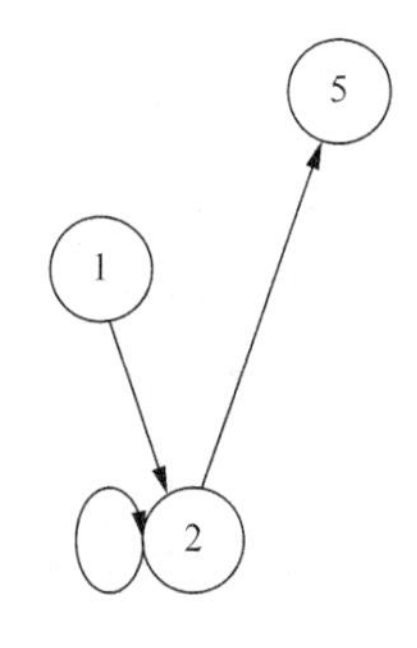

图 4.28　缩减的邻接结构图（二）

依据这个矩阵画出结构图，如图 4.28 所示。

缩减之后的矩阵由非对称矩阵变成反对称矩阵，其矩阵的阶数由 n 阶降为$n-$关系环数。本例$n=5$，第一次缩减有一个关系环，所以缩减后邻接矩阵降到$5-1=4$阶，产生一个关系环；第二次缩减后矩阵降到$4-1=3$阶。

结构缩减的意义在于：第一找出对称子结构即“关系环”；第二为进一步分析奠定基础。

4.4.2　前台要素

前台要素是两个系统或系统与环境衔接的要素，双方的前台要素构成了两个系统或系统与环境的“接口”，这是两个系统或系统与环境的关系。接口本身也是一个系统，是由双方的前台要素组成的系统。这在多个系统集成为更大系统时非常重要，如果接口做好了，不同的系统就可以集成到一起。比如在体系工程（system of systems engineering）中，把现有的系统集成为更大的系统就需要对接口进行分析。

利用系统的邻接矩阵可以找出系统的前台要素，利用环境系统的邻接矩阵可以找出环境的前台要素。

前台要素是邻接矩阵中全为 0 的列和全为 0 的行对应的结点，即一个系统的前台要素是所有“源”和“汇”所组成的集合。

利用图 4.26 的邻接矩阵进行分析。

$$
R = \begin{bmatrix} 0 & 1 & 1 & 0 & 0 \\ 0 & 1 & 1 & 0 & 1 \\ 0 & 0 & 0 & 1 & 0 \\ 0 & 1 & 1 & 0 & 1 \\ 0 & 0 & 0 & 0 & 0 \end{bmatrix}
$$

第一步：找“源”结点。

在邻接矩阵中，只有一列全为 0，对应结点 1，所以结点 1 是系统的“源”，说明系统内部的所有要素都不影响结点 1，但结点 1 对系统内部要素有影响，比如对结点 2、结点 3 有直接影响。

$$
A^{\text{source}} = \{1\}
$$

第二步：找“汇”结点。

这里也只有一行全为 0，对应结点 5，所以结点 5 是系统的“汇”，说明结点 5 对系统要素都不产生影响，但受到内部其他要素的影响，在此结点 1 和结点 4 对它有直接影响。

$$
A^{\text{confluence}} = \{5\}
$$

第三步：前台要素。

$$
A^{\text{front}} = \{1\} \cap \{5\} = \{1,5\}
$$

4.4.3 系统核

系统核（system kernel）是指系统内部要素的一种结构特性，不包括前台要素，是系统内部的“关系中心”。因此，可以定义三种类型的系统核。

（1）分发核心。

所谓分发核心是指对其他要素（包括前台要素）影响最多的要素。

结构图上的特点是“出度”最大的结点。邻接矩阵中的特点则是包含元素“1”最多的行所对应的结点。

（2）汇聚核心。

所谓汇聚核心是指受到其他要素（包括前台要素）影响最多的要素，也可以称为加工核心。

结构图上的特点则是“入度”最大的结点。邻接矩阵上的特征是包含元素“1”最多的列所对应的结点。

（3）聚散核心。

所谓聚散核心则是指既影响其他要素（包括前台要素）最多，又受到其他要素（包括前台要素）影响最多的要素。

在结构图上对应的结点其“出度”最大、“入度”也最大。在邻接矩阵中是包含元素“1”最多的行与包含元素“1”最多的列共同对应的同一个结点。

系统核是系统的“关系中心”，比如在信息系统、物流系统以及电力系统这类“流系统”中，要么是信息中心，要么是物流中心，要么是能量中心。在机械系统、管理系统等系统中，要么是动力中心、控制中心，要么是管理中心。对一个现实的具体系统而言，需要具体问题具体分析。在经济系统、生产系统中，要么是经济发达中心，要么是生产组织中心，等等，不一而足。

现实中，不一定所有的系统都拥有系统核，也不一定一个系统只拥有一个系统核。当系统中存在多个结点的入度、出度相等/相近，或者同时相等/相近的情况，这几个结点都是系统核，可能需要分成不同的三种类型。

系统核分析的意义在于找到“关系”集中的结点，为进一步分析系统核的作用奠定结构上的基础，也是进一步定性分析所需要的。

下面用图 4.26 为例，讨论系统核的求取方法，以邻接矩阵求取。

$$
R = \begin{array}{c} \\ 1 \\ 2 \\ 3 \\ 4 \\ 5 \end{array}
\begin{array}{c} \begin{array}{ccccc} 1 & 2 & 3 & 4 & 5 \end{array} \\
\begin{bmatrix} 0 & 1 & 1 & 0 & 0 \\ 0 & 1 & 1 & 0 & 1 \\ 0 & 0 & 0 & 1 & 0 \\ 0 & 1 & 1 & 0 & 1 \\ 0 & 0 & 0 & 0 & 0 \end{bmatrix} \end{array}
$$

第一步：消除自回路。

消除结点上的自回路，因为自回路对其他结点没有影响。从邻接矩阵的主对角线删除“1”即从结构图 4.26 中删除自回路，得到无自回路的结构图见图 4.29。

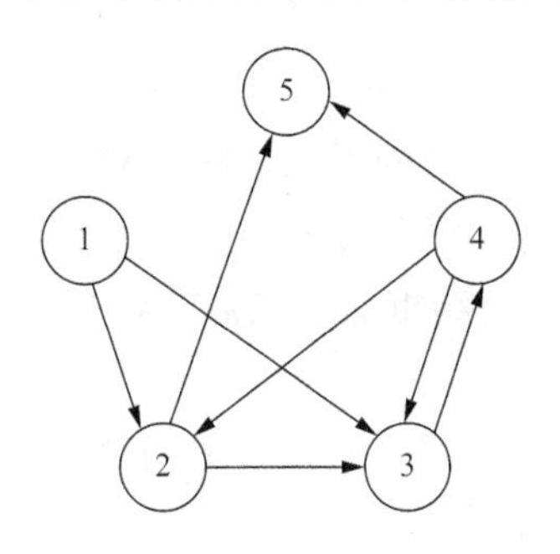

图 4.29　删除自回路结构图（一）

消除主对角线上的元素“1”得新的邻接矩阵：

$$
R = \begin{array}{c} \\ 1 \\ 2 \\ 3 \\ 4 \\ 5 \end{array}
\begin{array}{c} \begin{array}{ccccc} 1 & 2 & 3 & 4 & 5 \end{array} \\
\begin{bmatrix} 0 & 1 & 1 & 0 & 0 \\ 0 & 0 & 1 & 0 & 1 \\ 0 & 0 & 0 & 1 & 0 \\ 0 & 1 & 1 & 0 & 1 \\ 0 & 0 & 0 & 0 & 0 \end{bmatrix} \end{array}
$$

第二步：求分发核心。

第 4 行元素有三个元素“1”，是元素“1”最多的行，其对应结构图中的结点是结点 4，因此结点 4 是“分发核心”。

第三步：求加工核心。

第 3 列的元素“1”有三个，是元素“1”最多的列，对应的是结点 3，所以结点 3 是“加工核心”。

第四步：求汇聚核心。

元素“1”最多的行和列对应的不是同一个结点，因此本系统不存在“汇聚核心”。

再比如，求图 4.27 的系统核。

第一步：消除自回路。

对图 4.27 消除自回路，得到图 4.30 和相应的邻接矩阵如下：

$$
R' = \begin{array}{c} \\ 1 \\ 2 \\ 3 \\ 5 \end{array}
\begin{array}{c} \begin{array}{cccc} 1 & 2 & 3 & 5 \end{array} \\
\begin{bmatrix} 0 & 1 & 1 & 0 \\ 0 & 0 & 1 & 1 \\ 0 & 1 & 0 & 1 \\ 0 & 0 & 0 & 0 \end{bmatrix} \end{array}
$$

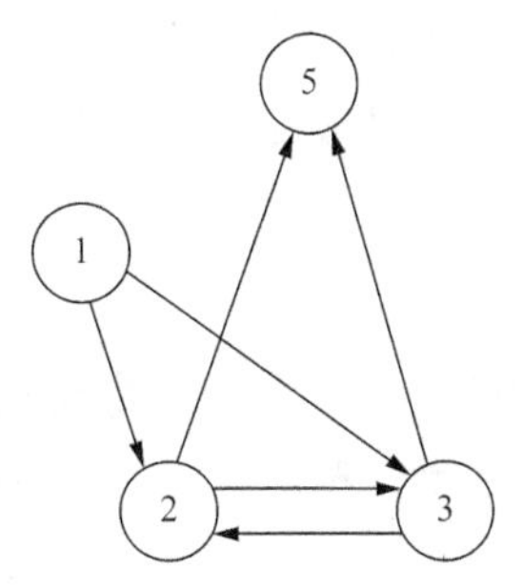

图 4.30　删除自回路结构图（二）

第二步：求分发核心。

由于结点 1 和结点 5 是前台要素，处于系统的边界，不能作为系统核，但是它们对其他要素的影响需要一并考虑。第二行和第三行各有两个元素“1”，是最多的行，其对应结构图中的结点是结点 2 和结点 3，因此有结点 2 和结点 3 两个“分发核心”。

第三步：求加工核心。

第 2 列和第 3 列各有两个元素“1”，是最多的两个列，对应的是结点 2 和结点 3，所以结点 2 和结点 3 又都是“加工核心”。

第四步：求系统核心。

第 2 行与第 2 列都有最多的元素“1”同时对应结点 2，第 3 行和第 3 列的元素“1”也是最多的行和列，对应的也是同一个结点 3，因此本系统有两个结点是“系统核心”。

再比如图 4.28，其邻接矩阵为

$$
{}_2^rR = \begin{array}{c} \\ 1 \\ 2 \\ 5 \end{array} \begin{array}{c} \begin{array}{ccc} 1 & 2 & 5 \end{array} \\ \begin{bmatrix} 0 & 1 & 0 \\ 0 & 1 & 1 \\ 0 & 0 & 0 \end{bmatrix} \end{array}
$$

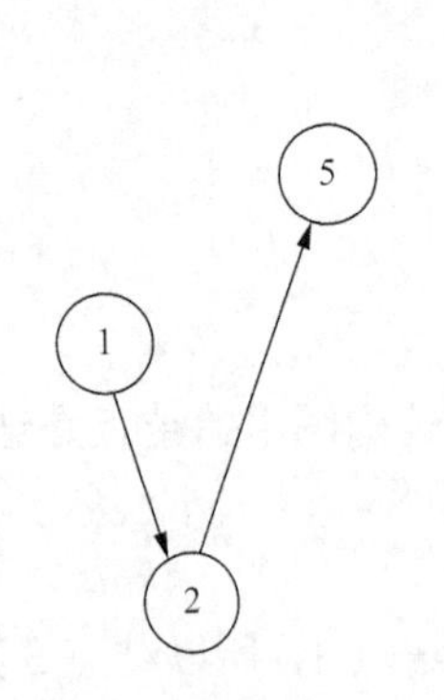

图 4.31　删除自回路结构图（三）

第一步：消除自回路。

对图 4.28 消除自回路，得到图 4.31 和相应的邻接矩阵如下：

$$
{}_2^rR = \begin{array}{c} \\ 1 \\ 2 \\ 5 \end{array} \begin{array}{c} \begin{array}{ccc} 1 & 2 & 5 \end{array} \\ \begin{bmatrix} 0 & 1 & 0 \\ 0 & 0 & 1 \\ 0 & 0 & 0 \end{bmatrix} \end{array}
$$

第二步：求分发核心。

由于结点 1 和结点 5 是前台要素，处于系统的边界，不作为系统核。第 2 行元素“1”，是最多的行，其对应结构图中的结点是结点 2，因此结点 2 是“分发核心”。

第三步：求加工核心。

第 2 列元素“1”最多，对应的是结点 2，所以结点 2 是“加工核心”。

第四步：求系统核心。

第 2 行与第 2 列都有最多的元素“1”同时对应结点 2，因此本系统结点 2 是“系统核心”。

当然，这种简单的结构图可以一目了然，但是对于要素众多、关系复杂的结构图，并不能轻易看出系统核，需要把上述算法过程编成计算机程序，让计算机自动算出系统核。

4.4.4　结构分解

先看两个简单的例子，图 4.32 所示是一个由 4 个要素组成的系统。

这个系统包含两个子系统，其邻接矩阵为

$$
\begin{array}{c} \\ 1 \\ R=2 \\ 3 \\ 4 \end{array}
\begin{array}{c} \begin{array}{cccc} 1 & 2 & 3 & 4 \end{array} \\ \begin{bmatrix} 0 & 0 & 0 & 0 \\ 0 & 0 & 1 & 0 \\ 0 & 1 & 0 & 0 \\ 1 & 0 & 0 & 0 \end{bmatrix} \end{array}
$$

如果把行和列的顺序加以改变，则改变后的邻接矩阵为

$$
\begin{array}{c} \\ 2 \\ R=3 \\ 1 \\ 4 \end{array}
\begin{array}{c} \begin{array}{cc:cc} 2 & 3 & 1 & 4 \end{array} \\ \left[\begin{array}{cc:cc} 0 & 1 & 0 & 0 \\ 1 & 0 & 0 & 0 \\ \hdashline 0 & 0 & 0 & 0 \\ 0 & 0 & 1 & 0 \end{array}\right] \end{array}
$$

用虚线把它分成分块对角矩阵，可以清楚地看出，左上角的子矩阵对应于由结点 2 和结点 3 构成的子系统Ⅰ，右下角的子矩阵对应于结点 1 和结点 4 组成的子系统Ⅱ，两个子系统之间没有联系。两个子矩阵分别是两个子系统的邻接矩阵。显然，邻接矩阵经过这样的行列变换就可以把系统分开。

再看图 4.33 所示的结构图，同样是由 4 个要素组成的系统，但是它的关联与图 4.32 不同。

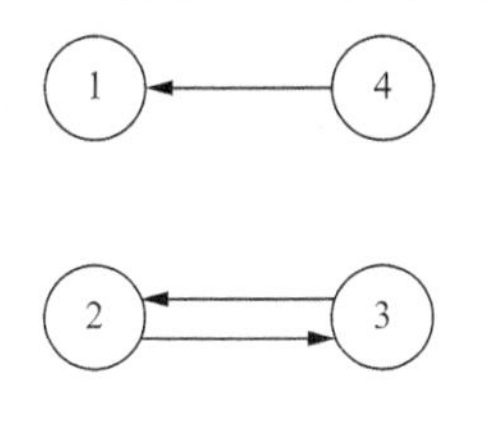

图 4.32　结构分解（一）

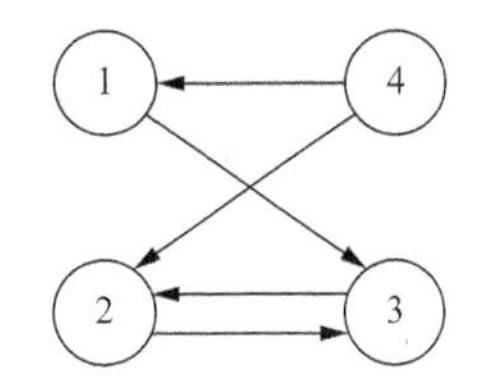

图 4.33　结构分解（二）

邻接矩阵为

$$
\begin{array}{c} \\ 1 \\ R=2 \\ 3 \\ 4 \end{array}
\begin{array}{c} \begin{array}{cccc} 1 & 2 & 3 & 4 \end{array} \\ \begin{bmatrix} 0 & 0 & 1 & 0 \\ 0 & 0 & 1 & 0 \\ 0 & 1 & 0 & 0 \\ 1 & 1 & 0 & 0 \end{bmatrix} \end{array}
$$

用同样的行列变换，得变换后的邻接矩阵为

$$
\begin{array}{c} \\ 2 \\ R=3 \\ 1 \\ 4 \end{array}
\begin{array}{c} \begin{array}{cc:cc} 2 & 3 & 1 & 4 \end{array} \\ \left[\begin{array}{cc:cc} 0 & 1 & 0 & 0 \\ 1 & 0 & 0 & 0 \\ \hdashline 0 & 1 & 0 & 0 \\ 1 & 0 & 1 & 0 \end{array}\right] \end{array}
$$

同样用虚线隔开分块矩阵，则矩阵变成一个下三角分块矩阵。左上角与右下角的子矩阵没有变化，仍然分别是子系统Ⅰ和子系统Ⅱ的邻接矩阵。但是，左下角的子矩阵中存在元素“1”，表示子系统Ⅱ对子系统Ⅰ有影响关系，右上角的子矩阵中的元素全部是“0”，表示子系统Ⅰ对子系统Ⅱ没有影响关系。

由此可见，这种矩阵结构的分块分析，可以把一个系统分成若干个子系统。一种情况是分成多个相互无关的子系统，一种情况是分成相互有关联的子系统。后者根据实际情况可以认为分成的子系统之间是一种顺序关系，也可以认为子系统之间是层次关系。一般来说，在动态系统比如业务流程系统中是前后顺序关系，在静态系统中比如管理系统中是层次关系。

但是，并非所有系统都能分得开，有的系统可以分开，有的系统不能分开。那么，邻接矩阵需要符合什么条件，才能要么分成分块对角矩阵，要么分成下三角分块矩阵？要么不能分开子矩阵即系统不能分成若干个子系统。

邻接矩阵的行和列对应的顺序应该如何变更，才能把系统分开子系统？行与列的顺序变更是按照一定的对应关系进行的。如果邻接矩阵 R 各列（行）的顺序为 $1,2,\cdots,n$ ，可以用邻接矩阵 R' 的各列（行） $i_1,i_2,\cdots,i_n$ 去代替，把这种代替关系用箭头表示为

$$\begin{matrix} i_1 & i_2 & \cdots & i_n \\ \downarrow & \downarrow & \cdots & \downarrow \\ 1 & 2 & \cdots & n \end{matrix}$$

$i_1,i_2,\cdots,i_n$ 是 $1,2,\cdots,n$ 这些数的某种排列，比如 $i_1=4,i_2=5,\cdots$ ， 也可以用公式表示这种变化。从矩阵理论可知，把原矩阵 R 的列按照 $i_1,i_2,\cdots,i_n$ 的次序排列所得到的结果应该等于矩阵 R 右乘 $n\times n$ 矩阵：

$$P=\begin{bmatrix} e_{i_1} & e_{i_2} & \cdots & e_{i_n} \end{bmatrix}$$

式中，

$$e_{i_k}=\begin{bmatrix} 0 \\ \vdots \\ 0 \\ 1 \\ 0 \\ \vdots \\ 0 \end{bmatrix} \begin{matrix} \\ \\ \\ \leftarrow 第 i_k 行 \\ \\ \\ \\ \end{matrix}$$

矩阵的行按照上述次序再进行排列的结果，相当于再左乘 P^{T} ，所以

$$R\to R^{\mathrm{T}}=P^{\mathrm{T}}RP$$

至此，问题变为在 R 为已知时，在什么条件下， P 存在，能使得

$$R'=P^{\mathrm{T}}RP$$

变成分块对角矩阵或者下三角分块矩阵。

如果使 $P^{\mathrm{T}}RP$ 变成分块对角矩阵的 P 存在，则说明这个系统是可以分离的；如果使 $P^{\mathrm{T}}RP$ 变成下三角分块矩阵的 P 存在，则说明系统是可分级的，否则称系统是不可分的。

前面说过系统的全部要素组成一个集合记为 A ，结构的划分就是指把系统全部要素所构成的集合划分为若干个子集合，每个子集合就是一个子系统。一般来说，把系统划分为若干个子系统是根据结构特性进行的。

如果系统 S 的要素集合为 A ，那么定义在 A 中的二元关系 R 满足如下特性，则称 R 是等价关系，即 R 满足自反、对称和传递的，则 R 就是等价关系。对应的结构矩阵总能变为分块对角矩阵，其中的每一个分块对应的要素组成一个子系统。

例如，系统 S 有 7 个要素，则 $A=\begin{bmatrix}1 & 2 & 3 & 4 & 5 & 6 & 7\end{bmatrix}$，其对应的结构矩阵是

$$
R=\begin{array}{c} \\ 1\\2\\3\\4\\5\\6\\7 \end{array}
\begin{array}{c}
\begin{array}{ccccccc}1 & 2 & 3 & 4 & 5 & 6 & 7\end{array}\\
\begin{bmatrix}
1 & 0 & 0 & 1 & 0 & 0 & 1\\
0 & 1 & 0 & 0 & 1 & 0 & 0\\
0 & 0 & 1 & 0 & 0 & 1 & 0\\
1 & 0 & 0 & 1 & 0 & 0 & 1\\
0 & 1 & 0 & 0 & 1 & 0 & 0\\
0 & 0 & 1 & 0 & 0 & 1 & 0\\
1 & 0 & 0 & 1 & 0 & 0 & 1
\end{bmatrix}
\end{array}
$$

经过行列变换，可以把 R 变成下面的分块对角矩阵：

$$
R=\begin{array}{c} \\ 1\\4\\7\\2\\5\\6\\3 \end{array}
\begin{array}{c}
\begin{array}{ccccccc}1 & 4 & 7 & 2 & 5 & 6 & 3\end{array}\\
\begin{bmatrix}
1 & 1 & 1 & 0 & 0 & 0 & 0\\
1 & 1 & 1 & 0 & 0 & 0 & 0\\
1 & 1 & 1 & 0 & 0 & 0 & 0\\
0 & 0 & 0 & 1 & 1 & 0 & 0\\
0 & 0 & 0 & 1 & 1 & 0 & 0\\
0 & 0 & 0 & 0 & 0 & 1 & 1\\
0 & 0 & 0 & 0 & 0 & 1 & 1
\end{bmatrix}
\end{array}
$$

这个系统划分为三个子系统，如图 4.34 所示。

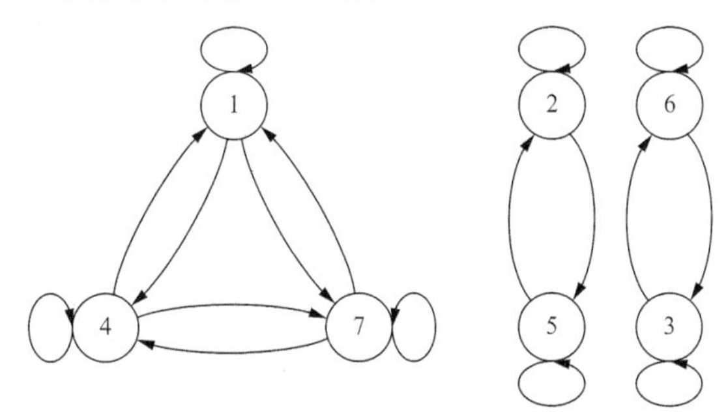

图 4.34　系统划分为三个子系统

对于一个社会组织，可以根据是否有关系（不管关系的性质）分成若干个群组，每个群组都有自己的特点。

4.4.5　路径分析

路径是指系统要素 a_i 到要素 a_j 之间需要通过其他要素 a_l 才能联系起来的关系结构。表示路径结构的矩阵称为路径矩阵。路径矩阵的特点如下。

k 步路径矩阵中，所有为 1 的元素，表示有长度为 k 步的路径存在，不表示直接关系和自回路关系，对于 n 阶邻接矩阵而言，可以定义 k 步路径矩阵 R^k 如下：

$$
r_{ij}=\begin{cases}1, & \text{当 } a_i R^k a_j\\ 0, & \text{当 } a_i \overline{R^k} a_j\end{cases}
$$

式中，R^k 表示 k 步路径关系，两个要素之间的直接关系为 1 步。

$$1 < k \leqslant n-1$$

k 步路径矩阵中元素“0”并不说明要素 a_i 到要素 a_j 没有关系，而是表示没有 k 步间接关系，k 步路径矩阵可以利用邻接矩阵进行计算。

下面以图 4.26 为例，用邻接矩阵求 2 步路径矩阵：

$$R=\begin{bmatrix}0&1&1&0&0\\0&1&1&0&1\\0&0&0&1&0\\0&1&1&0&1\\0&0&0&0&0\end{bmatrix}$$

（1）第一次循环计算。

第一步：删除自回路。

删除自回路，这是因为自回路可以在原地无限循环，可以构造出无限长度的路径，不是真正的路径。

从结构图中删除自回路，即从邻接矩阵 R 中减去单位矩阵 I（按照 4.3.2 节中“4）结构矩阵的减法”规则进行运算），得到没有自回路的结构图如图 4.35 所示，其中的自回路用虚线予以保留，以方便观察。

$$R_I=R-I=\begin{bmatrix}0&1&1&0&0\\0&1&1&0&1\\0&0&0&1&0\\0&1&1&0&1\\0&0&0&0&0\end{bmatrix}-\begin{bmatrix}1&0&0&0&0\\0&1&0&0&0\\0&0&1&0&0\\0&0&0&1&0\\0&0&0&0&1\end{bmatrix}=\begin{bmatrix}0&1&1&0&0\\0&0&1&0&1\\0&0&0&1&0\\0&1&1&0&1\\0&0&0&0&0\end{bmatrix}$$

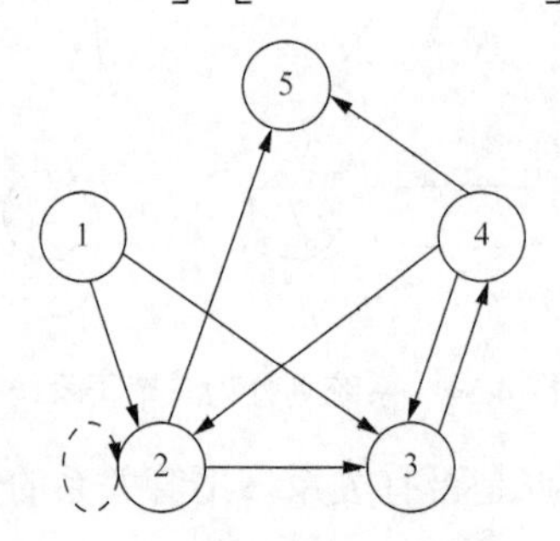

图 4.35　去自回路的邻接结构图

第二步：计算 2 步路径矩阵。

2 步路径矩阵等于无自回路的邻接矩阵的 2 次方，即布尔矩阵的乘积（不是逻辑乘），得到

$$R_I^2=\begin{bmatrix}0&1&1&0&0\\0&0&1&0&1\\0&0&0&1&0\\0&1&1&0&1\\0&0&0&0&0\end{bmatrix}\begin{bmatrix}0&1&1&0&0\\0&0&1&0&1\\0&0&0&1&0\\0&1&1&0&1\\0&0&0&0&0\end{bmatrix}=\begin{bmatrix}0&0&1&1&1\\0&0&0&1&0\\0&1&1&0&1\\0&0&1&1&1\\0&0&0&0&0\end{bmatrix}$$

R_I^2 包含 R 中所有 2 步关系，共有 10 条 2 步路径，分别是 1→2→3，1→3→4，1→2→5，

2→3→4，3→4→2，3→4→3，3→4→5，4→2→3，4→3→4，4→2→5。其中有 3→4→3，4→3→4 是 2 步回路。

第三步：计算 2 步路径。

需要对 R_I^2 和 R 进行联合计算。把 R_I^2 作为“索引”，采用回溯法到 R 中搜索。

$$R-I=\begin{matrix} & \begin{matrix}1 & 2 & 3 & 4 & 5\end{matrix} \\ \begin{matrix}1\\2\\3\\4\\5\end{matrix} & \begin{bmatrix}0&1&1&0&0\\0&0&1&0&1\\0&0&0&1&0\\0&1&1&0&1\\0&0&0&0&0\end{bmatrix}\end{matrix}$$

由于本例子 $n=5$，$5-1=4$，还可以继续求取 3 步和 4 步间接关系。

（2）第二次循环计算。

第一步：删除自回路。

删除 R_I^2 中的自回路，得

$$R_I^2-I=\begin{bmatrix}0&0&1&1&1\\0&0&0&1&0\\0&1&1&0&1\\0&0&1&1&1\\0&0&0&0&0\end{bmatrix}-\begin{bmatrix}1&0&0&0&0\\0&1&0&0&0\\0&0&1&0&0\\0&0&0&1&0\\0&0&0&0&1\end{bmatrix}=\begin{bmatrix}0&0&1&1&1\\0&0&0&1&0\\0&1&0&0&1\\0&0&1&0&1\\0&0&0&0&0\end{bmatrix}$$

第二步：计算 3 步路径矩阵，如下：

$$R_I^3=(R_I^2-I)(R-I)=\begin{bmatrix}0&0&1&1&1\\0&0&0&1&0\\0&1&0&0&1\\0&0&1&0&1\\0&0&0&0&0\end{bmatrix}\begin{bmatrix}0&1&1&0&0\\0&0&1&0&1\\0&0&0&1&0\\0&1&1&0&1\\0&0&0&0&0\end{bmatrix}=\begin{bmatrix}0&1&1&1&1\\0&1&1&0&1\\0&0&1&0&0\\0&0&0&1&0\\0&0&0&0&0\end{bmatrix}$$

R_I^3 包含 R 中所有 3 步关系，共有 9 条 3 步路径，分别是 1→3→4→2，1→3→4→3，1→2→3→4，1→3→4→5，2→3→4→2，2→3→4→3，2→3→4→5，3→4→2→3，4→2→3→4。其中 2→2，3→3，4→4 共三条路径是中间跨越两个结点的回路。

由于本例子 $n=5$，$5-1=4$，还可以继续求取 4 步间接关系。

（3）第三次循环计算。

第一步：删除自回路。

删除 R_I^3 中的自回路，得

$$R_I^3-I=\begin{bmatrix}0&1&1&1&1\\0&1&1&0&1\\0&0&1&0&0\\0&0&0&1&0\\0&0&0&0&0\end{bmatrix}-\begin{bmatrix}1&0&0&0&0\\0&1&0&0&0\\0&0&1&0&0\\0&0&0&1&0\\0&0&0&0&1\end{bmatrix}=\begin{bmatrix}0&1&1&1&1\\0&0&1&0&1\\0&0&0&0&0\\0&0&0&0&0\\0&0&0&0&0\end{bmatrix}$$

第二步：计算 4 步路径矩阵，如下：

$$R_I^4=(R_I^3-I)(R-I)=\begin{bmatrix}0&1&1&1&1\\0&0&1&0&1\\0&0&0&0&0\\0&0&0&0&0\\0&0&0&0&0\end{bmatrix}\begin{bmatrix}0&1&1&0&0\\0&0&1&0&1\\0&0&0&1&0\\0&1&1&0&1\\0&0&0&0&0\end{bmatrix}=\begin{bmatrix}0&1&1&1&1\\0&0&0&1&0\\0&0&0&0&0\\0&0&0&0&0\\0&0&0&0&0\end{bmatrix}$$

R_I^4包含 R 中所有 4 步关系，共有 5 条 4 步路径，分别是 1→2→3→4→2，1→3→4→2→3，1→3→4→3→4，1→2→3→4→5，2→3→4→3→4。

由于本例子 $n=5$，$5-1=4$，计算结束。

结束语

系统分析都具有一定的视角，由特定视角进行分析所“看到”的系统只是真实系统的一个侧面，即所谓的系统侧面。不同的视角看到的系统不尽相同，所以在系统分析之前，需要确定“从什么角度看问题”的视角，然后依据这个视角界定被分析的系统侧面，并由此深入分析系统侧面的具体内容。在模型化系统分析中，概念模型和结构模型是系统分析的基本模型，也是最为重要的两个模型，在实践中虽获重视不足，但对认识系统却具有不可替代的作用。概念化和结构化过程都依赖于特定的分析视角，并以此视角为系统侧面建立概念模型和结构模型。本章对概念模型和结构模型的概念进行了阐述，还讨论了利用结构模型进行系统结构分析的方法。关于如何建立模型特别是结构建模方法将在后面讨论。

第 5 章　结构建模过程

导语

建立结构模型和使用结构模型分别是模型化系统分析过程的两个组成部分。任何模型都必须经过建模才能获得模型，系统分析的第一阶段就是建立模型，建模需要分析，分析需要模型，所以建模过程与系统分析过程合二为一。

系统结构的构成包括要素及其关系两个方面。结构建模则是通过对系统的分析，一要找出系统的全部要素（或组成部分），二要找出要素（或组成部分）之间的全部关系，但是在现实中找出全部要素和关系并不是一件轻松的事情。为了便于对系统结构进行分析，本章重点讨论了对象世界中客观对象之间的基本关系类型和观念世界中存在的基本关系类型，还讨论了结构建模的基本分析过程。所有的系统结构都是由基本关系组合而成，建模过程也是由这些基本分析过程组成，并给出利用基本分析过程组合而成的结构建模流程和一个简化的结构建模方法——解释结构模型法。

5.1　两个世界的基本关系

结构分析是对系统的组成及其关系结构的分析，包括系统要素的识别、要素之间关系的识别和结构特征的分析。为了对系统结构进行分析，需要首先了解对象世界和观念世界中的基本关系，为了结构建模和结构分析有必要对两个世界中的不同关系和基本结构进行区分。

5.1.1　对象世界中的基本关系

1. 整体部分关系

对象世界中存在的一切事物都是可分与不可分的辩证统一，可分是指一切事物都可以分成小的部分，小的部分又可以分成更小的部分，这样一直分下去，被分的部分与分出来的部分之间就是一种整体部分关系。不可分则是指任何事物之间，无论是被分的部分还是分出来的部分都是无穷关系和无穷属性的载体。

但是，当我们观察客观事物的时候，受到认知能力的限制以及问题域的限制，只能看到被观察事物的一部分“现象”，这些现象构成了客观事物的一个有限侧面，我们在前面的讨论中称之为系统侧面，在无歧义的情况下，为了讨论简便，我们把系统侧面直接称为系统。在系统分析过程中，往往用系统来描述分析的对象，任何分析对象都是系统，都是客观事物的一个侧面，同样是可分与不可分的统一体。因此，对象世界中的任何系统也都可以进一步分成更小的实体，这样一层一层分解或分析下去所得到的结果，可以用一种树状的层次结构图来描述，如图 5.1 所示，其中的结点表示整体或部分，连线表示整体与部分之间的关系，这种树状的层次结构图就可以用来反映对象世界中客观事物的整体部分关系，并把具有这种树状的层次结构称为系统的整体部分结构。

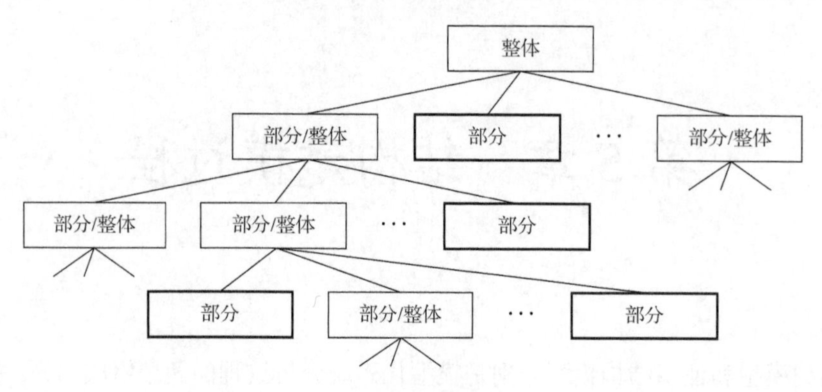

图 5.1　整体部分关系

整体部分结构具有如下特点。

（1）最上层的结点表示系统整体，最下层的结点表示系统的基本构成单元。

（2）每一个上层结点相对于下层结点而言都是整体，下层结点相对于上层结点而言都是部分，所以层间连线表示整体部分关系。

（3）本质上，每一条边都是“隶属关系”，即上层结点包含下层对应关联的所有结点，下层结点都属于对应关联的上层结点。

（4）除了最上层和最下层的结点之外，每一层的结点所表示的事物对上而言是部分，对下而言是整体。

（5）从整体到部分这种自上而下关系表达了客观事物由粗到细的层次结构。

（6）层次数不一定都均等，比如图 5.1 中有四个粗线框的结点，其下面再没有部分。其他结点下面还有组成部分，因此它相对于下一层而言还是整体。

比如，图 5.2 是汽车发动机的简略示意图。

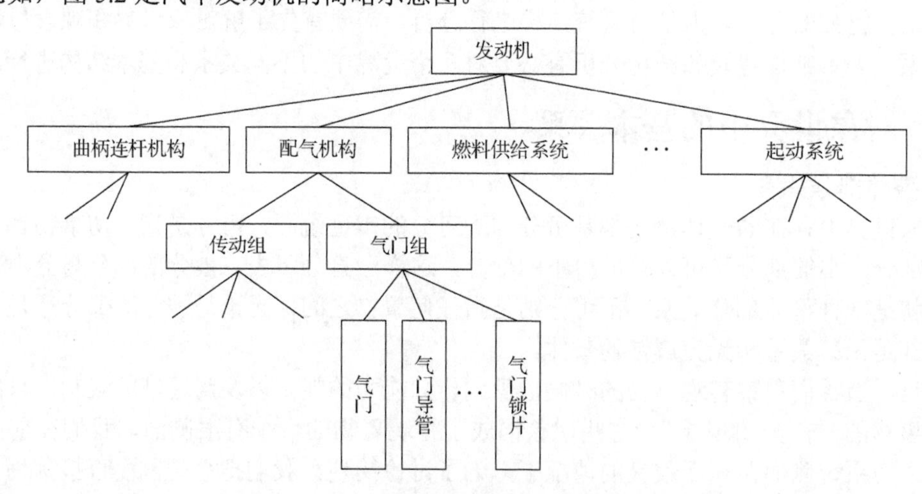

图 5.2　发动机组成简略示意图

汽车发动机尽管是一种机电一体的复杂系统，但是其整体和组成部分之间的关系仍然是一种“整体部分关系”。不同的型号有所不同，但一般可以分为五大系统和两大机构：五大系统是燃料供给系统、冷却系统、润滑系统、点火系统、起动系统；两大机构是曲柄连杆机构和配气机构。配气机构由传动组和气门组两部分组成，气门传动组主要包括凸轮轴、正时齿轮、正时链条 / 正时皮带、挺柱及其导杆、推杆、摇臂和摇臂轴等，气门组包括气门、气门导管、气门弹簧（部分发动机有内、外气门弹簧）、气门油封、上下气门弹簧座、气门锁片等。

对象世界中，无论自然系统、人工系统还是社会经济系统都存在着这种整体部分关系。

2. 横向影响关系

客观事物的另一个普遍存在的特性就是相互依赖、相互制约的相互作用关系，这种关系与整体部分关系有显著的不同。整体部分关系本质上是隶属或包含关系，而相互作用关系则是指关系者之间既相互制约又相互依赖的平等关系，互不隶属、互不包含。

比如，汽车发动机的五大系统和两大机构之间互不隶属，但是相互依赖、相互影响且相互制约。又如，配气机构的气门传动组和气门组两部分也互不隶属，但是必须相互配合才能正常工作。气门传动组的再下一级组件中的凸轮轴、正时齿轮、正时链条 / 正时皮带、挺柱及其导杆、推杆、摇臂和摇臂轴等也都互不隶属，但也相互作用又相互制约。同样气门组中的气门、气门导管、气门弹簧、气门油封、上下气门弹簧座、气门锁片等也互不隶属，但是也必须相互作用和相互制约才能工作。

从系统结构的角度来讲，实体之间是平等的，因而说这种关系是“横向”的，可以把这种关系抽象概括为“横向影响关系”，用图 5.3 所示这种结构图表示系统的横向影响结构，也就是在前面各章中提到的系统结构图。

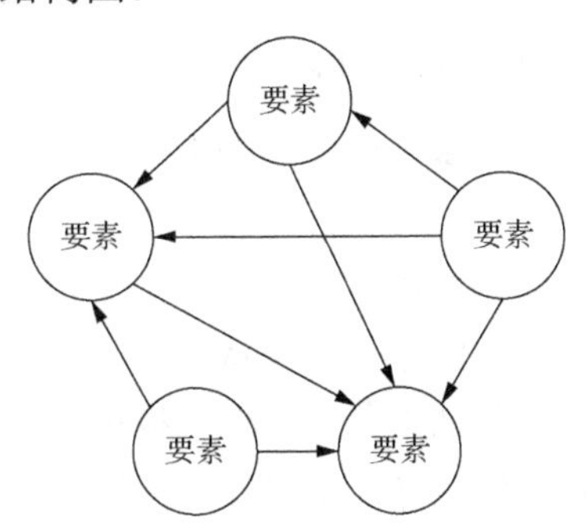

图 5.3　横向影响关系

图中，每一个结点表示一个系统要素，要素之间的箭头（有向边）表示影响关系。这种结构图在系统分析的模型化中广泛用于表示对象世界中的相互影响。

5.1.2　观念世界中的基本关系

1. 外延关系

观念世界是系统分析主体通过思维在大脑中形成的世界。个别实体在观念世界中的反映形成“个体概念”，用属性和属性值描述，这是个别实体的概念模型。比如，对象世界张三这个大学生，通过对他的认识在观念世界中会形成概念“张三”，这是关于对象世界中张三的个体概念。

客观事物之间总是存在着这样或那样的相似性，把这些相似性提取出来就形成了类概念，而被提取出相似属性的众多对象就是类概念的外延，类概念是多个事物的相似属性的共同反映。比如，张三是一名大学生，当对许多个与张三相似的大学生的认识之后，在观念世界中就会产生一个关于“大学生”的概念，“大学生”这个概念中必定包含着许多大学生的一些共同属性。这个“大学生”的概念是关于一类与张三相似的大学生的共性的抽象和概括，所以“大学生”是一个“类概念”。

无论是个体概念还是类概念，其概念本身都存在于观念世界中，但是它们的外延却都存在于对象世界之中。换句话说，概念是观念世界中的基本构成单位，而概念的“外延”则是对象世界中的事物。

如果用集合来表示概念外延的话，那么个体概念的外延集合中只有一个集合元素：

$$个体概念的外延集合=\{a_i\}, i=1$$

而类概念的外延集合中却有多于一个的集合元素：

$$类概念的外延集合=\{a_i\}, i>1$$

概念与外延之间的关系称为外延关系。图 5.4 是个体概念与外延之间的关系，其中的箭头表示外延关系。

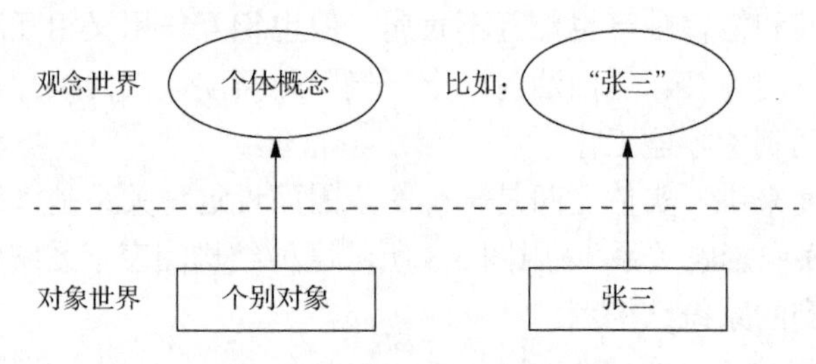

图 5.4　个体概念的外延关系

概念和外延分属两个世界，个体概念属于观念世界，个别对象属于对象世界。跨越观念世界和对象世界的箭头表示外延关系，个体概念和个别对象之间的外延关系是一对一关系，个体概念的外延是一个只有一个元素的集合。

类概念是对对象世界中一类相似的个别对象认识所形成的概念。客观事物之间具有一定的相似性，人的思维把相似事物的共性抽象出来进行概括就形成了观念世界中的类概念。类概念存在于观念世界中，类概念的外延存在于对象世界中，而且是一个相似客体的集合。类概念与外延之间的关系也是外延关系，类概念与外延的关系是一对多关系。类概念的外延关系如图 5.5 所示。

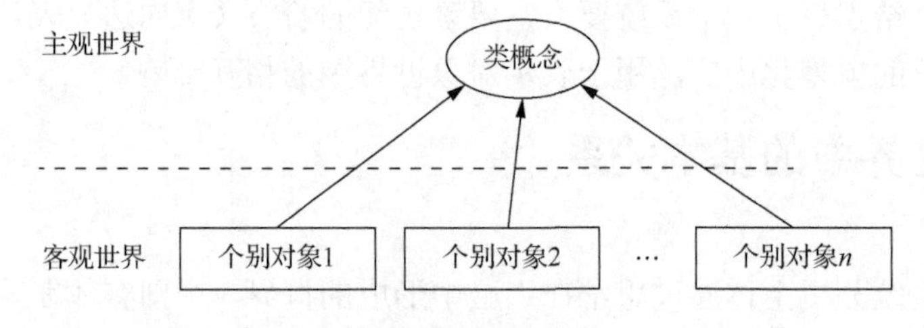

图 5.5　类概念的外延关系（一）

比如，“大学生”这个概念就是一个类概念，因为其外延是由全体大学生组成的集合，他们都存在于现实的对象世界中，而“大学生”这个类概念则存在于观念世界中，如图 5.6 所示。

一般情况下，因为个体概念的外延只有一个，为了叙述的简单起见，对于类概念的外延集合也可以用外延的个体概念来代替，因此类概念的外延关系就完全进入观念世界中了，也就是说类概念和其外延都在观念世界中进行讨论，此种情况下的结构图如图 5.7 所示。

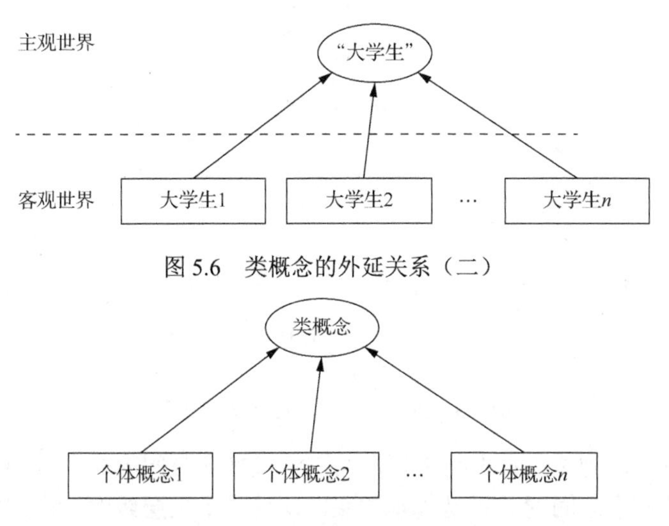

图 5.6　类概念的外延关系（二）

图 5.7　类概念的外延关系（三）

由上述讨论可知：个体概念与外延的关系是一对一关系，类概念与外延的关系是一对多关系。

另外还有两种情况：一种是没有外延的概念称为空概念。

空概念是人们在观念世界中主观臆造出来的概念，这种概念在对象世界甚至整个客观世界中都找不到对应物。从认识世界的角度来讲，在对象世界中找不到对象，但是从改造世界的角度来讲，空概念往往又是创新的来源，换句话说，创新往往来源于空概念。如果在对象世界中把空概念的外延对应物“制造”出来，那么人类社会就多了一种新生事物，这就是创新。空概念的外延关系如图 5.8 所示，其中外延集合元素用虚线画出，表示在客观世界中等待研发。在现实中，所有创新都是始于空概念，这一点不言而喻。

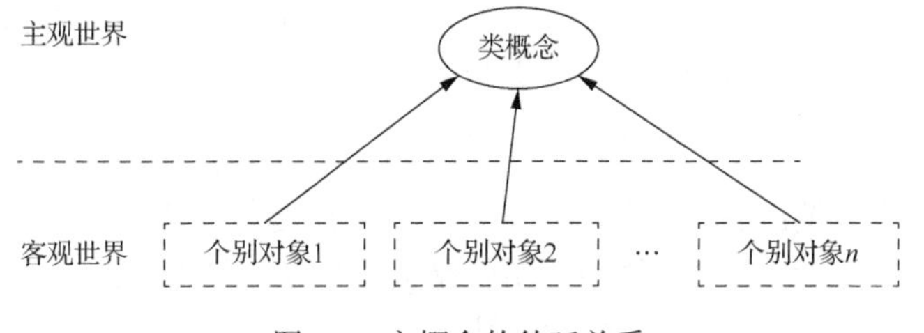

图 5.8　空概念的外延关系

另一种是没有概念的事物，是还没有被认识的事物。这种事物是还没有进入到对象世界中的客观事物，它们虽然都属于客观世界，但是还没有进入被人们分析和认识的对象世界，因此，对于人类来讲，还没有被认识，因而在观念世界中还没有形成概念，更一般地讲还没有产生观念。这些事物往往更多的是等待被人们去认识的事物。系统分析的对象大部分是这种系统，通过系统分析去获得这种对象的知识。

2. 抽象关系

多个类概念的进一步抽象形成高一级的抽象类概念，不同层次的类概念之间的关系是抽象关系。抽象类概念、类概念、个体概念和外延关系及抽象关系的总和就是类体系结构的概念模型。抽象关系与外延关系如图 5.9 所示。

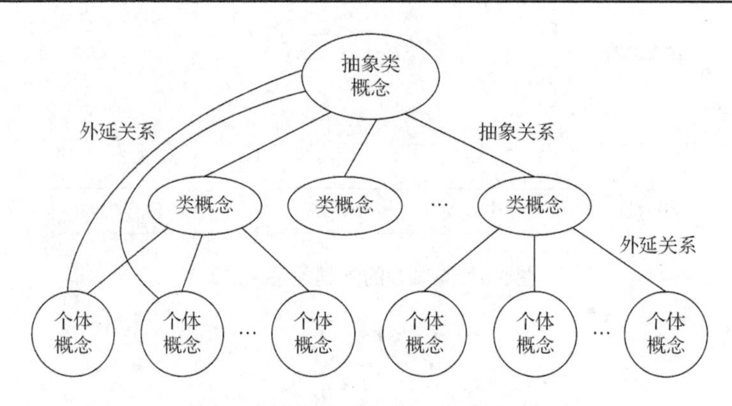

图 5.9 抽象关系与外延关系（一）

这个结构图中有两种关系：上级类概念与下级类概念之间的关系是抽象关系；所有层级上的类概念与个体概念之间的关系是外延关系。即使是最上层级的、作为根概念的抽象类概念其外延也是所有个体概念的集合，而不是其下一层级的类概念。即

$$\text{抽象类概念的外延集合} = \{\text{个体概念1,个体概念2,}\cdots\}$$

比如，以“学生”为例，如图 5.10 所示。

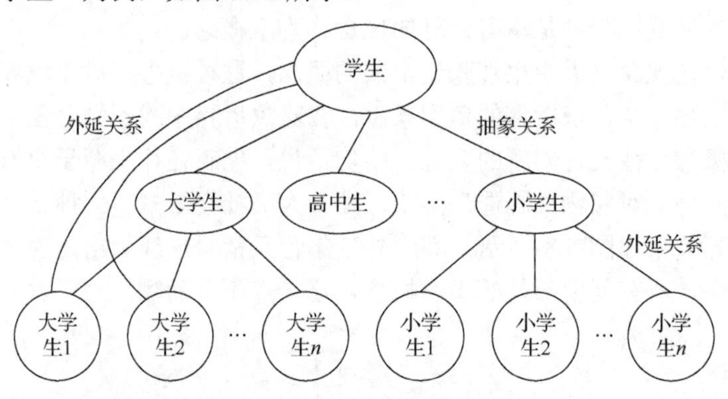

图 5.10 抽象关系与外延关系（二）

图 5.10 中“学生”是最高级别的类概念，下一层级是“大学生”“高中生”“初中生”和“小学生”四个类概念，“大学生”的外延集合是大学生 1、大学生 2 等；“小学生”的外延集合是小学生 1、小学生 2 等；以此类推，“高中生”和“初中生”也都有大量的个体学生。“学生”这一概念的外延集合也是最下层所有个体组成的集合：

“学生”概念的外延={大学生 1,大学生 2,⋯ ,高中生 1,高中生 2,⋯ ,小学生 1,小学生 2,⋯ }

“学生”的外延不是下一层级的类概念的集合，即

“学生”概念的外延≠{大学生,高中生,初中生,小学生}

每一个类概念与最下层级的个体概念之间的关系都是外延关系，上级类概念与直接下级类概念之间的关系是抽象关系。

抽象关系和外延关系构成了观念世界中最重要的概念（观念）体系。

3. 目的关系

所有系统分析都具有一定的目的，都是为了解决某种问题。目的代表着人的主观愿望，反映了人的价值信念。对于不同问题的解决，价值体系将变成目的，而目的则往往以评价指

标体系的形式以定量的形式表现出来，称为目标，这样就可以用一个或一组指标值即目标来代表一个或一组目的。所以，在人的观念世界中还存在着多层次的目标结构，称为目的体系。在这个体系中，上下层级之间的关系称为目的关系，目的体系是观念世界中价值体系的结构模型，如图 5.11 所示。

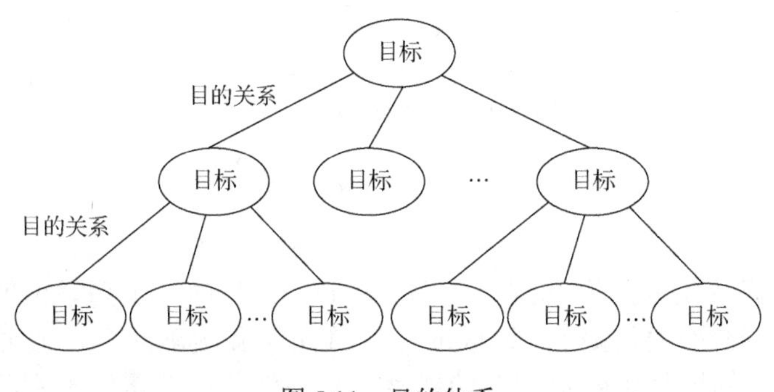

图 5.11　目的体系

目的体系的结构模型也是一种树状结构，上下层级之间的关系是大目标和小目标或者总目标和分目标的关系，其上下层的连线表示目的关系。

5.2　基本分析过程

建模过程本质上就是把观念世界中的概念模型“拿出来”的过程，这个过程可能是一次性的，也可能是多次的，甚至认识过程与拿出来的过程是交替进行的。认识过程与拿出来的过程合称为结构建模过程，是由八种基本分析过程组合而成的，分为四组：第一组是以获取要素为主的基本过程，包括分解过程、列举过程和集结过程；第二组是以获取关系为主的基本过程，包括结构化过程和扩大过程；第三组是概念形成过程，包括分类过程和概念化过程；第四组是获取目的结构的基本过程，包括分组过程。

5.2.1　要素获取分析

1. 分解过程

分解过程是基于整体部分关系的从整体到局部的分析过程。

通过对整体的分解（分析、分割）操作，可以明确系统的组成要素及其层次关系。这个过程是一个“自上而下”的过程。

首先把整个问题域作为一个整体对象，一层一层向下分解（分析、分割），直到系统的组成部分的“粒度”满足问题的求解要求为止。分解（分析、分割）的方法流程如图 5.12 所示。

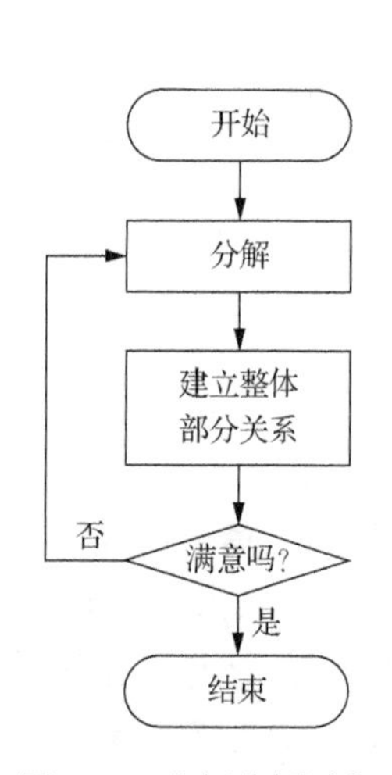

图 5.12　分解分析过程

每分解出来的一个单元都是被分解单元的一个组成部分，被分解单元则是由分解出来的全部单元组成的整体，分解分析过程的结果其形式结构是树状结构，如图 5.13 所示。

这个过程以获取系统组成部分为主，一边分解、一边建立整体部分关系和层次关系，最下层将作为系统要素，最上层就是系统整体，中间各层的每个单元将是一个子系统。

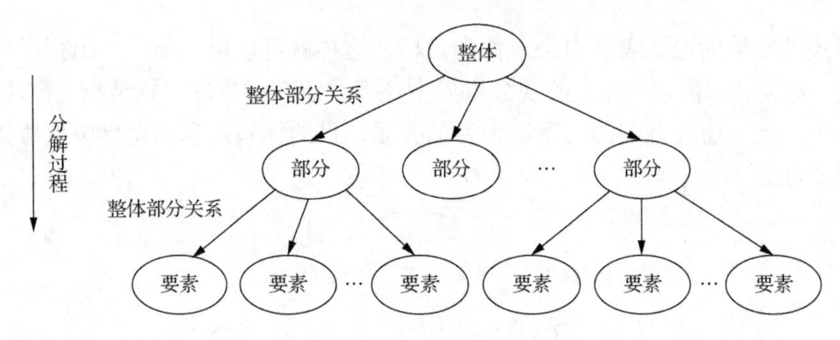

图 5.13　分解分析结果

2. 列举过程

列举过程是问题导向的从局部到整体的分析过程。目的在于列举出所有与问题相关的影响因素，特别是问题相关系统的组成成分。首先需要明确问题（如何明确问题后续专门讨论），然后针对问题找出疑似相关的要素，对疑似相关要素做出判断。列举分析过程如图 5.14 所示。

由于在列举过程中所关注的只是“与问题相关”的因素，而不考虑它们之间的关系，所以得到的所有因素暂时只是一个与问题相关的集合，各个因素之间的关系暂不考虑。列举分析结果如图 5.15 所示。

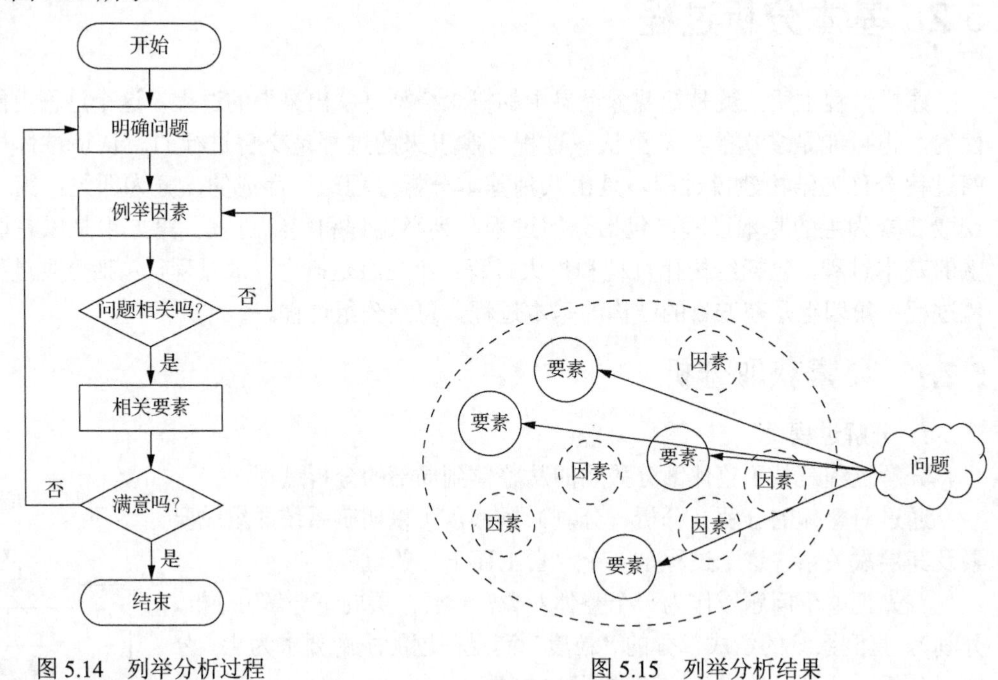

图 5.14　列举分析过程　　图 5.15　列举分析结果

图中，实线圆圈表示经过确认的要素，小的虚线圆圈表示疑似因素。

3. 集结过程

集结过程也是基于整体部分关系的一种从局部到整体的分析过程。它是在列举过程的基础之上所进行的分析，把列举出来的所有要素作为系统要素从局部到整体一层一层向上集结，直到集结成一个整体为止。集结过程需要考虑“哪些要素可以构成一个更大的系统组成部分”，集结分析过程如图 5.16 所示。

集结分析过程与列举分析过程配合可以得到整体部分关系，但不能得到横向影响关系。这个过程正好与分解过程相反。集结分析结果如图 5.17 所示。

集结分析不是聚类分析，集结在一起的要素不是“类属关系”，而是“隶属关系”，即集结在一起的每一个要素都应该是上一级整体的不可或缺的组成部分，并且集结在一起的要素之间是有横向影响关系的，通过相互作用可以产生一个具有新的特性的子系统（最高层次的系统），新的特性是整体所具有的特性。类属关系则不同，是通过比较要素之间的相似性而得到的关系，简单讲就是通过分类过程得到的关系。

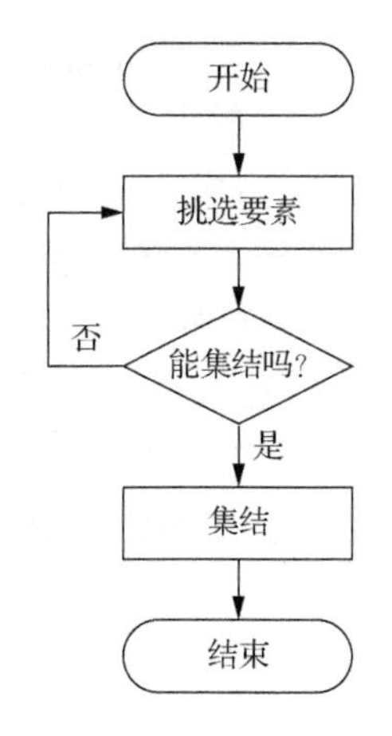

图 5.16　集结分析过程

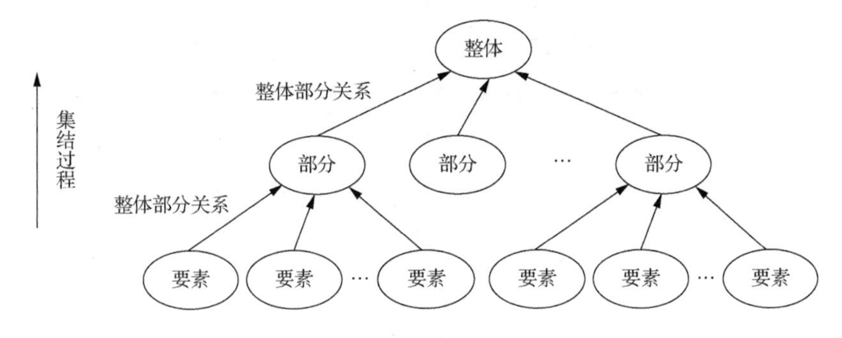

图 5.17　集结分析结果

5.2.2　关系获取分析

关系获取是系统分析的另一个重要的工作，是在要素集合的基础上为要素集合建立关系结构。下面介绍两个基本过程。

1. 结构化过程

结构化过程是基于横向影响关系的从局部到整体的分析过程，分析的目的在于为已经获得的要素之间或子系统之间建立横向影响关系。

对分解或列举出来的要素，从局部开始建立要素之间的关系，直到发现所有要素之间的关系为止。这样就得到了一个具有一定结构的系统整体，结构化分析结果如图 5.18 所示。

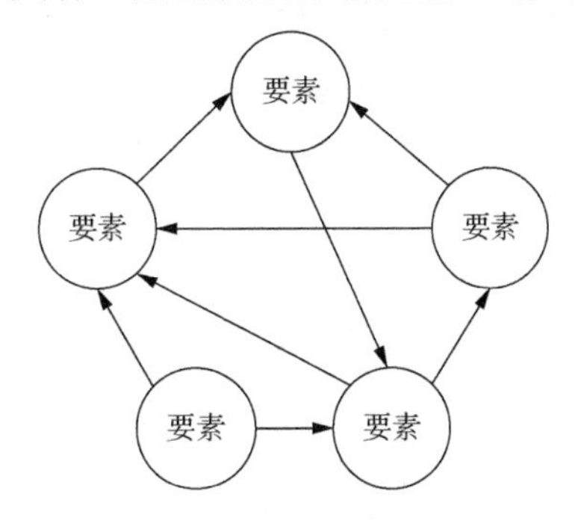

图 5.18　结构化分析结果

结构化过程的具体方法是核心要素法，将在后面专门讨论。

2. 扩大过程

扩大过程是基于横向影响关系的一种从局部到整体的分析过程。这个过程从问题域中的任意一个已知要素开始，找出与这个要素具有影响关系的其他所有要素，再针对每一个找出来的要素进一步寻找各自相关的所有要素，以此类推一步一步向外扩大直到问题相关的全部要素找出为止。这个过程的特点是一边建立关系，一边从环境中析取要素扩大系统，过程结束之时既获得全部要素也获得全部关系，因而既明确了问题域的范围，也得到了完成的系统，扩大过程分析及结果如图 5.19 所示。

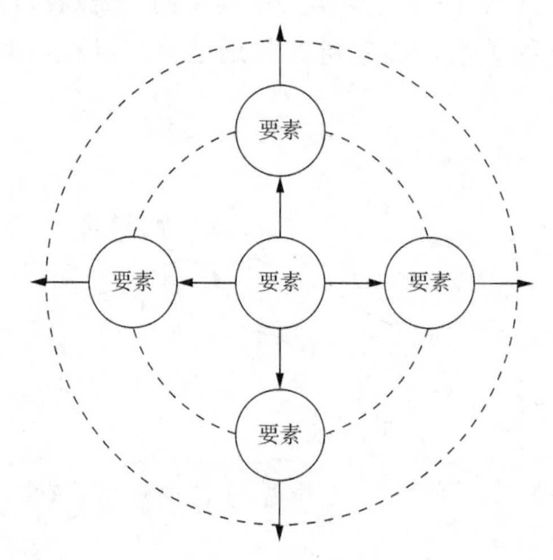

图 5.19 扩大过程分析及结果

扩大过程的建模方法是传递扩大法，将在后面详细介绍。

5.2.3 概念形成分析

1. 分类过程

在分解过程和列举过程中，可以获得大量的系统要素，在系统分析中需要对要素进行分类，分类的前提是认识要素的属性，把握了一个要素的各种属性就对这个要素有所认识。对要素的属性把握得越全面，则对这个要素的认识就越具体、越深刻。在对要素属性把握的基础上通过比较进行分类。比较就是对照各个要素的属性，从而找出它们的差异点和共同点，要素的属性就是它与其他要素之间的共同点和差异点，比较正是通过要素之间的异同点来揭示要素属性的方法，从而确定要素的特殊属性和一般属性。分类则是在比较的基础上，根据共同点把要素归为一大类，又根据要素的差异点把一个大类的要素划分为几个小类，从而形成更小的类。经过比较和分类，杂乱无章的要素就被整理为一些类别。分类分析结果如图 5.20 所示。

从图 5.20 中可见，要素集合被分成三大类，每个类中的要素都有自己的共同属性，类与类之间都有可以区分的差异性。

2. 概念化过程

所谓概念化是指在分类的基础上，对每个“类”建立一个概念。因为人是用概念进行思维分析，也是用概念进行系统分析的。有了概念，才能有判断和推理等一系列更高级的思维活动。所谓概念就是反映一类要素的共同且本质属性的思维形式，所以建立概念的方法就是通过概括和抽象方法把一类要素的共同且本质属性抽象出来的思维过程。在抽象出共同且本质属性的基础上，为每一个“类”起一个名称。概念化过程的结果如图 5.21 所示。

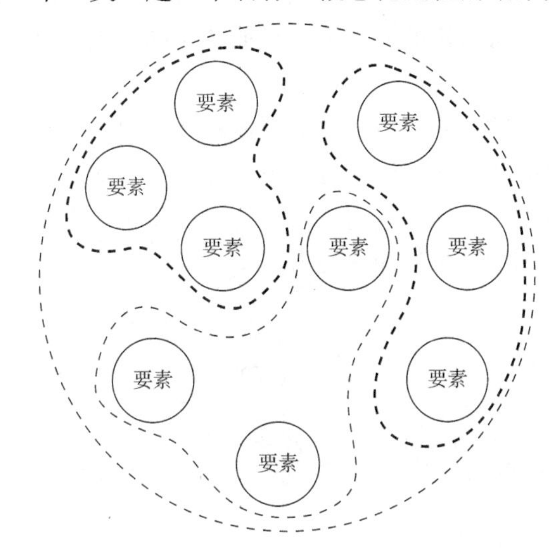

图 5.20　分类分析结果

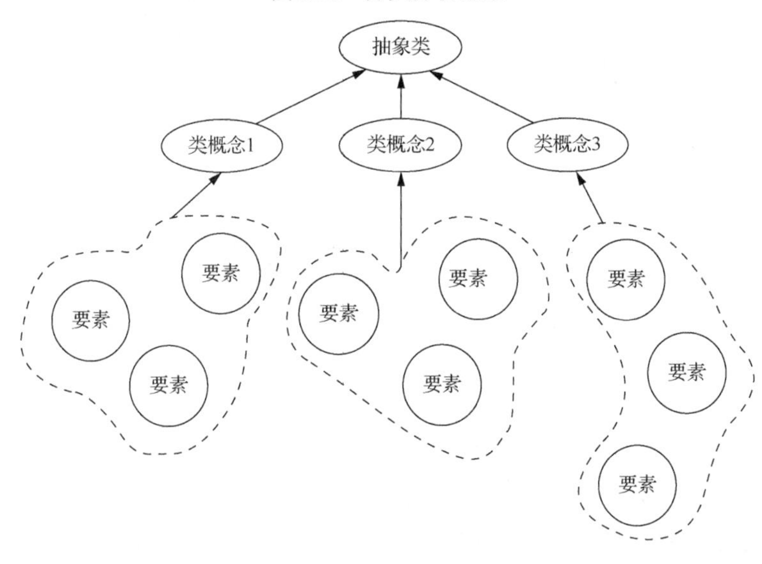

图 5.21　概念化过程的结果

因此，抽象过程是基于相似关系的一种“从个别到一般”的抽象分析过程，它可以产生外延关系和抽象关系。对于分解过程、列举过程和扩大过程得到的所有要素，根据它们的共性进行分类，并加入基本类；进一步根据多个基本类的共性向上抽象，形成抽象类，直到形成一个最终抽象类为止，并同时得到一个统一的类体系结构。在这个体系中最下层的是要素的个体概念，代表对象世界中的实体，上层的所有类代表观念世界中的抽象概念。

5.2.4　目标形成分析

目的是人类对象性活动的一个内在因素，系统分析的目的是分了解决问题，解决问题是为了消除矛盾。在系统分析过程中获得的众多要素，从根本上讲，无论哪一个要素都与问题直接或间接地发生关系，也就是直接或间接地与目的有关系。目的关系具有一定的主观性，对于同样的问题，不同的人有不同的看法和认知，解决问题的目的也不尽一致。因此，根据目的对要素进行分类也就具有一定的主观性，目的关系的建立也就包含着主观因素在里边。也就是说，分组过程是基于目的关系的分析过程。

在过程中按照各种目的的需要在系统中对要素进行分组，每一组加入一个目的结点代表这个组的目的。对所有目的结点继续进行分组形成高一级目的结点，代表高一层次的目的，直到获得最高层目的结点为止。这个过程可以获得目的体系，它反映解决问题的目的和子目的及其结构关系。分组过程的结果如图 5.22 所示。

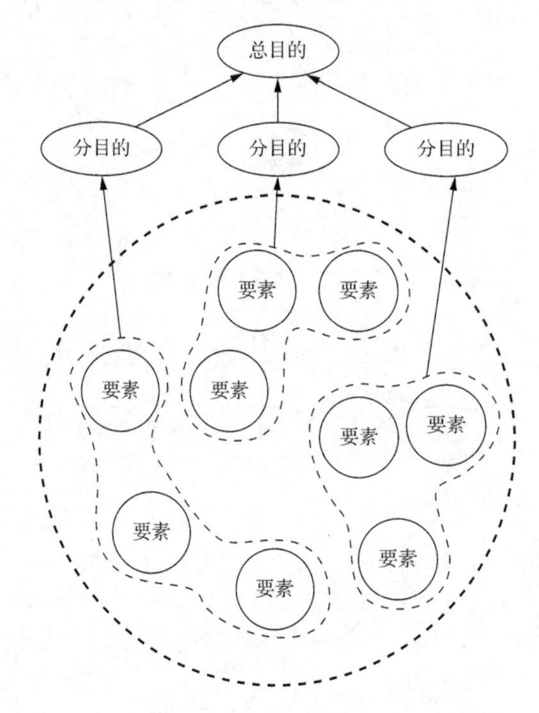

图 5.22　分组过程的结果

不同的目的或不同层次上的目的是指引评价指标设定的基本依据，从一组要素中提炼出与目的符合的属性就可以作为评价指标来使用。

对实际系统的结构建模分析过程是上述基本分析过程的某种组合，分析是在观念世界中进行的，但是通过与计算机协作采用作图的方式可以把不可见的思维过程变为可视化的“作图”过程，把思维操作变为图形操作。

5.3　结构建模流程

因为建立结构模型的过程是系统分析的最为重要的一步工作，一般需要组建一个分析建模团队，集全体团队成员的智慧于结构模型之中，对个人发表的看法，进行相互之间的讨论，形成一致的或基本一致的共识，从而完成结构建模。在结构建模过程中一般需要用到计算机协助进行分析，建立关系矩阵和可视化结构图。结构建模的分析流程如图 5.23 所示。

第一步：组建分析团队。

一般选择一个 8～10 人组成的小组，要求这些人对所要分析的系统比较熟悉，具有关于这个系统的一些看法和经验性知识，并且热心主动。建模团队成员要求是异质性的，即各自具有不同的经验、不同的观点、不同的视角和不同的思维方式，甚至不同的利益。最好吸纳决策者或项目委托人以及其他的利益相关者参加，至少需要听取他们的意见和建议。

第二步：明确问题。

系统分析一般是从需求的确定开始，需求对系统分析起到定位的作用，其是否正确直接影响系统分析的大方向。本质上讲，需求与现状之间的差距就是问题，从理论上讲，问题是被需求方感知到的需求与现状的矛盾。如果需求与现状相同就没有问题，否则就产生了问题，差距越大问题就越大。从现实而言："问题"就是"需求"与"现状"的差距。因此，明确问题就是要弄清"需求""现状"及其"差距"都是什么。

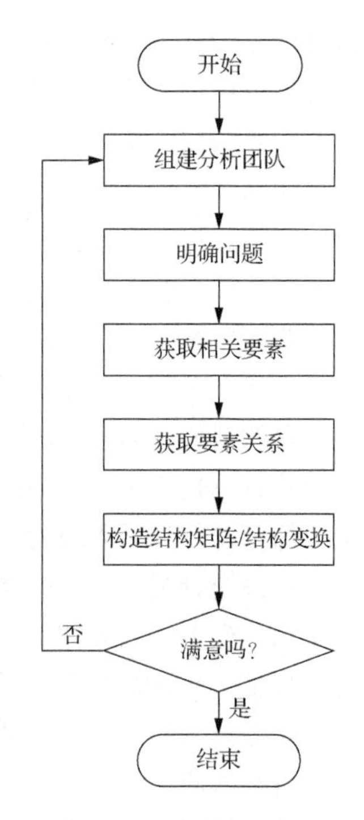

图 5.23　结构建模的分析流程

这种找差距的分析可以称为差距分析法，包括三个步骤：需求分析、现状分析和差距分析。第一，对于需求，就要先搞清楚需求的来源和项目的缘起，是"谁"的需求，具体在什么指标上的需求，对需求所要达到的程度即目标是什么？为什么提出这样的需求和目标？需求一般可能是对现有系统不满意，或者需要一些新的功能和特性而改造一个系统或建造一个新系统。第二是现状分析，有两种情况：如果是对现有系统进行改造，则需要明确对现有系统的哪些特性或功能不满意；如果是新建一个系统，则需要新系统具有哪些新的特性和新的功能。第三则是对需求与现状的差距进行分析，按照需求的指标逐项与现状进行对比，逐项找出差值，每一个差值都是矛盾，但不一定所有矛盾都是问题。为了确定问题，则需要分析每一个矛盾的作用和影响，是否需要予以解决，如果需要解决那么这个矛盾就是一个具体的问题，否则就不是，暂且不予理会。如此进行，如果还不明确则细化指标再找出具体的差值。这样就可以形成一个问题的层次结构，这个结构清晰了问题也就明确了。

明确问题可以借助于逻辑方法，但更多的是依靠人的直觉。可以采用如下方法进行操作。

（1）列举比较法。把与需求和现状有关的信息片段逐条记录在卡片上，把它们摊摆在桌面上进行全面审视；也可以采用技术手段，利用计算机进行处理并在大屏幕上展示操作，这样就可以把需求和现状分开；再通过比较找出哪些现状已经满足需求了，哪些还没有满足，然后剥离已经满足的并分别集中还未满足的需求和现状。进一步，通过分析建立各个需求因素之间、现状因素之间的关系，比如对应关系、相关关系、因果关系、制约关系等。最后找出需求与现状之间的差距，提取出子问题。这样就可以把问题明确成一个具有一定结构的问题模型。

（2）报告综合方法。通过撰写书面报告来理清思路、明确问题。一般可以撰写《需求分析报告》《现状分析报告》或写成一篇完整的报告，在报告中对需求和现状及其之间的差距进行逐步的剖析。差距构成了矛盾，但不是所有矛盾都是问题，还需要对矛盾进行“具体矛盾具体分析”，从矛盾中筛选出问题。

对复杂问题来说，一开始往往很难说清是不是问题，而且对问题的描述也不是问题的本身，而是问题的情境，其中既包含着问题所处的环境因素，也包含着描述问题的主观感觉。此情况下，可以采用第 7 章的问题驱动的系统分析方法对问题进行规范化的分析和明确。

第三步：获取相关要素。

获取问题相关要素就是要在问题所界定的范围之内，定义和寻找与问题有关联的要素。那么，什么东西可以作为要素呢？对象世界中整体部分关系中每一层次的“部分”都可以根据问题的需要作为要素，而出现在结构建模过程中，在结构模型图中称为结点；横向影响关系中的事物也都可以作为结构模型图中的结点；在观念世界中的观念，包括个体概念、类概念等都可以作为要素成为结构模型图的结点。

在系统分析中，往往要素并不是显而易见的，团队成员一般都有自己的看法，产生不同的认知，产生意见分歧。为了选择出合适的、能达成共识的要素，应该通过研讨的方式发挥集体智慧，允许每个人都能充分地发表看法，并把个人的看法与团队的集体创造性分析成果进行融合。比如，每个成员尽可能地把他个人观念世界中的相关要素表达出来，然后公之于众，请全体成员一边讨论、一边修改，并补充和完善，通过讨论纠正个人的偏见、删除错误的意见。最后，通过整理形成集体共识的方案，再请大家讨论定案。

第四步：获取要素关系。

关系的获取是结构建模中最重要的一步工作。为此，需要明确关系指的是什么；然后，还是需要发挥集体智慧，由团队成员各抒己见，能统一的确定下来，不能达成共识的暂且记录下来，不要轻易排除，可以留待后续再讨论。

获取要素之间关系的基本过程是结构化过程和扩大过程，获取关系的方法将在 5.4 节和第 6 章详细介绍。

第五步：构造结构矩阵。

构造结构矩阵的过程是以逻辑方法（算法）为主的过程，可以直接构造邻接矩阵，也可以构造可达矩阵。

第六步：进行必要的结构变换。

为了进一步进行结构分析，对于建立起来的结构模型（结构模型图和结构矩阵）还需要进行一些变换，比如把可达矩阵变换成邻接矩阵，或者相反。

再一次强调：结构建模是一种直觉加逻辑的过程，将在 5.4 节和第 6 章介绍“直觉加逻辑”过程的四种方法。无论哪一种方法都需要通过讨论集思广益、激发每一个成员的主动性和创造性。尊重每个成员的意见，对每个成员的意见都能在结构模型或者在结构建模过程中有所体现。这是因为，每个人都有自己的认知视角、都有自己的思考，对分析对象的了解和评价标准不甚一致，在建模过程中有时看似错误的意见，到后来经过讨论也许是最正确的。这样不仅使建模过程可以吸纳更多人的意见而且不至于太偏颇，这一做法体现了系统分析的多元性原则和多维性原则，如果再听取上下级组织中不同人员的意见就体现了层次性原则。

5.4　典型要素法

5.4.1　解释结构模型的适用性

Warfield 于 1976 年在 *Societal Systems: Planning, Policy, and Complexity* 中首次把结构建模（structural modeling）的解释结构模型（ISM）法用于揭示复杂性问题。ISM 法是首先把要分析的系统通过梳理拆分成各种子系统和要素，然后分析要素之间的二元关系，其对应的可视化图形称为结构模型图，简称结构图，最基本的图形只有两种构图元素，一个是结点，一个是有向边。最基本的矩阵是布尔矩阵，即矩阵的元素要么是 1，要么是 0。通过布尔逻辑运算揭示系统的结构特征，并给出在不损失系统整体性的前提下，以最简单的层次化的有向拓扑图的方式呈现出来。ISM 法的结构图与表格、文字、数学公式等方式描述系统的本质相比较具有明显的优点，可以描述系统的整体结构。结构图具有极强的直观性，通过层级结构可以一目了然地了解系统要素的因果层次、阶梯关系、组成部分结构，特别是可以解释系统整体性的来源，并通过结构调整来改变、分析和验证系统的整体特性。因此，可以把模糊不清的想法、认知、看法、概念、观点等转化为直观的结构化的整体模型。特别是对系统复杂、变量众多、关系紊乱、层次不明的研究对象来说，可以利用结构建模方法理清紊乱的关系。

ISM 法是系统科学中一种基础的重要研究方法，可以从问题的全域来统一地描述问题的相关系统，无论相关系统的“软因素”还是“硬因素”都可以抽象、拓扑式地进行描述，因此是衔接自然科学与社会科学之间桥梁的一种有效的研究方法。ISM 法建模需要运用布尔矩阵运算或者是相对复杂的拓扑分析，这种方法属于典型的系统科学的研究方法。但是将具体的结点、有向边释意，这些分析过程都归属于社会科学的范围。

ISM 的应用面十分广泛，不仅仅用于描述社会、经济、管理、知识理论体系以及心理现象这类软系统，还可以用于分析各种硬系统。这是因为软系统和硬系统所产生的问题在本质上都是矛盾，从这一点来讲都是相同的，如图 5.24 所示。

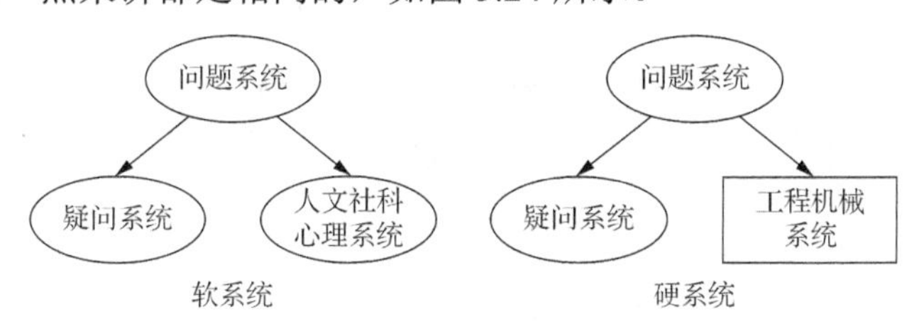

图 5.24　ISM 的适用性

由图 5.24 可见，ISM 这种结构的模型化系统分析方法既适用于软系统，也适用于硬系统。

5.4.2　简化算法

对系统 S 的任意一个要素 a_i（$\forall a_j \in A, j \neq i$）来说，一定可以把系统 S 中除 a_i 之外的所有要素分为下列子集合中的一种。

（1）有一些要素受到 a_i 的影响，不管影响是直接还是间接，把所有受到 a_i 影响的要素的集合称为 a_i 的上位集，记为 $L(a_i)$。

（2）有一些要素影响到 a_i，不管影响是直接还是间接，把所有影响 a_i 的要素的集合称为

a_i 的下位集，记为 $D(a_i)$。

（3）还有一些要素既不影响 a_i 也不受到 a_i 的影响，把这类要素的集合称为 a_i 的无关集，记为 $V(a_i)$。

a_i 的上位集 $L(a_i)$ 还可以细分为两个子集合：一个是 a_i 的无反馈上位集，记为 $\mathrm{NF}(a_i)$；另一个是 a_i 的有反馈上位集，记为 $F(a_i)$。

可以用图 5.25 表示上述各个子集合与 a_i 的关系。

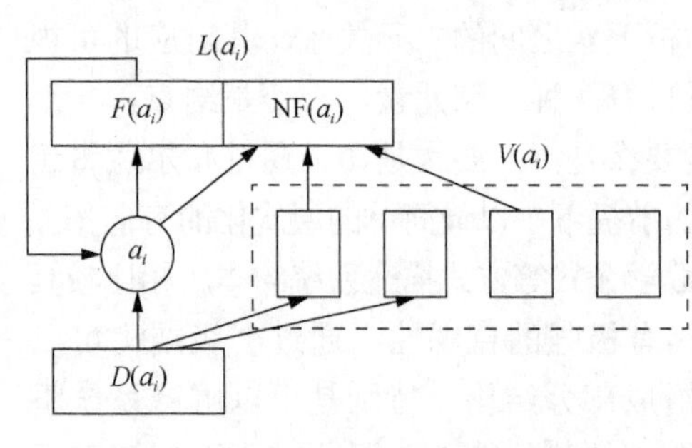

图 5.25　典型要素与其他要素的关系

从图 5.25 中可以看出，无关集有四种情况：第一种是下位集中的一些要素可以到达且又可以到达无反馈上位集的要素集合；第二种是只有下位集中的一些要素可以到达且不能到达无反馈上位集的要素集合；第三种是可以到达无反馈上位集，但下位集中的要素不能到达的要素集合；第四种是下位集中的要素不能到达且又不能到达无反馈上位集的要素集合。因为它们都与要素 a_i 没有关系，所以都属于无关集。

上述与要素 a_i 之间的关系都是指的可达关系，因此利用可达矩阵对图 5.25 的关系结构进行排列如矩阵（5.1）所示。

$$
\begin{array}{c} \\ \mathrm{NF}(a_i) \\ \\ F(a_i) \\ \\ a_i \\ \\ V(a_i) \\ \\ D(a_i) \end{array}
\begin{array}{c}
\begin{array}{ccccc} \mathrm{NF}(a_i) & F(a_i) & a_i & V(a_i) & D(a_i) \end{array} \\
\left[\begin{array}{c|c|c|c|c}
\begin{matrix}(?)\\ M_{\mathrm{NFNF}}\end{matrix} & \begin{matrix}(0)\\ M_{\mathrm{NF}F}\end{matrix} & \begin{matrix}0\\0\\0\\0\end{matrix} & \begin{matrix}(0)\\ M_{\mathrm{NF}V}\end{matrix} & \begin{matrix}(0)\\ M_{\mathrm{NF}D}\end{matrix} \\ \hline
\begin{matrix}(1)\\ M_{F\mathrm{NF}}\end{matrix} & \begin{matrix}(1)\\ M_{FF}\end{matrix} & \begin{matrix}1\\1\\1\\1\end{matrix} & \begin{matrix}(0)\\ M_{FV}\end{matrix} & \begin{matrix}(0)\\ M_{FD}\end{matrix} \\ \hline
1\ 1\ 1\ 1 & 1\ 1\ 1\ 1 & 1 & 0\ 0\ 0\ 0 & 0\ 0\ 0\ 0 \\ \hline
\begin{matrix}(?)\\ M_{V\mathrm{NF}}\end{matrix} & \begin{matrix}(0)\\ M_{VF}\end{matrix} & \begin{matrix}0\\0\\0\\0\end{matrix} & \begin{matrix}(?)\\ M_{VV}\end{matrix} & \begin{matrix}(0)\\ M_{VD}\end{matrix} \\ \hline
\begin{matrix}(1)\\ M_{D\mathrm{NF}}\end{matrix} & \begin{matrix}(1)\\ M_{DF}\end{matrix} & \begin{matrix}1\\1\\1\\1\end{matrix} & \begin{matrix}(?)\\ M_{DV}\end{matrix} & \begin{matrix}(?)\\ M_{DD}\end{matrix}
\end{array}\right]
\end{array}
\tag{5.1}
$$

矩阵（5.1）是一个分块矩阵，共有 25 个矩阵块，包括要素 a_i 对应的行向量和列向量，从分块矩阵来看已经有些矩阵块可达关系是确定的。我们分三部分来分析这个分块矩阵。

第一部分：从 a_i 这一行来看，它与上位集 $L(a_i)$ 对应的部分全部为 1，表示它可达上位集中的所有要素；与无关集 $V(a_i)$ 和下位集 $D(a_i)$ 对应的部分全部为 0，表示它不可达这两个子集合中的所有要素。再看 a_i 这一列，有反馈上位集 $F(a_i)$ 和下位集 $D(a_i)$ 中的所有要素都可达 a_i 这个要素，所以对应的列段中都是 1，而无反馈上位集 $\mathrm{NF}(a_i)$ 和无关集 $V(a_i)$ 中的各个要素都不可达 a_i 这个要素，所以对应的列段中都是 0。

第二部分：因为上位集 $L(a_i)$ 不会影响下位集 $D(a_i)$ 和无关集 $V(a_i)$，所以 $M_{\mathrm{NF}V}$、$M_{\mathrm{NF}D}$、M_{FV} 和 M_{FD} 四个矩阵块中的元素都是 0；无反馈上位集 $\mathrm{NF}(a_i)$ 不会影响有反馈上位集 $F(a_i)$，所以 M_{NFF} 的各元素全是 0；由于有反馈上位集 $F(a_i)$ 影响到 a_i，所以也就影响到上位集 $L(a_i)$，因而 $M_{F\mathrm{NF}}$ 和 M_{FF} 的各元素都是 1；无关集 $V(a_i)$ 不会影响 $F(a_i)$，所以 M_{VF} 的元素全为 0；$V(a_i)$ 不会影响下位集 $D(a_i)$，所以 M_{VD} 的元素全为 0；下位集 $D(a_i)$ 影响到上位集 $L(a_i)$，所以 $M_{D\mathrm{NF}}$ 和 M_{DF} 中的各个元素都是 1。

这样的分块划分，从逻辑上就可以明确了上述 16 个分块矩阵中的 11 个，其中全为 1 的满阵有 4 个，全为 0 的分块矩阵有 7 个。这对于结构建模来说，省掉了很多工作量，这就是逻辑的作用。

第三部分：还有五个标注为（？）分块矩阵处于不确定状态，还需要进一步发挥直觉和逻辑的联合作用进行明确。可以分为两种类型：一种是 M_{NFNF}、M_{VV} 和 M_{DD} 在主对角线上的方阵，可称之为可达子矩阵，每个可达子矩阵的主对角线上的元素都为 1，这三个子矩阵可以按照整个矩阵的上述分块方法再进行分析；另一种是另外两个子矩阵 $M_{V\mathrm{NF}}$ 和 M_{DV} 是相互作用矩阵，其求解方法仍然是直觉加逻辑的方法。下面先对这两个矩阵给出求法思路，通用的求解方法将在第 6 章详细讨论。

5.4.3　待定元素的求法

从矩阵（5.1）的可达矩阵中可以抽取出

$$M_1=\begin{bmatrix} M_{\mathrm{NFNF}} & 0 \\ M_{V\mathrm{NF}} & M_{VV} \end{bmatrix}$$

和

$$M_2=\begin{bmatrix} M_{VV} & 0 \\ M_{DV} & M_{DD} \end{bmatrix}$$

两个矩阵。显然，它们都是形如

$$M=\begin{bmatrix} A & 0 \\ X & B \end{bmatrix} \tag{5.2}$$

的矩阵类型，A 和 B 都是可达矩阵，由于可达矩阵具有下列性质：

$$M^2=M,\ A^2=A,\ B^2=B \tag{5.3}$$

而且

$$M^2=\begin{bmatrix} A & 0 \\ X & B \end{bmatrix}\begin{bmatrix} A & 0 \\ X & B \end{bmatrix}=\begin{bmatrix} A^2 & 0 \\ XA+BX & B^2 \end{bmatrix}=M=\begin{bmatrix} A & 0 \\ X & B \end{bmatrix} \tag{5.4}$$

所以有

$$XA+BX=X \tag{5.5}$$

式（5.5）是一个布尔矩阵特征方程，也称为自蕴涵方程，其中的未知分块矩阵 X 需要求解这个方程才能获取，其求解方法将在 5.4.4 节详细介绍。

从上面介绍的方法可知，只要我们预先选定一个“典型”的要素，再把其他的所有要素按照与典型要素的关系分成上位集（包括无反馈上位集和有反馈上位集）、下位集和无关集，再对行和列做适当调整，就可以变成上述矩阵的形式，就可以很快确定可达矩阵中大多数元素。最后，按照矩阵中的 1 把系统的全部要素连接起来，画出结构模型图。

5.4.4　举例

设定一个系统，其结构建模之后的系统结构如图 5.26 所示。

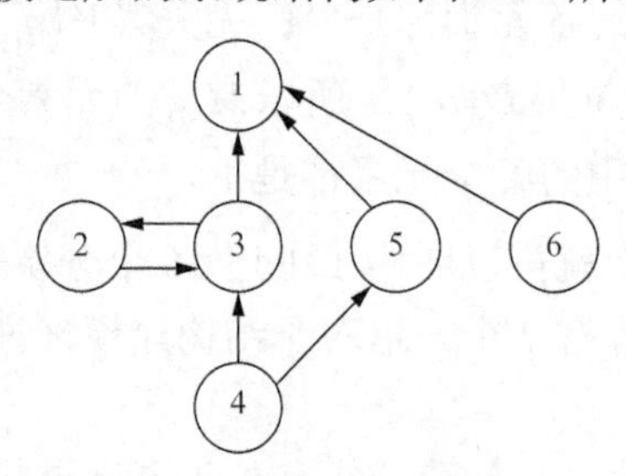

图 5.26　设定的结构模型

但是，事先这个结构并不知道，只知道系统有 6 个要素 $\{a_1,a_2,a_3,a_4,a_5,a_6\}$，分别与图 5.26 中的数字对应，并选定 a_3 为典型要素，对于这个典型要素 a_3 来说还知道：

（1）上位集 $L(a_3)=\{a_1,a_2\}$，其中无反馈上位集 $\mathrm{NF}(a_3)=\{a_1\}$、有反馈上位集 $F(a_3)=\{a_2\}$。

（2）下位集 $D(a_3)=\{a_4\}$。

（3）无关集 $V(a_3)=\{a_5,a_6\}$。

根据这些信息可以按照上面讲过的方法，把可达矩阵排成上述矩阵形式，如矩阵（5.6）所示。

$$\begin{array}{cc|c|c|c|c|c|c|}
 & & \mathrm{NF}(a_3) & F(a_3) & & V(a_3) & & D(a_3) \\
 & & a_1 & a_2 & a_3 & a_5 & a_6 & a_4 \\
\hline
\mathrm{NF}(a_3) & a_1 & 1 & (0) & 0 & (0) & (0) & (0) \\
\hline
F(a_3) & a_2 & (1) & (1) & 1 & (0) & (0) & (0) \\
\hline
 & a_3 & 1 & 1 & 1 & 0 & 0 & 0 \\
\hline
V(a_3) & a_5 & 1 & (0) & 0 & 1 & 0 & (0) \\
 & a_6 & 1 & (0) & 0 & 0 & 1 & (0) \\
\hline
D(a_3) & a_4 & (1) & (1) & 1 & 1 & 1 & 1 \\
\hline
\end{array} \qquad (5.6)$$

再按照前面介绍的方法确定 11 个矩阵块中的元素，还剩下 5 个分块需要继续再问以下 5 组问题。

（1）a_5 与 a_6 是否具有可达关系？如果回答没有关系，则在 M_{VV} 的右上角的元素为 0。a_6 与 a_5 是否具有可达关系？如果回答没有关系，则在 M_{VV} 的左下角的元素为 0。

（2）a_5 与 a_1 是否具有可达关系？如果回答有关系，则在 $M_{V\mathrm{NF}}$ 的上边元素为 1。a_6 与 a_1 是否具有可达关系？如果回答也是有关系，则在 $M_{V\mathrm{NF}}$ 的下边元素为 1。

（3）a_4 与 a_5 是否具有可达关系？如果回答有关系，则在 M_{DV} 的左边元素为 1。a_4 与 a_6 是否具有可达关系？如果回答也是有关系，则在 M_{DV} 的右边元素为 1。

（4）M_{NFNF} 只有一个元素且位于主对角线上，可达矩阵的主对角线上的元素都为 1。

（5）M_{DD} 只有一个元素且位于主对角线上，可达矩阵的主对角线上的元素都为 1。

这种方法是经典的系统结构建模方法，需要事先选择一个典型要素即 a_i，因此，与其他方法相比较而言，我们把上述这种需要预先选定典型要素的结构建模方法，称为典型要素法。

结束语

尽管系统的结构关系十分复杂，但是对象世界和观念世界中都有一些基本关系和基本结构，认识了这些基本关系和基本结构有利于在结构建模中对系统结构的理解，有利于进行建模分析。同样，结构建模分析方法虽然复杂，仔细分解之后发现其中都包含着一些基本的分析过程，把这些基本过程拿出来单独予以讨论，由此组成结构建模的一般流程和初步的结构建模方法。

第 6 章　结构建模方法

导语

结构建模方法是逻辑思维与形象思维、直觉思维相结合的一套方法，逻辑部分由算法并借助计算机程序承担，但直觉部分只能由人承担。本章给出三种结构建模方法，并且都可以编制计算机程序进行可视化表达，从而起到激发形象思维的作用。这三种结构建模方法都是直觉与逻辑相结合的启发式分析方法。在结构建模方法中还需要求解一种自蕴涵方程，它是结构建模中的一个重要方程，介绍了自蕴涵方程的一种新的求解方法——辗转相乘法。

结构模型特别适用于变量众多、关系复杂而结构不清晰的系统分析，应用十分广泛。

6.1　核心要素法

5.4 节介绍的方法是一种典型要素法，这种方法需要系统分析人员预先在系统中找出一个典型要素，并给出这个要素与其他所有要素的关系。这一点要求分析人员在分析之前就对这个要素具有非常深入的了解，否则方法不能实施。可是，一般在分析之前，人所掌握的关于系统结构的信息是零散的、不完全的、肤浅的和有误的。典型要素法的这一隐含要求不仅在实践中很难办到，而且更重要的是在刻意追求一个要素的深度信息时，却丢掉了所有其他要素的更广泛的结构信息。以 ISM 为基础而发展起来的其他方法也都存在着这个根本性的问题。

人类的认知过程按照螺旋式逐步深化和波浪式逐步展开的规律进行，并非直线式和平面式地进行。结构建模的客观事实是：让人一次全部说清一个要素与其他所有要素的关系是困难的，但是让人一次对系统中的所有要素都零星地、个别地提供一些信息又是非常容易的；然后在积累的基础上，采取多次地、分散地、启发式地进行信息获取，最终可比较容易地建立起结构模型。

根据认知心理的这一客观事实，我们设计了新的结构建模方法——核心要素法。这个方法不要求预先给出典型要素，而是根据人机对话获得的零星的、分散的、个别的信息，通过算法——核心变换法自动地找出一个核心要素，再根据一系列推理算法得到结构模型。核心要素法是一种体现了螺旋式、波浪式思维进程的具有启发性、渐进性、积累性和柔性特点的交互式方法。而且交互过程围绕求解一系列自蕴涵方程自然展开，使得直觉和逻辑有机地融合在结构建模过程之中。

6.1.1　核心要素的定义与求取

通过分解过程或列举过程得到系统 S 的 n 个要素，$s_i \in S$，$i \in N_S$，N_S 是系统要素的下标集合。通过人机交互输入部分要素之间的某些关系值后，可以得到如下定义的初始关系矩阵。

定义 6.1 初始关系矩阵

元素满足

$$m_{ij}\begin{cases}=1, & i=j\\ \in\{-1,1\}, & i\neq j\end{cases}\tag{6.1}$$

的关系矩阵 M 称为初始关系矩阵，简称初始矩阵。其中 $m_{ij}=1$ 表示系统要素 i 与要素 j “有关系”；$m_{ij}=-1$ 表示要素 i 与要素 j 的关系是“未知”的。在其他关系矩阵中还用 0 表示“无关系”。称 0 和 1 为已知元素，表示已知关系；-1 为未知元素，表示未知关系。

根据初始矩阵对系统中的要素进行如下定义。

定义 6.2 要素可达集

对于任意要素 s_i，可达集由其直接可达的所有要素组成，定义为

$$R(s_i)\overset{\text{def}}{=}\{s_j\,|\,s_j\in S, m_{ij}=1, \forall j\in N_S\},\quad \forall i\in N_S\tag{6.2}$$

定义 6.3 要素先行集

对于任意要素 s_i，先行集由直接可达这个要素的所有要素组成，定义为

$$A(s_i)\overset{\text{def}}{=}\left\{s_j\,\middle|\,s_j\in S, m_{ji}=1, \forall j\in N_S\right\},\quad \forall i\in N_S\tag{6.3}$$

定义 6.4 要素无知集

对于任意要素 s_i，由与其直接可达关系是未知的所有要素组成，定义为

$$\mathrm{UNK}(s_i)\overset{\text{def}}{=}S-R(s_i)\cup A(s_i)=\overline{R(s_i)\cup A(s_i)},\quad \forall i\in N_S\tag{6.4}$$

式中，“$-$”“$\cup$”“$\cap$”和“$\overline{A}$”分别是集合的差、并、交和补运算。

根据要素无知集的定义，可以给出核心要素的定义和计算公式如下。

定义 6.5 核心要素

核心要素是要素无知集最小的要素，也即未知关系最少的要素，记为 s_{ker}，它满足

$$s_{\text{ker}}=\arg\min_{\forall s_i\in S}\{|\mathrm{UNR}(s_i)|\},\quad \text{ker}\in N_S\tag{6.5}$$

式中，$\mathrm{UNR}(s_i)$ 是要素 s_i 的未知关系的集合，$|\mathrm{UNR}(s_i)|$ 是其数量，用下式计算：

$$|\mathrm{UNR}(s_i)|=\sum_j m_{ij|m_{ij}=-1}+\sum_j m_{ji|m_{ji}=-1},\quad s_i\in S\tag{6.6}$$

针对核心要素，根据初始矩阵定义如下各集合。

定义 6.6 核心要素的初始有反馈上位集

核心要素的初始有反馈上位集是由核心要素直接可达，且又直接可达核心要素的要素所构成的集合，定义如下：

$$F^0(s_{\text{ker}})\overset{\text{def}}{=}R(s_{\text{ker}})\cap A(s_{\text{ker}})-\{s_{\text{ker}}\}\tag{6.7}$$

简记为 F^0。相应地，由核心要素可达（如无特别指出均包括直接和间接）且可达核心要素的所有要素构成的集合，称为核心要素的终了有反馈上位集，记为 F^f。

定义 6.7 核心要素的初始无反馈上位集

核心要素的初始无反馈上位集是由核心要素直接可达，但不能直接可达核心要素的要素构成的集合，定义如下：

$$\mathrm{NF}^0(s_{\text{ker}})\overset{\text{def}}{=}R(s_{\text{ker}})-R(s_{\text{ker}})\cap A(s_{\text{ker}})\tag{6.8}$$

简记为N^0。相应地，由核心要素可达但不能可达核心要素的要素组成的集合，称为核心要素的终了无反馈上位集，记为N^f。

定义 6.8　核心要素的初始下位集

核心要素的初始下位集是由直接可达核心要素，但核心要素不能直接可达的要素组成，定义为

$$D^0(s_{\text{ker}}) \overset{\text{def}}{=} A(s_{\text{ker}}) - R(s_{\text{ker}}) \cap A(s_{\text{ker}}) \tag{6.9}$$

简记为D^0。相应地，由核心要素可达，但核心要素不能可达的要素组成的集合，称为核心要素的终了下位集，记为D^f。

定义 6.9　核心要素的初始无知集

在要素无知集定义中，令$i = \text{ker}$，即为核心要素的初始无知集的定义：

$$\text{UNK}^0(s_{\text{ker}}) \overset{\text{def}}{=} S - R(s_{\text{ker}}) \cup A(s_{\text{ker}}) \tag{6.10}$$

简记为U^0。相应地，与核心要素没有任何关系且与核心要素相关的要素也没有任何关系的要素集合，称为核心要素的终了无知集，记为U^f。因为以核心要素为核心构成了一个子系统，而U^f是由与这个子系统无关的要素构成的，所以也称U^f为系统无知集，有时也记为$\text{UNK}(S)$。

定义 6.10　核心要素的终了无关集

核心要素的终了无关集是由核心要素不可达，也不可达核心要素，但可达N^f的要素或（和）D^f可达的要素组成的集合。核心要素的终了无关集记为V^f。

上述各集合在变换过程中，一般地记为F、N、D、V和U。

6.1.2　初始变换规则与初始变换

初始变换就是根据初始矩阵中核心要素所对应的行和列中的信息，把所有其他要素进行初始划分，求出N^0、F^0、D^0和U^0。

首先根据定义 6.5 求出核心要素，然后利用如下“初始变换规则”进行变换：

（1）IF　$m_{\text{ker}\,j} = 1$　and　$m_{j\,\text{ker}} = 1$，THEN　$s_j \in F^0$。

（2）IF　$m_{\text{ker}\,j} = 1$　and　$m_{j\,\text{ker}} = -1$，THEN　$s_j \in N^0$。

（3）IF　$m_{\text{ker}\,j} = -1$　and　$m_{j\,\text{ker}} = 1$，THEN　$s_j \in D^0$。

（4）IF　$m_{\text{ker}\,j} = -1$　and　$m_{j\,\text{ker}} = -1$，THEN　$s_j \in U^0$。

注意：规则中的$j \neq \text{ker}$。利用这四条规则可以把系统中其他的所有要素划分为四个子集合，并按式（6.11）的顺序重新排列初始矩阵，如矩阵（6.12）所示。

$$S = \{N^0, F^0, s_{\text{ker}}, U^0, D^0\} \tag{6.11}$$

$$S = \begin{array}{c} \\ N^0 \\ F^0 \\ s_{\text{ker}} \\ U^0 \\ D^0 \end{array} \begin{array}{c} \begin{array}{ccccc} N^0 & F^0 & s_{\text{ker}} & U^0 & D^0 \end{array} \\ \begin{bmatrix} M_{NN} & M_{NF} & [-1] & M_{NU} & M_{ND} \\ M_{FN} & M_{FF} & [1] & M_{FU} & M_{FD} \\ [1] & [1] & 1 & [-1] & [-1] \\ M_{UN} & M_{UF} & [-1] & M_{UU} & M_{UD} \\ M_{DN} & M_{DF} & [1] & M_{DU} & M_{DD} \end{bmatrix} \end{array} \tag{6.12}$$

矩阵（6.12）反映了四个子集合与核心要素之间的关系，其中的子矩阵可以分成四类。

第一类是主对角线上的四个子矩阵，分别代表四个子集合内部的关系，如图6.1中的四个长方形所示。

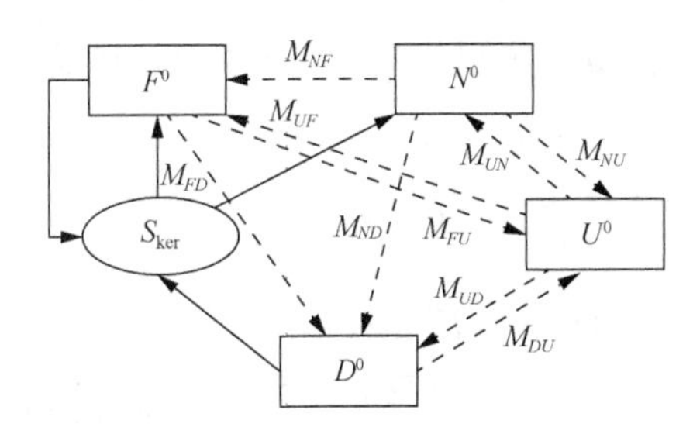

图6.1 初始集合关系图

第二类是与核心要素直接相关的八个子矩阵，其中，两个全为1的行向量，两个全为1的列向量，如图6.1中的实线所示；两个全为–1的行向量，两个全是–1的列向量，在图6.1中没有画出。

第三类是主对角线左下方的三个子矩阵M_{FN}、M_{DN}和M_{DF}。

第四类是其余的子矩阵，其中M_{FU}、M_{UF}、M_{NU}、M_{UN}、M_{DU}和M_{UD}六个子矩阵中的元素1反映了U中的要素与核心要素的间接关系；M_{ND}、M_{FD}和M_{NF}三个子矩阵中的元素1反映了N、D与F的关系。这九个子矩阵如图6.1中的虚线箭头所示。根据它们包含的信息，即其中的1可以把U中的要素分到各个子集合中，并进一步调整N、D与F。因此，本书把这九个子矩阵称为核心变换的信息矩阵，简称信息阵。（注：初始变换后信息阵M_{NF}中没有满足$m_{ij}=1$的元素。）

6.1.3 核心变换规则

核心变换法就是在初始变换后的矩阵基础之上，利用信息阵中的信息“1”，围绕核心要素进一步划分U^0和调整N、D、F中的要素，求取N^f、F^f、V^f、U^f和D^f，并同步地对矩阵进行相应变换的方法。其目的是在已有输入信息的前提下，为消除未知元素做准备（党延忠，1997a）。

令要素的下标集合$N_s=\{N_N,N_F,\text{ker},N_V,N_U,N_D\}$。其中$N_N=\{n\}$，$N_F=\{f\}$，$N_V=\{v\}$，$N_U=\{u\}$，$N_D=\{d\}$，它们分别是要素子集合$N$、$F$、$V$、$U$和$D$的下标集合。

1. 核心变换规则——基于信息阵的推理规则

从U中分离N和D的规则：

在M_{FU}中，IF $m_{fu}=1$, THEN $s_u\in N$。

这是因为$m_{fu}=1$，说明$s_f\to s_u$，进一步表明$s_{\text{ker}}\to s_f\to s_u$，即$s_u$是核心要素的上级，规则成立。“$\to$”表示“可达”之意。同理可证：

（1）在M_{UF}中，IF $m_{uf}=1$, THEN $s_u\in D$。

（2）在M_{NU}中，IF $m_{nu}=1$, THEN $s_u\in N$。

（3）在M_{UD}中，IF $m_{ud}=1$, THEN $s_u\in D$。

从 U 中分离 V 的推理规则：

(1) 在 M_{DU} 中，IF $m_{du}=1$ and $m_{fu}=-1$, $m_{uf}=-1$, $m_{nu}=-1$, $m_{ud}=-1$, THEN $s_u \in V$。

(2) 在 M_{UN} 中，IF $m_{un}=1$ and $m_{fu}=-1$, $m_{uf}=-1$, $m_{nu}=-1$, $m_{ud}=-1$, THEN $s_u \in V$。

如果 M_{FU}、M_{UF}、M_{NU} 和 M_{UD} 中已经没有了元素 1，则这两条规则可以简化如下：

(1) 在 M_{DU} 中，IF $m_{du}=1$ THEN $s_u \in V$。

(2) 在 M_{UN} 中，IF $m_{un}=1$ THEN $s_u \in V$。

处理 N 和 D 的推理规则：

在 M_{ND} 中，IF $m_{nd}=1$ THEN $s_n \in F$，$s_d \in F$。

因为 $m_{nd}=1$，说明 $s_n \to s_d$，进一步表明 $s_{\text{ker}} \to s_n \to s_d \to s_{\text{ker}}$ 形成回路，而回路上的所有要素都应属于 F。同理可证：

(1) 在 M_{FD} 中，IF $m_{fd}=1$ THEN $s_d \in F$。

(2) 在 M_{NF} 中，IF $m_{nf}=1$ THEN $s_n \in F$。

每使用一次规则要进行两项工作：一是把相应的系统要素归入对应的子集合中，二是把矩阵（6.12）的矩阵 M 中与这个要素对应的行和列交换到相应子集合对应的行组和列组中，实际上就是把矩阵 M 的行和列同时按照 S 的新顺序进行重新排列。根据矩阵理论可知：将原矩阵 M 的列按 $(i_1, i_2, \cdots, i_k, \cdots, i_n)$ 的顺序重新排列，所得结果等于矩阵 M 右乘 $n \times n$ 矩阵：

$$P=[e_{i_1} \quad e_{i_2} \quad \cdots \quad e_{i_k} \quad \cdots \quad e_{i_n}] \tag{6.13}$$

式中，k 是原列号；i_k 是新列号；

$$e_{i_k}=[-1 \ \cdots \ -1 \ 1 \ -1 \ \cdots \ -1]^{\mathrm{T}} \tag{6.14}$$

第 i_k 行的元素为 1，其余元素为-1。矩阵的行按上述顺序排列相当于左乘 P^{T}，因此每使用一次规则就要对矩阵 M 进行一次如下计算：

$$M' = P^{\mathrm{T}} M P \tag{6.15}$$

实际应用时可以用更简单的迭代算法。

利用上述九条规则可把初始矩阵变换成矩阵（6.16）。

$$\begin{array}{c} \\ N \\ F \\ s_{\text{ker}} \\ V \\ U \\ D \end{array} \begin{array}{c} \begin{array}{cccccc} N & F & s_{\text{ker}} & V & U & D \end{array} \\ \begin{bmatrix} M_{NN} & [-1] & [-1] & [-1] & [-1] & [-1] \\ M_{FN} & M_{FF} & M_{F\text{ker}} & [-1] & [-1] & [-1] \\ M_{\text{ker}N} & M_{\text{ker}F} & 1 & [-1] & [-1] & [-1] \\ M_{VN} & [-1] & [-1] & M_{VV} & M_{VU} & [-1] \\ [-1] & [-1] & [-1] & M_{UV} & M_{UU} & M_{UD} \\ M_{DN} & M_{DF} & M_{D\text{ker}} & M_{DV} & [-1] & M_{DD} \end{bmatrix} \end{array} \tag{6.16}$$

此时又可能产生两个新的信息阵（6.16）中 M_{VU} 和 M_{UV}，利用它们进一步对 U 进行划分，可得两条规则如下：

(1) 在 M_{VU} 中，IF $m_{vu}=1$ THEN $s_u \in V$。

(2) 在 M_{UV} 中，IF $m_{uv}=1$ THEN $s_u \in V$。

至此，共得到十一条核心变换规则。

2. 信息阵之间的关系与核心变换法

各个信息阵之间并非彼此无关，根据上述规则进行变换时不仅信息阵本身在变化，即元素 1 的减少，同时也影响到其他信息阵中的信息内容。信息阵之间的影响关系如图 6.2 所示。

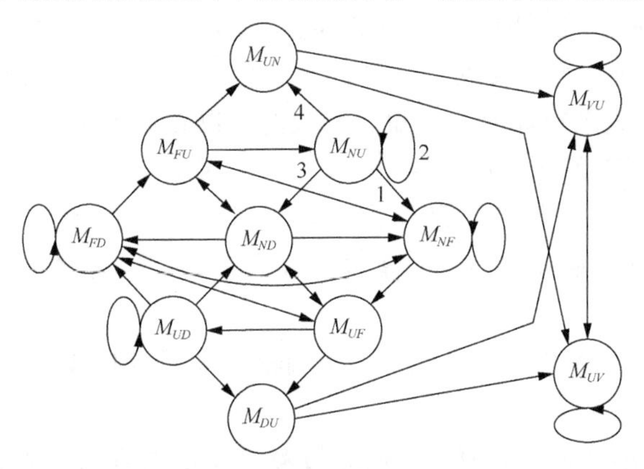

图 6.2　信息阵之间的影响关系

以 M_{NU} 为例说明“影响关系”的含义：若其中某一元素 $m_{nu}=1$，根据推理规则应有 $s_u \in N$。此时与 s_u 对应的行将移进 N 对应的行组中，如果这一行中与 F 、U 和 D 对应的行段中的 $m_{uf}=1$、$m_{uu'}=1$ 或 $m_{ud}=1$，那么这些 1 将同时分别移进 M_{NF} 、M_{UN} 和 M_{ND} 中，使这三个信息阵中增加了元素 1。与 s_u 对应的列也将移进 N 对应的列组中，如果这一列中与 U 对应的列段中有 $m_{u'u}=1$ 的元素存在，也一并移进 M_{UN} 中。因此，M_{NU} 的变化有可能同时引起信息阵 M_{NF} 、M_{NU} 、M_{ND} 和 M_{UN} 中元素 1 的增加，从而使它们增加了新的信息。这四个影响关系如图 6.2 中箭头 1、2、3 和 4 所示，其他信息阵之间的影响关系也有相同的含义。这样，使得信息阵之间相互耦合在一起。为了设计算法，必须解开耦合。

把图 6.2 的关系写成矩阵（6.17），由此可以发现：只要把矩阵（6.17）变成上三角形结构，即消掉其中的（1），就可以把图 6.3 层次化，并设计算法。

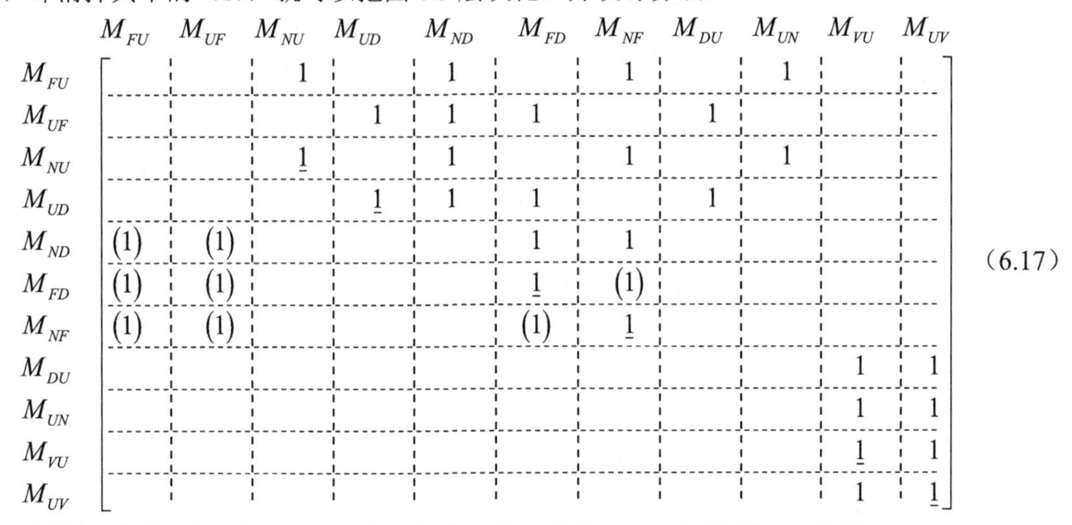

$$
\begin{array}{c|ccccccccccc|}
 & M_{FU} & M_{UF} & M_{NU} & M_{UD} & M_{ND} & M_{FD} & M_{NF} & M_{DU} & M_{UN} & M_{VU} & M_{UV} \\
M_{FU} & & & 1 & & 1 & & 1 & & 1 & & \\
M_{UF} & & & & 1 & 1 & 1 & & 1 & & & \\
M_{NU} & & & \underline{1} & & 1 & & 1 & & 1 & & \\
M_{UD} & & & & \underline{1} & 1 & 1 & & 1 & & & \\
M_{ND} & (1) & (1) & & & & 1 & 1 & & & & \\
M_{FD} & (1) & (1) & & & & \underline{1} & (1) & & & & \\
M_{NF} & (1) & (1) & & & & (1) & \underline{1} & & & & \\
M_{DU} & & & & & & & & & & 1 & 1 \\
M_{UN} & & & & & & & & & & 1 & 1 \\
M_{VU} & & & & & & & & & & \underline{1} & 1 \\
M_{UV} & & & & & & & & & & 1 & \underline{1}
\end{array} \qquad (6.17)
$$

根据信息阵之间“影响”的实际含义，结合矩阵（6.17）进行如下分析。

M_{ND} 、M_{FD} 、M_{NF} 和 M_{FU} 、M_{UF} 的关系如下：

对于 $\forall u \in N_U$ ，$\forall n \in N_N$ ，$\forall d \in D_D$ ，如果 $m_{un}=-1$ ，$m_{ud}=-1$ ，那么 M_{ND} 不影响 M_{UF} ；而且，如果 $m_{nu}=-1$ ，$m_{du}=-1$ ，那么 M_{ND} 不影响 M_{FU} 。这是因为根据规则如果 $m_{nd}=1$，那

么 s_n 和 s_d 应移进子集合 F 中，相应地在关系矩阵中与 s_n 和 s_d 对应的列要交换进与 F 对应的列组中，如果与 U 对应的列组中所有的元素 $m_{un}=-1$，$m_{ud}=-1$，那么就不会有元素 1 被交换进 M_{UF} 中，因此在这种情况下根据 M_{ND} 中的信息所进行的变换不会影响 M_{UF} 中关于"关系"信息的增加。另外，在关系矩阵中与 s_n 和 s_d 对应的行也要交换进与 F 对应的行组中。如果此时与 U 对应的行组中所有的元素 $m_{nu}=-1$，$m_{du}=-1$，那么就不会有元素 1 被交换进 M_{FU} 中，当然 M_{ND} 不会影响 M_{FU}。同理可分析下面项目并得到后面的两条结论。

对于 $\forall d \in D_D$，$\forall u \in N_U$，如果 $m_{ud}=-1$，那么 M_{FD} 不影响 M_{UF}，而且，如果 $m_{du}=-1$，那么 M_{FD} 不影响 M_{FU}。

对于 $\forall u \in N_U$，$\forall n \in N_N$，如果 $m_{un}=-1$，那么 M_{NF} 不影响 M_{UF}，而且，如果 $m_{nu}=-1$，那么 M_{NF} 不影响 M_{FU}。

结论 6.1　只要信息阵 M_{UN}、M_{UD}、M_{NU} 与 M_{DU} 中的所有元素都是 -1，那么 M_{ND}、M_{FD} 和 M_{NF} 就不会影响 M_{FU} 和 M_{UF}。因此，矩阵（6.17）中相对应的（1）就可以取消。

M_{NF} 和 M_{FD} 之间的关系如下：

对于 $\forall n \in N_N$，$\forall d \in D_D$，如果 $m_{nd}=-1$，那么 M_{NF} 不影响 M_{FD}。

对于 $\forall n \in N_N$，$\forall d \in D_D$，如果 $m_{nd}=-1$，那么 M_{FD} 不影响 M_{NF}。

结论 6.2　只要 M_{ND} 中的元素都是 -1，M_{NF} 和 M_{FD} 之间就不会相互影响，从而矩阵(6.17)中相对应的（1）就可以取消。

根据结论 6.1 和矩阵(6.17)中的上三角形结构，可知首先应根据 M_{FU} 和 M_{UF}，然后是 M_{NU} 和 M_{UD}，其次是 M_{UN} 和 M_{DU} 进行变化就可以解开 M_{ND}、M_{FD}、M_{NF} 与 M_{FU}、M_{UF} 之间的耦合；由结论 6.2 可知，首先根据 M_{ND} 变换，然后是 M_{NF} 和 M_{FD} 进行变化，就可以解开 M_{NF} 和 M_{FD} 之间的耦合。从而把图 6.2 层次化为图 6.3。

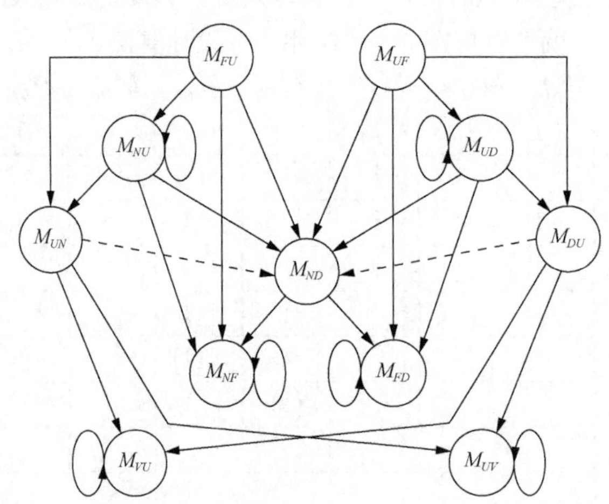

图 6.3　信息阵之间的层次关系

据此，可以非常容易地设计出推理算法如下。

第一步：根据信息阵 M_{FU}、M_{UF} 进行变换。

第二步：根据信息阵 M_{NU}、M_{UD} 进行变换。

第三步：根据信息阵 M_{UN}、M_{DU} 进行变换。

第四步：根据信息阵 M_{ND} 进行变换。

第五步：根据信息阵 M_{NF}、M_{FD} 进行变换。

第六步：根据信息阵 M_{VU}、M_{UV} 进行变换。

根据每个信息阵进行变换，直到其中不含元素 1 时为止，这个推理算法称为核心变换法。

6.1.4　终了矩阵及未知元素的消除

1. 终了矩阵

利用核心变换法，可把矩阵（6.12）的初始矩阵变成矩阵（6.18）的终了矩阵。其中所有信息阵中的元素都是 –1。

$$
\begin{array}{c} \\ N \\ F \\ s_{\text{ker}} \\ V \\ U \\ D \end{array}
\begin{array}{c}
\begin{array}{cccccc} N^f & F^f & s_{\text{ker}} & V^f & U^f & D^f \end{array} \\
\begin{bmatrix}
M_{NN} & (-1) & (-1) & (-1) & (-1) & (-1) \\
M_{FN} & M_{FF} & M_{F\text{ker}} & (-1) & (-1) & (-1) \\
M_{\text{ker}N} & M_{\text{ker}F} & 1 & (-1) & (-1) & (-1) \\
M_{VN} & (-1) & (-1) & M_{VV} & (-1) & (-1) \\
(-1) & (-1) & (-1) & (-1) & M_{UU} & (-1) \\
M_{DN} & M_{DF} & M_{D\text{ker}} & M_{DV} & (-1) & M_{DD}
\end{bmatrix}
\end{array}
\tag{6.18}
$$

矩阵（6.18）中的 35 个子矩阵可分成五个部分：

（1）第一部分是与核心要素直接相关的 $M_{\text{ker}N}$、$M_{\text{ker}F}$、$M_{F\text{ker}}$、$M_{D\text{ker}}$ 和 $M_{N\text{ker}}$、$M_{V\text{ker}}$、$M_{\text{ker}V}$、$M_{\text{ker}D}$ 八个子矩阵。

（2）第二部分有 M_{NF}、M_{NV}、M_{ND}、M_{FN}、M_{FF}、M_{FV}、M_{FD}、M_{VF}、M_{VD}、M_{DN} 和 M_{DF} 十一个。

（3）第三部分是主对角线上的 M_{NN}、M_{VV}、M_{DD} 和 M_{UU}，它们分别是 N^f、V^f、D^f 和 U^f 内部的关系矩阵。

（4）第四部分是与 V 有关的 M_{VN} 和 M_{DV}。

（5）第五部分是系统无知集 $\text{UNK}(S)$，即 U^f 与其他子集之间的十个关系子矩阵。

2. 未知元素的消除

1）第一、二部分子矩阵中未知元素的消除与传递性推理规则

从与核心要素直接相关的子矩阵开始，根据传递性可以得到消除未知元素的“传递性推理规则”如下。

（1）$M_{\text{ker}N}$、$M_{\text{ker}F}$、$M_{F\text{ker}}$ 和 $M_{D\text{ker}}$ 中的所有元素都为 1；$M_{N\text{ker}}$、$M_{V\text{ker}}$、$M_{\text{ker}V}$ 和 $M_{\text{ker}D}$ 中的所有元素都为 0。

比如：N 是核心要素的无反馈上位集，所以 $M_{N\text{ker}}$ 的所有元素应是 0，同理可证其他。

（2）M_{DN} 和 M_{DF} 中的所有元素都为 1。

这是因为 D 中的所有要素都通过核心要素 s_{ker} 可达 N 和 F 中的所有要素。

（3）M_{FN} 和 M_{FF} 中的所有元素都为 1。

这是因为 F 中的所有要素通过核心要素可达 N 和 F 中的所有要素。

（4）M_{NF} 中的所有元素都为 0。

这是因为 N 中的任一元素都不能通过核心要素达到 F 中的所有要素。

（5）M_{ND}、M_{NV}、M_{FD}和M_{FV}的所有元素为0。

因为N和F是在核心要素的上位，N和F中的元素不能通过核心要素达到D和V中的要素。

（6）M_{VD}、M_{VF}中的所有元素都为0。

因为V与核心要素是无关的，所以也不能通过核心要素达到D和F中的要素。

利用上述推断可以消除关系矩阵中的绝大多数未知关系，消除后的矩阵如矩阵（6.19）所示。

$$\begin{array}{c} \\ N \\ F \\ s_{\ker} \\ V \\ U \\ D \end{array} \begin{array}{c} \begin{array}{cccccc} N^f & F^f & s_{\ker} & V^f & U^f & D^f \end{array} \\ \begin{bmatrix} M_{NN} & (0) & (0) & (0) & (-1) & (0) \\ (1) & (1) & (1) & (0) & (-1) & (0) \\ (1) & (1) & 1 & (0) & (-1) & (0) \\ M_{VN} & (0) & (0) & M_{VV} & (-1) & (0) \\ (-1) & (-1) & (-1) & (-1) & M_{UU} & (-1) \\ (1) & (1) & (1) & M_{DV} & (-1) & M_{DD} \end{bmatrix} \end{array} \tag{6.19}$$

2）第三部分子矩阵中未知元素的消除

这一部分的四个子矩阵都是方阵，是四个子系统的关系矩阵，它们与系统的整体关系矩阵是相似的。可以采用与整体关系矩阵同样的方法进行处理。

3）第四部分子矩阵中未知元素的消除

第四部分包括两个子矩阵，其中M_{VN}是V与N的关联矩阵，它与M_{NN}、M_{VV}和M_{NV}共同构成一个新的矩阵；M_{DV}是D与V的关联矩阵，它与M_{VV}、M_{DD}和M_{VD}也构成另一个新的矩阵。分别表示如下：

$$\begin{bmatrix} M_{NN} & M_{NV} \\ M_{VN} & M_{VV} \end{bmatrix}, \quad \begin{bmatrix} M_{VV} & M_{VD} \\ M_{DV} & M_{DD} \end{bmatrix}$$

式中，M_{NN}、M_{VV}和M_{DD}是在第三部分中求出的已知矩阵；M_{NV}和M_{VD}是在第二部分中求出的元素全为0的已知矩阵。因此，上述两个矩阵具有同样的结构形式，可以统一表示为Q，又因为这两个矩阵都是可达矩阵，所以有$Q^2=Q$，即

$$Q=\begin{bmatrix} A & 0 \\ X & B \end{bmatrix}, \quad Q^2=\begin{bmatrix} A & 0 \\ X & B \end{bmatrix}\begin{bmatrix} A & 0 \\ X & B \end{bmatrix}=\begin{bmatrix} A^2 & 0 \\ XA+BX & B^2 \end{bmatrix}=\begin{bmatrix} A & 0 \\ X & B \end{bmatrix}$$

式中，$XA+BX=X$是自蕴涵方程，求解方法见下面的辗转相乘法。

4）第五部分子矩阵中未知元素的消除

系统无知集与其他子集合的关系可以作为两个子系统之间的关系来处理，属于传递结合问题。

6.1.5 举例

举例说明如下：设一系统有 8 个要素，通过人机交互，确定了九个关系：4 与 3、1、2 有关系，6 与 1 有关系，5 与 7 有关系，7 与 4 有关系，8 与 4 有关系，3 与 4 有关系，2 与 5 有关系。初始矩阵如矩阵（6.20）所示。

$$
\begin{array}{c} \\ 4 \\ 6 \\ 5 \\ 7 \\ 8 \\ 3 \\ 1 \\ 2 \end{array}
\begin{array}{c}
\begin{array}{cccccccc} 4 & 6 & 5 & 7 & 8 & 3 & 1 & 2 \end{array} \\
\left[\begin{array}{cccccccc}
1 & -1 & -1 & -1 & -1 & 1 & 1 & 1 \\
-1 & 1 & -1 & -1 & -1 & -1 & 1 & -1 \\
-1 & -1 & 1 & 1 & -1 & -1 & -1 & -1 \\
1 & -1 & -1 & 1 & -1 & -1 & -1 & -1 \\
1 & -1 & -1 & -1 & 1 & -1 & -1 & -1 \\
1 & -1 & -1 & -1 & -1 & 1 & -1 & -1 \\
-1 & -1 & -1 & -1 & -1 & -1 & 1 & -1 \\
-1 & -1 & 1 & -1 & -1 & -1 & -1 & 1
\end{array}\right]
\end{array}
\tag{6.20}
$$

由定义 6.5 得，$\mathrm{UNR}(4)=8$，$\mathrm{UNR}(6)=13$，$\mathrm{UNR}(5)=12$，$\mathrm{UNR}(7)=12$，$\mathrm{UNR}(8)=13$，$\mathrm{UNR}(3)=12$，$\mathrm{UNR}(1)=12$，$\mathrm{UNR}(2)=12$。显然，矩阵（6.20）中第一行第一列对应的第 4 号要素是核心要素，经初始变换得矩阵（6.21）；在矩阵（6.21）的 M_{NU} 中有 $m_{25}=1$，根据矩阵（6.20）中第三行第三列对应的第 5 号要素应属于 N，经行列变换得矩阵（6.22）。

$$
\begin{array}{c} \\ 1 \\ 2 \\ 3 \\ 4 \\ 5 \\ 6 \\ 7 \\ 8 \end{array}
\begin{array}{c}
\begin{array}{cccccccc} 1 & 2 & 3 & 4 & 5 & 6 & 7 & 8 \end{array} \\
\left[\begin{array}{cc|c|c|cc|cc}
1 & -1 & -1 & -1 & -1 & -1 & -1 & -1 \\
-1 & 1 & -1 & -1 & 1 & -1 & -1 & -1 \\
\hline
-1 & -1 & 1 & 1 & -1 & -1 & -1 & -1 \\
\hline
1 & 1 & 1 & 1 & -1 & -1 & -1 & -1 \\
\hline
-1 & -1 & -1 & -1 & 1 & -1 & 1 & -1 \\
1 & -1 & -1 & -1 & -1 & 1 & -1 & -1 \\
\hline
-1 & -1 & -1 & 1 & -1 & -1 & 1 & -1 \\
-1 & -1 & -1 & 1 & -1 & -1 & -1 & 1
\end{array}\right]
\end{array}
\tag{6.21}
$$

$$
\begin{array}{c} \\ 1 \\ 2 \\ 5 \\ 3 \\ 4 \\ 6 \\ 7 \\ 8 \end{array}
\begin{array}{c}
\begin{array}{cccccccc} 1 & 2 & 5 & 3 & 4 & 6 & 7 & 8 \end{array} \\
\left[\begin{array}{ccc|c|c|c|cc}
1 & -1 & -1 & -1 & -1 & -1 & -1 & -1 \\
-1 & 1 & 1 & -1 & -1 & -1 & -1 & -1 \\
-1 & -1 & 1 & -1 & -1 & -1 & 1 & -1 \\
\hline
-1 & -1 & -1 & 1 & 1 & -1 & -1 & -1 \\
\hline
1 & 1 & -1 & 1 & 1 & -1 & -1 & -1 \\
\hline
1 & -1 & -1 & -1 & -1 & 1 & -1 & -1 \\
\hline
-1 & -1 & -1 & -1 & 1 & -1 & 1 & -1 \\
-1 & -1 & -1 & -1 & 1 & -1 & -1 & 1
\end{array}\right]
\end{array}
\tag{6.22}
$$

矩阵（6.22）的 M_{ND} 中的 $m_{57}=1$，根据规则第 5 号和第 7 号要素应属于 F，经行列变换得矩阵（6.23）；矩阵（6.23）的 M_{NF} 中的 $m_{25}=1$，根据规则第 2 号要素应属于 F，经行列变换得矩阵（6.24）。

$$
\begin{array}{c|cc|ccc|c|c|c|}
 & 1 & 2 & 5 & 3 & 7 & 4 & 6 & 8 \\
\hline
1 & 1 & -1 & -1 & -1 & -1 & -1 & -1 & -1 \\
2 & -1 & 1 & 1 & -1 & -1 & -1 & -1 & -1 \\
\hline
5 & -1 & -1 & 1 & -1 & 1 & -1 & -1 & -1 \\
3 & -1 & -1 & -1 & 1 & -1 & 1 & -1 & -1 \\
7 & -1 & -1 & -1 & -1 & 1 & 1 & -1 & -1 \\
\hline
4 & 1 & 1 & -1 & -1 & -1 & 1 & -1 & -1 \\
\hline
6 & 1 & -1 & -1 & -1 & -1 & -1 & 1 & -1 \\
\hline
8 & -1 & -1 & -1 & -1 & -1 & 1 & -1 & 1 \\
\hline
\end{array}
\tag{6.23}
$$

$$
\begin{array}{c|c|ccccccc|}
 & 1 & 2 & 5 & 3 & 7 & 4 & 6 & 8 \\
\hline
1 & 1 & -1 & -1 & -1 & -1 & -1 & -1 & -1 \\
\hline
2 & -1 & 1 & 1 & -1 & -1 & -1 & -1 & -1 \\
5 & -1 & -1 & 1 & -1 & 1 & -1 & -1 & -1 \\
3 & -1 & -1 & -1 & 1 & -1 & 1 & -1 & -1 \\
7 & -1 & -1 & -1 & -1 & 1 & 1 & -1 & -1 \\
\hline
4 & 1 & 1 & -1 & -1 & -1 & 1 & -1 & -1 \\
\hline
6 & 1 & -1 & -1 & -1 & -1 & -1 & 1 & -1 \\
\hline
8 & -1 & -1 & -1 & -1 & -1 & 1 & -1 & 1 \\
\hline
\end{array}
\tag{6.24}
$$

在矩阵（6.24）的 M_{UN} 中有 $m_{61}=1$，根据规则第 6 号要素应属于 V。经行列变换得 $N^f=\{1\}$， $F^f=\{2,5,3,7\}$； $s_{\ker}=4$； $V^f=\{6\}$； $D^f=\{8\}$。再根据传递性推理规则得终了矩阵如式（6.25）所示。其中 M_{DV} 的 $m_{86}=-1$，应该用求解自蕴涵方程的方法求解，但是因为这里只有一个元素，所以比如直接回答“没有关系”，则 $m_{86}=0$，从而得可达矩阵（6.26）。

$$
\begin{array}{c|c|cccc|c|c|c|}
 & 1 & 2 & 5 & 3 & 7 & 4 & 6 & 8 \\
\hline
1 & 1 & 0 & 0 & 0 & 0 & 0 & 0 & 0 \\
\hline
2 & 1 & 1 & 1 & 1 & 1 & 1 & 0 & 0 \\
5 & 1 & 1 & 1 & 1 & 1 & 1 & 0 & 0 \\
3 & 1 & 1 & 1 & 1 & 1 & 1 & 0 & 0 \\
7 & 1 & 1 & 1 & 1 & 1 & 1 & 0 & 0 \\
\hline
4 & 1 & 1 & 1 & 1 & 1 & 1 & 0 & 0 \\
\hline
6 & 1 & 0 & 0 & 0 & 0 & 0 & 1 & 0 \\
\hline
8 & 1 & 1 & 1 & 1 & 1 & 1 & -1 & 1 \\
\hline
\end{array}
\tag{6.25}
$$

$$
\begin{array}{c|c|cccc|c|c|c|}
 & 1 & 2 & 5 & 3 & 7 & 4 & 6 & 8 \\
1 & 1 & 0 & 0 & 0 & 0 & 0 & 0 & 0 \\
\hline
2 & 1 & 1 & 1 & 1 & 1 & 1 & 0 & 0 \\
5 & 1 & 1 & 1 & 1 & 1 & 1 & 0 & 0 \\
3 & 1 & 1 & 1 & 1 & 1 & 1 & 0 & 0 \\
7 & 1 & 1 & 1 & 1 & 1 & 1 & 0 & 0 \\
\hline
4 & 1 & 1 & 1 & 1 & 1 & 1 & 0 & 0 \\
\hline
6 & 1 & 0 & 0 & 0 & 0 & 0 & 1 & 0 \\
\hline
8 & 1 & 1 & 1 & 1 & 1 & 1 & 0 & 1
\end{array} \tag{6.26}
$$

在此例中共有 8 个要素，总共$8\times8-8=56$个关系值需要确定，其中系统分析人员只给出了$9+1=10$个关系值，其余 46 个关系值是利用“核心变换法”自动推出来的。因此，核心变换法在系统结构建模中，对于减少人机交互次数，自动消除未知元素，是非常有效的。

6.2　传递扩大法

传递扩大法是与“扩大过程”相配合的一种结构建模方法（党延忠等，1998）。这种建模方法的最大特点是不需要一次性地给出系统的全部要素，要素的获得与关系的获得是交替进行的，这两者之间对系统分析人员形成一种人机相互启发的作用，所以更适合于螺旋式的思维模式，在交替的螺旋式获取要素和关系的不断扩大过程中同时完成系统定义和结构模型的建立。

6.2.1　传递扩大问题

所谓扩大就是在现有结构模型基础上增加新的要素，使系统规模有所增加。

对于一个已知结构模型的系统进行扩大，即增加一个新要素之后，就需要确定新要素与其他所有要素之间的关系。当然，可以把新要素与其他所有要素一个一个地成对进行考察。若系统有 n 个要素，那么需要给出 $(2\times n)$ 个关系值。当 n 很大时，这种成对地考察是不胜其烦的。况且，更重要的事实是：人不一定能够给出或者一次性地给出全部的 $(2\times n)$ 个关系值，这样就有可能致使结构建模过程不能进行下去。

那么，如何根据每次输入的少量关系值，通过逻辑推理求出新要素与其他所有要素的关系值，从而得到新系统的结构模型呢？这就是所谓的扩大问题。如果原系统的结构模型和增加新要素之后新系统的结构模型都用可达矩阵表示，这个问题就称为传递扩大问题。传递扩大法就是通过解决传递扩大问题进而解决扩大问题的一种行之有效的结构建模方法。

设系统 $S=\{s_1,s_2,\cdots,s_n\}$ 有 n 个要素，并记下标集合 $N_S=\{1,2,\cdots,i,\cdots,n\}$，则

$$
M=\begin{bmatrix} m_{11} & m_{12} & \cdots & m_{1n} \\ m_{21} & m_{22} & \cdots & m_{2n} \\ \vdots & \vdots & & \vdots \\ m_{n1} & m_{n2} & \cdots & m_{nn} \end{bmatrix} \tag{6.27}
$$

为系统 S 的可达矩阵；

$$M_x^E = \left[\begin{array}{cccc|c} m_{11} & m_{12} & \cdots & m_{1n} & x_{1(n+1)} \\ m_{21} & m_{22} & \cdots & m_{2n} & x_{2(n+1)} \\ \vdots & \vdots & & \vdots & \vdots \\ m_{n1} & m_{n2} & \cdots & m_{nn} & x_{n(n+1)} \\ \hline x_{(n+1)1} & x_{(n+1)2} & \cdots & x_{(n+1)n} & m_{(n+1)(n+1)} \end{array}\right] \tag{6.28}$$

是在系统中增加一个要素之后的关系矩阵，其中 $\forall x_{(n+1)i} = -1, \forall x_{i(n+1)} = -1$ 。记

$$X = \begin{bmatrix} x_{(n+1)1} & x_{(n+1)2} & \cdots & x_{(n+1)n} \end{bmatrix} \tag{6.29}$$

$$Y = \begin{bmatrix} x_{1(n+1)} & x_{2(n+1)} & \cdots & x_{n(n+1)} \end{bmatrix}^{\mathrm{T}} \tag{6.30}$$

称 X 和 Y 为未知向量，并注意到 $m_{(n+1)(n+1)} = 1$，则可把式（6.28）简记为

$$M_x^E = \begin{bmatrix} M & Y \\ X & 1 \end{bmatrix} \tag{6.31}$$

由此，传递扩大问题具体化为：已知 M，如何求出 X 和 Y，而使 M_x^E 成为可达矩阵。

6.2.2 扩大求解定理

定理 6.1 扩大求解定理

已知向量

$$X_C = \begin{bmatrix} m_{(n+1)1} & m_{(n+1)2} & \cdots & m_{(n+1)n} \end{bmatrix} \tag{6.32}$$

$$Y_C = \begin{bmatrix} m_{1(n+1)} & m_{2(n+1)} & \cdots & m_{n(n+1)} \end{bmatrix}^{\mathrm{T}} \tag{6.33}$$

式中，$m_{(n+1)i} \in \{0,1\}, m_{i(n+1)} \in \{0,1\}, i = 1,2,\cdots,n$，由此构成的扩大矩阵

$$M_1^E = \begin{bmatrix} M & Y_C \\ X_C & 1 \end{bmatrix} \tag{6.34}$$

是可达矩阵的充分必要条件为如下三式成立：

$$X_C = X_C M \tag{6.35}$$

$$Y_C = M Y_C \tag{6.36}$$

$$Y_C X_C \leqslant M \tag{6.37}$$

证明 根据可达矩阵的性质 $R^2 = R$ 可知：若使 M_x^E 成为可达矩阵，则需

$$\begin{bmatrix} M & Y \\ X & 1 \end{bmatrix}\begin{bmatrix} M & Y \\ X & 1 \end{bmatrix} = \begin{bmatrix} M^2 + YX & MY + Y \\ XM + X & XY + 1 \end{bmatrix} = \begin{bmatrix} M & Y \\ X & 1 \end{bmatrix} \tag{6.38}$$

分别按对应关系列出，可得四个方程如下：

$$XM + X = X \tag{6.39}$$

$$MY + Y = Y \tag{6.40}$$

$$M^2 + YX = M \tag{6.41}$$

$$XY + 1 = 1 \tag{6.42}$$

其中，式（6.39）可简化为 $X(M + I) = X$，进一步得 $XM = X$，将 X_C 代入即可得式（6.35）；同理可证式（6.36）；因 M 是可达矩阵，有 $M^2 = M$，且式（6.41）可得 $YX \leqslant M$，把 X_C 和 Y_C 代入该式即得式（6.37）；由式（6.42）可知总有 $XY \leqslant 1$ 成立，必要性得证。另外，如果 X_C

和 Y_C 满足式（6.35）～式（6.37），则由式（6.39）～式（6.42）可知 M_1^E 一定是可达矩阵。**证毕。**

从表面上看，直接求解式（6.35）～式（6.37）就可解决传递扩大问题，其实不然。原因是这三个公式是逻辑方程，不能用完全的解析方法求解，要靠人机交互的推理方法才能求解；更重要的是，直接求解的方法是一种封闭的解法，不能让人充分地发挥主观能动性，而且不能在原系统中补充新的信息。因此，本节提出一种开放的方法用以解决直接求解的弊端。

基本思路是两步求解：第一步，只求解式（6.39）和式（6.40）两个自蕴涵方程，使得人机交互过程不受任何约束地求出 X_C 和 Y_C；第二步，如果式（6.37）成立，则根据扩大求解定理可知式（6.34）就是扩大后新系统的可达矩阵，否则不是可达矩阵，也就不是新系统的结构模型。此时需用人机交互所得新信息修正 M 为 M'，使其与 X_C、Y_C 在整体上协调，从而达到使

$$M'^E = \begin{bmatrix} M' & Y_C \\ X_C & 1 \end{bmatrix} \tag{6.43}$$

为可达矩阵的目的。

该方法之所以开放，是因为既可以在第一步无约束地进行人机交互，又可以把新信息补充进原来的系统 M 之中。

6.2.3　扩大修正定理

在求出 X_C 和 Y_C 之后，如果式（6.37）不满足，则说明在 X_C 和 Y_C 中包含的新信息与蕴涵在 M 中的系统扩大前的逻辑关系发生了矛盾。由于 M 完全代表原系统的逻辑关系，而不能完全代表扩大后新系统的逻辑关系，所以发生矛盾时必须用新信息去补充和修正原有的逻辑关系，使其符合扩大后系统整体的新的逻辑关系，而不应该用老的逻辑关系限制新信息的输入。根据这样的原则，对于修正方法本节给出如下扩大修正定理。

定理 6.2　扩大修正定理

令

$$M_0 = M \tag{6.44}$$

$$N_0 = I + Y_C X_C \tag{6.45}$$

再令

$$M_k = M_{k-1} + N_{k-1} \tag{6.46}$$

$$N_k = N_{k-1}^2 \tag{6.47}$$

式中，$k \in \{1,2,\cdots\}$，那么当 $k = k_0$，$k_0 \leqslant \lceil \log_2 n+1 \rceil$ 时，对 $\forall p \in \{1,2,\cdots\}$ 一定有

$$M_{k_0+p} = M_{k_0} \tag{6.48}$$

成立。其中 $\lceil x \rceil$ 表示不大于 x 的最大整数。记 $K = \lceil \log_2 n+1 \rceil$，$n$ 是系统的要素个数。

定理 6.2 给出了用 X_C 和 Y_C 对 M 进行修正的迭代方法，包括初始设置的式（6.44）、式（6.45）和迭代修正公式的式（6.46）、式（6.47），同时还给出了迭代的最大次数 K，下面给出证明。

证明： 首先证明迭代次数 k_0 存在且小于 K。

因为

$$N_{k-1} = N_{k-2}^2 = (N_{k-3}^2)^2 = ((N_{k-4}^2)^2)^2 = \cdots = N_0^{2^{k-1}}$$
$$= (I + Y_C X_C)^{2^{k-1}} = I + Y_C X_C + (Y_C X_C)^2 + \cdots + (Y_C X_C)^{2^{k-1}} \tag{6.49}$$

是求取 $(I + Y_C X_C)$ 的传递闭包 $t(I + Y_C X_C)$ 的计算公式，由传递闭包的相关定理可知在 $2^{k-1} \leqslant n$，即 $k \leqslant \lceil \log_2 n + 1 \rceil$ 时，有 $t(I + Y_C X_C) = N_{k-1}$ 成立，此时 $k_0 = k$ 存在，且 $k_0 \leqslant K$。

再证明式（6.48）。

当 $N_{k_0-1} = t(I + Y_C X_C)$ 时，由传递闭包的性质可知：对于 $\forall p \in \{1,2,\cdots\}$ 总有

$$N_{(k_0-1)+p} = N_{k_0-1} \tag{6.50}$$

成立。根据式（6.46）和式（6.50）并考虑逻辑运算“+”的性质，有

$$\begin{aligned} M_{k_0+p} &= M_{k_0+p-1} + N_{k_0+p-1} \\ &= (M_{k_0+p-2} + N_{k_0+p-2}) + N_{k_0+p-1} \\ &\cdots \\ &= M_{k_0-1} + (N_{k_0-1} + N_{k_0} + \cdots + N_{k_0+p-1}) \\ &= M_{k_0-1} + N_{k_0-1} \\ &= M_{k_0} \end{aligned}$$

式（6.48）成立。**证毕。**

6.2.4 传递扩大定理和传递扩大法

1. 传递扩大定理

在扩大求解定理和扩大修正定理的基础上，本节进一步给出扩大后的系统关系矩阵为可达矩阵的充分必要条件。

引理 6.1　如果 X_C 和 Y_C 分别满足式（6.35）和式（6.36），那么

$$M_0(Y_C X_C)^l + (Y_C X_C)^l M_0 = (Y_C X_C)^l, l = 1,2,\cdots,2^K \tag{6.51}$$

证明

$$\begin{aligned} M_0(Y_C X_C)^l + (Y_C X_C)^l M_0 &= M_0 Y_C X_C (Y_C X_C)^{l-1} + (Y_C X_C)^{l-1} Y_C X_C M_0 \\ &= Y_C X_C (Y_C X_C)^{l-1} + (Y_C X_C)^{l-1} Y_C X_C \\ &= (Y_C X_C)^l + (Y_C X_C)^l = (Y_C X_C)^l, l = 1,2,\cdots,2^K \end{aligned}$$

由式（6.35）、式（6.36）和式（6.44）知 $M_0 Y_C = Y_C$，$X_C M_0 = X_C$。**证毕。**

引理 6.2　如果 X_C 和 Y_C 满足式（6.42），即 $X_C Y_C \leqslant 1$，那么

$$(Y_C X_C)^l Y_C \leqslant Y_C, l = 1,2,\cdots,2^K \tag{6.52}$$

$$X_C (Y_C X_C)^l \leqslant X_C, l = 1,2,\cdots,2^K \tag{6.53}$$

证明

$$(Y_C X_C)^l Y_C = Y_C (X_C Y_C)(X_C Y_C)\cdots(X_C Y_C) \leqslant Y_C, l = 1,2,\cdots,2^K$$

式中，$(X_C Y_C) \leqslant 1$。同理可证式（6.53）。**证毕。**

定理 6.3　传递扩大定理

如果 X_C 和 Y_C 满足式（6.39）和式（6.40），那么当且仅当

$$N_{k-1} \leqslant M_{k-1} \tag{6.54}$$

时，式

$$M_k^E = \begin{bmatrix} M_{k-1} & Y_C \\ X_C & 1 \end{bmatrix} \tag{6.55}$$

是扩大后新系统的可达矩阵，其中 $k \in \{1,2,\cdots,K\}$ ，此处的 M_k^E 和 M_{k-1} 分别是式（6.43）中的 M'^E 和 M' 。

证明　若证明 M_k^E 是可达矩阵，只需证明 $(M_k^E)^2 = M_k^E$ ，即下式成立即可。

$$\begin{bmatrix} M_{k-1} & Y_C \\ X_C & 1 \end{bmatrix}\begin{bmatrix} M_{k-1} & Y_C \\ X_C & 1 \end{bmatrix} = \begin{bmatrix} M_{k-1}^2 + Y_C X_C & M_{k-1}Y_C + Y_C \\ X_C M_{k-1} + X_C & X_C Y_C + 1 \end{bmatrix} = \begin{bmatrix} M_{k-1} & Y_C \\ X_C & 1 \end{bmatrix}$$

根据式（6.45）和式（6.47）易知，如下关系成立：

$$N_0 \leqslant N_1 \leqslant N_2 \leqslant \cdots \tag{6.56}$$

（1）首先证明

$$M_{k-1}Y_C + Y_C = Y_C, k \in \{1,2,\cdots,K\} \tag{6.57}$$

成立。根据式（6.44）和式（6.46）可以推得

$$M_{k-1}Y_C + Y_C = (M_0 + N_0 + N_1 + \cdots + N_{k-2})Y_C + Y_C$$

由式（6.56）可得　$= (M_0 + N_{k-2})Y_C + Y_C$

由式（6.49）可得　$= [M_0 + I + Y_C X_C + (Y_C X_C)^2 + \cdots + (Y_C X_C)^{2^{k-2}}]Y_C + Y_C$

由 $M_0 + I = M_0$ 得　$= [M_0 + Y_C X_C + (Y_C X_C)^2 + \cdots + (Y_C X_C)^{2^{k-2}}]Y_C + Y_C$

$$= M_0 Y_C + Y_C X_C Y_C + (Y_C X_C)^2 Y_C + \cdots + (Y_C X_C)^{2^{k-2}} Y_C + Y_C$$

$$= M_0 Y_C + Y_C$$

由式（6.44）、式（6.36）得 $= (M_0 + I)Y_C = M_0 Y_C = Y_C$

由引理 6.2 可知：$(Y_C X_C)^i Y_C \leqslant Y_C, i = 1,2,\cdots,2^{k-2}$ 。**证毕**。

（2）同理可证

$$X_C M_{k-1} + X_C = X_C, k \in \{1,2,\cdots,K\} \tag{6.58}$$

（3）再证

$$M_{k-1}^2 + Y_C X_C = M_{k-1} + N_{k-1}, k \in \{1, 2, \cdots, K\} \tag{6.59}$$

成立。根据式（6.44）和式（6.46）可以推得式（6.59）左侧：

$$M_{k-1}^2 + Y_C X_C = (M_0 + N_0 + N_1 + \cdots + N_{k-3} + N_{k-2})^2 + Y_C X_C$$

由式（6.56）得　$= (M_0 + N_{k-2})^2 + Y_C X_C$

由式（6.49）得　$= [M_0 + I + Y_C X_C + (Y_C X_C)^2 + \cdots + (Y_C X_C)^{2^{k-2}}]^2 + Y_C X_C$

由 $M_0 + I = M_0$ 得　$= \left[M_0 + Y_C X_C + (Y_C X_C)^2 + \cdots + (Y_C X_C)^{2^{k-2}}\right]^2 + Y_C X_C$

去平方得　$= M_0^2 + M_0(Y_C X_C) + M_0(Y_C X_C)^2 + \cdots + M_0(Y_C X_C)^{2^{k-2}}$

$$+(Y_C X_C)M_0 + (Y_C X_C)^2 + \cdots + (Y_C X_C)^{2^{k-2}} + (Y_C X_C)^{2^{k-2}+1}$$

$$+(Y_C X_C)^2 M_0 + (Y_C X_C)^3 + \cdots + (Y_C X_C)^{2^{k-2}+1} + (Y_C X_C)^{2^{k-2}+2}$$

$$+(Y_C X_C)^3 M_0 + (Y_C X_C)^4 + \cdots + (Y_C X_C)^{2^{k-2}+2} + (Y_C X_C)^{2^{k-2}+3}$$

$$+\cdots$$

$$+(Y_C X_C)^{2^{k-2}} M_0 + (Y_C X_C)^{2^{k-2}+1} + \cdots + (Y_C X_C)^{(2^{k-2}+2^{k-2})} + Y_C X_C$$

由逻辑和性质得　$= M_0^2 + M_0(Y_C X_C) + (Y_C X_C)M_0 + Y_C X_C$

$$
\begin{aligned}
&+M_0(Y_CX_C)^2+(Y_CX_C)^2M_0+(Y_CX_C)^2\\
&+M_0(Y_CX_C)^3+(Y_CX_C)^3M_0+(Y_CX_C)^3\\
&+\cdots\\
&+M_0(Y_CX_C)^{2^{k-2}}+(Y_CX_C)^{2^{k-2}}M_0+(Y_CX_C)^{2^{k-2}}\\
&+(Y_CX_C)^{2^{k-2}+1}+(Y_CX_C)^{2^{k-2}+2}+\cdots+(Y_CX_C)^{2^{k-1}}
\end{aligned}
$$

由引理 6.1 得 $=M_0+Y_CX_C+(Y_CX_C)^2+\cdots+(Y_CX_C)^{2^{k-1}}$

另外，根据式（6.44）和式（6.46）可以推得式（6.59）右侧：

$$M_{k-1}+N_{k-1}=M_0+N_0+N_1+\cdots+N_{k-2}+N_{k-1}$$

由式（6.56）得 $=M_0+N_{k-1}$

由式（6.49）得 $=M_0+I+Y_CX_C+(Y_CX_C)^2+\cdots+(Y_CX_C)^{2^{k-1}}$

由 $M_0+I=M_0$ 得 $=M_0+Y_CX_C+(Y_CX_C)^2+\cdots+(Y_CX_C)^{2^{k-1}}$

式（6.59）左侧=式（6.59）右侧。**证毕**。

（4）由于 $X_CY_C\leqslant 1$，所以恒有 $X_CY_C+1=1$。从而得

$$(M_k^E)^2=\begin{bmatrix} M_{k-1}+N_{k-1} & Y_C \\ X_C & 1 \end{bmatrix} \tag{6.60}$$

显然 $N_{k-1}\leqslant M_{k-1},k\in\{1,2,\cdots,K\}$ 是 $(M_k^E)^2=M_k^E$ 成立的充分必要条件。**证毕**。

当 $k=1$ 时，可推得 $N_0\leqslant M_0\Rightarrow I+Y_CX_C\leqslant I+M\Rightarrow Y_CX_C\leqslant M$。传递扩大定理告诉我们如何在原系统的结构模型上构筑新系统的结构模型，并提供了检验扩大后的系统关系矩阵是否为可达矩阵的判断公式（6.54），这个式子的直观意义是：M_{k-1} 中包含了 N_{k-1} 中的新信息。

2. 传递扩大法的步骤

据传递扩大定理和扩大修正定理，可以设计传递扩大法如下。

第一步：分别在 X 和 Y 中各输入一个或一个以上的关系值 1。

第二步：用辗转相乘法（见 6.4.4 节）求自蕴涵方程式（6.39）和式（6.40）。

第三步：令 $k=1$，用扩大修正定理中的式（6.44）和式（6.45）设定初值 M_0 和 N_0。

第四步：用传递扩大定理的式（6.54）进行检验。若满足则转第六步，否则到第五步。

第五步：令 $k=k+1$，利用扩大修正定理中的式（6.46）和式（6.47）进行修正，转第四步。

第六步：根据传递扩大定理的式（6.55）组成 M_k^E，结束。

6.2.5 举例

传递扩大法既可以解决对原有系统进行扩大的问题，也可以进行从一个要素开始的结构建模过程。下面从一个要素开始扩大，说明传递扩大法的应用。

***n*=1** 设已知系统 S 的某一要素，则其可达矩阵为

$$M=\begin{bmatrix}1\end{bmatrix}$$

***n*=2** 在系统中增加一个要素，并假定由系统分析人员输入 $x_{12}=1,x_{21}=0$。则关系矩阵和扩大后的可达矩阵分别是

$$M_x^E=\left[\begin{array}{c|c} 1 & x_{12} \\ \hline x_{21} & 1 \end{array}\right],\quad M_1^E=\left[\begin{array}{c|c} 1 & 1 \\ \hline 0 & 1 \end{array}\right]$$

n=3　在此基础之上，新增一个要素，其关系矩阵为

$$M_x^E=\left[\begin{array}{cc|c}1 & 1 & x_{13}\\ 0 & 1 & x_{23}\\ \hline x_{31} & x_{32} & 1\end{array}\right]$$

通过人机交互输入 $x_{32}=1,\ x_{13}=1$，求解自蕴涵方程得

$$\begin{bmatrix}-1 & 1\end{bmatrix}\begin{bmatrix}1 & 1\\ 0 & 1\end{bmatrix}\Rightarrow X_C=\begin{bmatrix}0 & 1\end{bmatrix};\quad \begin{bmatrix}1 & 1\\ 0 & 1\end{bmatrix}\begin{bmatrix}1\\ -1\end{bmatrix}\Rightarrow Y_C=\begin{bmatrix}1\\ 0\end{bmatrix}$$

用传递扩大定理验证：

$$N_0=I+Y_CX_C=\begin{bmatrix}1 & 0\\ 0 & 1\end{bmatrix}+\begin{bmatrix}1\\ 0\end{bmatrix}\begin{bmatrix}0 & 1\end{bmatrix}=\begin{bmatrix}1 & 1\\ 0 & 1\end{bmatrix}\leqslant M_0=\begin{bmatrix}1 & 1\\ 0 & 1\end{bmatrix}$$

满足式（6.54）的关系，可以组成三个要素的系统结构模型为

$$M_1^E=\left[\begin{array}{cc|c}1 & 1 & 1\\ 0 & 1 & 0\\ \hline 0 & 1 & 1\end{array}\right]$$

n=4　再新增一个要素，则系统的关系矩阵为

$$M_x^E=\left[\begin{array}{ccc|c}1 & 1 & 1 & x_{14}\\ 0 & 1 & 0 & x_{24}\\ 0 & 1 & 1 & x_{34}\\ \hline x_{41} & x_{42} & x_{43} & 1\end{array}\right]$$

通过人机交互输入 $x_{41}=1$，$x_{34}=1$，解自蕴涵方程得

$$\begin{bmatrix}1 & -1 & -1\end{bmatrix}\begin{bmatrix}1 & 1 & 1\\ 0 & 1 & 0\\ 0 & 1 & 1\end{bmatrix}\Rightarrow X_C=\begin{bmatrix}1 & 1 & 1\end{bmatrix};\quad \begin{bmatrix}1 & 1 & 1\\ 0 & 1 & 0\\ 0 & 1 & 1\end{bmatrix}\begin{bmatrix}-1\\ -1\\ 1\end{bmatrix}\Rightarrow Y_C=\begin{bmatrix}1\\ 0\\ 1\end{bmatrix}$$

用传递扩大定理检验：

$$N_0=I+Y_CX_C=\begin{bmatrix}1 & 0 & 0\\ 0 & 1 & 0\\ 0 & 0 & 1\end{bmatrix}+\begin{bmatrix}1\\ 0\\ 1\end{bmatrix}\begin{bmatrix}1 & 1 & 1\end{bmatrix}=\begin{bmatrix}1 & 1 & 1\\ 0 & 1 & 0\\ \underline{1} & 1 & 1\end{bmatrix}>M_0=\begin{bmatrix}1 & 1 & 1\\ 0 & 1 & 0\\ 0 & 1 & 1\end{bmatrix}$$

不满足式（6.54）的关系，用扩大修正定理进行修正：

$$M_1=M_0+N_0=\begin{bmatrix}1 & 1 & 1\\ 0 & 1 & 0\\ \underline{0} & 1 & 1\end{bmatrix}+\begin{bmatrix}1 & 1 & 1\\ 0 & 1 & 0\\ \underline{1} & 1 & 1\end{bmatrix}=\begin{bmatrix}1 & 1 & 1\\ 0 & 1 & 0\\ \underline{1} & 1 & 1\end{bmatrix}$$

易验证修正后满足 $N_1=N_0^2\leqslant M_1$。根据式（6.55），组成四个要素的系统结构模型为

$$M_2^E=\left[\begin{array}{ccc|c}1 & 1 & 1 & 1\\ 0 & 1 & 0 & 0\\ 1 & 1 & 1 & 1\\ \hline 1 & 1 & 1 & 1\end{array}\right]$$

很容易检验修正后的 M_2^E 是可达矩阵，而修正前的 M_1^E 不是可达矩阵。

按照上述方法可以不断地扩大下去。

6.3 间接关系法

6.3.1 间接关系法基本思路

间接关系法也是一种逻辑加直觉的结构建模方法，需要把计算机的逻辑计算能力与人的经验、知识以及直觉能力结合起来，充分发挥人、机的各自优势，共同完成结构建模任务。

基本思路：从系统的初始邻接矩阵开始，利用邻接矩阵计算要素之间的 2 步间接关系、3 步间接关系，直至 $n-1$ 步间接关系，并把这些间接“关系”作为提问的“启发性信息”，请分析人员根据观察、分析、讨论乃至经验、知识和直觉对提问进行确认。如果确认为“有关系”，则在系统结构模型中添加这个关系；否则确认为“没关系”，则不添加。

这是一种启发式建模方法。由于启发所使用的信息来自于间接矩阵中表示“有关系”的元素 1，因此把这种启发式方法称为间接关系法。在这种方法中，逻辑部分由计算机承担，直觉部分由人承担，并由人最终确定是否有关系，因此是一种“人机结合以人为主”的算法。

系统中的要素关系有直接和间接之分，直接关系由邻接矩阵表示，其中的每一个为 1 的元素都表示要素之间的关系是直接关系。间接关系指系统要素 a_i 到 a_j 之间需要通过其他要素 a_l 才能联系起来的关系结构，是指系统结构中 2 步以上的关系路径。

表示间接结构的矩阵称为间接矩阵。间接矩阵的特点是：矩阵中所有为 1 的元素，只表示间接关系，不表示直接关系。

对于 n 阶邻接矩阵而言，定义 k 步间接矩阵如下：

$$R^k = \left[r_{ij}^k \right]$$

$$r_{ij}^k = \begin{cases} 1, & \text{当 } a_i R^k a_j \\ 0, & \text{当 } a_i \overline{R^k} a_j \end{cases}$$

式中，R^k 表示 k 步间接矩阵；r_{ij}^k 表示 k 步间接关系，$r_{ij}^k = 1$ 说明要素 a_i 到要素 a_j 之间有 k 步间接关系，$r_{ij}^k = 0$ 说明要素 a_i 到要素 a_j 之间没有 k 步间接关系，但不一定没有其他步数的关系（自回路、邻接关系、$k \pm x$ 步间接关系）。

$$1 < k \leqslant n-1$$

k 步间接矩阵可以利用邻接矩阵进行计算。

6.3.2 算法流程图

间接关系法流程图如图 6.4 所示。图中，k 是循环变量，同时也表示间接关系的步长；R_k 表示第 k 次修改后的新邻接矩阵；R_I 表示减去单位矩阵 I 的邻接矩阵。

$R_I{}^k$ 表示包含 k 步间接关系的混合矩阵，所谓混合是指两个方面：其中既有邻接关系（直接关系），也有 k 步间接关系；二是在间接关系中，既有新算出来的间接关系，又有原来邻接矩阵中就已经存在的 k 步关系，但这个 k 步也是直接关系，比如从要素 a_i 到要素 a_j 之间有 k 步的通路，也有从要素 a_i 到要素 a_j 的直接通路，这个直接通路并不是间接关系，而是在建立邻接矩阵时直接建立的关系，如图 6.5 所示。

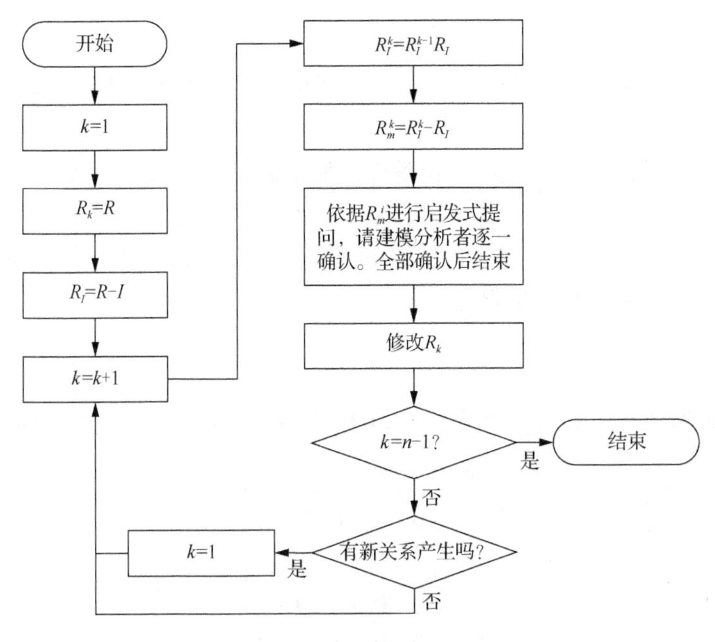

图 6.4　间接关系法流程图

从结点 1 到结点 4 有一条 1→2→3→4 的间接通路，但是 1→4 也有一条直接的通路，而这条通路不是因为有了前一条即 1→2→3→4 而虚拟出来的，而是建立结构模型时真实存在的直接关系。这与计算出来的可达关系是不同的。比如 1→4 原本不存在，如图 6.6 所示。

通过计算得到一个结果：1→4 是可达的。但是这个“可达”与真实存在是有本质区别的。此种情况下，我们就需要请系统分析人员确认“1→4 是否有真实的关系”，结果有两种：有关系和无关系。对于前者，就需要在系统结构中添加一个“新关系”，对于后者则不需要添加。图 6.6 是邻接关系，它的 3 步间接关系如图 6.7 所示，为了突出这条需要被确认的关系，把其他关系都删除了。这条 1→4 的关系恰恰是由计算机算出来的，对人起到启发作用的关系，也就是说“这个关系是可能存在的，您是否再确认一下？”

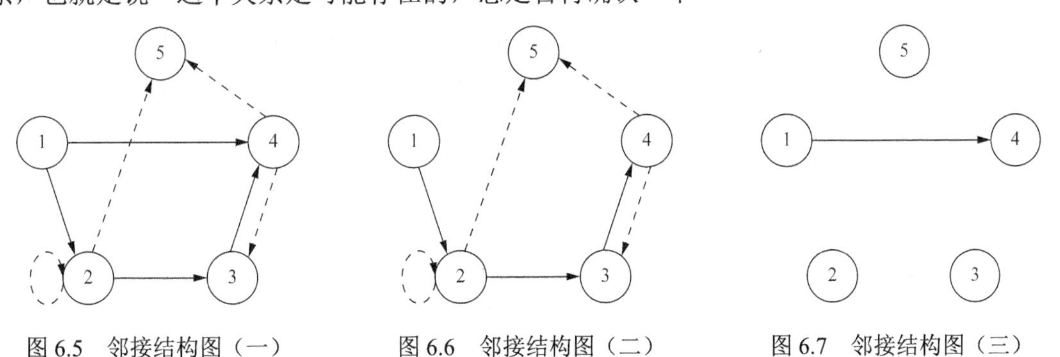

图 6.5　邻接结构图（一）　图 6.6　邻接结构图（二）　图 6.7　邻接结构图（三）

$R_I{}^k$ 是去掉单位矩阵的 R_I 的邻接矩阵的 k 次方，为什么要从初始邻接矩阵中减去单位矩阵，从对应的结构图可见，减去单位矩阵之后得到的是一个没有自回路的结构图。因为在计算间接关系时，自回路可以无限次地循环，影响真实的路径长度，所以在计算 $R_I{}^k$ 之前要把邻接矩阵 R 中的自回路删除，变成不包含自回路的邻接矩阵 R_I。

但是，由于 $R_I{}^k$ 中还包含 R_I，因此还需要从 $R_I{}^k$ 中减去 R_I，即 $R_m^k = R_I{}^k - R_I$，其中的元素 1

都表示 k 步间接关系。

计算机根据 R_m^k 的元素 1 进行启发式提问，系统分析人员来确认回答，进而修改邻接矩阵，完善结构模型。

因为 $k \leqslant n-1$，是间接关系法的终止条件，如果满足了则方法流程结束。否则，每当有新的关系产生之后，都需要重新计算 2 步间接矩阵，这是因为新关系的加入可能产生新的 k 步间接关系。因此需要重新计算，则重新赋值 $k=1$ 计算 2 步间接关系。如果没有新关系产生，则 $k=k+1$，计算下一步的间接矩阵。

6.3.3　举例

下面以图 6.8 为例，用邻接矩阵求长度为 2 步间接矩阵。其邻接矩阵为

$$R=\begin{bmatrix}0&1&1&0&0\\0&1&1&0&1\\0&0&0&1&0\\0&0&1&0&1\\0&0&0&0&0\end{bmatrix}$$

1. 第一轮循环：计算 2 步间接矩阵

第一步：删除自回路。

因为自回路可以在原地无限循环，可以构造出无限步骤的间接关系，不是真正的间接关系。

在结构图中删除自回路，同时从邻接矩阵 R 中减去单位矩阵 I，得到没有自回路的结构图，如图 6.9 所示。为了方便观察，在图 6.9 的结点 2 上用虚线画出被删除的自回路。

$$R_I=R-I=\begin{bmatrix}0&1&1&0&0\\0&1&1&0&1\\0&0&0&1&0\\0&0&1&0&1\\0&0&0&0&0\end{bmatrix}-\begin{bmatrix}1&0&0&0&0\\0&1&0&0&0\\0&0&1&0&0\\0&0&0&1&0\\0&0&0&0&1\end{bmatrix}=\begin{bmatrix}0&1&1&0&0\\0&0&1&0&1\\0&0&0&1&0\\0&0&1&0&1\\0&0&0&0&0\end{bmatrix}$$

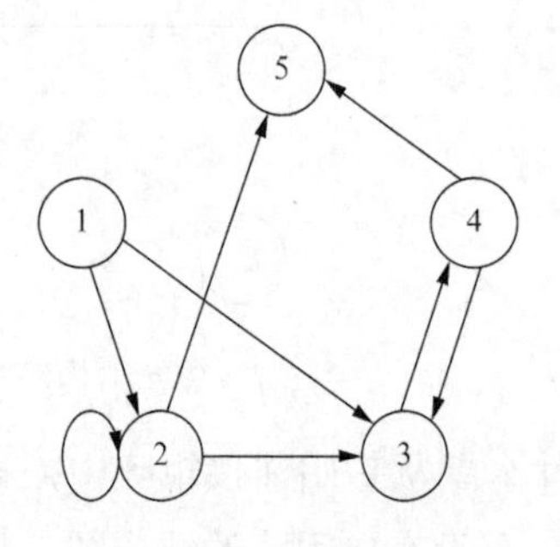

图 6.8　初始邻接结构图

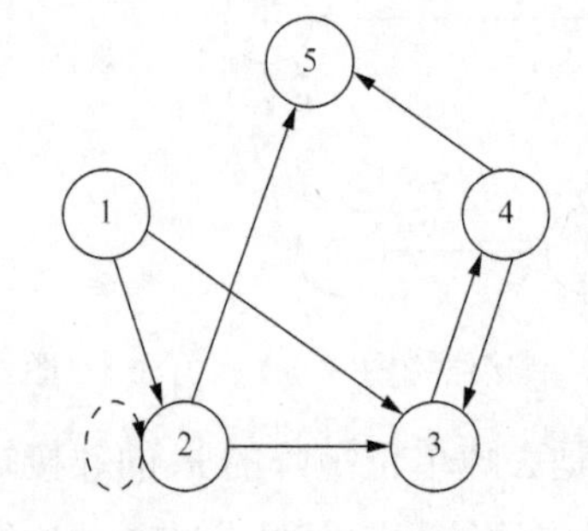

图 6.9　删除自回路的邻接结构图

第二步：计算 2 步混合矩阵。

所谓混合矩阵是指其中既有表示直接关系的元素 1，也有表示间接关系的元素 1。

$$R_I^2=(R-I)^2=\begin{bmatrix}0&1&1&0&0\\0&0&1&0&1\\0&0&0&1&0\\0&0&1&0&1\\0&0&0&0&0\end{bmatrix}\begin{bmatrix}0&1&1&0&0\\0&0&1&0&1\\0&0&0&1&0\\0&0&1&0&1\\0&0&0&0&0\end{bmatrix}=\begin{bmatrix}0&0&1&1&1\\0&0&0&1&0\\0&0&1&0&1\\0&0&0&1&0\\0&0&0&0&0\end{bmatrix}$$

R_I^2 是一个混合矩阵，其中既有直接关系又有 2 步间接关系，比如 1→3 有两个含义，一是表示直接关系，二是也表示 1→2→3，表明这个关系是邻接矩阵中原有的关系。为了建模需要把已经存在的关系去掉，只剩下为了提醒建模分析人员的新关系。因此，需要把邻接矩阵中原有的关系从 2 步混合矩阵中排除，即从 R_I^2 中减去邻接矩阵，只剩下“是否应该有关系？”的虚拟关系，作为启发式提问使用。

第三步：计算 2 步间接矩阵。

$$R_I^2-R=\begin{bmatrix}0&0&1&1&1\\0&0&0&1&0\\0&0&1&0&1\\0&0&0&1&0\\0&0&0&0&0\end{bmatrix}-\begin{bmatrix}0&1&1&0&0\\0&1&1&0&1\\0&0&0&1&0\\0&0&1&0&1\\0&0&0&0&0\end{bmatrix}=\begin{bmatrix}0&0&0&1&1\\0&0&0&1&0\\0&0&1&0&1\\0&0&0&1&0\\0&0&0&0&0\end{bmatrix}$$

矩阵 R_I^2-R 中的元素 1 表示所有新“产生的”2 步间接关系，是在结构建模时用于计算机向建模分析人员进行启发性提问的“逻辑”基础，计算机程序可以依据 R_I^2-R 中的元素 1 发出类似于“此处是否有关系？”的提问，以便于启发建模分析人员的经验和直觉。

矩阵 R_I^2-R 中既不包含邻接矩阵中已有的直接关系，也不包括原有的 2 步可达关系，比如 1→3 是 1→2→3 的可达关系，在邻接矩阵 R 中已经存在，不需要对此进行再提问。因此，进一步建模时计算机不用再向建模分析人员启发性地提问“1→3 是否有关系？”了。

R_I^2-R 中有六个元素 1，分别是 1→4、1→5、2→4、3→5、3→3 和 4→4。对应的结构图如图 6.10 所示。

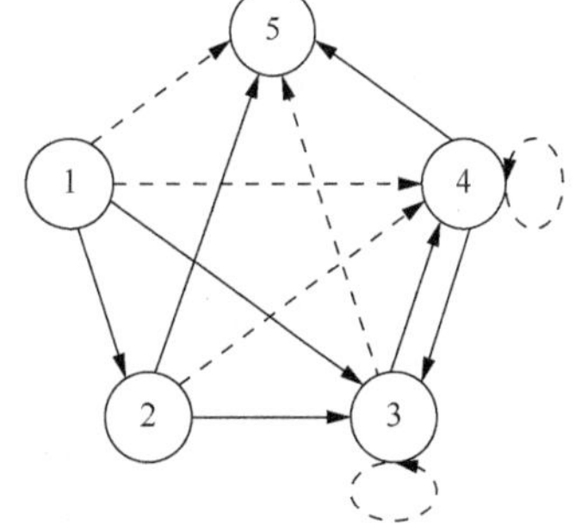

图 6.10　间接关系结构图（2 步）

第四步：启发式提问。

注意：这些关系不是邻接矩阵中已经存在的关系，但是存在着可到达的路径。在系统分析时，可能会问：“既然有相通的路径，难道没有直接关系吗？”。这样的问题可以启发系统分析人员进行思考并确定“有”或者“无”，从而更加明确了关系。这是一个“启发式”算法，不仅对人有启发作用，可以引起进一步的深入思考，也可以为计算机编制启发性算法程序，甚至作为一种智能性程序为系统分析提供决策支持。

本例中，有六条虚线箭头，表示了这六条虚线箭头是可以作为启发式提问的依据，其内涵是“这里可能还有关系，请您确认”的意思。

建模分析人员根据自己的观察、经验和直觉对这六条虚线箭头进行确认，有两种情况：一种是确定六条箭头中的某一个“有关系”，则在邻接矩阵中相应的位置添加元素 1，在结构图中对应的两个结点之间添加一条箭头；否则确定为“没关系”，则在邻接矩阵中的 0 保持不变，删除结构图中对应的虚线。

如果六条箭头中有些被确认为“有关系”，则邻接矩阵变为新的邻接矩阵，建模过程返回到“第一轮循环：计算 2 步间接矩阵”；否则，建模过程继续“第二轮循环：计算 3 步间接矩阵”。退出规则：如果$k \geqslant n-1$，建模过程结束。

比如 2→4、4→4 被确认为“有关系”，邻接矩阵由R变为

$$R=\begin{bmatrix}0&1&1&0&0\\0&1&1&0&1\\0&0&0&1&0\\0&0&1&0&1\\0&0&0&0&0\end{bmatrix}\rightarrow\begin{bmatrix}0&1&1&0&0\\0&1&1&1&1\\0&0&0&1&0\\0&0&1&1&1\\0&0&0&0&0\end{bmatrix}$$

则转回到“第一轮循环：计算 2 步间接矩阵”，重新计算 2 步间接矩阵。

否则，在本例中，假设六条箭头都被确认为“没关系”，则邻接矩阵R和结构图 6.8 都没有变化。

由于本例中$n=5$，$2<(5-1=4)$，还可以继续求取 3 步和 4 步间接关系。

建模流程进入“第二轮循环：计算 3 步间接矩阵”。

2. 第二轮循环：计算 3 步间接矩阵

第一步：删除自回路。

$$R_I=R-I=\begin{bmatrix}0&1&1&0&0\\0&1&1&0&1\\0&0&0&1&0\\0&0&1&0&1\\0&0&0&0&0\end{bmatrix}-\begin{bmatrix}1&0&0&0&0\\0&1&0&0&0\\0&0&1&0&0\\0&0&0&1&0\\0&0&0&0&1\end{bmatrix}=\begin{bmatrix}0&1&1&0&0\\0&0&1&0&1\\0&0&0&1&0\\0&0&1&0&1\\0&0&0&0&0\end{bmatrix}$$

第二步：计算 3 步混合矩阵。

$$R_I^3=(R-I)^3=\begin{bmatrix}0&0&1&1&1\\0&0&0&1&0\\0&0&1&0&1\\0&0&0&1&0\\0&0&0&0&0\end{bmatrix}\begin{bmatrix}0&1&1&0&0\\0&0&1&0&1\\0&0&0&1&0\\0&0&1&0&1\\0&0&0&0&0\end{bmatrix}=\begin{bmatrix}0&0&1&1&1\\0&0&1&0&1\\0&0&0&1&0\\0&0&1&0&1\\0&0&0&0&0\end{bmatrix}$$

第三步：计算 3 步间接矩阵。

$$R_I^3-R=\begin{bmatrix}0&0&1&1&1\\0&0&1&0&1\\0&0&0&1&0\\0&0&1&0&1\\0&0&0&0&0\end{bmatrix}-\begin{bmatrix}0&1&1&0&0\\0&1&1&0&1\\0&0&0&1&0\\0&0&1&0&1\\0&0&0&0&0\end{bmatrix}=\begin{bmatrix}0&0&0&1&1\\0&0&0&0&0\\0&0&0&0&0\\0&0&0&0&0\\0&0&0&0&0\end{bmatrix}$$

根据 3 步间接矩阵可以画出 3 步间接结构图，如图 6.11 所示。

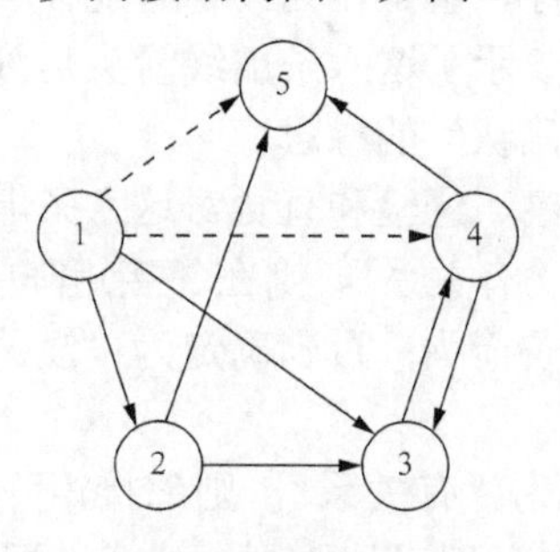

图 6.11　间接关系结构图（3 步）

由图 6.11 可见，1→5 有一个三阶段的间接路径：1→3→4→5。1→4 之间也有一个三阶段的间接路径：1→2→3→4。

第四步：启发式提问。

只对 1→4 和 1→5 进行提问，并确认即可。

如果两条虚线箭头中有些被确认为“有关系”，则邻接矩阵变为新的邻接矩阵，建模过程返回到“第一轮循环：计算 2 步间接矩阵”；否则，建模过程继续“第三轮循环：计算 4 步间接矩阵”。退出规则：如果$k \geqslant n-1$，建模过程结束。

比如 1→4 被确认为“有关系”，邻接矩阵由 R 变为

$$R=\begin{bmatrix}0&1&1&0&0\\0&1&1&0&1\\0&0&0&1&0\\0&0&1&0&1\\0&0&0&0&0\end{bmatrix}\to\begin{bmatrix}0&1&1&1&0\\0&1&1&1&1\\0&0&0&1&0\\0&0&1&1&1\\0&0&0&0&0\end{bmatrix}$$

则，转回到“第一轮循环：计算 2 步间接矩阵”，重新计算 2 步间接矩阵。

否则，在本例中，假设两条虚线箭头都被确认为“没关系”，则邻接矩阵 R 和结构图 6.8 都没有变化。同样，由于本例子$n=5$，$3<(5-1=4)$，还可以继续求取 4 步间接关系。

建模进程进入“第三轮循环：计算 4 步间接矩阵”。

3. 第三轮循环：计算 4 步间接矩阵

第一步：删除自回路。

$$R_I=R-I=\begin{bmatrix}0&1&1&0&0\\0&1&1&0&1\\0&0&0&1&0\\0&0&1&0&1\\0&0&0&0&0\end{bmatrix}-\begin{bmatrix}1&0&0&0&0\\0&1&0&0&0\\0&0&1&0&0\\0&0&0&1&0\\0&0&0&0&1\end{bmatrix}=\begin{bmatrix}0&1&1&0&0\\0&0&1&0&1\\0&0&0&1&0\\0&0&1&0&1\\0&0&0&0&0\end{bmatrix}$$

第二步：计算 3 步混合矩阵。

$$R_I^4=(R-I)^4=\begin{bmatrix}0&0&1&1&1\\0&0&1&0&1\\0&0&0&1&0\\0&0&1&0&1\\0&0&0&0&0\end{bmatrix}\begin{bmatrix}0&1&1&0&0\\0&0&1&0&1\\0&0&0&1&0\\0&0&1&0&1\\0&0&0&0&0\end{bmatrix}=\begin{bmatrix}0&0&1&1&1\\0&0&0&1&0\\0&0&0&1&0\\0&0&1&0&1\\0&0&0&0&0\end{bmatrix}$$

第三步：计算 3 步间接矩阵。

$$R_I^4-R=\begin{bmatrix}0&0&1&1&1\\0&0&0&1&0\\0&0&0&1&0\\0&0&1&0&1\\0&0&0&0&0\end{bmatrix}-\begin{bmatrix}0&1&1&0&0\\0&1&1&0&1\\0&0&0&1&0\\0&0&1&0&1\\0&0&0&0&0\end{bmatrix}=\begin{bmatrix}0&0&0&1&1\\0&0&0&1&0\\0&0&0&0&0\\0&0&0&0&0\\0&0&0&0&0\end{bmatrix}$$

根据 4 步间接矩阵 $R_I^4 - R$ 可以画出 4 步间接结构图，如图 6.12 所示。

由图 6.12 可见，有三个 4 步间接关系，依次为 1→5，1→4 和 2→4。

第四步：启发式提问。

只对 1→4 和 1→5 进行提问，并确认即可。

如果两条虚线箭头中有些被确认为“有关系”，则邻接矩阵 R 变为新的邻接矩阵；否则邻接矩阵不变。退出规则：由于 $4=(5-1=4)$，建模过程结束。

显然，1→5 在 2 步间接关系、3 步间接关系的启发式提问中已经被提及两次，为了提高建模效率，可以简化计算机的启发式提问，但是由于人类思维的不确定性和反复性特点，可以不简化，每次都提问直到建模过程全部结束为止。

假设，2→4 和 1→5 在启发性提问之后，都被建模分析人员确认为“有关系”，1→4 被确认为“无关系”，则邻接矩阵变为

$$R=\begin{bmatrix} 0 & 1 & 1 & 0 & 0 \\ 0 & 1 & 1 & 0 & 1 \\ 0 & 0 & 0 & 1 & 0 \\ 0 & 0 & 1 & 0 & 1 \\ 0 & 0 & 0 & 0 & 0 \end{bmatrix} \to \begin{bmatrix} 0 & 1 & 1 & 0 & 1 \\ 0 & 1 & 1 & 1 & 1 \\ 0 & 0 & 0 & 1 & 0 \\ 0 & 0 & 1 & 0 & 1 \\ 0 & 0 & 0 & 0 & 0 \end{bmatrix}$$

可见，系统结构即邻接矩阵与建模之前多了两个关系，这是“逻辑加直觉”共同完成的。新的系统结构图如图 6.13 所示。

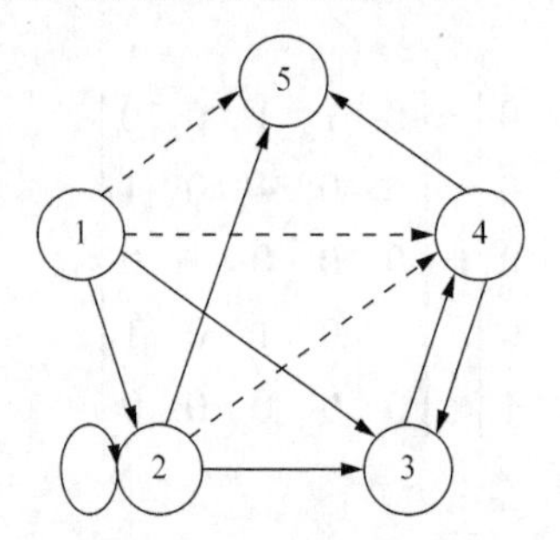

图 6.12　间接关系结构图（4 步）

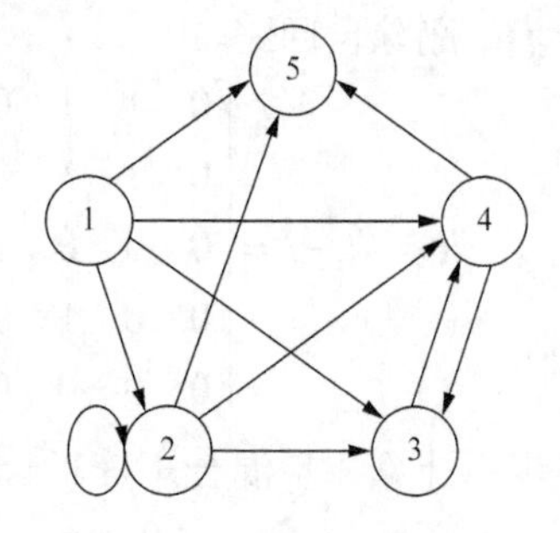

图 6.13　新的系统结构图

第五步：循环结束。

根据间接关系法流程图（图 6.4）可知，如果系统分析人员人为地添加了一个关系，本质上“破坏”了结构模型的现有逻辑，因此此时需要返回到前边按照新的逻辑找出后续的逻辑关系。这种情况并不复杂，本例中没有给出具体示例。

间接关系法是一种最容易理解的结构建模方法，不需要复杂的逻辑推导和证明，简单实用。

6.4　自蕴涵方程求解的辗转相乘法

自蕴涵方程是结构建模中非常重要的逻辑方程。它具有如下的形式：

$$XA + BX = X \tag{6.61}$$

式中，A 是 $m \times m$ 型可达矩阵；B 是 $n \times n$ 型可达矩阵；X 是 $n \times m$ 型未知矩阵。

自蕴涵方程由于其本身的特性所致，以往的求解方法基本上是试探法，没有十分有效的求解方法。辗转相乘法从新的角度出发，认为自蕴涵方程具有“主观”和“客观”两方面特性，这说明方程的求解不能只靠方程中包含的逻辑成分，还必须把逻辑与直觉有机地融合起来。从而把试探过程变成了有效的人机交互与逻辑计算相结合的求解过程。

6.4.1　变形定理

把式（6.61）中的 A 写成

$$A=[A_1 \quad A_2 \quad \cdots \quad A_m] \tag{6.62}$$

式中，$A_j=[a_{1j} \quad a_{2j} \quad \cdots \quad a_{mj}]^{\mathrm{T}}, j=1,2,\cdots,m$。$A$ 是可达矩阵，所以

$$A=I_A+A' \tag{6.63}$$

$$I_A=\begin{bmatrix} a_{11} & 0 & \cdots & 0 \\ 0 & a_{22} & \cdots & 0 \\ \vdots & \vdots & & \vdots \\ 0 & 0 & \cdots & a_{mm} \end{bmatrix}, a_{ii}=1, i=1,2,\cdots,m\text{；}\quad A'=\begin{bmatrix} 0 & a_{12} & a_{13} & \cdots & a_{1m} \\ a_{21} & 0 & a_{23} & \cdots & a_{2m} \\ a_{31} & a_{32} & 0 & \cdots & a_{3m} \\ \vdots & \vdots & \vdots & & \vdots \\ a_{m1} & a_{m2} & a_{m3} & \cdots & 0 \end{bmatrix}$$

把式（6.61）中的 B 写成

$$B=[B_1 \quad B_2 \quad \cdots \quad B_n] \tag{6.64}$$

式中，$B_j=[b_{1j} \quad b_{2j} \quad \cdots \quad b_{nj}]^{\mathrm{T}}, j=1,2,\cdots,n$。$B$ 也是可达矩阵，所以

$$B=I_B+B' \tag{6.65}$$

$$I_B=\begin{bmatrix} b_{11} & 0 & \cdots & 0 \\ 0 & b_{22} & \cdots & 0 \\ \vdots & \vdots & & \vdots \\ 0 & 0 & \cdots & b_{nn} \end{bmatrix}, b_{ii}=1, i=1,2,\cdots,n\text{；}\quad B'=\begin{bmatrix} 0 & b_{12} & b_{13} & \cdots & b_{1n} \\ b_{21} & 0 & b_{23} & \cdots & b_{2n} \\ b_{31} & b_{32} & 0 & \cdots & b_{3n} \\ \vdots & \vdots & \vdots & & \vdots \\ b_{n1} & b_{n2} & b_{n3} & \cdots & 0 \end{bmatrix}$$

定理 6.4　变形定理 1

如果把式（6.61）中的 X 按照下式的方式进行重新编号，但每个元素的位置不变：

$$X=\begin{bmatrix} x_1 & x_{n+1} & x_{2n+1} & \cdots & x_{(m-1)n+1} \\ x_2 & x_{n+2} & x_{2n+2} & \cdots & x_{(m-1)n+2} \\ \vdots & \vdots & \vdots & & \vdots \\ x_n & x_{n+n} & x_{2n+1} & \cdots & x_{(m-1)n+n} \end{bmatrix} \tag{6.66}$$

那么式（6.61）所示的自蕴涵方程可以变形为

$$C\overline{X}=\overline{X} \tag{6.67}$$

式中，$\overline{X}=[x_1 \quad x_2 \quad \cdots \quad x_n \quad x_{n+1} \quad x_{n+2} \quad \cdots \quad x_{n+n} \quad \cdots \quad x_{(m-1)n+1} \quad x_{(m-1)n+2} \quad \cdots \quad x_{(m-1)n+n}]^{\mathrm{T}}$ 是 $n\times m$ 维列向量，元素的下标集合记为 $\mathrm{NM}=\{1,2,\cdots,nm\}$；

$$C=\begin{bmatrix} a_{11}B & a_{21}I_B & a_{31}I_B & \cdots & a_{m1}I_B \\ a_{12}I_B & a_{22}B & a_{32}I_B & \cdots & a_{m2}I_B \\ \vdots & \vdots & \vdots & & \vdots \\ a_{1m}I_B & a_{2m}I_B & a_{3m}I_B & \cdots & a_{mm}B \end{bmatrix} \tag{6.68}$$

是 $nm\times nm$ 布尔矩阵。C 中各子矩阵前面的系数都是 A 的元素，而且与 A^{T} 是完全一致的。因此，根据 A 和 B 很容易构造 C。本节把式（6.67）称为变形方程，把 C 称为推理矩阵。

证明　把式（6.66）写成

$$X=[X_1\quad X_2\quad \cdots\quad X_m] \tag{6.69}$$

式中，$X_j=[x_{(j-1)n+1}\quad x_{(j-1)n+2}\quad \cdots\quad x_{(j-1)n+n}]^{\mathrm{T}}, j=1,2,\cdots,m$，则式（6.61）可以改写成

$$X[A_1\quad A_2\quad \cdots\quad A_m]+B[X_1\quad X_2\quad \cdots\quad X_m]=[X_1\quad X_2\quad \cdots\quad X_m] \tag{6.70}$$

按对应关系可以写成

$$\left.\begin{array}{l} XA_1+BX_1=X_1 \\ XA_2+BX_2=X_2 \\ \cdots \\ XA_j+BX_j=X_j \\ \cdots \\ XA_m+BX_m=X_m \end{array}\right\} \tag{6.71}$$

式中，

$$\begin{aligned} XA_j &= [X_1\quad X\quad \cdots\quad X_j\quad \cdots\quad X_m][a_{1j}\quad a_{2j}\quad \cdots\quad a_{jj}\quad \cdots\quad a_{mj}]^{\mathrm{T}} \\ &= a_{1j}X_1+a_{2j}X_2+\cdots+a_{jj}X_j+\cdots+a_{mj}X_m \end{aligned} \tag{6.72}$$

因为 $a_{ij}X_i=a_{ij}I_BX_i$，代入式（6.72），再把式（6.72）代入式（6.71），得

$$\left.\begin{array}{l} a_{11}I_BX_1+a_{21}I_BX_2+\cdots+a_{j1}I_BX_j+\cdots+a_{m1}I_BX_m+BX_1=X_1 \\ a_{12}I_BX_1+a_{22}I_BX_2+\cdots+a_{j2}I_BX_j+\cdots+a_{m2}I_BX_m+BX_2=X_2 \\ \cdots \\ a_{1j}I_BX_1+a_{2j}I_BX_2+\cdots+a_{jj}I_BX_j+\cdots+a_{mj}I_BX_m+BX_j=X_j \\ \cdots \\ a_{1m}I_BX_1+a_{2m}I_BX_2+\cdots+a_{jm}I_BX_j+\cdots+a_{mm}I_BX_m+BX_m=X_m \end{array}\right\} \tag{6.73}$$

注意到 $a_{jj}=1$，$a_{jj}I_BX_j=I_BX_j$，又因为 B 是可达矩阵，所以 $I_BX_j+BX_j=(I_B+B)X_j=BX_j$；同理有 $BX_j=a_{jj}BX_j$，代入式（6.73），并整理成式（6.74），再写成矩阵形式如式（6.75）。

$$\left.\begin{array}{l} a_{11}BX_1+a_{21}I_BX_2+\cdots+a_{m1}I_BX_m=X_1 \\ a_{12}I_BX_1+a_{22}BX_2+\cdots+a_{m2}I_BX_m=X_2 \\ \cdots \\ a_{1j}I_BX_1+a_{2j}I_BX_2+\cdots+a_{mj}I_BX_m=X_j \\ \cdots \\ a_{1m}I_BX_1+a_{2m}I_BX_2+\cdots+a_{mm}BX_m=X_m \end{array}\right\} \tag{6.74}$$

$$\begin{bmatrix} a_{11}B & a_{21}I_B & \cdots & a_{m1}I_B \\ a_{12}I_B & a_{22}B & \cdots & a_{m2}I_B \\ \vdots & \vdots & & \vdots \\ a_{1m}I_B & a_{2m}I_B & \cdots & a_{mm}B \end{bmatrix}\begin{bmatrix} X_1 \\ X_2 \\ \vdots \\ X_m \end{bmatrix}=\begin{bmatrix} X_1 \\ X_2 \\ \vdots \\ X_m \end{bmatrix} \tag{6.75}$$

系数矩阵就是推理矩阵 C，变量向量就是 $\overline{X}$，即式（6.67）成立。**证毕。**

变形定理说明式（6.67）与式（6.61）是同解方程。因此，在后面只针对式（6.67）讨论

自蕴涵方程的求解问题。

定理 6.5　变形定理 2

如果式（6.61）中 B 的维数 $n=1$，即 $B=1$ 时 X 变为 m 维行向量，式（6.61）所示的自蕴涵方程可变为

$$XA = X \tag{6.76}$$

证明　如果 $B=1$，则 $I_B=1$。由式（6.68）可知 $C=A^{\mathrm{T}}$，又由于 X 是行向量，所以 $\overline{X}=X^{\mathrm{T}}$。代入式（6.67），可得 $A^{\mathrm{T}}X^{\mathrm{T}}=X^{\mathrm{T}}$，两边做转置即得。**证毕**。

定理 6.6　变形定理 3

如果式（6.61）中 A 的维数 $m=1$，即 $A=1$ 时 X 变为 n 维列向量，式（6.61）所示的自蕴涵方程可变为

$$BX = X \tag{6.77}$$

证明　如果 $A=1$，由式（6.68）可知 $C=B$，又由于 X 是列向量，所以 $\overline{X}=X$。代入式（6.67），可得 $BA=X$。**证毕**。

变形定理的重要性在于通过“变形”可以使自蕴涵方程的求解从逻辑推理转化为逻辑运算，从而简化求解过程并进一步构造有效的人机交互策略和求解算法。

6.4.2　求解定理

1. 主观性和客观性

推理矩阵 C 具有如下特性。

性质 6.1　C 是自反的。

证明　因为 A 是自反的，B 也是自反的，根据 C 的构造方法可知 $c_{kk}=a_{ii}b_{jj},\forall k\in \mathrm{NM}$，$\forall i\in M,\forall j\in N$，$M$ 是 A 的下标集合，N 是 B 的下标集合，而 $a_{ii}=1,b_{jj}=1$，所以 $c_{kk}=1$，$\forall k\in \mathrm{NM}$。**证毕**。

性质 6.2　C 是非对称的。

证明　因为 A、B 都是非对称的，根据 C 的构造方法可知 C 也是非对称的。**证毕**。

根据性质 6.1 和关系矩阵“+”的定义，可把推理矩阵 C 写为

$$C = I_C + C' \tag{6.78}$$

$$I_C=\begin{bmatrix} c_{11} & 0 & \cdots & 0 \\ 0 & c_{22} & \cdots & 0 \\ \vdots & \vdots & & \vdots \\ 0 & 0 & \cdots & c_{(nm)(nm)} \end{bmatrix}, c_{ii}=1, i=1,2,\cdots,nm;\quad C'=\begin{bmatrix} 0 & c_{12} & \cdots & c_{1(nm)} \\ c_{21} & 0 & \cdots & c_{2(nm)} \\ \vdots & \vdots & & \vdots \\ c_{(nm)1} & c_{(nm)2} & \cdots & 0 \end{bmatrix}$$

由此可把式（6.67）改写成

$$I_C\overline{X} + C'\overline{X} = \overline{X} \tag{6.79}$$

从而分解成两个部分：记 $I_C\overline{X}=\overline{X}^1$，由于 I_C 是单位矩阵，所以变量之间是相互独立的。这个部分是不受逻辑约束的，变量值可以按照人的意愿给定，正因为这一部分而使自蕴涵方程具有了主观性。记 $C'\overline{X}=\overline{X}^2$ 是方程中的约束部分，它反映了具有客观性的逻辑制约关系。逻辑运算符“+”反映了直觉与逻辑的结合，结合的结果是 $\overline{X}=\overline{X}^1+\overline{X}^2$。

根据上述分析可以得到结论：自蕴涵方程［即式（6.67）变形形式］的求解，必须通

过人机对话，采用直觉与逻辑相结合的方法。下面讨论求解问题。

2. 解与求解定理

定义 6.11　解定义

根据变形定理，定义：满足$\overline{X'}=C\overline{X'}$的$\overline{X'}$是自蕴涵方程（6.67）的解。

关于解具有如下性质。

性质 6.3　自蕴涵方程的解$\overline{X'}$满足$\overline{X'}\geqslant C'\overline{X'}$。

证明　如果$\overline{X'}$是自蕴涵方程的解，由定义 6.11 可知$\overline{X'}=C\overline{X'}$，即$\overline{X'}=I_C\overline{X'}+C'\overline{X'}$。因为$\overline{X'}=I_C\overline{X'}$，所以$\overline{X'}\geqslant C'\overline{X'}$。**证毕**。

命题 6.1　对于任意给定的$\overline{X}^o$，$\overline{X}^o\leqslant C\overline{X}^o$成立。

证明　用反证法证明。假定$\overline{X}^o>C\overline{X}^o$，即$\overline{X}^o>I_C\overline{X}^o+C'\overline{X}^o$。由此可得$\overline{X}^o>I_C\overline{X}^o$且$\overline{X}^o>C'\overline{X}^o$。前式即$\overline{X}^o>\overline{X}^o$，这是不可能的，所以命题成立。**证毕**。

命题 6.2　令$\overline{X}^{k+1}=C\overline{X}^k$，那么$\overline{X}^{k+1}\geqslant\overline{X}^k$成立。

证明　若$\overline{X}^{k+1}\geqslant\overline{X}^k$，即$C\overline{X}^k\geqslant\overline{X}^k$，$I_C\overline{X}^k+C'\overline{X}^k\geqslant\overline{X}^k$。其中，如果$I_C\overline{X}^k\geqslant C'\overline{X}^k$，则$\overline{X}^{k+1}=I_C\overline{X}^k=\overline{X}^k$，即$\overline{X}^{k+1}=\overline{X}^k$成立；否则，如果$I_C\overline{X}^k<C'\overline{X}^k$，则$\overline{X}^{k+1}=C'\overline{X}^k>I_C\overline{X}^k=\overline{X}^k$，即$\overline{X}^{k+1}>\overline{X}^k$成立。**证毕**。

定理 6.7　判定定理

如果$\overline{X}^{k+1}=\overline{X}^k$，则$\overline{X}^k$是自蕴涵方程（6.67）的解。

证明　由命题 6.2 可知$\overline{X}^{k+1}=C\overline{X}^k$，代入$\overline{X}^{k+1}=\overline{X}^k$，得$C\overline{X}^k=\overline{X}^k$，移项得$\overline{X}^k=C\overline{X}^k$，满足解定义。**证毕**。

定理 6.8　求解定理

令$k=0,1,2,\cdots$，通过逻辑运算$\overline{X}^{k+1}=C\overline{X}^k$，当$k=L$，$L$不大于$nm$时，一定有$\overline{X}^{k+1}=\overline{X}^k$成立。

证明　由命题 6.1 和命题 6.2 可知，随着k值的递增，将产生一个向量序列$\overline{X}^0,\overline{X}^1,\overline{X}^2,\cdots$，这个序列满足单调递增性，即$\overline{X}^0\leqslant\overline{X}^1\leqslant\overline{X}^2\leqslant\cdots$，这个序列中最大的向量只能是元素全为 1 的列向量，所以这个向量是有界的。事实上，运算$C\overline{X}^k$是利用$\overline{X}^k$中的 1 提取C中的列，形成一个列的子集，然后再对这个子集中的列做逻辑和的一种运算。由于$\overline{X}^k$是一个递增序列，所以提取出来的列不会再退出这个子集，只能随着k的增大而增加新的列，C中列的总数是nm，所以子集中列的数量最多是nm。即使一次运算只增加一列，最多也不过进行nm次运算。况且，由于C的具体结构以及人机对话方式的不同，每次增加不止一列，所以运算次数L将不大于nm。**证毕**。

6.4.3　推理定理与人机交互策略

1. 推理定理

定理 6.9　肯定推理定理

在推理矩阵C中，如果第j列所对应的变量x_j被肯定，即$x_j=1$，则这一列中所有满足$c_{ij}=1$的元素所在的第i行对应的变量x_i都被肯定，即$x_i=1$。

可简述为：当 $x_j = 1$ 时，对于所有的 i，如果 $c_{ij} = 1$，则 $x_i = 1$。

定理 6.10　否定推理定理

在推理矩阵 C 中，如果第 i 行所对应的变量 x_i 被否定，即 $x_i = 0$，则这一行中所有满足 $c_{ij} = 1$ 的元素所在的第 j 列对应的变量 x_j 都被否定，即 $x_j = 0$。

可简述为：当 $x_i = 0$ 时，对于所有的 j，如果 $c_{ij} = 1$，则 $x_j = 0$。

证明　记式（6.67）中的第 i 个方程为 $\vee_j c_{ij}x_j = x_i$。根据逻辑和的运算性质可知：方程左端只要有一个与 $c_{ij} = 1$ 对应的 x_j 满足 $x_j = 1$，那么一定有 $x_i = 1$ 成立；反之，只要方程右端的 $x_i = 0$，那么方程左端所有与 $c_{ij} = 1$ 对应的 x_j 都一定有 $x_j = 0$。因此，定理 6.9 和定理 6.10 成立。**证毕**。

这两个定理说明只要有一个输入，就可以得到多个结果。总称为推理定理。

2. 人机交互策略

为了有目的地进行人机交互、减少输入次数，由推理定理制定人机交互策略如下。

策略 6.1　肯定推理策略

根据肯定推理定理，计算机首先选择推理矩阵 C 中 1 的数量最多的列对应的变量提问。人则尽其所知进行回答，若回答“1”，则转入逻辑计算；若回答“0”，则计算机选择 C 中 1 的数量次之的列所对应的变量提问，以此类推，直到计算机得到“1”的肯定回答为止，再转入逻辑计算。

策略 6.2　否定推理策略

根据否定推理定理，计算机首先选择推理矩阵 C 中 1 的数量最多的行对应的变量提问。人则尽其所知进行回答，若回答“0”，则转入逻辑计算；若回答“1”，则计算机选择 C 中 1 的数量次之的行所对应的变量提问，以此类推，直到计算机得到“0”的否定回答为止，再转入逻辑计算。

策略 6.3　随机推理策略

计算机随机地找出一个变量提问，无论人回答“1”或“0”，都立即转入逻辑计算。

6.4.4　辗转相乘法与例题

1. 辗转相乘法

根据变形定理、求解定理、推理定理，可以构筑求解自蕴涵方程的算法。这是一种直觉与逻辑相结合的交互式算法，本书称之为辗转相乘法。步骤如下。

第一步：根据变形定理，由自蕴涵方程（6.61）中的 A 和 B 构筑推理矩阵 C。

第二步：设定 $x_i = -1, \forall i \in \mathrm{NM}$，令 $k = 0$。

第三步：根据推理定理和交互策略，进行人机对话。

第四步：根据求解定理，利用式 $\overline{X}^{k+1} = C\overline{X}^k$ 进行计算。

第五步：根据判定定理，计算 $\Delta\overline{X} = \overline{X}^{k+1} - \overline{X}^k$。如果 $\Delta\overline{X} \neq \overline{0}$，则 $k = k+1$ 转到第四步，否则转到第六步。

第六步：由人决定是否还有新的信息输入，如果有，则转到第三步，否则结束。

2. 举例

设一个自蕴涵方程如下：

$$\begin{bmatrix} x_1 & x_4 \\ x_2 & x_5 \\ x_3 & x_6 \end{bmatrix}\begin{bmatrix} 1 & 0 \\ 1 & 1 \end{bmatrix}+\begin{bmatrix} 1 & 0 & 0 \\ 1 & 1 & 1 \\ 1 & 1 & 1 \end{bmatrix}\begin{bmatrix} x_1 & x_4 \\ x_2 & x_5 \\ x_3 & x_6 \end{bmatrix}=\begin{bmatrix} x_1 & x_4 \\ x_2 & x_5 \\ x_3 & x_6 \end{bmatrix}$$

式中，$A=\begin{bmatrix} 1 & 0 \\ 1 & 1 \end{bmatrix}$，$A^{\mathrm{T}}=\begin{bmatrix} 1 & 1 \\ 0 & 1 \end{bmatrix}$；$B=\begin{bmatrix} 1 & 0 & 0 \\ 1 & 1 & 1 \\ 1 & 1 & 1 \end{bmatrix}$。根据变形定理 6.4，可得推理矩阵：

$$C=\left[\begin{array}{ccc|ccc} 1 & 0 & 0 & 1 & 0 & 0 \\ 1 & 1 & 1 & 0 & 1 & 0 \\ 1 & 1 & 1 & 0 & 0 & 1 \\ \hline 0 & 0 & 0 & 1 & 0 & 0 \\ 0 & 0 & 0 & 1 & 1 & 1 \\ 0 & 0 & 0 & 1 & 1 & 1 \end{array}\right]$$

并按随机策略对话，由人给出 $x_5=1$，其中有下划线的项是由人输入的。然后，利用式 $\overline{X}^{k+1}=C\overline{X}^{k}$ 和 $\Delta\overline{X}=\overline{X}^{k+1}-\overline{X}^{k}$ 进行逻辑运算并检验，每步计算结果如下：

$$k=0,\quad \overline{X}^{0}=\begin{bmatrix} -1 & -1 & -1 & -1 & \underline{1} & -1 \end{bmatrix}^{\mathrm{T}}$$

$$k=1,\quad \overline{X}^{1}=\begin{bmatrix} 0 & 1 & 0 & 0 & \underline{1} & 1 \end{bmatrix}^{\mathrm{T}}$$

$$k=2,\quad \overline{X}^{2}=\begin{bmatrix} 0 & 1 & 1 & 0 & \underline{1} & 1 \end{bmatrix}^{\mathrm{T}}$$

$$k=3,\quad \overline{X}^{3}=\begin{bmatrix} 0 & 1 & 1 & 0 & \underline{1} & 1 \end{bmatrix}^{\mathrm{T}}$$

此时 $\Delta\overline{X}=\overline{X}^{3}-\overline{X}^{2}=\overline{0}$，$X$ 中的未知元素已经全部消除。如果没有新的信息输入，那么求解过程结束。得 $X=\begin{bmatrix} 0 & 0 \\ 1 & 1 \\ 1 & 1 \end{bmatrix}$。

自蕴涵方程的解是由直觉和逻辑共同决定的，逻辑方面是由 C' 决定的，所以一个具有已知 A 和 B 的自蕴涵方程，其解仅由人所提供的信息唯一决定。对于同一方程，人所提供的信息不同将得到不同的方程解，这是自蕴涵方程求解的特殊性，因此自蕴涵方程不存在数学意义上的最优解。辗转相乘法是一种十分有效的求解方法，一个方程只要输入一个未知值，就能求出其他所有的未知值。不仅如此，算法本身对人还具有启发作用。这一点在结构建模中是十分重要的。

结束语

本章给出了三种结构建模方法和一种求解自蕴涵方程的求解方法。三种方法分别是核心要素法、传递扩大法和间接关系法。核心要素法的基本思想是已知系统全部要素的前提下，由人给出关于所有要素的已知关系，再通过计算找出一个与其他要素联系最多的要素即核心要素，进一步围绕核心要素利用逻辑与直觉相结合的算法建立结构模型。传递扩大法的基本思想是首先给出一个已知要素，然后一边找出与这个要素相关的其他要素，一边建立这个要素与其他要素的关系，再针对所有其他要素按照同样方法逐步扩大到系统的全部要素为止。

间接关系法的基本思想是一种启发式建模方法，从系统的初始邻接矩阵开始，利用邻接矩阵计算要素之间的 2 步间接关系、3 步间接关系，直至 $n-1$ 步间接关系，并把这些间接“关系”作为提问的“启发性信息”，请系统分析人员根据观察、分析、讨论乃至经验、知识和直觉对提问进行确认。由于启发所使用的信息来自间接矩阵中表示“有关系”的元素 1，因此把这种启发式方法称为间接关系法。自蕴涵方程是核心要素法和传递扩大法中出现的一种逻辑方程，其“自蕴涵”的特点使得求解过程必须是开放的，即在求解过程中需要由人再输入一定的有关要素之间关系的信息，才能求解。辗转相乘法是一种有效的开放式求解方法，可以有效地对自蕴涵方程进行求解。

第 7 章　问题驱动的系统分析方法

导语

任何系统分析都是有目的的，都为了解决特定的问题，因此问题是界定和定义系统的依据。问题既为系统分析提供出发点和驱动力，也为系统分析过程起到导向作用。因此，问题、系统问题和问题系统是最基本概念，“问题驱动的系统分析”是对前面系统分析方法的集成应用。本章给出了一个比较完整的“问题驱动的系统分析”方法——下降上升法，这个方法包括两个分析过程：一个是下降过程；一个是上升过程。其中，下降过程中又包含一个重要的方法——双下降分析方法，这是一种可以单独使用的问题结构化方法，利用双下降分析方法可以使非结构化问题转化为结构化问题，因此可以用于发现问题、明确问题的实际应用中。

7.1　问题与问题驱动

7.1.1　问题定义

“问题”普遍存在于人类工作和生活的方方面面，小到柴米油盐酱醋茶，大到国际政治经济和社会发展，因而可以说：工作和生活就是不断地遇到问题和解决问题。

什么是问题？简单地说：问题是被主体感知到的矛盾，矛盾是不平衡的关系，关系是不同事物之间的相互依赖、相互制约的相互作用。这句话可以作为问题的一种定义，其中包含五个概念，分别是主体（subject）、客体（object）、关系、矛盾和感知，是问题定义的五要素。

主体是指问题的感知者，谁感觉到问题谁就是问题的主体。客体是产生矛盾的双方或多方。相对于主体而言，被分析的系统就是客体，是系统分析的对象。一般而言，主体除了具有感知能力的人之外，还可以是具有感知能力的智能机械。

关系，从系统观点来看是事物之间的相互依赖和相互制约的相互作用，是系统科学的核心概念，大体上可以把关系分为两种状态：一种是相互依赖和相互制约的均等的平衡状态，反映了事物之间和谐相处的动态平衡，称为平衡关系；另一种是相互依赖和相互制约的非均等的非平衡状态，反映了事物之间的差异、差距，称为不平衡关系。

矛盾不是事物本身，而是事物之间一种不平衡的关系状态，处于这种状态的事物之间的关系一般称为对立统一关系。对立是指不同的事物之间在状态、属性、功能等诸多方面的差异或不相匹配。统一是指不同的事物处于关系连接的统一体中，不同事物的相互依赖关系可以看作是相互需求关系，而相互制约则是通过对相互供给的某种限制，当需求和供给不匹配时，相互之间的关系就产生了差异，进而就形成了矛盾。可见，矛盾是事物之间的不匹配、不平衡的关系，其本质是关系。关系具有客观的属性，是不以人的主观意志为转移的。由于矛盾本质上是关系，所以矛盾也具有不以人的意志为转移的客观性。

但是，问题则不然，问题是被主体“感知”到的矛盾，因此问题既具有客观性的一面，也具有主观性的一面。问题的客观性在于：问题是矛盾，矛盾是关系，矛盾和关系都是客观存在的，所以问题具有客观性；问题的主观性是指，对于一个矛盾，只有当它给人们带来不良感受，引起人们关注它即定义中所说的“被主体感知到”并试图解决它的时候，这个矛盾才变成了人们的问题。因此，一个矛盾是否变成人们的问题与人们的主观感受有关，这就是问题的主观性。但是，不管人们理不理会矛盾和关系，它们依然客观地存在。对于一些矛盾，有些人会认为是问题，而同样的矛盾对另一些人则不认为是问题，对于同样的问题，有些人认为很严重，而另一些人则觉得无所谓，这些都是问题主观性的体现。在矛盾转化为问题时，矛盾是问题产生的客观基础，感知、认为等主观因素是矛盾变为问题的主观条件。

可以把关系、矛盾和问题形象地表示为图 7.1。

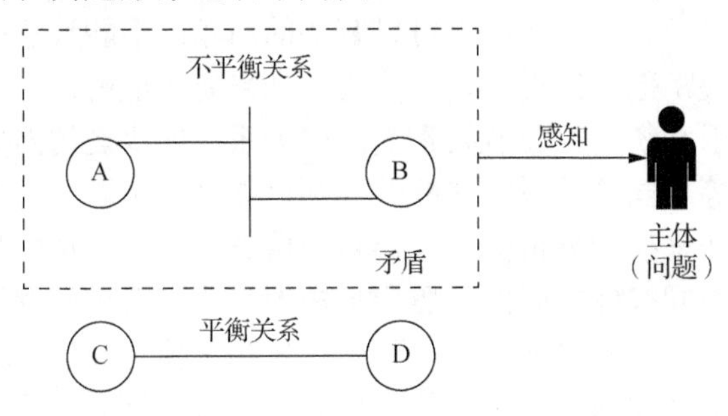

图 7.1　问题的概念

图 7.1 中的 A 与 B 是两个事物，它们之间的关系存在不平衡的情况即矛盾，当主体感知到这个矛盾并且意欲解决时，这个矛盾就成为主体的问题。图中客体 C 与客体 D 之间的关系是平衡的，它们之间不存在矛盾，也没有产生问题的可能性。“问题”“矛盾”和“关系”三者之间具有式（7.1）的包含关系：

$$\text{问题} \subseteq \text{矛盾} \subseteq \text{关系} \tag{7.1}$$

关系是普遍存在的，其中不平衡的关系就是矛盾，但并不是所有的关系都是不平衡的。在一个系统中，不会所有的关系都是不平衡的，有些是平衡的关系，有些则是不平衡的关系。后者就是矛盾，因此矛盾数一定少于等于一个系统中关系的总和，因此矛盾包含于关系之中。问题是被人们感知到的矛盾，但是人们不一定感知到系统中的所有矛盾，因而问题一定少于等于矛盾的总和。问题、矛盾和关系三者之间是一种包含关系。除了用式（7.1）来说明之外，也可以用图 7.2 所示。

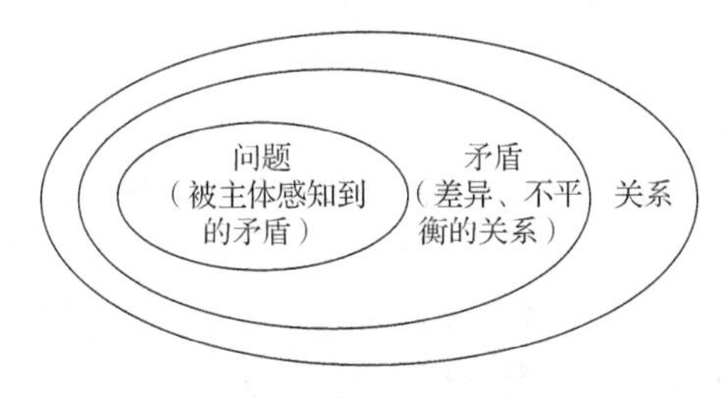

图 7.2　问题、矛盾和关系的包含

总之一句话，问题是被主体感知到的矛盾，矛盾是不平衡的关系，关系则是不同对象之间的相互依赖和相互制约。

那么，什么是解决问题呢？解决问题就是消除矛盾，使不平衡的关系变为平衡关系，要么恢复到原来的平衡状态，要么在新的高度达成新的平衡，也可能降低高度在低水平上形成新的平衡，这是解决问题的三种境界。“变为”就是解决问题的方法和路径，达到平衡的境界和程度则是问题解决的目标和标准。因此，可以说：所有问题的解决都是对关系的调整。

在现实中，不是所有的问题都想解决，也不是所有想解决的问题都能够解决。因此，问题可以从主观的“想不想”和客观的“能不能”分为想解决和不想解决的问题，在想解决的问题中还可以分为能解决和不能解决的问题。这样一来，式（7.1）就变为式（7.2）。

$$\text{能解决的问题} \subseteq \text{想解决的问题} \subseteq \text{问题} \subseteq \text{矛盾} \subseteq \text{关系} \tag{7.2}$$

想解决的问题是利益相关者不仅意识到而且希望解决的问题；不想解决的问题则是指目前利益相关者虽然意识到问题的存在，但由于种种原因还不打算立即着手解决的问题。能解决的问题是指利用现有资源、条件和能力可以解决的问题；不能解决的问题是指仅用现有资源、条件和能力不能解决，但是经过一定的努力在未来有可能解决。

在系统分析中，由于系统中存在着要素之间的关系、层次之间的关系、子系统之间的关系、系统与环境的关系等不同的关系，这些关系都可能产生矛盾，并变成问题。因此，发现问题可以用系统分析方法来揭示分析关系，再对矛盾进行分析，从中找出问题。

上述讲到的问题是不同客体之间的矛盾而形成的问题，关于问题还有一种类型，这种类型的矛盾不是不同客体之间的关系产生的，而是主体和客体之间的关系产生的矛盾引起的，是客体的状态与主体欲望之间的关系产生的矛盾。主体对客体的当前状态不满意，不能满足主体的主观愿望，主观愿望是需求，客体状态是供给，客体的供给和主体的需求之间不平衡，从而产生了供需矛盾，这种矛盾是由于人的欲望超过了客体的所能而产生，这种矛盾是推动创新和发展的一种动力。

总之，无论什么问题都是矛盾，矛盾的本质都是关系。因此，无论什么问题都可以利用系统分析方法进行分析。如果把主体也纳入到系统分析中，那么两类矛盾和问题都可以采用统一的思路和方法进行分析。

7.1.2　问题系统

从系统的观点来看，任何系统都是一个关系的集合体，通过关系把系统的所有组成部分连接成一个整体，并涌现出新的系统整体性。当一个系统的所有关系都是平衡状态时，系统就处于一种静止状态，不再发展、不再进步、不再变化，“死水一潭”。但是，只要这个系统是鲜活的，其内部一定存在着不平衡的关系，不平衡关系的此起彼伏的运动变化就推动着事物（系统）的发展和进步，这是因为每一个不平衡的关系就是一个矛盾，而矛盾是一切事物发展的根本动力。

与人类有关系的系统都会被人类加以关注，这种系统存在着两大类矛盾，一类是系统状态不满足人的需求而产生的人的需要与系统的供给之间的矛盾；另一类则是系统自身组成部分之间的内在矛盾。当人们注意到这些矛盾并试图予以解决时，矛盾就变成了人所面对的“问题”。每当一个问题解决了，也就改变了系统的状态，推动了系统的发展和进步。

由上面的讨论可知，问题的本质是关系，是一种不平衡的关系即矛盾。矛盾是“矛”和“盾”这两个实体之间的不平衡关系。由“矛”和“盾”加上它们之间的关系就构成了一个系统，这个系统是把“矛”和“盾”作为系统要素，把“矛盾”作为关系而构成的“最简系统”，如图 7.1 中的虚线框所示的系统。

一般来说，一个系统中不只有两个组成部分，关系和矛盾也不止一个。比如，只有一个问题的系统就是上述图 7.1 的"最简系统"。复杂的问题具有多个子问题，若每个子问题对应一个矛盾（关系），那么复杂问题对应的系统就是一个复杂系统，其中的问题、矛盾、关系满足关系式（7.1），一般情况下，一个复杂系统中就会有许多关系、矛盾和问题。可见，问题总是与系统相伴而生，问题产生于系统也离不开系统，系统总会孕育问题。因此，我们在系统分析时一定离不开问题，在处理问题时也一定离不开系统。一般的系统如图 7.3 所示，其中既有平衡的关系，又有不平衡的关系即矛盾，如果是人们关注的系统，则其中还有问题，如果不是人们关注的系统，则其中就没有问题。

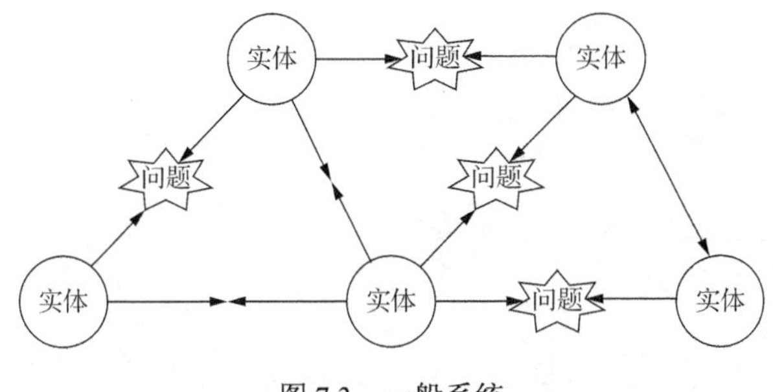

图 7.3　一般系统

问题系统的定义：问题系统是由问题和产生问题的实体共同构成的系统。

由这个定义可知，问题系统由两种类型的要素组成：一类要素是问题；另一类要素是产生问题的矛盾的实体。下面分析图 7.4～图 7.6 与图 7.3 的区别。图 7.4 是一个平衡关系系统，即系统中全部的关系都是平衡的（这种系统在现实中几乎不存在，即使存在也是从一种状态到另一状态的过渡状态）。

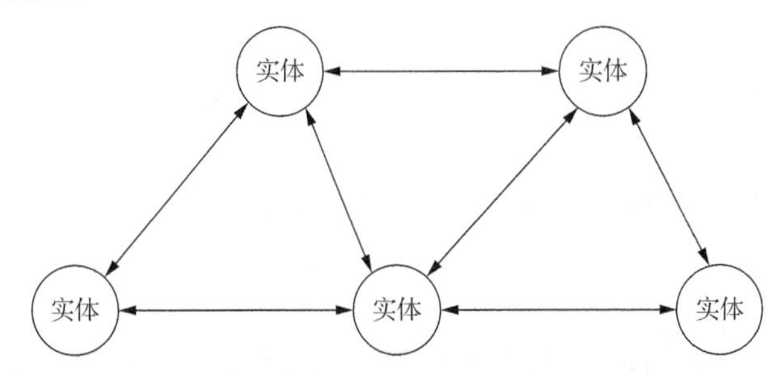

图 7.4　平衡关系系统——平衡系统

当图 7.4 的平衡关系系统中的关系产生冲突、形成矛盾时，平衡关系就被打破，系统由死寂产生了生气，变成了一个"活系统"，如图 7.5 所示，这是一个非平衡关系系统，其中的每一个关系都是一个矛盾，这个系统可以称为矛盾系统。

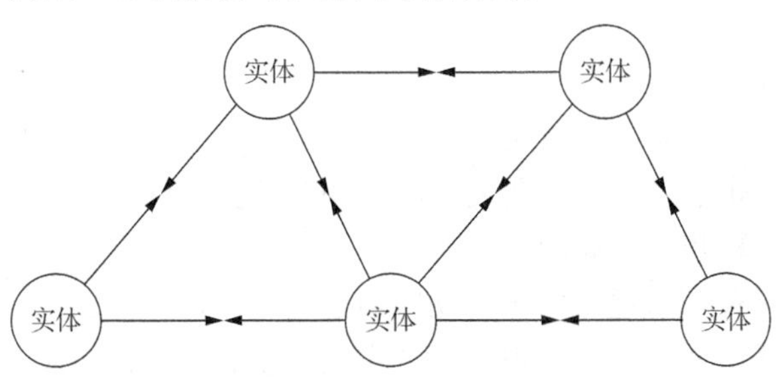

图 7.5　非平衡关系系统——矛盾系统

当人们注意到、感知到并且希望把图 7.5 中所有矛盾调整到平衡状态时，矛盾系统图 7.5 中的每一个矛盾就都变成了人们想要解决的问题，此时矛盾系统就变成了问题系统，如图 7.6 所示。

我们把图 7.6 的问题系统分为两个子系统：一个由问题系统中的全部问题构成的系统，本书称之为疑问系统；另一个是产生问题的全部实体构成的系统，本书称之为问题相关系统，简称相关系统。

由此，我们给出问题系统的结构性定义：问题系统由疑问系统和相关系统两个子系统组成。问题系统的构成如图 7.7 所示。

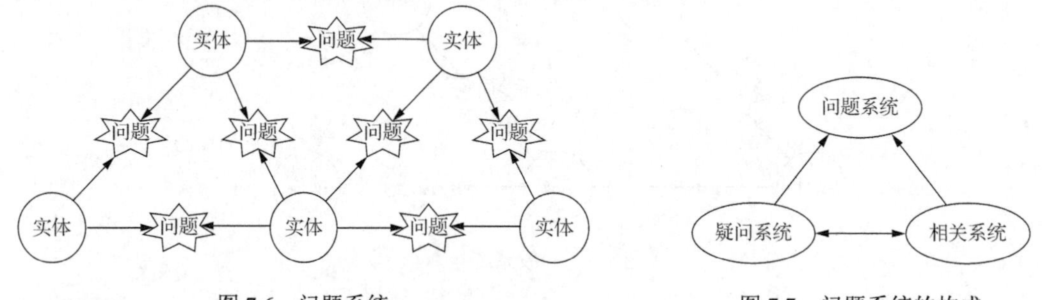

图 7.6　问题系统　　图 7.7　问题系统的构成

相关系统由实体和实体之间的关系组成，其中有些关系是平衡的，有些关系是不平衡的即矛盾，有些矛盾则被人们所感知就变成了问题。疑问系统则是由这些变成了问题的矛盾即不平衡的关系组成，因此从本质上讲疑问系统的组成要素都是关系，是被人们关注的不平衡关系。所以问题系统是由一虚一实的疑问系统与相关系统虚实结合而形成的系统，不被人关注的系统不存在疑问系统。

相关系统往往并不一定是客观系统的全部，而是与问题相关的组成部分和关系所构成的一个“系统侧面”。

由于所有问题都产生于系统，所以任何系统分析都是为了发现问题、认识问题和解决问题。另外，任何问题的处理都必须涉及相关系统，所以任何问题的处理都需要对相关系统进行系统分析。

这样一来，在系统分析的定义阶段，我们就可以用问题来界定系统，用问题为系统分析定向，用问题来引导系统分析进程，这就是所谓的问题驱动或面向问题。

在后文中，我们将根据上述问题的定义和问题系统的定义，来讨论问题驱动的系统分析方法和明确问题、结构化问题的双下降分析方法。

7.1.3　问题分类

1. 问题的复杂性分类

疑问系统的系统要素是问题也就是矛盾、非平衡的关系。问题与问题即要素与要素之间也存在着关系。根据问题系统中子问题之间的关系，从复杂性的角度可以把问题分为三种情况：简单问题、复杂问题和一般问题。

（1）简单问题是所有子问题都各自独立的问题集合。比如，图 7.8 所示为简单问题的结构模型，其中问题包括三个子问题；相关系统由三个要素组成，涉及三个关系，每个关系上都有一个子问题且各自独立。

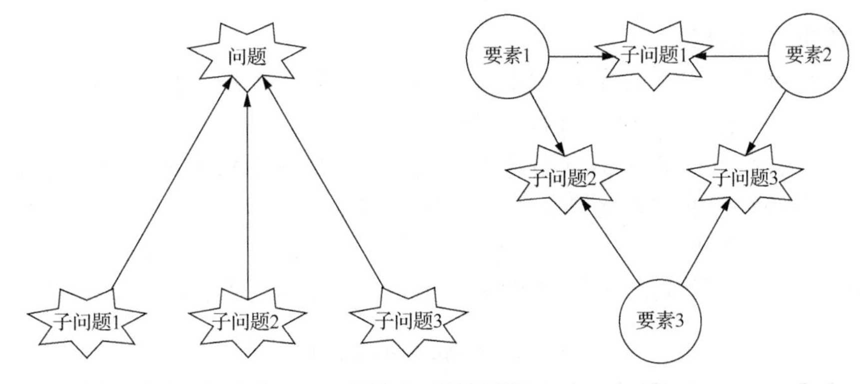

图 7.8　简单问题

由于简单问题的子问题相互独立，所以只要把全部子问题分别单独解决就意味着整个问题解决了。

（2）第二种是复杂问题。其子问题之间相互影响、相互制约，如图 7.9 所示。

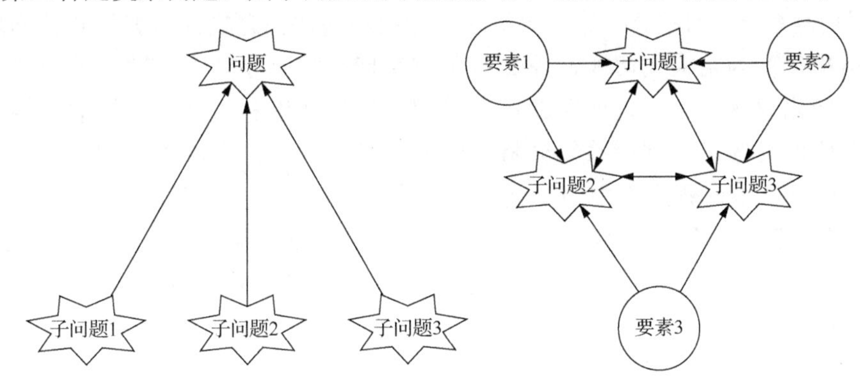

图 7.9　复杂问题

其中子问题 1、子问题 2 和子问题 3 相互关联，子问题 1 的解决既有可能引起子问题 2 的恶化，也可能使子问题 2 “自然” 解决，前者为 “按下葫芦浮起瓢”，后者则可能 “迎刃而解”，子问题 3 也是如此。从解决问题的角度来看，复杂问题不一定解决效率低下，这取决于能否根据问题系统的结构分析，找出主要矛盾和矛盾的主要方面，牵一发而动全身，使问题迎刃而解。

（3）第三种情况是介于简单问题和复杂问题之间的问题，可以称为一般问题。在一般问题中，既有相互关联的子问题，也有不相关联的孤立子问题，如图 7.10 所示。

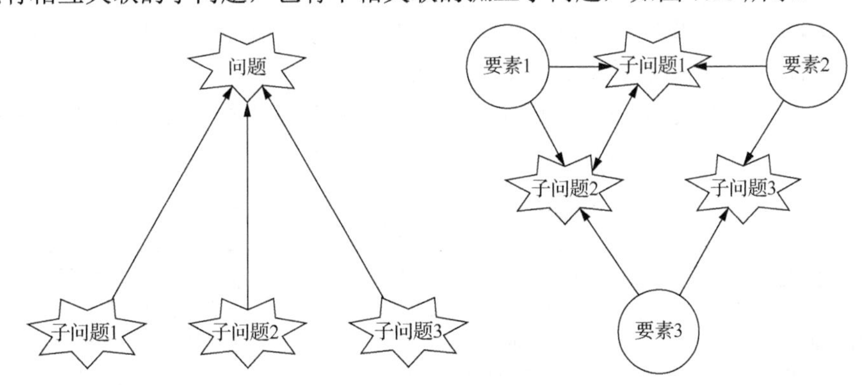

图 7.10　一般问题

2. 问题的结构化分类

根据问题系统中的相关系统和疑问系统所包含的要素和关系是否清晰，可以从系统结构这一概念的角度，把问题分为结构化问题、非结构化问题和半结构化问题三种类型。如表 7.1 所示，结构化问题是指问题系统中相关系统和疑问系统的要素及其关系都是清楚的，如果不清楚则称为非结构化问题，如果部分清楚、部分不清楚则称为半结构化问题。半结构化问题介于上述两者之间。本书所指的明确问题，就是使问题系统从非结构化向半结构化，半结构化向结构化转化的一种分析过程。从而，最终达到清晰地认知问题的目的。

表 7.1　问题的结构化分类

结构化问题	非结构化问题	半结构化问题
系统结构清楚： 相关系统的要素及其关系是清楚的，疑问系统的要素及其关系是清楚的	系统结构不清楚： 相关系统的要素及其关系不清楚，疑问系统的要素及其关系不清楚	系统结构部分清楚： 相关系统的部分要素及其关系部分清楚，疑问系统的部分要素及其关系部分清楚

通过对问题系统及问题分类的讨论可知，如果在解决问题之前，就能够使问题由非结构化和半结构化变为结构化问题，那么对于解决问题将会起到事半功倍的效果。从非结构化、半结构化问题到结构化问题的这个过程，恰恰可以利用系统分析的结构建模方法来实现，即明确问题可以利用系统分析方法特别是结构建模方法来进行。一旦问题的结构清晰了，则意味着问题系统中的要素和关系也都清晰了。在此基础之上，再利用矛盾分析方法分析不平衡的关系找出全部矛盾，进一步结合主体的愿望找出问题系统中的所有子问题，至此明确问题的工作结束。对于复杂问题，还可以利用结构分析方法找出主要矛盾和矛盾的主要方面。

3. 问题的程序化分类

根据对问题的求解是否具有成熟的方法和解决流程，可以把问题分为程序化问题、非程序化问题和半程序化问题三种类型。

程序化是一个过程，是指一项活动从混乱的执行过程到有步骤、有流程并形成稳定执行程序的开发过程，结果是稳定的可重复使用的方法流程。

所谓的程序化问题就是指具有固定的问题解决方法，并可以按照稳定的逻辑流程进行分析和解决的问题。一般来讲常规性问题都是程序化问题，比如，常规性的差旅费报销问题，无论任何社会组织都有稳定的报销流程并配以固定表格。相对地讲，非程序化问题是指没有稳定的解决方法的步骤和流程的问题，这种问题的处理基本上是“摸着石头过河”，走一步看一步。一般来讲，新问题都没有稳定的问题处理方法。显然，半程序化问题就是指处理问题的方法有可以参考的步骤和流程，但是又不完整、处理逻辑也不稳定的问题，是介于程序化问题和非程序化问题之间的问题。问题的程序化分类如表 7.2 所示。

表 7.2　问题的程序化分类

程序化问题	非程序化问题	半程序化问题
有稳定的处理方法； 方法有清晰的步骤； 步骤之间有明确的逻辑流程	没有稳定的处理方法； 方法没有清晰的步骤； 没有严谨的逻辑流程	有大致的处理方法； 方法的部分步骤清晰； 有大致的逻辑路线

4. 问题的难易程度

结构化具有相对性，从客观的角度来讲，问题本身只要是可认识的，那么问题一定是有结构的，只不过人们还没有认识问题这个系统的结构而已，因此就问题本身而言无所谓结构化与否。从主观认识的角度来讲，人是否能够知道问题的结构，则是一个认识论的问题。一个问题对于非常熟悉它的人来说是结构化问题，对于不熟悉它的人来说就是非结构化问题，对于不怎么熟悉它的人来说就是半结构化问题。因此，对于一个问题是否是结构化的，其本质上是指人对这个问题的结构“是什么”和“怎么样”知道多少的一种知识，相当于经济合作与发展组织对知识分类中的“know-what”知识。结构化的关系中当然包含着“为什么”的因果关系，因此结构化也包含着“know-why”的知识。

同样，程序化也具有相对性，也不是问题本身所固有的属性，是人为强加在问题上的人为属性。当一个人对一个问题的解决流程和方法是明确的、稳定的，那么这个问题对于这个人来说就是程序化的，否则就是非程序化或半程序化。当然，如果出现了一个完全新的问题，世界上没人知道如何去认识和处理这个问题，那么这个问题对整个人类来说就是非程序化的。因此，程序化也是一种知识，一种关于问题解决的知识，相当于“know-how”知识。

无论问题的结构化还是程序化，其实都不是问题本身的固有属性，而是人们所掌握的知识。当面对一个非结构化和非程序化的问题时，我们有两种方式获取关于问题结构和处理程序的知识：一种是向别人学习；另一种就是通过分析研究来认识问题，从而获取结构性知识和程序性知识，系统分析就是获取知识的学习过程。对于前者向别人学习则需要知道“谁知道”的知识，即“know-who”知识。由于结构化和程序化都是知识，因此从获取知识的学习过程的角度，可以讨论问题的难易程度。

从结构化、程序化两个维度的相互交叉，可以把问题按照难易程度分为如表 7.3 所示的九种类型。

表 7.3　问题的难易程度

	结构化问题 I	半结构化问题 II	非结构化问题III
程序化问题 I	I - I	I - II	I -III
半程序化问题 II	II - I	II - II	II -III
非程序化问题III	III- I	III- II	III-III

“ I- I ”类型的问题是程序化的结构化问题，这类问题其本身的结构知识是清晰的，处理目标是明确的，处理方法也是有章可循的常规方法，是九种类型中最容易获取知识的问题类型。这类问题可以称为常规问题。

“III-III”类型是非程序化的非结构问题，这种类型的问题一般来讲都是新问题，人们对这种类型的问题既无经验也无现成的解决办法，处理难度最大，以往的方法都不适用，需要人们开动创新思维，研究开发出新的方法。

其他类型的问题，在问题结构和处理程序的知识方面都有一定的基础，也有一定的不足，其处理难度也各有不同。

7.1.4　问题驱动

世界上没有无缘无故的系统分析，也没有无缘无故的问题解决，所有的系统分析都是为了发现问题和解决问题，所有的问题解决都离不开系统分析。当人们对某种事物的状态不满意时，就会对这个事物进行观察和分析，试图找出不满意的原因，并寻求改变事物的状态，使其达到人们满意的程度，这样一来问题就解决了。换句话说：任何系统分析都是问题驱动和问题导向的。

所谓问题驱动，是指如果没有问题就不会启动系统分析，也就没有系统分析。这是因为，任何系统分析都是人类的一种主观故意，一种主动的行为，主观故意的缘由就是问题，系统分析的动机来源于解决问题的需要。

所谓问题导向则是指问题对系统分析这项人类的认知活动具有定位、定向和引导的作用。系统是一个十分复杂的具有许多系统侧面的整体，与问题相关的系统一般来讲不会是系统的全部，往往是系统的某一个侧面，问题在系统侧面的选择上具有定位和定向作用，并对系统分析的走向具有引导作用，使得系统分析过程不至于偏离问题所确定的方向。在问题驱动的系统分析中，所谓系统侧面是指与问题相关的全部要素构成的系统。比如，一台车床是一个客观系统，但是与质量管理问题相关的系统只是与车床的产品质量的管理相关的各个因素构成的系统侧面，与这个系统侧面相关的要素不包含车床设计方面的因素，也不包含车床生产管理的因素。一个企业是一个完整的客观系统，与企业信息化问题相关的系统只是与信息相关的因素组成的企业系统的一个侧面，这个系统侧面并不是企业人力资源的侧面，也不是企业生产的侧面，也不是产品市场营销的侧面。

因此，问题对于系统分析至关重要，系统分析之前，我们都要问一问“为什么要进行系统分析？”“对哪个系统进行分析？”，前者就是所谓的明确问题，后者则是要找出与问题相关的系统。因此，问题驱动的系统分析对象，既包括问题也包括产生问题的系统，也就是说前面所定义的问题系统。

7.2 系统工程方法

7.2.1 硬系统工程方法

在现实生活中，我们所要解决的问题一种是结构清晰、目标明确的问题，比如工程中的问题大多属于这种类型；还有一种问题，人们只是感觉到问题的存在，但是问题的实质究竟是什么并不清楚，而且不同的人有不同的看法和理解，很难形成统一的认识，关于解决问题的目标就更是说不清楚了。这类问题一般称之为议题，社会、经济系统中，特别是包含人的因素在内的系统中的问题大多是这样的议题。对于议题，由于其要素和结构都是不确定的，所以不能用结构化的方法进行描述，只能用一个所谓的问题情境（problem situation）来表达，这是一种非结构化的描述方式。

第 8 章讨论的“软件产业如何发展”的问题就是一个非结构化的议题，对于这个议题采用什么样的方法去研究，才能科学地、合理地、有效地予以解决将是第 8 章所要讨论的问题。

软件产业是一个复杂的大系统，对于产生于这个系统的问题情境，必须采用系统工程的方法进行研究解决。为了选择合适的研究方法，并在此基础上进行改进，以适用于新问题的有效解决，有必要对系统工程的方法论体系进行一个简单的回顾。系统工程方法一般可以分为硬系统工程方法和软系统工程方法两大类。

系统工程方法论是在科学发展由高度分化开始走向综合、传统的还原论思想和方法无法解决复杂系统问题时开始兴起的。硬系统工程方法中，最早出现的是运筹学（operational research，OR）方法，它是从解决一些武器、装配的合理应用的问题开始形成的一套方法体系，其核心是将问题化成数学模型并寻求最优解。在 20 世纪 50 年代末、60 年代初，由于一些大型工程项目，如导弹、大型通信系统等的出现形成了以霍尔为代表提出的一整套系统工程（systems engineering，SE）方法论，特别是 1969 年霍尔提出的三维结构（逻辑维、工作维和知识维）矩阵，利用逻辑维深化了运筹学的方法，此外把工程项目的设计、制造和运行等过程用工作维规范化，同时用知识维强调各种知识的运用（Hall，1969）。系统工程最著名的应用是阿波罗宇宙飞船的设计、研制和管理，其中大量地应用了系统工程。在 20 世纪 50 年代，与运筹学和系统工程方法论的形成时期相同，美国 RAND 公司提出了系统分析（system analysis，SA）的方法论，从思路上看与运筹学和系统工程方法论中的逻辑维大体相同，只是 RAND 公司的方法主要注意力不全在工程设计方面，而主要在于解决政府和国防部门所面临的一些复杂的社会、政治和军事问题。20 世纪 60 年代初，与上述 OR、SE、SA 的方法论有某种雷同的是福雷斯特在 1961 年提出的系统动力学（system dynamics，SD），这种方法在建模时强调了系统中因果关系和控制反馈的概念，强调了在计算机上的仿真试验（Forrester，1961）。所有这些方法在 20 世纪 60 年代和 70 年代都有了自己的发展、应用和推广。总之，所谓硬系统工程方法就是针对大型的工程系统的设计、制造及其工程管理中的问题，采用定量的数学模型和优化技术予以解决的系统工程方法。这类方法只适用于可以明确定义并具有明确且一致目标的硬系统。

7.2.2　软系统工程方法论简介

1. 概述

在空间工程、工程管理等明显技术性问题的成功解决后，系统工程界都希望 OR、SE、SA 和 SD 等方法论也能同样成功地应用到社会、经济等问题中。然而，实际结果却并不令人十分振奋，过分的定量化、过分的数学模型化难以解决一些社会实际问题。于是，人们开始认识到这些方法之所以在某些问题中不能很好地应用，主要是它们的方法论不对，处理一些问题太硬，定性考虑不够，把实施和分析分开了。英国的 Checkland 在 1981 年提出了一种软系统方法论（soft systems methodology，SSM），他把 OR、SE、SA 和 SD 所使用的方法论都叫作硬系统方法论（Checkland，1981）。与 SSM 同类型的软方法论也都出现在 20 世纪七八十年代。在 20 世纪 80 年代末和 90 年代初，东方出现了两个重要的系统方法论，一个是钱学森教授等提出的用于解决开放复杂巨系统的从定性到定量综合集成的方法论，另一个是日本椹木义一教授等提出的既软又硬的 Shinayaka 系统方法论。在 20 世纪 90 年代中后期，顾基发教授又提出了物理-事理-人理（WSR）系统方法论，对于一些专家来说，有的专家在物理（自然科学）方面很有专长，有些搞管理、系统工程、运筹学的专家对事理（管理科学）方面很为精通，可是让他们和各种人去打交道却十分外行，他们不懂得做任何一件事都有各方面利益的冲突，需要有折中和谐。有些专家容易把一些社会问题简单化或物理化，结果把好事办坏。因此，只有把物理、事理和人理有机地融合在一起才能解决一些复杂的社会问题。这正是物理-事理-人理系统方法论的出发点之一（顾基发，1998）。

2. SSM 简介

结合“软件产业”这个系统的分析要求，在此只考虑 SSM 方法的主要特点，其他方法不再赘述。软系统方法的核心首先是它面向复杂系统的问题，而且问题本身也是不明确的、有争议的，一般无法形成明确的、一致的系统目标，无法形成规范化的问题，只是感觉问题的存在而且希望有所改善，却又难以明确问题并提出有效的解决方案。这种问题可以称之为软问题，这种非一致的目标称为软目标。

SSM 主要针对解决这类“软”性的问题情境而提出，其主要特点如下。

（1）把人的主观性纳入考虑之列，提出应根据不同的价值观念或观念图景选择问题情境的相关系统。

（2）以更具灵活性的系统根定义（root definition）反映系统的目的，以取代“硬”的目标。

（3）以针对问题情境的学习过程取代硬系统方法的优化过程，进而指出 SSM 的使用本身也是一个系统。

这一软系统方法论在实践中被证明对于许多“软”的社会性问题的求解是行之有效的，在世界范围内产生了很大的影响。SSM 的一个基本观点是把方法的实施过程作为一个实施者的学习过程，而学习过程一般是与问题处理过程紧密结合在一起的。Checkland 提出了 SSM 实施的一个七阶段模型，这一模型在国际系统工程界产生了广泛的影响，七阶段模型如图 7.11 所示。

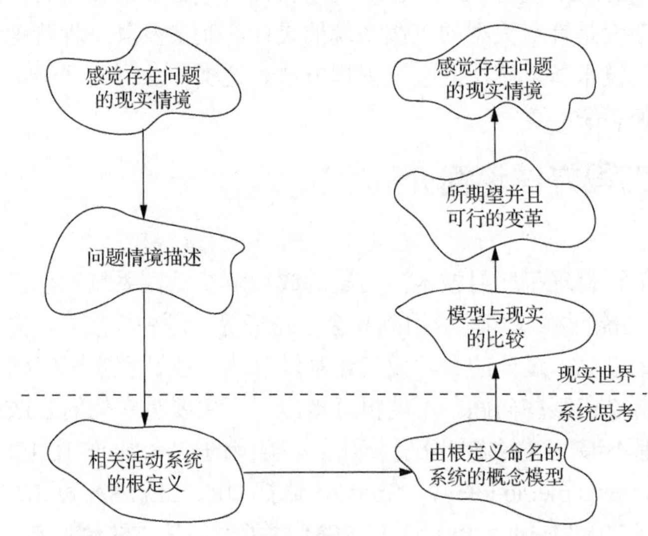

图 7.11　SSM 的七阶段模型

Checkland 把认识论意义下的系统与本体论意义下的系统区别开来，并把对系统的理解建立在认识论意义之上。在本体论意义下的系统是客观事物的存在方式，而在认识论意义下，系统是认识主体对其所感知世界中特定整体的界定。所感知世界就是无结构或病态结构的问题情境，也就是相关人员对现状的不满并希望有所改进的状态。在建立针对这个问题情境尽可能多的描述的基础之上，可以生成问题情境的多个相关人类活动系统（human activity system）并进行分析。在处理社会性系统时，人的主观性因素往往不可回避，问题情境相关系统的选取与建模随着观察问题情境的视角不同而不同。根定义是与特定视角相对应的相关系统的基本定义，反映系统的目的。SSM 是对问题情境的一种结构化思考方法，目的在于产生改善问题情境的行动，从而使问题情境有所改善。SSM 不是一项可以按部就班实施的技术，而是一种处理现实问题情境的方法论，是一般性原理。因此，SSM 的具体实施应该是灵活的，即具体问题具体分析。SSM 的实施过程是一个针对现实问题情境的动态学习过程，因此它本身也在实践中不断地充实和发展。

20 世纪 80 年代以后，Checkland 为首的研究集体对这一方法论做了较大的改进，他们写的著作中在原有的七阶段模型的基础上提出了更为一般化的结构。与此同时这个方法论体系在实际问题情境的解决中得到了广泛的应用，取得了良好的效果。Checkland 给出了改进的 SSM 的通用过程模型。

在改进的过程模型中，SSM 的基本实施过程包括两个基本流程：逻辑流程和文化分析流程。这两个基本流程都起源于对现实问题情境的某种不满意的感觉，二者相互作用共同导致促使问题情境得以改善的行为。

3. 逻辑流程

SSM 的使用人员按照这种逻辑流程选择、命名问题情境的各个相关系统，建立相关系统的概念模型，并对概念模型与所感知的问题情境进行比较。

1）选择相关系统

选择与问题情境相关的人类活动系统一般有两个主要途径：一是根据问题情境的实际边界以及它内涵的主要责任确定一个或多个相关系统；二是“基于议题的相关系统”，即根据问题情境中隐含的逻辑过程确定相关系统。

2）命名相关系统

确定相关系统的根定义。根定义反映了目的性人类活动系统的核心目的。规范的根定义由以下元素构成：客户（customers）、实施者（actors）、转换过程（transformation process）、观念图景（weltanschauung）、所有者（owners）、环境约束（environmental constraints）。这一根定义的构成形式可以简称为 CATWOE。

3）相关系统建模

在根定义基础上建立相关系统的概念模型。概念模型是根据定义的 CATWOE 诸元素生成的思想模型，由实现根定义中确定的转换过程所需的最少活动构成。模型的构造元素即“活动”可以进一步由下一层次的根定义和概念模型加以细化。

4）模型与现实的比较

把形成的概念模型与现实的问题情境进行比较，以便寻求对问题情境的可能的变革。

4. 文化分析流程

在 SSM 的实施中，逻辑流程必须与文化分析流程相结合，以适应问题情境所包含的不同文化背景。

1）丰富视图（rich pictures）

建立针对问题情境的尽可能多的描述图景。

2）干扰分析（analysis of the intervention）

是从问题情境相关角色对系统的影响的角度进行分析，关键的角色有客户、问题所有人、问题解决者。Checkland 称这一分析为分析一。

3）社会系统分析

把相关系统作为一个社会系统进行分析，这一社会系统由相互作用的三个要素构成：一定的社会“角色”，相应的特定行为“规范”及评判角色行为的标准或“价值”结构。Checkland 称这一分析为分析二。

4）政治系统分析

文化分析的分析三反映了问题情境的政治维度，阐明问题情境中权力的表达形式。

5. 可行的与所期待的变革的实施

对问题情境变革的实施基于 SSM 的逻辑流程和文化分析流程，这一变革应是“系统所期望的”（systematically），同时“文化上可行的”（culturally feasible）。SSM 的实施本质上是一个群体协同工作的过程，是一个群体认知过程。

综上所述，SSM 的特点如下。

（1）SSM 的整个的实施过程是一个群体学习过程。

（2）用概念模型补充数学模型的不足，用可行满意变化替代最优解。

（3）除了分析系统和问题本身的逻辑关系和客观规律之外，还要分析系统所处的文化环境。

7.3 问题驱动的下降上升法

7.3.1 总体过程——下降上升过程

系统分析本质上是把系统作为认识客体的一种认识活动，这项活动中包含三个基本方面：认识客体、认识主体、认识中介。三者构成了一个动态的、复杂的、包含三个子系统的认知系统。每个子系统都具有各自的复杂结构，自成系统。三个子系统相互联系、相互作用，如图 7.12 所示。

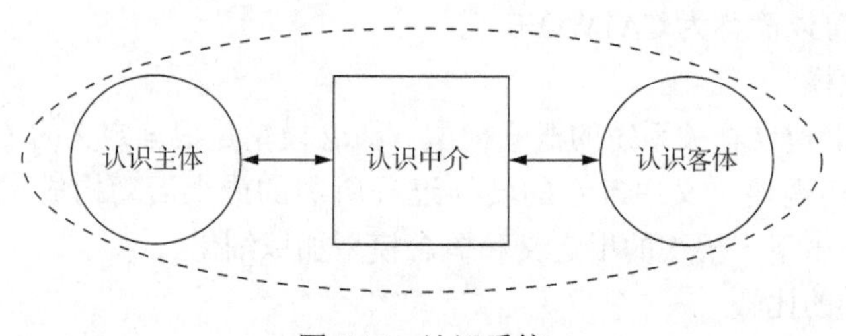

图 7.12　认识系统

由 7.1 节的论述可知，任何系统分析其本质上都是问题驱动的，为了强调问题驱动这个概念，我们把系统分析统统称为问题驱动的系统分析。问题驱动的系统分析的分析对象即认识客体是 7.1.2 节定义的问题系统，认识主体当然是系统分析人员，认识中介即分析工具就是下面将要讨论的问题驱动的系统分析方法——下降上升法，该方法的总体框架结构如图 7.13 所示。

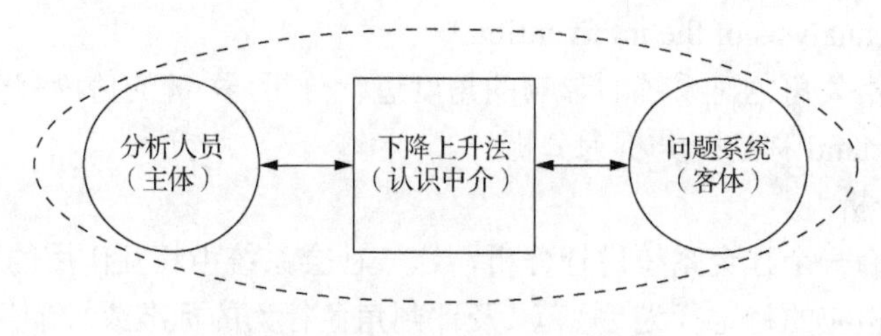

图 7.13　问题驱动的系统分析总框架

作为认识客体的问题系统具有多种属性和多层次的结构，制约着系统分析人员对系统的认识不能一次完成，也决定了对问题系统的认识即系统分析的“程序”和“规则”。正如列宁曾经说过，“认识是思维对客体的永远的、没有止境的接近”，是一个由不知到知，由较肤浅、较片面的知到较深刻和较全面的知的无限发展过程。

在认识系统中，作为认识主体的系统分析人员是最具有自主性和能动性，担负着使对象世界中的实在客体向观念世界中的观念转化的任务。系统分析人员是一个知情意相统一的有机整体，因此，系统分析活动本身具有复杂的结构，是理性和非理性、有意识与无意识、逻辑与非逻辑的有机统一。这些情感和意志因素包括信念、理想、习惯和本能在内的各种非理性的心理因素，虽然不具有对问题系统实现观念性的把握功能，但是，它们对人的认识能力的发挥和运用，往往起到导向、选择、激发和调节等作用。这就使得作为系统分析主体的人并不只是以自己抽象的感觉和思维进行认识活动，相反，主体意识的各种要素都要投入到系统分析这项活动中来，并对系统分析的进程发生影响。另外，系统分析的主体一般也不是一个人，往往是按照一定的社会组织规则而组织在一起的群体或关系紧密的团队，其中每个人的认识活动都会产生差异，相互之间的互动关系也非常复杂，这样复杂的系统分析主体就使得认识活动也十分复杂和不确定，系统分析的结果也不相一致和不确定。再者，系统分析这种认识活动也是在人的主观世界中进行的活动，是一种别人看不见的隐秘活动，这就使得系统分析更是一个不可知的过程，从而更加剧了系统分析活动的复杂性和不确定性。

那么，能否在复杂的分析主体和分析客体之间建立一个可操作的、可视化的、有效的、简单的、稳定的系统分析方法即认知工具作为认识的中介，就成为提高系统分析效果和效率的关键问题。

在认识系统即系统分析中，由各种认识工具、手段组成的认识中介子系统是关键环节，它对认识活动至关重要，同时认识工具和手段本身是一套知识体系，因此对系统分析人员的分析能力、分析水平的提高也具有重要作用。

本书讨论的问题驱动的系统分析方法的设计思路来源于认识活动的辩证过程，遵循认识过程从感性认识到理性认识，再从理性认识到实践，这样的两个阶段。我们采用 V 形曲线进行设计，左边称为下降过程，右边称为上升过程，如图 7.14 所示。

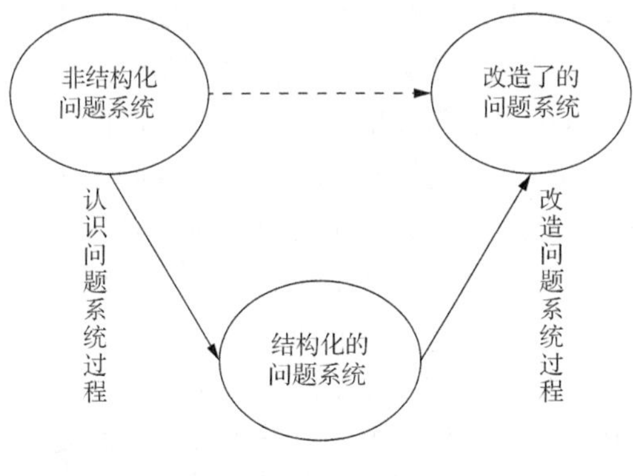

图 7.14　下降上升过程

由于这个问题驱动的系统分析方法具有图 7.14 的形象性特征，因而，我们也把它称为下降上升法。

下降过程是认识世界的过程。在问题驱动的系统分析中，分析的对象是 7.1.2 节定义的问题系统。无论任何人对任何系统进行分析，都是在问题驱动下进行系统分析，都离不开感性认识，都开始于对问题（一般是一个混沌的整体——议题）有所感和有所知，从此开始逐步走向理性认识阶段的抽象的概念、判断和推理的过程。下降过程开始于问题系统的议题，下降过程的结果是一套清晰的问题系统，包括其中的疑问系统和相关系统。此时，疑问系统和相关系统的结构都是清晰的，达到了所谓的结构化。

上升过程是改造世界的过程。在获得问题系统的清晰结构的基础之上，就可以在问题驱动和目标导引下，制定问题的解决方案并加以实施，最终解决问题。图 7.14 中的虚线表示问题驱动和目标导向。

问题驱动的系统分析是人们对事物的一种认识过程。认识是以人的观念的方式反映客观事物的本质及其发展规律。事物的本质，在系统分析中则是对系统的组成及其结构的认识，如果认识了这一点也就认识了系统整体性来源的根本，系统的发展变化也可以从整体性的变化过程反映出来，因此结构变化过程也就是系统的发展规律。

7.3.2 下降过程——双下降分析方法

1. 方法设计思路

问题驱动的系统分析方法——下降上升法中的下降过程，分析的主要目标是把非结构化问题变为结构化问题，包括问题系统中的疑问系统和相关系统两个方面同时结构化，使得两个系统的组成和关系都是清晰、明确的。一旦问题系统从非结构化变成结构化了就意味着问题更明确、原因更清楚了，这样就可以为解决问题制定更为确切和适当的目标。问题结构化也就是通俗讲的明确问题，一般来讲没有可操作性的程序化的分析方法，本节给出的双下降分析方法是一种把不可见的思维过程可视化的具有很强操作性的分析流程和方法。

在现实中，当人们遇到一个问题时，往往首先呈现在面前的是一个“混沌的整体”，无论问题的外部影响因素还是内部的构成要素都是不清楚的，甚至人们解决问题的目的也是不清楚的。因此，无从制定解决问题的方案并做出正确的决策。处于这种初始状态的问题我们称为议题（issue）。议题是已经被人们感知到并开始议论、开始思考，但是还没有达到理性认识阶段的感性问题。人们从议题出发力图对议题相关的内部构成要素和外部影响因素进行清晰化和结构化分析，这是一个从感性到理性的认知活动，即本节所说的明确问题。这个过程与前文提出的从非结构化、半结构化到结构化的过程是一致的。

如前所述，明确问题的难度在于问题的本质是实体之间的关系，而关系是看不见摸不着的一种客观存在，使得问题的结构化过程只能是一种在大脑中进行的不可见的思维活动，别人看不见思维的操作过程和操作方法。为了把明确问题的隐秘过程显性化，把思维操作变为工具化操作，把一个人的思维过程变为群体的可视化讨论过程，我们提出了一种基于模型化系统分析的可视化分析方法——双下降分析方法。

从 7.1.2 节可知，问题系统中的疑问系统和相关系统相伴而生，谁也离不开谁，只要有问题发生，其背后一定依托于一个系统；反之，只要一个系统是发展变化的，这个系统就一定会产生矛盾，因此就会发生问题。所以，系统分析一定是面向问题的或叫作问题驱动的，也就是说任何系统分析都伴随着对问题的分析，任何问题分析本质上也是对系统的分析。

双下降分析方法符合人类认知由感性到理性、由浅入深、由此及彼、否定之否定的螺旋式认知规律。我们基于这一认识，为问题驱动的系统分析设计了一个问题和系统双方相伴分析的整体分析方法。这个方法的过程是在疑问系统和相关系统两者之间的虚实交互，自上而下并且螺旋式推进的分析过程。过程的起点是具有非结构化、半结构化特点的议题，过程的终点是结构清晰、明确的结构化问题，分析过程的认知成果是一系列的多层次结构模型。

双下降分析方法的总体思路如图 7.15 所示。

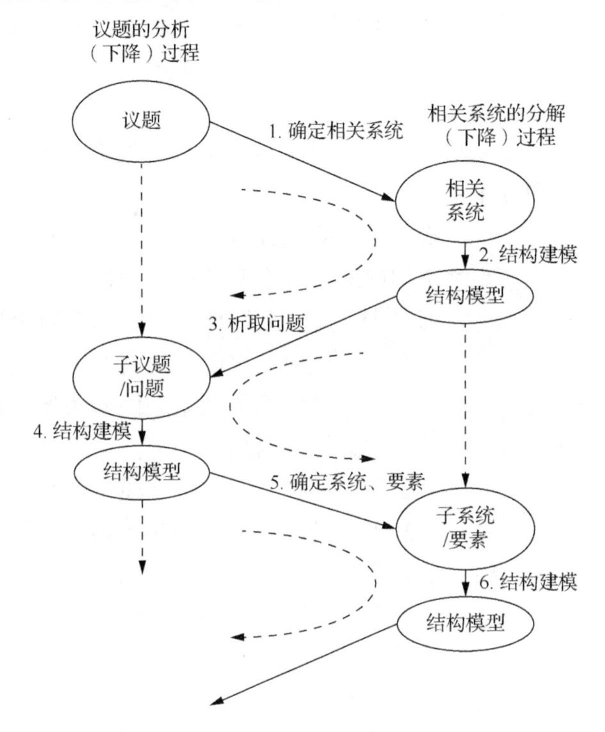

图 7.15　双下降分析方法的总体思路

双下降分析方法的整体分析流程包含三个子过程。

（1）疑问系统从非结构化或半结构化到结构化的下降过程。

（2）相关系统从整体到局部的下降过程。

（3）统和协调前两个下降过程的螺旋式交互推进过程。

第一，从议题出发。这既是客观现实的需要也符合思维分析的特点，体现了系统分析的一种面向问题和问题驱动的特点。人们首先感知到问题，并为了解决问题才进行系统分析，议题就是人们感知到的并试图解决的问题。此时的议题一般是用自然语言描述的“混沌的整体”，对议题的相关内容还没有详尽的认识。

第二，面向议题找出相关系统，为相关系统建立结构模型。无论议题还是问题其本质上都是关系，虚的关系本身不能分解，但是相对于关系而言，系统是产生关系的实体，是可以分解的。因此，可以采用迂回策略，从“虚”过渡到“实”对产生问题的相关系统进行分析即把分析的焦点从议题转向系统。此时需要找出产生议题的相关系统，然后为相关系统建立结构模型。

第三，在相关系统的关系中析取矛盾、找问题，为疑问系统建立结构模型。利用相关系统的结构模型中的各个关系找出矛盾和问题。此时找出的问题相当于对议题进行了分解和细化，并且把这一步找出的子问题作为要素，子问题之间的相互影响作为关系，建立疑问系统的结构模型。如果这一步找出的子问题中仍然有不清楚的子问题即子议题，则继续按照上述的思路找出子议题的相关系统，继续上述的过程，直到所有子问题（子议题）都有了结构模型即明确了为止。

至此，通过两个下降过程的协作，既得到了疑问系统的多层次的不同粒度的结构模型，也同时得到了相关系统的多层次的不同粒度的结构模型。如此进行，就可以把议题从非结构化、半结构化变为结构化，既达到了明确问题的目的，同时也达到了系统分析的目的。

2. 方法逻辑流程

双下降分析方法是由一系列可操作的步骤组成的流程，根据上述思路把双下降分析方法展开为如图 7.16 所示的方法流程。

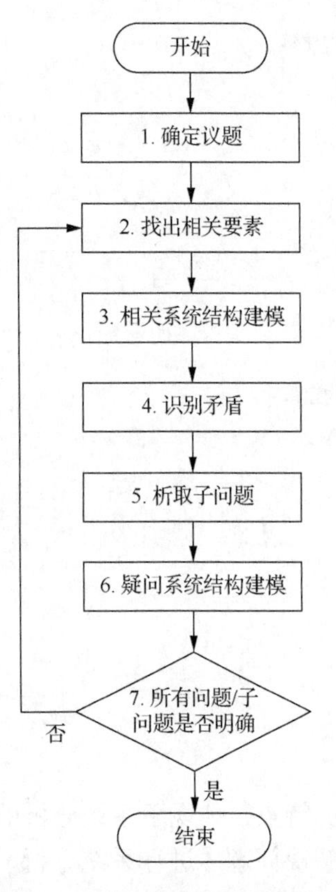

图 7.16　双下降分析的方法流程

第一步：确定议题。也就是提出在现实中感知到的并且需要解决的问题，这个问题处于一种不清楚、不明确的状态。

第二步：找出相关要素。根据议题的背景情况和相关经验、知识甚至直觉找出与议题的所有相关要素。具体要求只考虑与议题相关，不考虑相关要素之间的关系，这样有利于集中精力尽可能无遗漏地找出全部相关要素。

第三步：相关系统结构建模。如果相关系统简单，可以利用专业知识和经验及直觉为相关系统直接建立结构模型。如果相关要素众多关系复杂，可采用直觉与逻辑方法为相关系统建立结构模型，此时就获得了带结构的相关系统。

第四步：识别矛盾。利用相关系统的结构模型进行矛盾识别，找出结构模型中的不平衡关系即矛盾（结构模型还可用于识别主要矛盾和矛盾的主要方面的分析以及层次分析、路径分析等）。

第五步：析取子问题。利用相关系统的结构模型，对每一个矛盾即结构模型图中每一条不平衡关系进行分析，找出子问题。子问题的析取需要结合议题的“利益相关者”的主观愿望和认知水平综合考虑。这一步骤的分析结果是子问题集合，其中包括不甚明确的子问题即子议题。

第六步：疑问系统结构建模。利用第三步相关系统结构建模中提到的结构建模方法为已经析取出来的子问题和子议题集合，建立疑问系统的结构模型。

第七步：判断“所有问题/子问题是否明确”。如果全部问题/子问题都是明确的，则转到“结束”，此时的相关系统和疑问系统的两套结构模型就是已经明确了的结构化问题，至此达到了明确问题的目的。否则，如果其中还存在子议题，则转到第二步，继续循环上述流程，直到可以转到“结束”为止。

对于不太复杂的一般性问题，图 7.16 的流程一到两个循环就会达到明确问题的目的，对于非常复杂的问题可能需要更多次的循环。

分析过程结束后，得到三类结果：第一类是疑问系统的不同层次的问题及其结构模型；第二类是相关系统的不同层次的结构模型；第三是两类结构之间的对应关系结构。这三类模型在制定解决方案和解决问题时仍然继续使用，这里只关注明确问题，关于解决问题中的结构分析方法不在此赘述。

方法流程中的第二步和第三步是对相关系统建立结构模型，第五步和第六步是为疑问系统建立结构建模，当相关系统和疑问系统的系统要素较少时，结构建模并不困难，只依靠分析人员的经验和直觉以及掌握的问题背景知识就可以建立结构模型。但是，当系统要素较多、关系复杂时，建立结构模型并不是一件很轻松的工作。关于复杂系统结构建模方法可参见第 6 章介绍的各种结构建模方法。

议题的分析（分解）过程始终伴随着相关系统的分解构成和结构化过程，整个下降过程一直是在“虚”的问题和“实”的相关系统的交替过程中进行。图 7.15 中由全部的实线箭头连接起来的一条曲折的分析路径，它在两条虚实结合的下降路线中来回交替深入，直到议题分析清楚为止。

另外，分析是在思维中进行的思考，是个不可见的过程，为了提供分析过程的可操作性和分析的稳定性以及分析的一致性，本方法采用结构模型作为思维操作的工具，利用结构模型建模方法作为分析的操作方法，使思维中的思考过程变为可视化的图形操作过程。从图 7.15 中可以清晰地看出，结构建模伴随着整个分析过程的始终。不仅如此，还同时把结构模型作为议题和相关系统分析过程中每一阶段的系统分析成果以及上升过程中进行综合的向导与依据。

3. 分析内容流程

分析内容流程可以按照问题驱动的系统分析的内容依据分析次序分为提出问题、明确问题和分析问题三个阶段，如图 7.17 所示。

每个阶段包含若干个逻辑步骤，分别讨论如下。

1）提出问题阶段

这个阶段由五个步骤组成，如图 7.18 所示。

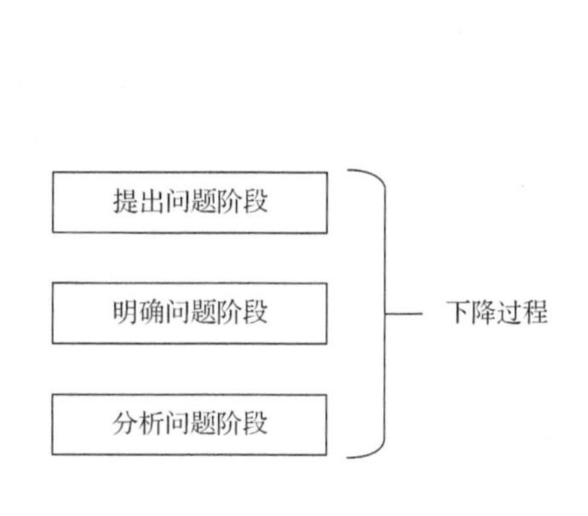

图 7.17　下降过程的工作流程

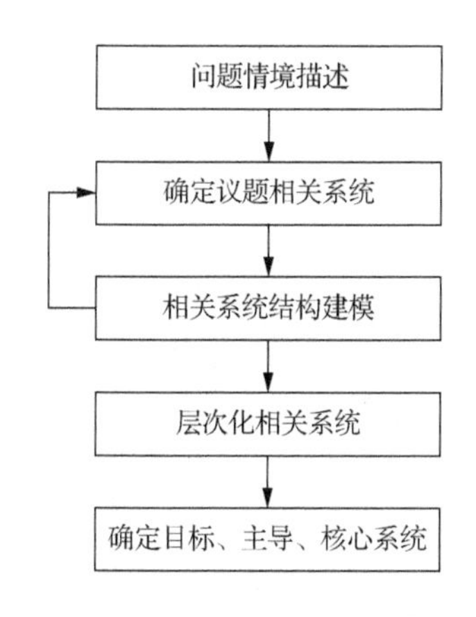

图 7.18　提出问题的五个步骤

第一步：问题情境描述。主要使用自然语言，对所要讨论的议题进行尽可能地描述，包括议题的所有相关内容。这是一种与非专业人员最接近的描述方式，容易在专业人员和非专业人员之间建立沟通的桥梁——其实就是建立概念模型。

第二步：确定议题相关系统。根据议题的问题情境描述即概念模型，找出其中与议题相关的所有系统。换句话讲，议题是产生于这些相关系统的，确定相关系统就是找出产生议题（问题）的根源。

描述工具：“议题-系统”相关图如图 7.19 所示。这种图就是议题与相关系统的概念模型图。

第三步：确定相关系统结构。各个相关子系统之间并非相互独立，而是相互影响、相互制约和相互促进的。议题也并非产生于各个独立的相关子系统，而是产生于它们相互作用的关系之中，是相关子系统相互作用所“涌现”出来的（这一点在第 8 章的实例中可以清楚地看到）。各个相关子系统组成议题的相关系统。

描述工具：系统结构模型如图 7.20 所示。

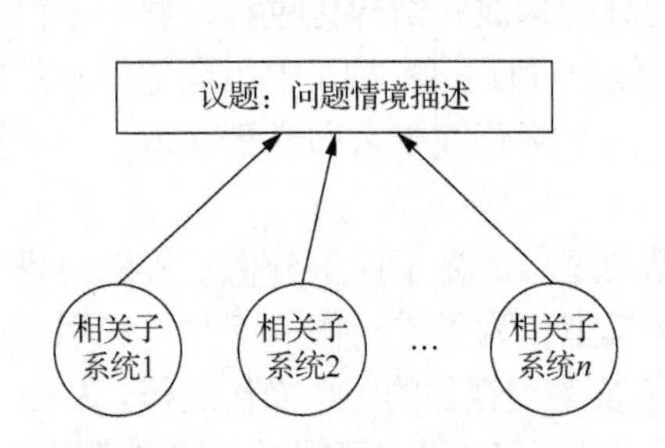

图 7.19 “议题-系统”相关图

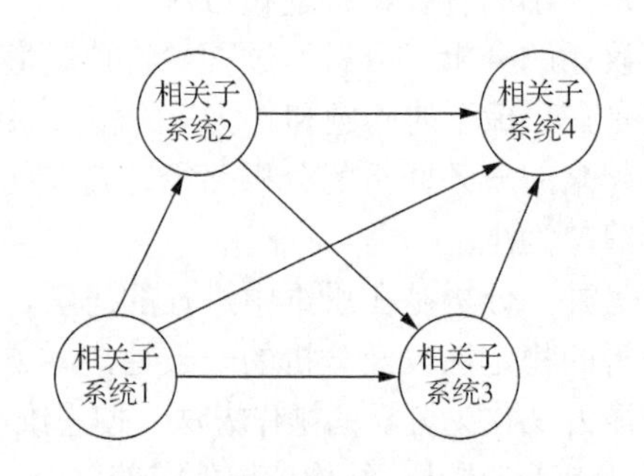

图 7.20　相关系统结构图

这种图可以描述相关系统整体结构，是相关系统的结构模型，可以表达相关系统结构的概念。

第四步：层次化相关系统。采用结构模型分析技术对已经建立起来的结构模型进行层次化处理及其相关的其他处理，进而得到如图 7.21 所示的层次化结构模型图。

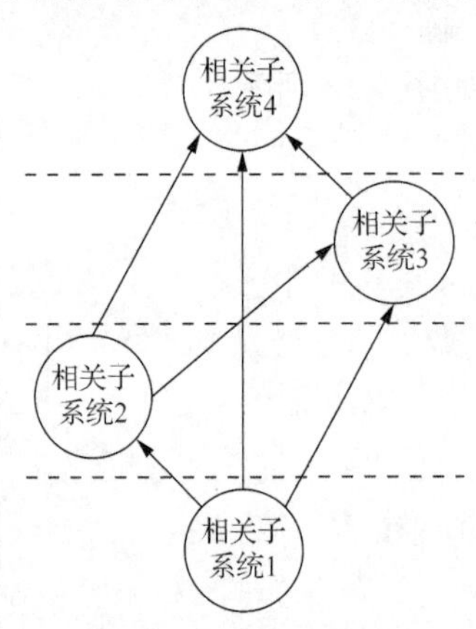

图 7.21　层次化相关系统结构图

第五步：确定目标系统、主导系统和核心系统。

目标系统：只被其他子系统影响而不影响其他子系统的相关子系统。在结构图中只有指入箭头、没有指出箭头的结点就是目标系统。目标系统在结构图中处于最高的层次。图 7.21 中相关子系统 4 是目标系统。

主导系统：只影响其他子系统而不受其他子系统影响的子系统。在结构图中只有指出箭头、没有指入箭头的结点就是主导系统。处于最低层次的系统是主导系统。图 7.21 中相关子系统 1 是主导系统。

核心系统：如果把某个相关子系统从结构图中移除，则结构图就会变成多个子图，这个相关子系统就是核心系统。在图 7.21 中没有核心系统，因为相关子系统 3 和 4，分别移除哪一个都不会破坏结构的整体性，只是少了一个结点。

2）明确问题阶段

本阶段的任务是通过分析的方法，明确议题的构成要素、要素的类型和结构关系。基本步骤和过程如图 7.22 所示。

第一步：析取问题。所谓析取问题是指从相关系统的内部关系中提取出议题中包含的问题，把议题看作为整体，问题就是其中的组成部分。因为议题本身是不可分解的，所以只能采取从相关系统析取，析取的过程是找关系、找矛盾，再找问题，这就是双下降分析方法的螺旋式分析过程。

两个地方可能产生问题：一个是相关系统内部的关系上，一个是相关系统与人的需求关系上。前者析取的问题称为关系问题，后者析取的问题称为实体问题。因为后者是相关子系统这个实体的整体性与人的需求之间的矛盾，为了区别相关系统内部各个实体之间的矛盾，故做出以上区别。实体问题与关系问题如图 7.23 所示。

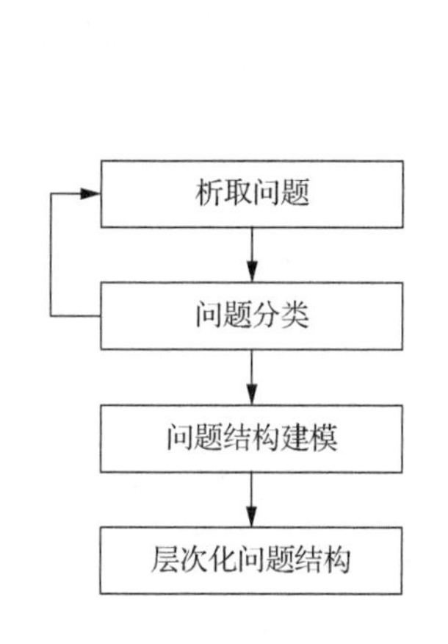

图 7.22　明确问题的四个步骤

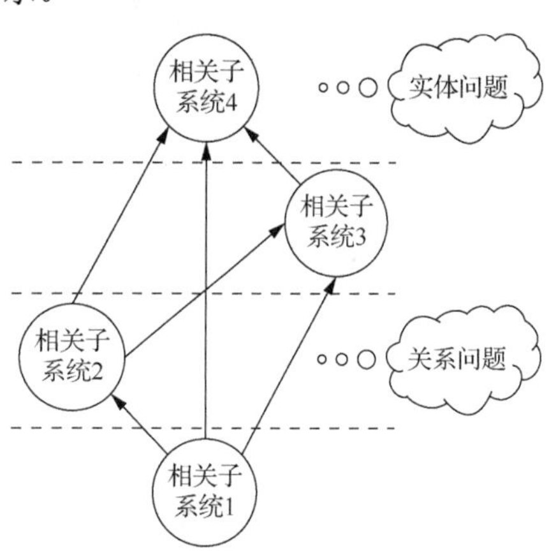

图 7.23　实体问题与关系问题

第二步：问题分类。根据实际议题的情境和分析的需要进行分类，一般地可以进行如表 7.4 所示的分类。

表 7.4　问题分类

	综合性问题	分析性问题
宏观问题	问题集合 11	问题集合 12
中观问题	问题集合 21	问题集合 22
微观问题	问题集合 31	问题集合 32

综合性问题是指它的解决必须在与其有关的所有其他问题都解决之后才能解决的问题，解决的方法主要是综合方法，是上升过程的方法。分析性问题是指它的解决不依赖于其他问题是否解决，只与其本身所依赖的系统或要素的属性有关，解决方法主要是分析（分解）方法，是下降过程的方法。

根据“从大处着眼，小处着手”的解决问题原则，三个层次的关系应该是先研究宏观问题，再研究中观问题，最后解决微观问题。

第三步：建立问题的结构模型。问题的结构模型是一切分析和综合的一个指南（guide）。析取出来的每一个问题都不是相互独立的，它们之间也是相互影响和相互制约的。这种相互作用关系可以是单向的，也可以是双向的。比如问题 A 的解决必须在问题 B 解决之后才能实现，而问题 B 的解决不受问题 A 是否已经解决的影响。这是一种顺序关系，如图 7.24 所示。

循环关系如图 7.25 所示。问题 A 和问题 B 都不能独立解决，两者之间相互影响，一个问题的状态会对另一个问题的解决产生影响，反之亦然。这种相互制约关系的问题解决过程必须采用一种螺旋式过程，不应该人为地打开链条，需要寻求综合协调的处理方法予以解决。基本原则是一个问题的解决不能促使另一个问题“恶化”，而应该在螺旋式过程中相互促进，最终是两个问题几乎同时获得解决。

更复杂的结构情况是多个问题相互纠缠在一起，相互牵制、相互连带，其中一个问题的解决将“牵一发而动全身”，结构关系如图 7.26 所示。

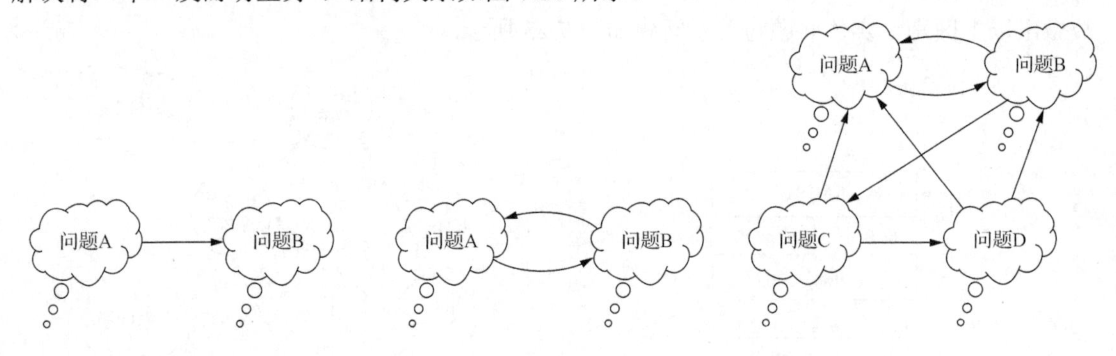

图 7.24　顺序结构　　图 7.25　循环结构　　图 7.26　复杂结构

这类问题的解决更需要采取一种广义的螺旋式问题综合协调解决方法。

这是整个问题系统中疑问系统的基本结构单元，实际的问题系统是这些基本单元的组合，现实问题可能十分复杂，在问题解决过程中常常是“按下葫芦浮起瓢”。结构图在问题分析过程中给出了问题体系的整体概念，因此结构图在这里也是问题系统的概念模型。结构图可以帮助人们明确问题结构，理清解决思路，避免复杂问题简单化、僵硬化和直线式。

第四步：建立问题结构层次关系。层次关系使得问题结构有序化，这个过程可以采用结构分析中的层次化等方法进行，并从结构图中找出关键问题、难题等具有特殊性质的问题，争取问题的迎刃而解。

关键问题是“指出关系”最多的问题，因为这种问题会影响更多的其他问题，只有这个问题解决了才会为许多其他问题的解决提供条件。所谓难题有两种结构，图 7.25 所示的循环结构，可以把两个问题统一处理，更难的是图 7.26 所示的结构，这种问题的解决需要智慧，需要综合平衡，但是这种具有复杂结构的难题，如果能够分析出这个复杂结构块中的主要矛盾和矛盾的主要方面，有可能迎刃而解，这取决于现实的问题背景和利益相关者之间的关系。

通过问题结构化建模和有序化之后，结构关系可以变成图 7.27 所示的形式。它清晰地表达了问题之间的相互影响关系以及问题解决的逻辑次序。问题 1.3 必须在问题 2.1、问题 2.2

和问题 2.3 解决的基础之上才能解决。图 7.27 是一棵问题树，其中处于“树叶”上的问题是分析性问题，处于非“树叶”上的问题是综合性问题。

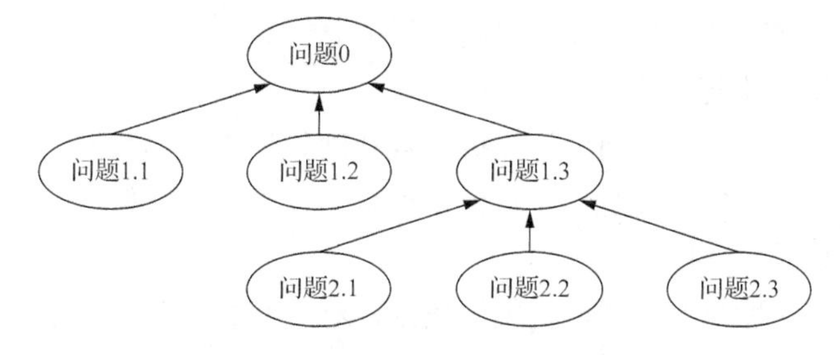

图 7.27　问题树——结构层次关系图

通过提出问题和明确问题这两个阶段，已经把一个非结构化的议题变成了一个结构化问题。即明确了问题系统中疑问系统的构成要素，问题之间的影响关系和层次关系，后两个阶段则是分析并解决这个被结构化了的非结构化议题。

3）分析问题阶段

分析问题的逻辑过程如图 7.28 所示。

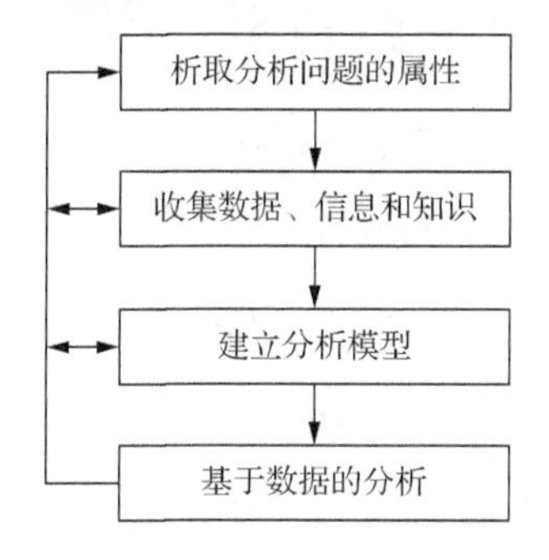

图 7.28　分析问题的逻辑过程

第一步：析取分析问题的属性。

根据图 7.27 问题树的结构层次关系，对其中的每个树叶结点上的问题进行如下工作：明确分析性问题对应的相关系统或相关系统的子系统或某一组成部分或相关要素的属性。具体方法是矛盾分析法，即从某一个问题对应的相关系统（或组成部分、要素等实体）中寻找关系；再逐个评价关系的平衡性，找出不平衡的关系即矛盾；第三步再与这个问题匹配，把所有相关的属性都列举出来。为每一个问题建立一个属性表，在表中列举出相关属性。这是一个简单的表，与关系型数据库中的关系表的结构相似，属性表中的每一个字段表示一个属性，如表 7.5 所示。

表 7.5　问题属性表

	属性 1	属性 2	…	属性 m
问题 1				
问题 2				
…				
问题 n				

第二步：收集数据、信息和知识。

采用各种方法收集问题属性相关的数据、信息和知识。把它们作为属性值添加到属性表中，作为系统或要素状态以及判断而被使用于详细分析。

第三步：建立分析模型。

采用相关的数学模型方法，利用计算机工具处理收集的全部数据，并建立相应的模型，包括定性分析模型、定量分析模型、仿真模拟模型、计算实验模型等。

第四步：基于数据的分析。

利用建立起来的各种模型，结合采集的数据，对所有的具有分析特点的问题进行定量分析、仿真分析，甚至计算实验分析等。

7.3.3　上升过程——综合分析方法

上升阶段是问题解决阶段。从系统分析的角度来讲，所谓的解决问题是指提出问题解决方案，对问题解决起到决策支持的作用，并非实际执行解决问题的方案。

这个阶段是根据问题结构层次关系图 7.27 中的层次关系，自下而上，一层一层向上综合，直到全部问题的解决。在综合过程中，可以用如下三种综合法进行综合。

1. 比较综合法

同一层次问题之间是比较关系的问题，通过对问题与问题的比较，综合出上一层次问题的结果。这种综合法用表格表示如表 7.6 所示。

表 7.6　比较综合表

	被比较问题 1	被比较问题 2	…	被比较问题 *m*
比较问题 1	综合结果 11	综合结果 12	…	综合结果 1*m*
比较问题 2	综合结果 21	综合结果 22	…	综合结果 2*m*
…	…	…	…	…
比较问题 *m*	综合结果 *m*1	综合结果 *m*2	…	综合结果 *mm*

2. 交叉综合法

在同一层次中的问题处于一种平等的关系，用交叉综合表表示，如表 7.7 所示。

表 7.7　交叉综合表

	问题 1	问题 2	…	问题 *m*
问题 1	综合结果 11	综合结果 12	…	综合结果 1*m*
问题 2	综合结果 21	综合结果 22	…	综合结果 2*m*
…	…	…	…	…
问题 *m*	综合结果 *m*1	综合结果 *m*2	…	综合结果 *mm*

3. 系统综合法

同一层次或不同层次中的问题，如果都对同一个上层问题有影响，就会联合起来对这个上层问题起作用，系统综合表如表 7.8 所示。

表 7.8　系统综合表

综合问题	综合结果			
被综合问题	子问题 1	子问题 2	…	子问题 n

下降上升法的下降过程包括提出问题、明确问题和分析问题三个阶段，虽然从总体上讲，下降过程是分析过程，但是采用的方法并非都是分析法，其中也包含综合法，准确地讲是“以分析为主，以综合为辅”的方法。比如，确定相关系统、析取问题、析取属性采用的是分析法，而建立相关系统的结构模型、建立问题（疑问）系统的结构模型，建立属性的各种模型采用的是综合法，其中又间或地采用了分类法等其他方法。

下降上升法的上升过程也不只是采用综合法，而是“以综合为主，以分析为辅”的方法。由于人的认识过程是一个螺旋式上升，波浪式前进的过程，所以下降上升法的问题解决过程并非一蹴而就的，其中存在着很多的大小“螺旋”和“波浪”，最终使问题得到解决。

解决问题在各个不同学科领域都有各自不同的理论与方法，从系统科学的角度来讲也有决策理论与方法、优化理论与方法等，相关的内容不作为本书内容，在此不做赘述。

7.4　下降上升法的理论依据

7.4.1　两个过程的理论依据

人对客观事物的反映有感性认识和理性认识两种基本形式，感性认识的结果是感性具体，理性认识的结果是抽象规定和思维中的具体这两种形态。总之，在完整的认识过程中，人的认识需要经历两个过程和三种不同的认知结果状态。

1. 从感性具体下降到思维抽象——第一条道路

感性具体是指经过人的感觉器官对客观存在的感受，被感受的客观事物的存在是一切认识活动的客观基础，也是关于对象的知识的客观源泉。这些可以感觉的客观事物在人的意识之外，是不以人的意志为转移的客观地存在着的，它们是人们所要研究的一切运动的载体，一切相应属性和关系的物质承担者。

从认识论的角度来讲，感性具体是通过人的感觉器官所获得的关于客观事物的感觉映像，是客观事物同人的感官的直接联系，有丰富多彩的感性形象。感性映像虽然具有直接性、具体性的优点，但是尚未揭露出事物的多方面的属性及其内部关系，因而常常带有个别、片面、表面、零散的缺点。对于一个系统的感性认识来说，需要把各种感觉映像形成一个“混沌的关于整体的表象”，才是对系统的整体的感性映像。这种关于系统的表象通常只是揭示直接联系的结果，在形式上是具体的，但在内容上却是抽象的。因为它丢开了深刻的联系、本质上的和系统性的规律，尚未完全反映规定的多样性，而这些联系、本质、规律和多样性的综合和统一，才是真正的科学认识。正因为如此，这个混沌的表象只是认识作为多样性统一的具体的前提和出发点。思维不能从感性具体直接进到思维具体，需要从混沌的表象“下降”到通过规定和概念反映系统的整体特征和方面的抽象。马克思把这个过程描述为“把直观和表象加工成概念”，这是关于整体系统的感性具体知识“蒸发为抽象的规定”。

从感性具体“下降”到抽象之所以可能，是因为作为整体的系统的要素和组成部分是相对独立的（即可分的），它们在系统中各自担负着特定的任务。整体的各个组成部分及其相对独立性的存在，是从感性具体下降到抽象的客观基础和客观前提。

对感性材料进行逻辑加工，人的认识就进入了抽象思维领域。这种下降实质上是抽象的过程。在认识活动中应用着若干种抽象方法，比如，把某种属性或关系从事物和与事物紧密联系着的那些属性中抽象出来；把被研究的特点同特点的载体在思维中联结在一起；在思维中抛开被认识事物中那些对认识主体意义不大的方面；在思维中从整体事物或系统中分离出它们的要素、部分、特点、特殊性，并用概念反映它们。

抽象概念是抽象活动的结果，它在某种意义上也是具体的，因为在研究整体的基本部分时，也要像研究这个部分本身那样研究整体的所有其他部分。实际上这是进行抽象的首要前提，它在一定程度上也包括在多个部分与其他部分的联系的认识，即对具体整体的认识之中。此外，抽象的、局部的、不完全的认识也可以获得一定的具体性。

马克思研究资本主义生产方式是从研究它的具体整体开始的，这个整体起初还是未分解的、混沌的，无论是它的要素、部分，还是这些要素、部分在整体系统中的作用和它们相互作用的性质，都还没有被揭示出来。在研究的最初阶段，人的意识所反映的是整体的直接的感性存在，这是反映在人的表象中的具体整体，认识系统的过程就是从具体整体和被感觉感知的整体系统开始的。

对整体的感性直观阶段所认识的是整体系统的外部的东西，但是一切外部的东西都和内部的东西不可分割地联系在一起，是内在东西的显像和表现，所以整体系统内在东西的内容以及整体的组成和结构在该阶段也得到了一定的认识。因此，对直接存在的事物的整体知觉，也是对部分的某种认识。但是，组成整体的既有大量进入感性知觉的极为多样的现象和直接存在，也有大量的未被研究者发现的、千差万别的、主要的和次要的部分。因此，在感性直观阶段，人们只能在一定程度上认识那些处于表面的，能够被直接的感性知觉所把握的要素，而远远不能认识整体的全部要素。然后，随着关于整体的经验材料的积累，整体在认识过程中分解为越来越新和越来越内在的要素，并且分解的结果通过各种规定和抽象概念反映出来。于是，思维开始从知觉和表象中具体整体向抽象和规定运动，这些规定反映着在分析过程中被分解出的整体的要素和部分。把整体分解为部分，研究这些部分并用相应的概念表现研究的结果，也就是说，从感性认识的具体向抽象运动，是认识整体的必经阶段。这是由于一切具体的整体都是“多样性的统一”，是包含着大量要素、方面、特性和相互联系的统一体和整体，人们不可能一下子全部认识它们的具体性和整体性。必须把整体分解为它的组成部分，每个部分都应在相应的抽象概念中得到研究和反映。只有在把具体事物制造成一系列反映整体的要素和部分的规定这项任务完成之后，认识才能够踏上相反的道路——从抽象到作为多样性统一的具体。

由此可见，在下降上升法中的下降过程的三个阶段正是进行的这种从感性具体到思维抽象的认识过程。

思维从感性具体到抽象的运动是从抽象上升到具体的准备阶段，只有后者才能提供关于系统的内在充实的和比较完全的知识，也才能提出对问题的真正的解决办法。因此，抽象概念作为从具体开始运动的结果，它本身没有自在的价值，而是向思维具体上升的出发点。抽象概念的价值决定于它们在认识具有全部丰富性和多样性的具体事物时所起的作用。

2. 从思维抽象上升到思维具体——第二条道路

马克思写道：“具体之所以具体，因为它是许多规定的综合，因而是多样性的统一。”为了达到这种思维的具体，必须从抽象上升到具体，也就是说，思维必须从反映整体、要素、部分和最简单的抽象规定向反映同一整体的越加具体和完整的概念运动，但这时的整体已经是大量要素及其相互联系的丰富总体。抽象的规定仅仅是通过思维再现具体事物的手段，它们是对规定进行综合的成果。这些规定在综合的过程中不断地丰富和具体化，随着对整体的认识的深入而获得新的内涵。由于从抽象到具体的逐渐上升，在这些抽象规定和“贫乏”的抽象概念的基础上产生出整体的抽象，它们是关于整体的具体知识的逻辑要素。具体的整体一方面是认识、直接的生动直观的表象的出发点，另一方面又是极为复杂和艰巨的认识活动的成果和终点。思维的逻辑的整体虽然是对客观存在的整体的反映，但它不是后者在人脑中的被动和机械的烙印，而是理性的大量认识活动的成果。逻辑的整体是客观整体的反映和客观整体通过特殊的思维规律——分析与综合、归纳和演绎以及抽象等的方法的思维结果。思维的具体和整体，无论它多么复杂，都只是客观存在的整体的近似正确的反映和复制，客观存在的整体永远比它的思维复制品要无比地丰富、复杂和全面。逻辑的整体是人的感情和理智长期活动以及对世界进行耐心细致而又困难重重的综合结果。

从抽象上升到具体的方法是科学和理论通过概念来反映具体的系统整体方法。这种方法最终要研究的是整体系统，而不是整体系统的某些个别要素、联系和功能。人在认识系统时必须区分出它的个别要素、联系和功能，并通过抽象概念反映它们，这个事实也不能改变客观事物的实质。因为系统必须通过抽象的棱镜，才能表现出自己全部的丰富多样性。

在思维从感性的具体到抽象和从抽象到体现其全部多样性的思维具体的运动中，客观存在的整体系统即使在被思维分解为其组成要素、联系和功能时，也一刻都不能使其从人的视野中消失。也就是说，人在对系统认识的整个过程之中都对客观存在的系统是开放的，需要不断地接收来自它的信息，以丰富我们的认识，增加我们的知识。否则认识在达到一定的阶段以后将成为无源之水、无本之木。仅仅依靠原有的数据、信息和知识并由此获得的抽象概念是不够的，因此整个的下降上升过程就是一个不断的学习过程与问题解决过程的相互融合的过程。

我们可以把上述的下降上升过程形象地表示为图 7.29。

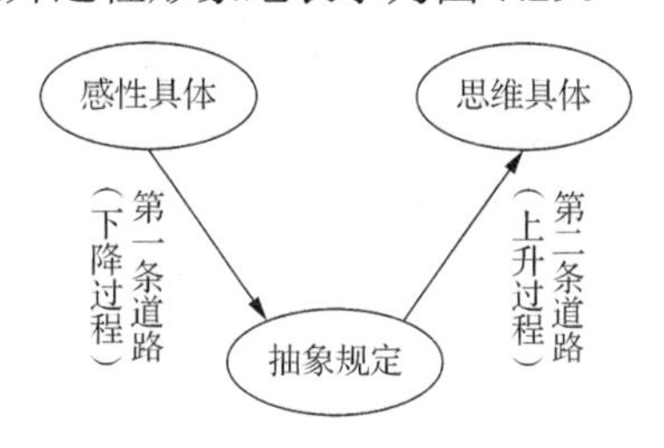

图 7.29　下降上升总体思路

从本质上讲，Checkland 的软系统方法（SSM）就是一种符合人的认识规律的下降上升过程的另一种方法。

7.4.2　分析与综合方法的理论依据

1. 分析方法的理论依据

对于议题的分析，其目的就在于认识议题的复杂性和矛盾性，从而形成对议题认识的整体概念，然后找出解决的办法和答案。

分析的实质是把整体分解为它的组成部分和要素，把这些要素和部分从普遍联系中分离出来，研究并确定每一个要素和部分在整体中的地位和作用。如果不把整体分为要素和部分，不从普遍联系和整体系统中抽取出属于该系统的某种方面、要素和关系，就不能达到对整体的认识。没有分析就不能有抽象，就不可能分出整体构成中重要的和本质的东西。因而就不可能形成科学的概念，只有这些概念才能反映整体的全部复杂性和矛盾性。这就是为了认识整体而进行分析的必要性。

分析可以是实物的和物理的，也可以是思想的。在第一种情况下，整体可以真正地在物理上分解为它的组成要素；在第二种情况下，整体不做实物的和物理的分解，而只是在人的意识和思想中分解。

议题不是物理上的实物，它只是一个主观领域中的模糊概念、一个不清楚的主观系统。因此，对议题的分析只能是思想中的分解。为了把这个看不见摸不着的分解过程和分解结果变为看得见的东西，我们采用可视化的结构模型作为思想分解的依托和结果的记录，同时又作为操作分析的群体成员统一认识的模板。

分解的进行方式，即思维分析的过程，是由不确定的、模糊的议题整体出发，采用自上而下（top-down）的方法进行，直到把议题分解成可以明确表达的一个个的问题为止。

2. 综合方法的理论依据

虽然分析可以判明整体各个组成部分的存在、性质等基础的东西，但是还不足以认识这些基础的东西是如何在整体中表现出来、如何发挥作用以及它们自身的基本运动规律。因此，只靠分析还不能提供理解这一切的可能性。只有通过综合，才能解决这个复杂而又最重要的认识任务。综合不是别的，正是在事物上或思想上把在分析过程中分解了的要素、部分重新结合为一个统一的整体系统。

在下降上升法中，分析与综合并不是严格分开的。在下降过程中的每一步都是综合的伴随。比如，建立相关系统的结构模型、建立问题的结构模型、建立要素的模型等都是综合法的应用。因此，虽然下降过程是以分析为主的趋势，但是绝不仅是分析法的单独使用。

综合把各个要素和部分统一为整体系统，但它绝不是重建具有直接的感性现实的整体。它是在分析阶段对整体各要素和部分做了详细的分析研究，揭示了各部分的内在相互联系和系统的全部丰富内容以后，在深层次上整体系统的再现。通过综合再现整体系统并不是轻而易举的事情，不能归结为形式逻辑的简单概括，而是认识从现象到本质、从外部到内部的认识运动。

综合与分析一样，既是复杂的又是多层次的。这种复杂性和多层次性是由被研究的整体系统的多级性和运动发展的连续性所决定的。下降上升法中的上升过程是按照图 7.27 问题树——结构层次关系图的问题结构层次关系由下逐级向上进行的。这一点就是体现了综合的这一特点。

图 7.27 问题树——结构层次关系图中，采用树状结构图把分解出来的子议题或问题的所属关系表示出来。其中结点表示议题、子议题或问题，箭头表示所属关系，没有下层结点的结点是树叶结点。下一层的问题比上一层的问题更具体、更明确，而上一层的问题比下一层的问题更综合、更概括、更丰富、更复杂。树叶结点所表示的是分析性问题，其他结点所表示的是综合性问题。综合的过程是自下而上的上升过程，这一点在图中非常形象地表示了出来。

图 7.27 还说明每个子议题或问题的分解层次不一定相同，视议题的明确程度而灵活把握；下一层的子议题的全部解决，并不意味着对应的上一层议题的自然解决，上一层议题的解决是对下层议题的系统化即新的综合，而不是拼凑或汇总。

我们采用可视化的结构模型图作为综合过程的向导，引领分析与综合不至于“跑偏”。

树叶结点所表示的子议题或问题就是构成总议题的基本要素或组成部分，是总议题的基础。它们之间是相互关联、相互影响、相互制约的，用结构建模过程表示对这种关系在思想中的逐步综合过程，用结构模型表示综合出来的结果。从而形成了关于议题的一个框架性的整体认识，也就是说明确了问题。结构模型是议题系统的整体概念模型，是系统综合的根据。

结束语

本章从实用的角度对前面各章介绍的系统分析基本方法进行了整合，提出了问题驱动的系统分析的概念，任何系统分析都是有目的的，任何目的都是为了解决问题。因此，可以说任何的系统分析都是问题驱动的。问题在系统分析中起到定位和导向作用，使得系统分析不至于“跑偏”。为了实施问题驱动的系统分析，需要一套方法，这就是本章讨论的下降上升法，这是一种问题驱动的系统分析，从混沌的整体问题即议题分析出发，经过一个以分析为主、综合为辅的，问题与相关系统相互推进的螺旋式过程——双下降过程，使初始不清楚的处于混沌状态的议题逐步结构化，为上升阶段的解决问题提供清晰而明确的问题结构模型。

第 8 章　案例：某地软件产业发展研究

导语

本章介绍的案例于 1997 年 3 月份开始，同年 5 月下旬完成《大连市软件产业调查与分析报告》，并于 12 月中旬完成《大连市软件产业发展战略与起步措施》报告。虽然案例发生的时间点不是撰写本书的当下，而是 20 世纪 90 年代的情境，但是恰恰是当下的软件产业发展态势证明了本书讨论的理论和方法的实用性，这个案例提供了一个成功的范本。

本案例利用问题驱动的系统分析方法——下降上升法深入地分析研究了软件产业的特点和发展模式、发展趋势等问题，并结合大连市软件产业的特点，提出了大连市软件产业的发展战略、发展对策、发展模式、发展步骤和起步措施等总体思路，还深入地研究了软件园、虚拟软件园和组建骨干企业等实际问题，解决了“大连市软件产业发展战略与起步措施”的系统分析问题。研究成果在大连市应用，理论成果于 1998 年获得辽宁省教育厅科技进步奖一等奖，1999 年获得教育部科技进步奖二等奖。新闻媒体也进行了广泛的报道，至今互联网上还可以搜索到相关的新闻内容。

8.1　问题的提出

20 世纪 90 年代全球范围的信息产业革命浪潮正以磅礴之势汹涌而来，它彻底改变了传统的社会结构和生产方式，全面刷新了人类生活的空间。软件技术作为信息时代的骄子，已经广泛地渗透到社会工作和生活的各个领域，整个计算机工业正向以软件为中心的领域倾斜。从 1992 年起，全球信息产业的总产值中，软件与服务的比重已经超过了硬件，成为信息产业转向的明显标志。在 20 世纪 70 年代，世界上软件和硬件产值的比例是 4∶6，到 2000 年这个比例变为 6∶4。

在全世界的软件产业中，发达国家占有明显的优势，其中，美国是世界软件产业发展的第一大国，软件产业已经成为美国的第三大制造业，1996 年软件产业的收入已经达到 1028 亿美元。1990 年以来，美国的软件产业每年以 12.5%的速度增长，比美国整个经济增长高出 2.5 倍。1996 年软件从业人员的平均收入达到 5.73 万美元，是美国人均年收入 2.79 万美元的两倍。在 1995 年，软件产业还排在飞机、制药、汽车和电子行业之后为第五位，可是 1996 年已跃居为第三位，仅次于汽车和电子行业。

在发展中国家，印度软件产业的发展较为突出。据印度全国软件服务业协会（National Association of Software and Services Companies，NASSCOM）发表的统计，该国 1993/1994 年度（1993 年 4 月至 1994 年 3 月）的软件出口值为 102 亿卢比（约 3.3 亿美元），而到 1996 年/1997 年度已经扩大到 390 亿卢比（约 11.5 亿美元），增长了 3 倍以上。

当时，世界软件市场的份额分配大致是美国 60%、西欧 20%、日本 12%、其他 8%。

据统计我国软件产业的营业额在 1996 年还不到美国的 1%，仅为 92 亿元人民币，占整个计算机产业产值的十分之一，软件和硬件的比例大致为 2∶8，远远低于 20 世纪 70 年代的国际水平；1997 年为 113 亿元人民币，但是增长却非常迅速，大致在 40%。如上事实说明未来的软件市场巨大，软件产业大有可为。

1997 年 10 月 27 日至 29 日由原国家科学技术委员会、国家计划委员会、国家教育委员会、国家电子部、中国科学院和质量技术监督局等在天津联合举办了全国软件工作座谈会。此次会议是新中国成立以来第一次全国范围的大规模、高层次的软件产业工作盛会。在第九届全国人民代表大会会议上，通过了国务院机构改革方案，重新组建成立了国家信息产业部，这些都标志着我国信息产业和软件产业进入了实质性的发展阶段。

可是，软件产业与传统产业大相径庭，有许多新的问题需要探索和研究。软件产业与传统产业既有相同之处，又有相异之点，在高度开放的全球经济一体化的条件下“如何发展中国的软件产业”，特别是在我国各个地区软件产业发展极度不平衡的情况下“如何研究各具特色的地区及软件产业的发展”问题，这些都为软科学研究工作者提出了新的研究课题。

“软件产业如何发展”是一个典型的议题，它有如下特点。

（1）“软件产业”是一个软系统（soft system），它既有软系统的一般特性，又有其自身的特殊性。就当时而言，它还没有明确的定义，其概念本身还在不断地发展中。这个系统中所包含的要素当时还是很不确定和不清楚，特别是系统本身正在迅速地发展和变化着，其未来的情况、在知识产业中的地位、在整个人类社会经济中的地位和作用都未曾可知。软件产业是知识产业中一个重要的组成部分，知识产业是以人为核心的产业，而不是以硬的技术为核心。同样软件产业也是以人为核心的产业，因此软件产业这个系统就是一个以人及其知识为主要因素的软系统。在这个系统中，知识作为一种极为重要的生产要素可以投入到软件产品的生产之中，转化为资本形成经济效益和社会效益。在传统产业中技术是主导因素，人的创造力大部分凝聚在技术和工具之中，人在这里主要只是操作者，使用工具去生产产品。而在软件产业中，人的创造力不能固化在“工具”之中，而是存在于产业中的人的头脑中，人在特定的条件下可以发挥无限的创造力，而在另一种条件下则可能毫无创造而言。软件产品不是技术的产物，不是机械生产出来的产物，软件是智慧的产物，是人类大脑的产物，是人创造性的产物，是人激情的产物，是人情绪的产物，人的因素是软件产业成败和发展的关键。另外，软件产业还在迅猛地发展变化过程之中，这个系统没有明确的定义边界，其中的要素及其关系也还没有最终确定下来，并且还没有一个固定的、统一的、公认的发展模式。软件产业的其他相关系统，比如政府系统与软件产业系统是什么关系，政府在软件产业发展中的作用应该是什么，这些都不清楚。软件产业与传统产业、软件产业与人们的物质文化生活等的关系是什么。这些关系都没有一个固定的形式。

（2）“软件产业发展”是一个非结构化的问题。其构成要素、关系、结构和涉及的相关因素等都是不清楚的和不确定的，而且没有明确、一致和稳定的问题解决目标，这样的问题一般称为议题。解决“软件产业如何发展”这种问题所能获得的信息也是与采用传统统计方法所获得的信息不同的信息。首先，作为信息源的软件产业系统，由于它的“软性”不能提供稳定的、具有一定结构的信息；其次，即使是这样的信息也无法完全地、准确地、有序化地获得；最后，对于同一个客体的信息有多种信息源，而且不同的信息源提供的信息很难取得一致，这主要是提供信息的主体其价值观、认知水平、观察视角、判断能力等的差别所致。这种信息与模糊信息、随机信息都是有区别的。因此，从认识论的角度来讲，我们是在一个不完全的、不确定的、易变性很强的信息环境中去认识对象。这样的信息环境是一种软信息环境，其中的信息可以称为软信息（soft information）。

（3）对于解决具有这样前提条件的问题来说，我们的知识也出现了空白和真空。软件产业是一个新兴产业，对于大多数人来说还不知道软件产业是个什么事物，就连什么是软件也不了解。况且软件产业又具有许多传统产业所不具备的新的特点。因此，发展传统产业的知识和经验已经远远不能适应软件产业的发展，研究传统产业发展问题的方法也不适用于研究软件产业的发展问题。除了个人掌握的“个体知识”之外，还需要广泛的“群体知识”。而群体知识是分散的、不一致的、水平是参差不齐的，也是难以获取的。另外，这些知识也不像物理或化学定律那样是稳定的知识，可以把其中的大部分知识称为软知识（soft knowledge）。但是，软件产业并非与传统产业毫无关系，以往的知识及其体系还可以部分地借用。这样就使得我们原有的知识在传统产业与软件产业的衔接处发生了“软化”现象。

对于这样的一种新型的问题情境（problem situation），传统的解决问题方法显然有些力不从心，因此需要对传统方法进行改进和创新，使问题尽可能地圆满解决。本章将利用下降上升法（down-up method）进行讨论。

8.2 下降过程的方法应用

8.2.1 问题系统

1. 结构建模

议题：大连市软件产业如何发展？

第一步：问题情境描述。

大连市以外的软件产业在迅猛发展，已经取得了惊人的收益，而本地区却还在踏步不前，况且本地区的市场、人才等软件产业的资源被外地软件产业无情地吞噬。有识之士已经意识到本地区软件产业的问题，于是提出了“大连市软件产业如何发展？”的议题。

但是，对于大连市软件产业的现状和潜力，一些相关部门并不清楚，软件产业这一新的现实的知识产业形式具备哪些特点，与传统产业有何区别，应该采取什么样的思路发展等问题都不清楚。对于这样一个特定的具体问题情境，应该怎样进行分析处理呢？

第二步：确定议题相关系统。

“大连市软件产业如何发展”的相关系统，首先就是软件产业，特别是“大连市软件产业”这个主要的系统（在图 8.1 中标注为软件产业），其次与发展有关的系统还有软件市场系统、政府系统以及地区以外的软件相关系统统称为外部环境系统。“议题-系统”关系图如图 8.1 所示。

第三步：确定相关系统内部关系。

上述四个相关系统相互之间彼此影响、制约和促进，其结构如图 8.2 所示。

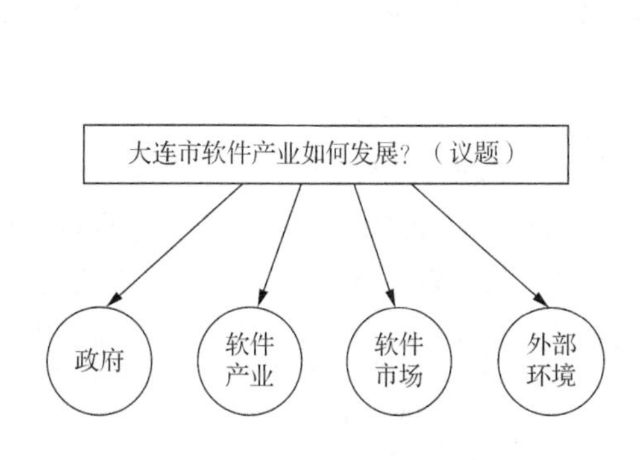

图 8.1　“议题-系统”关系图

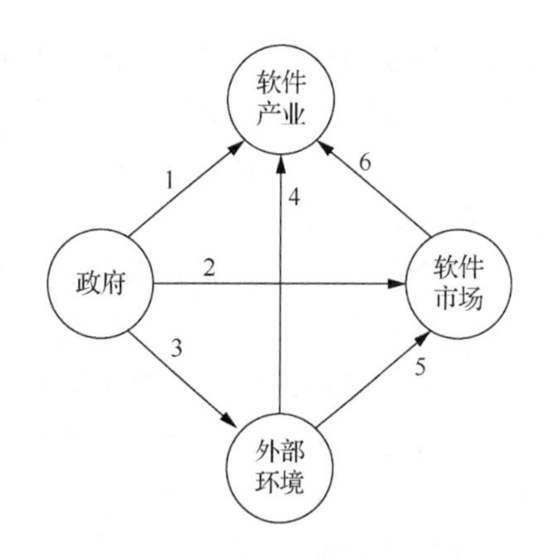

图 8.2　相关系统结构模型图

箭头表示影响关系，在此只考虑正向的影响关系。虽然反向也有影响，比如大连市的软件产业对整个软件市场也会产生影响，但由于大连市目前软件产业的这种作用还非常之小，不足以对整个软件市场产生冲击性的影响；另外，大连市的软件产业是我们要分析的对象系统。因此，为了突出主要矛盾，只研究其他系统对大连市软件产业系统的影响和制约关系。

2. 结构分析

把图 8.2 的议题相关系统的影响关系进行层次化处理得到图 8.3 的层次结构图。

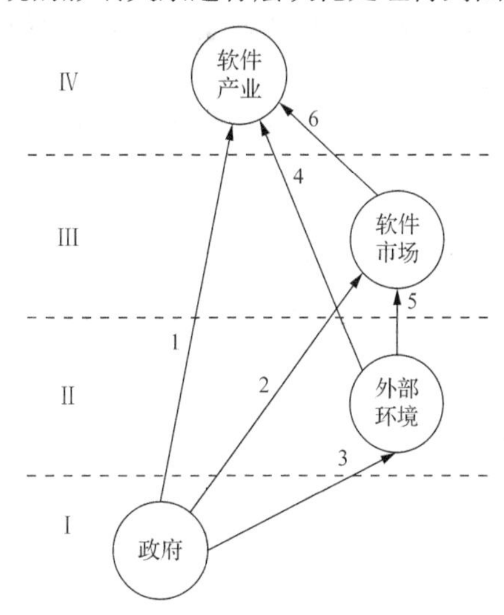

图 8.3　相关系统的层次结构图（一）

一共分为四个层次，可以看出如下问题。

（1）政府对软件产业的影响。

政府是软件产业的关键因素，是相关系统中的主导系统，而软件产业是目标系统。政府可以从三个方面、四条道路对软件产业施加影响。第一方面，由箭头 1 形成第一条道路，在这个方面政府可以采取各种组织措施和产业政策措施，直接影响软件产业系统的组织、结构和功能；第二方面，由箭头 2 并 6 构成第二条道路，通过软件市场间接对软件产业施加影响；第三方面，有两条道路，一条是由箭头 3 并 4 构成的第三条道路，表示政府通过外部环境因素，比如招商引资、人才引进、企业引进等措施对本地软件产业产生间接影响；另一条是由箭头 3 并 5 并 6 构成的第四条道路，表示政府通过外部环境，再通过软件市场对本地软件产业产生更为间接的影响。在这四条道路中最强的影响是直接的影响，即第一条道路，其他的影响都是间接影响，影响力相对减小。

（2）外部环境的影响。

外部环境和软件市场两个系统除了作为中间系统起到政府影响之外，它们又是具有主动性的能动系统。因此，这两个中间系统也在主动地影响软件产业系统。外部环境有两条道路对软件产业施加影响，一条是直接影响，如箭头 4；另一条是箭头 5 并 6。在这两条道路中，直接影响是最强烈的，比如外界的资金、人才、企业、产品等都会对本地的软件产业发展产生影响。

（3）软件市场的影响。

软件市场的影响是最直接的，没有任何间接道路，直来直去，影响也是最强烈的。

3. 结构变化分析

在对软件产业系统的三个影响系统中，政府处于主导地位，在发展软件产业的初期政府的作用是巨大的，不可替代的。但是，随着改革开放形势的发展，市场作用的进一步发挥、企业自主经营意识的加强，政府的作用将会有所变化。

首先，政府应不应该限制外部市场？能不能限制？相关系统的结构模型图将会有如下的结构变化，如图 8.4 所示。图中表示政府影响外部环境的箭头 3 将由实线变为虚线，直到箭头的消失。说明政府的作用将随着软件产业的发展，其作用会越来越小，直至完全由市场进行调节。

进一步，政府应不应该限制软件市场？能不能限制？这个结构变化分析如图 8.5 所示。

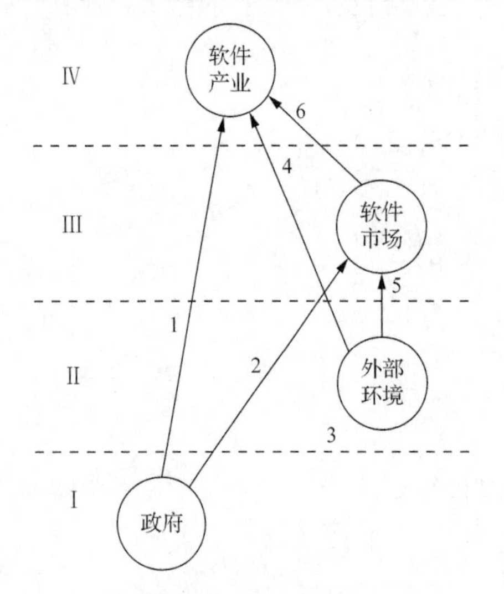

图 8.4　相关系统的层次结构图（二）

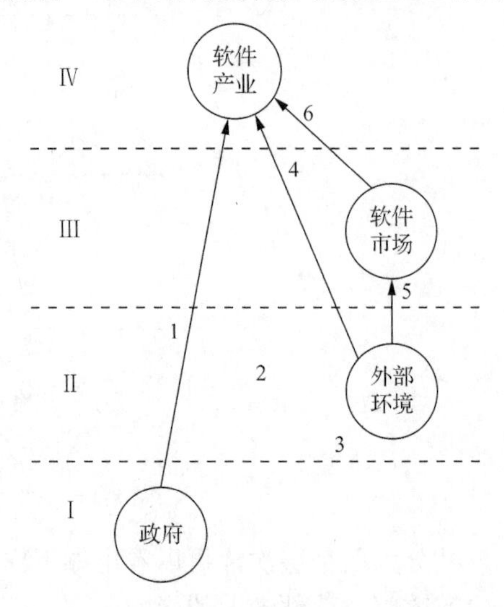

图 8.5　相关系统的层次结构图（三）

从图 8.5 可以看出，从政府指向软件市场的箭头 2 消失，这个消失过程可以进行内容丰富的分析。

最后，政府应不应该限制软件产业？能不能限制？如果大连市软件产业发展采用完全开放的发展模式，那么相关系统的结构模型图将会变为图 8.6 所示的结构。政府的作用完全弱化。

从图 8.3 到图 8.6 是问题相关系统结构的变化过程，通过这种结构变化分析可见：主导系统从政府变为外部环境，政府对软件产业、软件市场和外部环境不进行任何干预，而外部环境的作用逐步显现出来。但是，这个过程是个发展变化的动态过程，在软件产业发展的初期应该是图 8.3 的结构形式，政府在整个系统中起到主导系统的作用，最终有可能变为图 8.6 的结构形式。然而，一般情况下，政府特别是地方政府不可能完全不去影响产业、市场和环境，而是从管理转变职能为服务，结构形式如图 8.7 所示，表示政府对外的三条影响关系从实线（表示管理）变为虚线（表示服务），虚线同时也表示弱化了政府的作用。

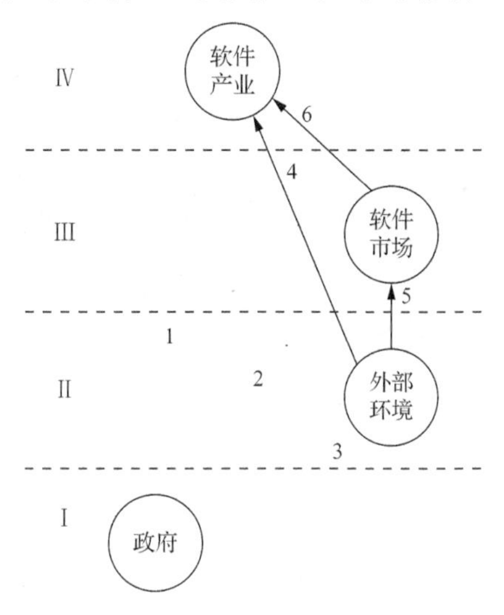

图 8.6　相关系统的层次结构图（四）

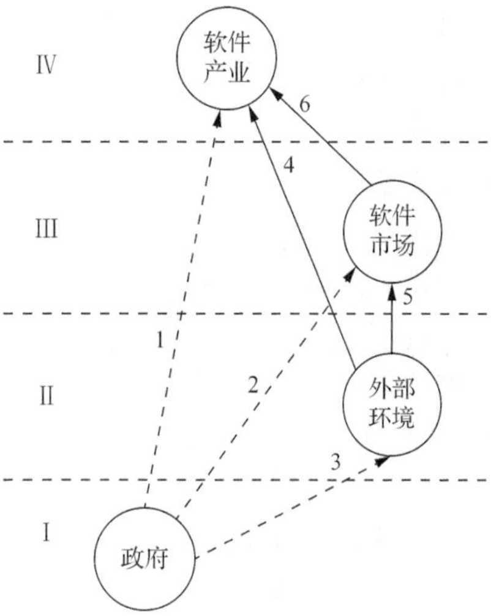

图 8.7　相关系统的层次结构图（五）

以上完全是从关系结构的视角的结构分析，还没有进行所谓的定性分析和定量分析，这种结构变化分析为下一步的明确问题扩展了分析思路。

8.2.2　明确问题

问题是被利益相关者关注到的矛盾，其本质是关系，因此，明确问题就是针对议题相关系统中的关系，进行问题析取、分解和分类，并建立问题之间以及类与类之间的结构关系，使得问题的内在组成及其关系结构得到明确，即把非结构化、半结构化问题变为结构化问题。

这一阶段的分析工作主要是根据议题相关系统影响关系的层次结构图（图 8.3），提取两种问题，一种是实体问题，一种是关系问题，并进行相应的处理。

实体是相对于关系而言的概念，在结构模型中用结点表示，关系用箭头表示。所谓实体问题是指发生在系统、子系统、要素等实体上的问题，这些问题的产生也是来源于关系，这种关系是人的需求（利益相关者）与实体的属性、状态之间的矛盾。关系问题是指发生在实体之间的矛盾。前者的分析和解决只涉及一个实体，后者的分析和解决则要涉及两个或两个以上的实体。

第一步：析取问题。

1. 实体问题

1）大连市软件产业系统问题

（1）一般性问题：

软件及其特点；

软件开发及其特点；
软件产业及其特点；
软件产业发展的特点和规律；
软件产业模式与阶段。
（2）特殊性问题（大连市软件产业）：
现状；
优势；
劣势；
发展战略；
发展模式；
发展步骤；
发展对策；
起步措施；
实施规划；
年度计划。
2）软件市场系统问题
（1）一般性问题：
软件市场及其特点；
软件市场发展规律；
软件市场的类型。
（2）特殊性问题（大连市软件市场）：
软件市场现状；
软件市场变化趋势；
软件市场潜在容量；
对大连市软件产业来说，什么是软件市场，有边界吗？
3）外部环境系统问题
（1）一般性问题：
目前发展态势；
各种发展模式；
规划与计划情况。
（2）特殊性问题（大连市软件的环境）：
机遇；
挑战；
典型地区发展状况；
典型企业发展状况；
典型发展模式。
4）政府系统问题
（1）主管机构。
（2）管理体制。

（3）管理机制。

（4）管理模式。

2. 关系问题

1）关系 1 的问题

（1）一般性问题：

政府对软件产业的作用；

政府的软件产业发展政策；

政府应该如何组织、管理、服务软件企业。

（2）特殊性问题（大连市）：

政府当前、未来对软件产业的作用；

根据本地情况如何制定软件产业政策；

政府如何组织、管理、服务本地企业。

2）关系 2 的问题

（1）一般性问题：

政府该不该调控软件市场；

政府能不能调控软件市场；

政府怎样调控软件市场、采用什么政策手段。

（2）特殊性问题（大连市）：

政府该不该调控软件市场；

政府能不能调控软件市场；

政府怎样调控软件市场、采用什么政策手段。

3）关系 3 的问题

（1）一般性问题：

政府能在利用外部资源方面起到什么作用；

政府能在外部挑战面前起什么作用；

政府怎样把握外部环境提供的机遇。

（2）特殊性问题（大连市）：

应该如何利用外部资源；

应该如何迎接外部挑战；

应该如何抓住外部机遇。

4）关系 4 的问题

（1）一般性问题：

外部资源以怎样的方式进入本地软件产业；

外部哪些因素影响本地软件产业/企业；

外部软件企业与本地软件企业的竞争与合作。

（2）特殊性问题（大连市）：

大连市具体的外部环境如何；

外部企业与大连市企业如何竞争与合作。

5）关系 5 的问题

（1）一般性问题：

外部环境对软件市场的影响作用；

外部软件产品的竞争关系。

（2）特殊性问题（大连市）：

外部对大连市市场的具体影响情况；

大连市软件产品与外部软件产品的交叉、竞合关系。

6）关系 6 的问题

（1）一般性问题：

市场对软件产业发展的作用；

软件市场与传统物质产品市场的差异；

软件市场的管理模式、运行机制。

（2）特殊性问题（大连市软件产品市场）：

大连市软件市场对本地软件产业的作用；

如何建设软件市场；

如何管理、运营软件市场。

第二步：问题分类。

根据具体问题研究的需要，对析取出来的问题可以从不同的角度进行分类。针对“大连市软件产业如何发展”这个议题的具体问题情境，把上述析取的问题分为三个层次，两种类型。在此，只列出一部分问题以示说明。

1. 宏观层问题

（1）综合性问题：

发展战略；

发展对策；

发展模式；

发展步骤；

发展优势；

发展劣势；

发展机遇；

发展挑战。

（2）分析性问题：

现状（国内外、本地）；

潜力（本地的现有资源和条件）；

发展趋势；

本地群众认知。

2. 中观层问题

（1）综合性问题：

起步措施；

实施规划；

年度计划。

（2）分析性问题：

相关政策；

市场定位；

市场切入点。

3. 微观层问题

（1）综合性问题：

软件园模式；

软件企业组织模式。

（2）分析性问题：

软件园建设；

软件园管理与运营；

软件企业组建与引进；

软件企业管理与自主经营。

第三步：建立问题结构模型。

下面仅以宏观层问题为例建立问题结构模型，如图 8.8 所示。

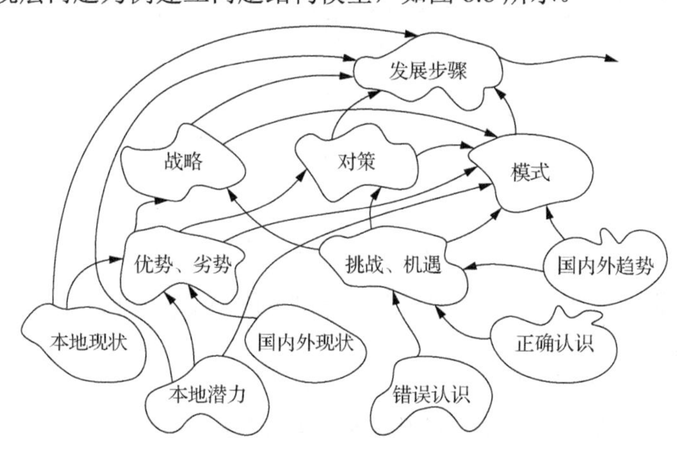

图 8.8　问题结构模型

这个特定的结构是一种层次交叉结构关系，对解决问题来讲先后顺序已经足够清晰，图 8.8 的问题结构模型只是整个问题结构模型的一个分支，从“发展步骤”那个结点引出的箭头与问题的其他分支结构模型合并在一起，当所有的问题都解决完成，则整个议题所关注的问题就都解决了。

从图 8.8 可见，若制定“发展步骤”，则需要首先解决“战略”“对策”和“模式”三个问题之后才能进行。而这三个问题的解决，则需要其相应的“优势”“劣势”“机遇”和“挑战”四个问题的解决。同理，这四个问题的解决，则需要“本地现状”“本地潜力”“国内外现状”“国内外趋势”“错误认识”“正确认识”都解决了之后才能解决。因此，这种结构模型图给出了一个自下而上逐层解决的过程，从图中的叶子结点开始解决，全部叶子结点解决之后再解决叶子结点上层结点的问题，依次顺序自下而上逐层解决每个结点的问题，最后解决树根结点的问题，绝不会造成混乱。从操作过程的角度来讲，第一步解决所有叶子结点的问题；第二步删除所有已经解决的叶子结点。此时，在删除所有叶子结点之后，又形成一批新的叶子结点，再解决新的叶子结点的问题，再删除这一批新的叶子结点。如此反复即解决、删除，再解决、再删除的重复操作，直到把所有问题解决为止。

8.2.3　分析问题

分析问题需要获取大量的数据和信息，从系统分析的角度来看，数据或信息都是关于系统及其要素的属性值、状态值。因此，在收集数据之前首先需要确定系统和要素的各个属性。

第一步：确定问题相关系统、要素的属性。

以“本地现状”（大连市软件产业 1997 年现状）为例进行属性分析，前面用析取的方法从相关系统中析取问题，这里是用析取方法从相关系统或相关要素中析取属性。

大连市本地的软件产业可以分为四个子系统：开发单位子系统、开发人员子系统、软件产品子系统、开发设备子系统。

这一步是双下降分析方法在相关系统这一方面的又一次分解，目的在于找出“软件产业”这个系统的内部组成。大连市软件产业包含的子系统如图 8.9 所示。

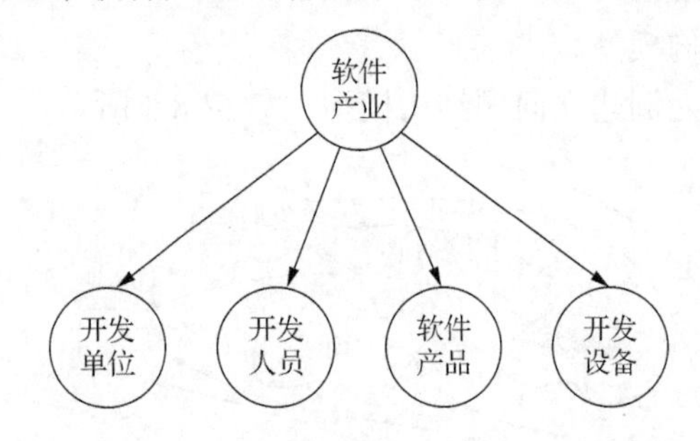

图 8.9　大连市软件产业包含的子系统

子系统的划分根据问题分析的需要进行，其划分的标准就是问题相关。如果问题不同可能子系统的划分将不尽相同。

开发单位子系统的构成要素是大连市所有开发单位；开发人员子系统的构成要素是大连市所有从事软件开发的人员；软件产品子系统的构成要素是在大连市的所有开发单位和开发个人所开发的软件及其代理销售的软件产品；开发设备子系统的构成要素是用于软件开发和生产的所有设备。

这些系统中的每一类要素都有自己的属性，采用分析的方法析取要素的属性，示例如下。

（1）开发单位：

■ 单位名称、地址、联系电话、单位性质；
■ 从业人员的学历构成、人数、年龄、职称结构与人数；
■ 软件产品类型、数量；
■ 设备构成、数量；
■ 软件购入情况；
■ 网络建设情况等。

（2）开发人员：

■ 学历、职称、年龄；

■ 从事软件开发经历、年限；
■ 出国进修或工作情况。
（3）软件产品：
■ 名称、功能；
■ 应用环境、应用领域；
■ 开发语言；
■ 运行环境；
■ 投入开发人员数量、学历构成；
■ 产品单价、销售情况。
（4）开发设备：
■ 计算机机型；
■ 使用时间；
■ 初始价值。

第二步：数据、信息和知识的获取。

由于系统是一个软系统，数据、信息以及知识都具有一定的“软性”，所以对于数据、信息和知识的获取需要采用各种有效方式的相互融合。对于这种软性的东西，采用软硬结合的方法进行解决，具体问题具体分析，不能一概而论。大连市软件产业发展现状调查这个具体问题，其具体情况是：要在一个月内搞清现状情况，原来没有任何基础情况的数据，时间紧任务重，涉及面广，牵扯的部门多。

采取如下的原则：点面结合、软硬结合、深度和广度结合、科学手段和政府行为结合。具体方法如下。

（1）根据上述分析结果析取出的系统要素和属性，设计了四种调查表格，用它们获取相关的数据和必要的信息。

（2）采用召开座谈会的形式与各个方面的专家和实际工作者进行面对面地交谈，用这种方式获取关于软件产业及其解决问题的相关信息和知识。

（3）用典型调查方法剖析具体对象，以获得深层次的数据、信息和知识。

（4）上述三种方法与政府主持召开的会议、发放红头文件相结合。

第三步：数据、信息和知识的处理与分析。

把用上述方法在 15 天之内获得的数以万计（当时计算机的数据处理能力和方法很简陋）的数据进行科学处理。

为了实现多维度、多层次、多粒度以及旋转和切片分析的需要，在计算机上建立了以多维数据仓库为核心的计算机辅助分析系统，并用这个系统从不同角度、不同层次和不同的切面，对大连市软件产业的现状进行了深入细致的分析，并综合出大连市软件产业现状的全部情况和状态以及进一步发展软件产业的潜力情况。

至此，图 8.8 中最下层的全部问题已经清楚，掌握了国内外的软件产业现状和发展趋势等为进一步解决问题所需要的所有相关情况。

8.2.4　解决问题

从提出问题到分析问题这三个阶段，总体上采用的是下降过程，使问题随着分析的深入，越来越细致，越来越明确。采用的方法基本上是分析性的，虽然其中也间或采用综合性的方法，比如建立相关系统之间的结构关系、建立问题的相互影响关系等，但整个分析过程是个由粗到细、由浅入深、由表及里、由上而下的过程。

从这一步开始思维过程则是一个上升过程，采用的主要方法是综合性的。

在本案例中，我们按照图 8.8 的问题层次关系，用上升过程、逐层向上综合，直到问题的解决。

1. 比较综合法

根据图 8.8 的结构关系可知：优势与劣势是由本地现状、本地潜力以及国内现状和国外现状综合得到。在这里我们采用一种比较综合法，并用表格形式表达出来，如表 8.1 所示。

表 8.1　优势-比较综合表

	国内现状	国外现状
本地现状	优势 11	优势 12
本地潜力	优势 21	优势 22

利用表 8.1 这种形式可以提供一种在比较之上进行综合的方法。比如优势 12 并非只有一条，而是在把本地现状与国外现状进行比较分析的基础上，得出的一个方面而不是一条优势，其中可能包括若干条比较优势，其他类似。

同样，利用比较综合法，可把劣势分析情况列于表 8.2。

表 8.2　劣势-比较综合表

	国内现状	国外现状
本地现状	劣势 11	劣势 12
本地潜力	劣势 21	劣势 22

对于机遇和挑战的综合也采用比较综合表进行，如表 8.3 所示。

表 8.3　机遇和挑战-比较综合表

	国内现状	国外现状
群体认知	机遇 1	机遇 2
	挑战 1	挑战 2

通过比较分析法所得到的大连市软件产业发展的优势和劣势已经写入分析报告中。

2. 交叉综合法

交叉综合法采用态势分析法（SWOT 分析法），根据机遇、挑战和优势、劣势综合出发展战略和发展对策，如表 8.4 和表 8.5 所示。

表 8.4　发展战略-交叉综合表

	机遇	挑战
优势	发展战略 11	发展战略 12
劣势	发展战略 21	发展战略 22

表 8.5　发展对策-交叉综合表

	机遇	挑战
优势	发展对策 11	发展对策 12
劣势	发展对策 21	发展对策 22

3. 系统综合法

系统综合法是指在综合过程中，不仅仅是对其下级问题结论的综合，而是需要对整个问题系统（图 8.8 的问题结构模型）中几乎全部的问题进行综合。比如，在本案例中关于“发展模式”的确定就不仅是对机遇、挑战、优势和劣势的综合，还需要对更下一层的问题和各种信息进行综合分析，即图 8.8 中所有指向“发展模式”结点的箭头的来源结点，如表 8.6 和表 8.7 所示。

表 8.6　发展模式-系统综合表

问题	发展模式（系统综合法的结果）								
子问题	优势	劣势	机遇	挑战	战略	对策	潜力	国内趋势	国外趋势

表 8.7　发展步骤-系统综合表

问题	发展步骤（系统综合法的结果）				
子问题	本地现状	本地潜力	战略	对策	发展模式

在综合法实施过程中，不仅对已经解决的问题（问题结构模型图 8.8 中的问题）进行逐级综合，还要对大量的数据、信息和知识进行综合，以便于把抽象概念恢复成思维具体，达到解决问题，分析系统并认识系统的最终目的。

本书提出的下降上升法具有如下特点。

（1）下降上升法的研究处理对象主要是初始并不明晰的、作为“混沌的整体”而提出来的非结构化的议题，但是对于一般的半结构化问题的分析也是有效的，即本方法可以使非结构化和半结构化问题变为结构化问题——明确问题。

（2）下降上升法是人类辩证思维规律——从感性具体到思维抽象（第一条道路），再从思维抽象到思维具体（第二条道路）的哲学认识原则的具体体现。

（3）下降上升法是 Checkland 的软系统方法 SSM、系统工程多年实践和本项目研究人员多年研究积累等三方面知识的结晶。

（4）下降上升法具有很强的可操作性，不仅仅是一个软系统问题处理的指导性原则，特别是在形成问题、明确问题中给出了具体的分析方法和分析工具。

（5）下降上升法既是一个思辨的过程，更是一个解决实际应用问题的有效分析工具，并且把系统分析所使用的工具体系（比如概念模型、结构模型、定量模型、计算机信息处理技术和软件工具）和方法体系（定性分析、定量分析）等有机地结合在一起。

在本案例中，下降上升法虽然只是针对“软件产业发展研究”提出来的方法论，但是由于这个议题的相关系统都是软系统，所以研究方法本身具有一般性，可以在其他的软系统问题的研究中使用。不仅如此，无论软系统，还是硬系统，它们作为相关系统对对应的议题（问题）都是软的，因此本方法作为方法论也可以应用于硬系统的系统分析。

下面将对本案例的部分主要研究结果做一简单介绍。

8.3 发展战略与发展模式

本节是研究报告《大连市软件产业发展战略与起步措施》的节选部分，主要是关于当年研究的部分结论。

8.3.1 基本判断

软件产业一般可以分为三个发展阶段。

第一阶段是自由发展阶段。公司大多为个体的和私营的，规模一般都很小，产品单一，功能简单。软件没有标准，开发没有规范，公司的管理仅凭个人的风格和兴趣进行，完全是小作坊式的开发方式。效率低下，软件产品质量没有保证，售后服务不完全。

第二阶段是集团公司发展阶段。处于自由发展阶段的企业规模都很小，没有竞争力，经不起风浪的冲击。因此，一些具有实力的软件企业通过兼并、收购等联合方式进行膨胀，扩大规模，并进行资产重组，成为大型的软件集团公司。这个阶段软件企业一般规模都比较大，都有一定的市场占有率和社会知名度，企业的核心能力明显增强，并能够快速适应市场，已经开发出独具特色的核心产品。因此，市场竞争能力和抗风险能力明显加强，效益显著提高。

第三阶段是软件园发展阶段。为了加快软件产业的发展，使其迅速成长壮大，快速成为一个国家或一个地区的支柱产业。印度、新加坡、马来西亚等都纷纷建立软件园，为软件企业的发展提供一个综合的成长环境。这是软件产业发展的高级阶段。

根据调研分析，我们认为 1997 年大连市软件产业还处于自由发展阶段，没有形成具有竞争实力的大型软件公司和软件集团，也没有能够担起组建集团公司重任的骨干企业。因此，软件产业发展水平相当低下。

8.3.2 政府的作用

根据上述的基本判断，大连市软件产业的发展需要在相当长的时期内将政府调控和市场调控结合起来共同发挥作用。

因此，需要发挥政府、企业和大专院校、科研院所等方面的积极性，争取在一两年内使大连市的软件产业队伍初步形成，在两三年内使软件产业初具规模，为 21 世纪成为大连市的支柱产业奠定良好的基础。

软件产业是由软件企业组成的复杂大系统，这个系统的内部环境是政府和市场；对于大连市这样一个地区性的软件产业来说，其环境还包括国外和地区外部的各种因素组成的外部环境。

在软件产业的发展中，政府主要是通过政策、组织管理和资本投入以及对市场的调控等手段来实现宏观控制。同时，软件产业给地方的回报，除了利税等经济效益之外，还有一系列更为广泛的社会效益。

软件市场包括大连市的软件市场、国内的软件市场和国外的软件市场等三个层次。一方面软件产业向市场提供软件产品和软件服务，另一方面外部环境也可以向本地的软件产业输入资本、人才甚至完整的软件企业。

政府在软件产业发展中的作用可借助图 8.10 进行简要说明。

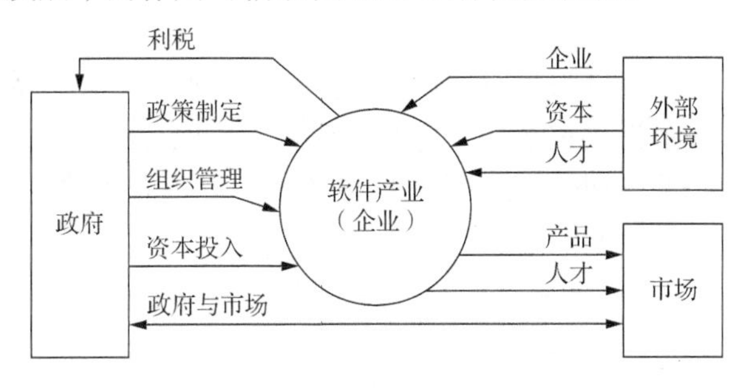

图 8.10　政府的作用

根据上面的分析，可以明确政府在软件产业发展中所要解决的主要问题如下。

第一，制定软件产业的发展战略；

第二，编制发展规划与实施步骤；

第三，提出起步的具体措施；

第四，采取合适的手段控制发展的节奏；

第五，研究并提出软件产业政策、吸引外部力量；

第六，对软件企业进行宏观的组织与管理；

第七，进行投资决策。

软件产业是一个有机的系统，这个系统要靠一群软件企业来支撑。因此，对于软件的发展需要从产业和企业两个层次进行讨论。

软件产业与传统产业有很多不同之处，除了根据大连市的实际情况之外，还必须结合软件和软件开发的特点，以及软件产业和软件市场的特殊性来讨论这些问题的解决。

8.3.3　发展战略

1. 外向型发展战略

大连的软件产业不能仅仅依靠大连的市场和力量，要“立足大连，服务全国，面向世界”。不仅产品向外销售，资本也可以输出大连，在国内其他地区甚至国外办企业。在发展到一定程度时，采用资本运营的手段，对市外的企业、国外的企业进行兼并和收购。

2. 开放式发展战略

为了在竞争中发展，市场、资本、技术、人才和企业等多方面必须对外部环境进行全方位的开放。

软件市场是国际化市场，大连地区的软件市场也不只是大连的，这一点是不以人的意志为转移的。我们不应该控制，也不可能控制大连地区的软件市场。这一点必须清醒地意识到，以便对我们自己做一番更好的审视与定位。但在发展初期需要适当的调控。

3. 跨越式发展战略

软件产业的发展有产生期、成长期和成熟期的不同阶段。大连市软件产业因为还处于自由发展阶段，所以只能说是产生期的初始阶段，比国内先进地区落后很多，与发达国家更不能相提并论。在激烈竞争的环境中，在处于落后的形势下，我们不能什么事都自己从头做起，也不应该什么事都按部就班地发展，需要“高起点，大跨度”地采取跨越式发展战略。

8.3.4 发展模式

根据大连市软件产业所处的发展阶段以及对大连市软件产业发展的优势与劣势的分析，我们认为大连市软件产业的发展需要由政府进行组织，从现在的“自由发展模式”迅速地过渡到“骨干企业+虚拟软件园+小公司”的发展模式，进一步向“软件园+集团公司”的模式过渡。模式的更替过程如图 8.11 所示。

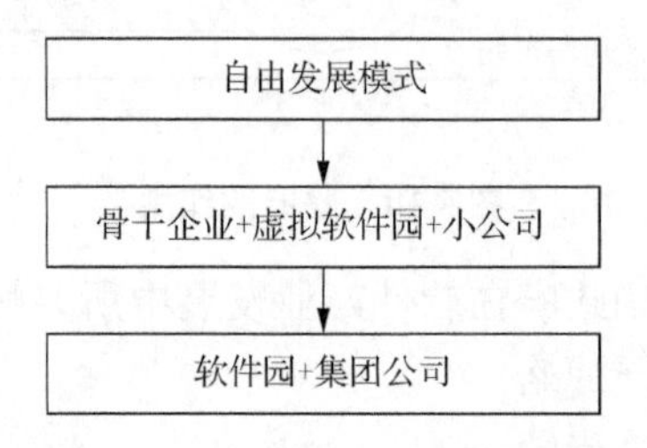

图 8.11 大连市软件产业发展模式

大连市的软件产业在一段时期内，小公司、集团公司和软件园三种发展形态将同时共存，近期内不可能完全过渡到高级阶段。

8.4 实施步骤与发展对策

8.4.1 实施步骤

虽然大连市的软件产业与国内先进地区相比处于落后状态，但是也不能一哄而上，必须注意发展的目的性和节奏性。从政府的角度来讲，宜采取“有序发展，控制节奏，适当加速”的方针。

按照这样的方针，我们认为大连市软件产业的发展可以分三个阶段进行。

1. 第一阶段：起步阶段

在这个阶段中，政府需采用“抓大放小，集中精力”的对策，主要做好如下四件事。

（1）组建骨干软件企业。把骨干企业作为将来向集团模式发展的核心。由于大连当时的软件企业都很小，没有一个公司能担此重任，所以必须重新组建。

（2）启动虚拟软件园建设。所谓虚拟软件园就是由一系列优惠政策组成的一个有利于软件企业快速发展的政策环境，并鼓励各种类型的软件企业入园发展。

（3）招商引资。

（4）允许并鼓励小公司在市场中各自为营、各担风险，自由竞争，自行发展。政府则应全力以赴在前三个方面集中力量，力求成功。

组建骨干企业和虚拟软件园建设以及招商引资要同步进行。

在起步阶段，对大连市的应用系统集成市场需要政府进行适当地调整，这样有利于骨干企业的启动和成长。

起步阶段争取在 1998 年内完成，年底之前形成“骨干企业+虚拟软件园+小公司”的起步模式。

2. 第二阶段：积累阶段

在这个阶段，政府应和市场配合，既发挥政府的调控作用，又利用市场的驱动作用。主要完成如下任务：

（1）用大连市信息化建设为骨干企业提供市场，扶植骨干企业的成长壮大，为组建集团公司做好准备。

（2）与在市场中通过竞争发展起来的小公司进行联合，成立集团公司，并使其成为大连市软件产业的主导力量。

（3）仍然放手小公司的自由发展，并完全开放大连市的软件市场，将集团公司放在开放的市场上发展，为走出大连、走向世界，实施外向型战略做好准备。

这个阶段需要两到三年时间，争取在 20 世纪末形成软件产业的骨干队伍，建立起大连市软件产业的核心能力。

3. 第三阶段：发展阶段

这个阶段以资本运营为手段，主要完成如下任务。

（1）采取兼并、收购企业的方式，扩大软件企业规模。

（2）进行资产重组，以软件为主兼顾其他，实行多元化经营。

（3）由政府和软件集团公司联合成立大连软件园发展股份有限公司，并利用社会资本建立实在的软件园。从 21 世纪初开始形成“软件园+集团公司”的发展模式。

大连市软件产业实施步骤如图 8.12 所示。

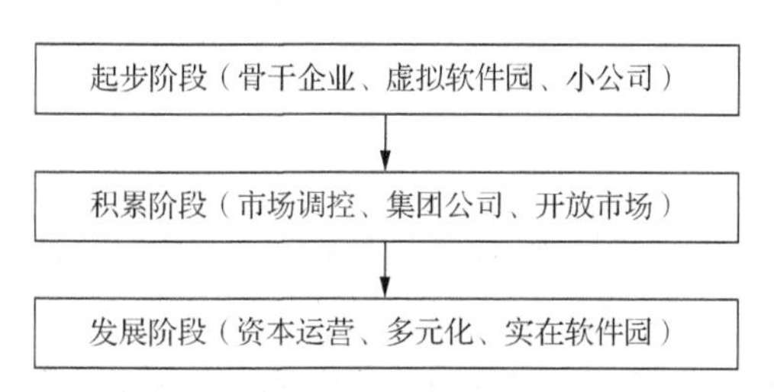

图 8.12　大连市软件产业实施步骤

8.4.2　发展对策

针对大连市软件产业发展中的劣势以及外界的挑战和威胁，我们提出如下对策。

1. 市场对策

（1）用大连市信息化建设为软件产业启动新的市场。

（2）以用立业，在应用领域中为软件产业开辟市场。

（3）政府调控与市场调整并举。

2. 人才对策

对高级管理（经营）人才，需要：

（1）面向全国、面向国外高薪招聘。

（2）除物质待遇外，还应提供能够使其发展才能和自我实现的有利环境。

对一般的软件开发人员，需要：

（1）集中使用，使其从非专业化的软件开发单位向专业化的软件开发单位集中，特别是大专院校和科研院所中从事软件工作的非专业开发人员。

（2）制定培养计划，分批培训。

（3）营造人才脱颖而出的环境。

软件企业实行高薪制。

3. 加速发展对策

就目前大连市软件产业基础而论，进行快速发展是有一定困难的，为了实行跨越式和开放式发展战略，必须借助外部力量。因此需要：

（1）引进国内外具有实力的软件企业、资本、技术和管理方法与经验。

（2）鼓励本地软件企业与外地或国外软件企业合资。

（3）允许外地或国外软件企业独资进入大连。

4. 组织对策

（1）由政府组建骨干企业，不能靠自由竞争产生。

（2）政府、本地企业和引进企业合资组建骨干企业。

（3）鼓励把引进的独资企业或一般的合资企业作为骨干企业。

（4）充分发挥大专院校、科研院所的人才优势和科技优势，并采取相应政策调动其积极性，鼓励进行产业化开发并与企业联合，走向市场。

根据我们掌握的情况和对国内七个重点城市的实地考察，当时国内已经有软件合资公司在运行，但基本上是企业行为，没有政府参与。

8.5 起步措施

8.5.1 招商引资

发展软件产业需要在国内、国外进行广泛地招商。政府对引进的外资（包括国内资本）可做三方面安排：

（1）与政府和本地软件企业三方合资组建骨干软件企业。

（2）只与本地企业合资组成新的软件企业，政府不予干预。

（3）允许外资独资开办软件企业。

外资企业可以分为三类。

（1）第一类：国际著名软件公司。比如，1996 年全球软件 500 家排名前十位的 IBM、微软、日立、布尔和 DEC 以及独立软件供应商 CA、Oracle、SAP 和 Novell 等。中国的软件企业都无法与之相比，所以这些大公司一般不与中国软件企业搞合作开发，但希望与中国公司合作为其代理销售产品或者为其进行产品使用培训。

（2）第二类：具有独立品牌产品，而且具有一定市场占有率的国际软件公司。

（3）第三类：计划发展软件且具有强大资本，而且目前软件开发力量还不强大的公司。比如台湾的宏碁公司。当时，这家公司投资设立的宏碁高新软件（上海）有限公司已经在上海正式成立，初期约有 30 名员工，预计到 1998 年增加至 150 人；当时主要的研究开发内容是系统软件、人机界面软件、网络管理软件和视频会议软件，并推行软件的中文化。宏碁公司董事长表示：宏碁公司正积极推动跨世纪软件事业，预计至 2010 年将形成宏碁软件集团，其营业收入将占宏碁集团总营业收入的三分之一。这是宏碁公司继在美国硅谷成立软件研究开发中心之后，建立的全球第三个软件研究开发中心。除此之外，韩国和日本也有类似的公司。

在这三类公司中，第二类和第三类公司适合于合资组建骨干企业，第一类公司适合于合作开办产品代销公司，第三类还适合于与大连市具有软件产品的公司共同合作开发，尤其需要注入资金扩大自主品牌产品的深入开发。与外资可以采取多种方式进行合作。

8.5.2　组建骨干软件企业

1. 由政府组建骨干软件企业

北京、沈阳等地在 20 世纪 90 年代就已经通过自由竞争方式形成了骨干企业，之后政府进行适当的扶植使其获得了快速发展。沈阳的软件产业发展已经进入到软件园发展阶段，是国内发展最快的地区。沈阳的某软件园是由某大型软件集团投资兴建的，而这家软件集团则是某大学软件中心投资组建的，不是政府行为，辽宁省政府和沈阳市政府没有直接的资金注入。但是，在其他方面都给予了许多重要的无形的支持和重点扶植。

上海则采取了另一种方式。在政府部门的具体负责下，采取了“抓大放小”并“限制外资独资软件公司发展”的原则，对上海的软件和系统集成市场进行适当保护，并重点组建了一个骨干企业。这个骨干企业以上海某软件研究所为主体，由 5 家单位以及职工持股会，分别投资持股，注册资金 3300 万元，职工持股会约占 18%的股份。

由香港、湖南和大学三方强强联合在长沙成立了软件园有限公司。香港这家公司是一家大型上市跨国公司，具有强大的国际业务网络，其资金雄厚。湖南的公司是湖南省由政府业务部门组建的公司，在邮电系统具有特殊优势。而某大学计算机学院则是高性能计算机的研制者，具有一支规模庞大的国内一流的科研队伍。

西安软件产业情况与大连市大体相当，当时尚无一家有绝对影响力的软件公司。针对这一实际情况，由政府注入资金，以经济为纽带，吸引了 15 家软件企业加盟，采取平等联合的方式共同组建西安软件集团。这种平等联合方式有一系列问题：

（1）平等联合，很难理顺各股东单位之间的关系。

（2）面对市场，各股东单位和集团之间既是各自独立的利益团体，又是地位平等的同行，其利益难于分配。

（3）发起人可以优先从集团得到省市政府安排的大中型项目，在市场经济日益发展的当下（1997 年），很难估计政府，特别是地方政府对项目的控制力。

（4）集团仅以资本为纽带进行联合，集团内部并没有形成有机的联系，因此集团的管理和运作也是一个大问题。

（5）对无形资产没有给予一定的重视。这一点引起了拥有产品和市场的公司的异议，也使得一些颇具实力的大型专业化研究单位因资金困难而“退居二线”。

（6）平等联合方式使董事会及其下属的管理经营层难于组成。

上述骨干企业的模式对大连有一定的借鉴作用。

大连的软件企业在过去的自由竞争中没有产生像东大阿尔派、北大方正那样的骨干企业，也没有政府直属的专业软件研究所。因此，大连不可能依靠某一个企业的力量组建软件集团，也无条件进行强强联合。虽然与西安情况类似，但西安的模式又存在着一系列的弊病。所以，大连不能采取平等联合的模式。

因此，根据大连的具体现实情况，我们认为大连市的骨干软件企业需要由政府重新组建，并把骨干企业作为内核，再以这个内核为主体进一步形成软件集团。

2. 选择企业的标准与需注意的问题

无论是招商引资，还是组建骨干企业都需要对企业进行筛选，不能什么类型的企业都引进。在筛选时，最根本的一点就是看企业的核心能力，其次是看企业的核心产品，所谓核心能力是指提供给企业在特定经营中的竞争能力和竞争基础的多方面能力的总和，是通过企业的多种要素有机组合而产生的一种综合的、整体的能力，它是企业获得竞争优势的前提和基础。组建企业的骨干企业如果没有核心能力，那么将不具有市场竞争力，同样不能为大连的软件产业发展起到真正的骨干作用。因此，组建骨干企业必须认真选择，谨慎决策。

我们提出企业的评估指标如下。

（1）数量和外部因素指标：

企业的规模，注册资本金。

人员数量，平均年龄，技术职称构成，学历构成。

市场占有率，潜在市场规模。

（2）质量和内部因素指标：

学历，专业，经历，业绩，对未来的规划，对本企业优劣的分析与把握，对未来的预见控制能力。

经营班子的组成，精神面貌，敬业精神，团队精神。

现有产品的生命力，处于生命周期的哪一阶段。

是否具有研究开发机构和能力。

公司的发展规划和产品开发计划。

营销策略与市场开拓计划。

是否具有某种背景，比如，与国内外大公司、大专院校和科研院所的某种关系。

根据上述指标，对候选企业进行核心能力排序。

3. 组建骨干企业的方式

根据排序结果，由政府在本地现有软件企业中精心选择一个核心能力相对较强的企业（包括大专院校、科研院所），进行改制和企业重组，形成“开发部+研究院”的组织模式，并由政府注入资金。形成政府资本、企业资本和个人资本的多元化资本构成态势，并由政府控股。同时进行企业形象设计并包装，用上述方法力求在短期内使企业的核心能力获得加强。对于这个企业来讲，核心能力是主要的，当时是否拥有核心产品并非重要。政府利用这个新设计和包装的软件企业作为合资组建骨干企业的本钱。组建骨干企业的执行策略如下。

（1）上策。选择一个具有雄厚资本，正在或者即将准备发展软件产业的外资公司作为合资对象。注意，选择时既要考虑其核心能力，更要考虑其核心产品，二者不可偏废。

（2）中策。如果没有合适的外资公司，也不必强求，可以行此中策。在国内选择一个大型的软件公司（后来的现实是选择了东大阿尔派），特别是系统集成能力强的公司。核心能力与核心产品是同样重要的选择标准。

（3）下策。如果上中两策在实际操作中都不可行，那么近期内也可以继续在大连本地的企业中进一步选择核心能力较强而且具有核心产品的公司加盟。

需要注意，我们合资的目的是与其进行共同开发和生产软件以及进行应用系统集成，或者进行两头在外的软件产品开发（指后来的软件外包服务）。不能仅仅作为对方产品的销售代理商。

4. 骨干企业的体制

按照现代企业制度建立骨干企业，股份制是唯一的选择。

成立由政府投资控股，由企业和内部员工参股，并吸引国内外投资公司参股的资本结构多元化的股份有限公司（或有限责任公司），对于股份有限公司来说，在发展到一定规模之后操作上市，以求得社会资金的支持，从而进一步扩大融资渠道。

第一，内部员工参股、共享产权，可以增强企业内部的凝聚力，员工与公司不仅是雇佣和被雇佣的关系，同时也是公司的投资者，与公司形成利益共同体，公司的兴衰与每一个出资员工的利益更直接、更紧密地联系在一起，从而可以提高员工的事业心和责任感。这一点也是微软公司的成功经验之一。

第二，员工可以得到更多的利益回报，每个投资的员工除了领取工资之外，还可以作为股东分得股息和超过股息的红利，更有意义的是对于投资者来说，其投资还可以实现资本的积累。因此，可以使员工更关心公司的长远发展。这是一种提高员工待遇、增强凝聚力的有效方法。

第三，多元化的法人投资，可以使投资的法人之间形成一种良性的制约关系，投资者在取得最大利润这一点上是一致的，因此比单一的大股东绝对控股更有优点。

第四，使国有资产的保值和增值有可靠保障。国有资产与个人资产捆绑在一起，同股同息，员工具有双重身份，可以使公司的经营者始终处于员工的监督之中。

第五，股票上市之后，企业还可以受到社会公众的监督，从而使得经营者更具有责任感，避免经营活动的失控和短期行为，也可以使国有出资法人放心。

东大阿尔派上市之后的实践证明，采取股份制方式，为软件产业的发展筹集了宝贵的资金。股份制灵活的运行机制，为产业实体面向市场提供了广阔的空间。

8.5.3　软件园建设

1. 软件园的作用

软件园的作用简单讲就是：对外是一个形象，对内是一个环境。

所谓形象就是要把本地的所有优势集中表现于一体，使软件园变为一个优势实体，让潜在的优势变成看得见摸得着的优点。对外界形成强大的吸引力，并变成本地的一个形象、一个人们心中的标志。让人们向往这里的环境，让人们羡慕在这里工作的人。用强大的吸引力吸引人才、吸引资金、吸引技术、吸引企业。

环境是由多方面因素构成的。由特殊的政策组成政策环境，由先进的通信设施和信息服务机构组成信息服务环境，由舒适的生活设施组成生活娱乐环境，由现代化的建筑和设备组成开发工作环境，使得进入软件园内的企业比在软件园外发展得更快，人才成长得更快，软件产品开发生产得更快，资金运作得更快、效率更高。

位于沈阳的国家火炬计划软件产业基地之一的东大软件园不仅建有现代化的电子研

究设计中心，有人才荟萃的软件开发基地，还建有优美舒适的员工住宅，有风景秀丽的自然风光和先进的生活娱乐设施，包括高尔夫球场、网球场、室内游泳馆等，共占地 810 亩（1 亩≈666.67m^2），未来的东大软件园将发展到 2000～3000 人的规模。

东大软件园是一种单一企业（集团）的组成模式，是东软集团投资兴建的，所以不允许其他企业进入，除非先纳入东软集团之中。根据大连的具体情况，不宜采用单一企业模式，大连建设软件园的目的之一是吸引国内外软件企业来大连发展，二是把大连的现有软件企业放到一个更适合发展的环境中发展。所以，对大连来说，软件园既要能够吸引人才，又要能吸引资金、技术，特别是国内外的优秀软件企业。因此，大连软件园的一切方针、政策都要围绕这个目的制定。

2. 软件园的组成要素

大连市软件产业发展首先需要把大连的所有优势都挖掘出来、集中起来，把所有的积极性都调动起来。这个集中的场所就是软件园。因此，大连软件园应能发挥四个优势：一是大专院校、科研院所的科研优势；二是发挥现有软件开发企业的产品、市场、营销经验等优势；三是政府的组织管理、政策和投资；四是联合国内外知名公司，利用他们的品牌、市场、资金、技术和管理经验。

为了发挥软件园的整体效益，对于软件园的组成还需要有一个合理的安排。根据国内外其他软件园的模式以及我们的研究，认为大连市的软件园应该由以下六大部分组成。

（1）研究开发生产单位；

（2）软件发展与研究单位；

（3）市场研究开发单位；

（4）软件产业风险投资单位；

（5）培训与教学单位；

（6）生活与娱乐设施。

这六大部分之间具有下面的关系。

软件开发生产单位主要从事软件产品的开发和生产；市场研究开发单位进行市场的研究开发，并为软件开发生产单位定位和定向；软件发展与研究单位的主要任务是面向发展、面向未来研究软件发展的总体趋势，新技术、新方法、新概念和新工具的研究，为软件开发生产单位解决技术难题和新产品的研究；第二和第三部分除了是软件生产的“头”和“尾”，除了在宏观上为生产企业把关定向之外，还需要在微观上为其提供各种服务；软件产业具有高风险、高效益的特性，需要高投入，才能高产出。软件研究成果向产品、市场的转化也是一个创新的过程，需要大量的风险投资。与国际上相比，我国在这方面有很大的差距，缺乏风险投资机制，使得许多科研成果停留在研究所和实验室阶段，难以形成产品、产生效益。软件的时效性非常强，如果不能迅速地投入生产，最终将导致研究成果和研究投入全部浪费。因此，需要建立软件生产的风险投资机制，软件产业风险投资单位就是承担这一重任的组织；软件园中的培训与教学单位不是对外的，而是对软件园中所有开发人员的培训组织。由于软件开发人员往往沉溺于软件产品的开发和创造，无暇顾及软件的新动向，所以为了使开发人员不断地更新知识，就需要定期地轮流进行培训和学习；软件开发往往不分昼夜、不分节假日，因此需要在软件园中为开发人员提供一个良好的生活和娱乐的环境。

3. 虚拟软件园的建设

大连软件园的建设需要政府进行初期投资，但是由于耗资巨大（东大软件园已经投资 5 亿元人民币），所以我们建议把可贵的有限资金集中投放在骨干企业的组建中，对于大连软件园的建设分两步走：第一步，组建虚拟软件园；第二步，过渡到实在软件园。

所谓虚拟软件园就是由一系列政策和优惠条件组成的软件园，没有土地、没有其他的硬件设施。但是需要一个软件园的正式管理机构，适时处理软件园的一切事务并执行管理功能。

当条件成熟之后，软件园将由“虚”向“实”转化。

这种模式在起步阶段，政府可以集中精力和财力，迅速地扶植起软件产业中的精锐部队，同时也具有实验性质，并在一个运作的过程当中，不断地完善软件园的建设。同时，用政策吸引其他软件企业入园发展。

4. 报告的结束语

《大连市软件产业发展战略与起步措施》报告的结束语：面向 21 世纪，大连市的软件产业势在必行，根据对国内外软件产业和软件企业的发展规律以及对软件产业不同发展战略和措施的分析研究，我们提出了大连市发展软件产业的战略和实施策略，并根据抓大放小的方针，提出了在起步阶段的具体措施，即“组建一个骨干企业，建设一个虚拟软件园，吸引一群软件企业”。只要政府采取有力措施，相信软件产业必将成为 21 世纪大连市的新兴支柱产业。

结束语

这项研究的报告《大连市软件产业发展战略与起步措施》于 1997 年 12 月 20 日完成，被大连市政府采纳，为大连市的软件产业发展提供了全面的决策支持。

本案例采用下降上升法进行的系统分析，对“大连市软件产业如何发展？”这个非结构化的“混沌”议题，进行了有效的结构化分析，理清了问题之所在，提出了全面的、整体的发展战略、发展模式、实施步骤、发展对策和起步措施。

虽然其中许多内容在现在看来都是常识，但是在 20 世纪 90 年代案例的内容只有专业人士才能理解。这个案例主要重点不是内容，而在于其中一般性的系统分析思想、方法和处理流程等，这些方法不仅适用于产业发展研究，也适用于更为一般性的软系统问题的研究。

参考文献

艾根, 舒斯特尔, 1990. 超循环论[M]. 曾国屏, 沈小峰, 译. 上海: 上海译文出版社.

巴赞, 2000. 思维导图[M]. 李斯, 译. 北京: 北京作家出版社.

鲍健强, 2002. 科学思维与科学方法[M]. 贵阳: 贵州出版社.

贝塔朗菲, 1987. 一般系统论: 基础、发展和应用[M]. 林康义, 魏宏森, 译. 北京: 清华大学出版社.

波普尔, 2003. 猜想与反驳——科学知识的增长[M]. 傅季重, 纪树立, 周昌忠, 等, 译. 北京: 中国美术学院出版社.

党延忠, 1995. 系统分析中结构建模的理论方法与工具[D]. 大连: 大连理工大学.

党延忠, 王众托, 1993. 交互式结构模型生成的核心要素法[J]. 系统工程学报, 8(2): 1-8.

党延忠, 王众托, 1997a. 系统分析中结构建模的核心变换法[J]. 系统工程学报, 12(4): 1-10.

党延忠, 王众托, 1997b. 结构建模中自蕴涵方程求解的新方法——辗转相乘法[J]. 系统工程学报, 12(2): 26-33.

党延忠, 王众托, 1998. 一种新的系统结构建模方法——传递扩大法[J]. 系统工程学报, 13(1): 66-74.

甘子钊, 甘子剑, 1995. 中国十大基础科学研究[M]. 上海: 上海科技教育出版社.

谷超豪, 2001. 别有洞天: 非线性科学[M]. 长沙: 湖南科学技术出版社.

顾基发, 1998. 系统工程与可持续发展战略[M]. 北京: 科学技术文献出版社.

顾基发, 王浣尘, 唐锡晋, 等, 2007. 综合集成方法体系与系统学研究[M]. 北京: 科学出版社.

郭雷, 张纪峰, 杨晓光, 2017. 系统科学进展[M]. 北京: 科学出版社.

哈肯, 1984. 协同学引论[M]. 徐锡申, 陈式刚, 陈雅深, 等, 译. 北京: 原子能出版社.

哈肯, 1988. 协同学[M]. 戴鸣忠, 译. 上海: 上海科学普及出版社.

哈肯, 1989. 高等协同学[M]. 郭治安, 译. 北京: 科学出版社.

哈肯, 1994. 系统科学大辞典序言[M]//许国志. 系统科学大辞典. 昆明: 云南科学技术出版社.

户田广彦, 山本吉宣, 1982. 构造分析[J]. 计测と制御(3): 30-39.

霍兰, 2000. 隐秩序[M]. 周晓牧, 韩晖, 译. 上海: 上海科技教育出版社.

经济合作与发展组织(OECD), 1997. 以知识为基础的经济[M]. 北京: 机械工业出版社.

劳丹, 1991. 进步及其问题——科学增长理论刍议[M]. 方在庆, 译. 上海: 上海译文出版社.

李秀林, 王于, 李淮看, 1990. 辩证唯物主义和历史唯物主义原理[M]. 北京: 中国人民大学出版社.

林定夷, 2006. 问题与科学研究——问题学之探究[M]. 广州: 中山大学出版社.

林定夷, 2009. 科学哲学——以问题为导向的科学方法论导论[M]. 广州: 中山大学出版社.

迈尔斯, 1986. 系统思想[M]. 杨志信, 葛明浩, 译. 成都: 四川人民出版社.

毛泽东, 1975. 矛盾论[M]. 北京: 人民出版社.

毛泽东, 1991. 矛盾论[M]//毛泽东选集(第 1 卷). 北京：人民出版社.

苗东升, 1998a. 系统科学精要[M]. 北京: 中国人民大学出版社.

苗东升, 1998b. 系统科学辩证法[M]. 济南: 山东教育出版社.

尼科里斯, 普利高津, 1986. 探索复杂性[M]. 罗久里, 陈奎宁, 译. 成都: 四川教育出版社.

尼科利斯, 普里戈京, 1986. 非平衡系统的自组织[M]. 徐锡申, 陈式刚, 王光瑞, 等, 译. 北京: 科学出版社.

普朗克, 1981. 世界物理图景的统一性[M]. 北京: 中国社会科学出版社.

普里戈金, 斯唐热, 1987. 从混沌到有序[M]. 曾庆宏, 沈小峰, 译. 上海: 上海译文出版社.

普利高津, 1998. 确定性的终结[M]. 湛敏, 译. 上海: 上海科技教育出版社.

钱学森, 1988. 系统工程和系统科学的体系[M]//钱学森, 等. 论系统工程(增订本). 长沙: 湖南科学技术出版社.

钱学森, 1990. 要从整体上考虑并解决问题[N]. 光明日报, 1990-12-30.

钱学森, 王寿云, 1988. 系统思想和系统工程[M]//钱学森, 等. 论系统工程(增订本). 长沙: 湖南科学技术出版社.

钱学森, 许国志, 王寿云, 1988. 组织管理的技术——系统工程[M]//钱学森, 等. 论系统工程(增订本). 长沙: 湖南科学技术出版社.

钱学森, 于景元, 戴汝为, 1990. 一个科学新领域——开放的复杂巨系统及其方法论[J]. 自然杂志, 13(1): 3-11.

寺野寿郎, 1988. 系统工程学导论[M]. 杨罕, 沈振闻, 编译. 北京: 电子工业出版社.
托姆, 1989. 突变论[M]. 周仲良, 译. 上海: 上海译文出版社.
托姆, 1992. 结构稳定性与形态发生学[M]. 赵松年, 吴文俊, 译. 成都: 四川教育出版社.
王寿云, 于景元, 戴汝为, 等, 1996. 开放的复杂巨系统[M]. 杭州: 浙江科学技术出版社.
王众托, 2012. 系统工程引论[M]. 4 版. 北京: 电子工业出版社.
维纳, 1963. 控制论[M]. 郝季仁, 译. 北京: 科学出版社.
魏发辰, 1989. 关于问题哲学的基本问题探讨——兼与林定夷先生商榷[J]. 哲学研究 (12): 27-32.
文援朝, 2002. 波普尔试错法书评[J]. 求索(2): 87-89.
乌杰, 1997. 系统辩证论[M]. 北京: 人民出版社.
西比奥克, 德尼西, 2016. 意义的形式: 建模系统理论与符号学分析[M]. 余红兵, 译. 成都: 四川大学出版社.
夏明, 2011. 论汽车制造业四大工艺[J]. 大科技 (12): 409-410.
肖峰, 1989. 从哲学看符号[M]. 北京: 中国人民大学出版社.
须田信英, 1979. 自动控制中的矩阵理论[M]. 北京: 科学出版社.
许国志, 顾基发, 车宏安, 2000a. 系统科学[M]. 上海: 上海科技教育出版社.
许国志, 顾基发, 车宏安, 2000b. 系统科学与工程研究[M]. 上海: 上海科技教育出版社.
许良英, 李宝恒, 赵中立, 2009. 爱因斯坦文集(第 1 卷)[M]. 北京: 商务印书馆.
岩奇允胤, 宫原将平, 1984. 科学认识论[M]. 于书婷, 徐之梦, 张景环, 等, 译. 哈尔滨: 黑龙江人民出版社.
赵凯华, 朱照宣, 黄畇, 1992. 非线性物理导论[M]. 北京: 北京大学非线性科学中心.
郑雄燕, 钱钢, 王艳军, 2010. 基于情境知晓的知识管理系统设计与应用[J]. 中国制造业信息化, 39(21): 9-12.
Anderson J R, 1993. Problem solving and learning[J]. American Psychologist, 48(1): 35.
Anderson V, Johnson L, 1997. Systems thinking basics[M]. Cambridge: Cambridge University Press.
Arnold R D, Wade J P, 2015. A definition of systems thinking: A systems approach[J]. Procedia Computer Science, 44: 669-678.
Auyang S Y, 1998. Foundations of complex-system theories: In economics evolutionary biology and statistical physics[M]. Cambridge: Cambridge University Press.
Baker R, 2017. Problem-solving[M]. Berkeley: Apress.
Baral C, 2003. Knowledge representation reasoning and declarative problem solving[M]. Cambridge: Cambridge University Press.
Bentler P M, Chou C P, 1987. Practical issues in structural modeling[J]. Sociological Methods & Research, 16(1):78-117.
Black J B, Bower G H, 1980. Story understanding as problem-solving[J]. Poetics, 9(1-3): 223-250.
Blanchard B S, 2004. System engineering management[M]. Hoboken: John Wiley & Sons.
Blanchard B S, Fabrycky W J, 1990. Systems engineering and analysis[M]. Upper Saddle River: Prentice Hall.
Boardman J, Sauser B, 2008. Systems thinking: Coping with 21st century problems[M]. Los Angeles: CRC Press.
Boccara N, 2010. Modeling complex systems[M]. New York: Springer Science & Business Media.
Checkland P, 1985. From optimizing to learning: A development of systems thinking for the 1990s[J]. Journal of the Operational Research Society, 36:757-767.
Checkland P B, 1981. System thinking system practice[M]. Hoboken: John Wiley & Sons.
Checkland P B, 1988. Soft systems methodology: An overview[J]. Journal of Applied Systems Analysis, 15:27-30.
Christopher W F, 2006. From system science—a new way to structure and manage the company[M]. Hoboken: John Wiley & Sons.
Cilliers P, 1998. Complexity and postmodernism: Understanding complex systems[M]. London: Routledge.
Cuttance P E, Ecob R E, 1987. Structural modeling by example: Applications in educational sociological and behavioral research[M]. Cambridge: Cambridge University Press.
Despres C, Chauvel D, 2000. Knowledge horizons: The present and the promise of knowledge management[M]. Boston: Butterworth-Heinemann.
Duncker K, 1945. On problem-solving[J]. Psychological Monographs, 58(5): i-113.
D'zurilla T J, Goldfried M R, 1971. Problem solving and behavior modification[J]. Journal of Abnormal Psychology, 78(1): 107.
Fang F K, Sanglier M, 1997. Complexity and self-organization in social and economic systems[M]. Berlin: Springer-Verlag.
Forrester J W, 1961. Industrial dynamics[M]. Cambridge, MA: Productivity Press.
Gallagher R, Appenzeller T, 1999. Beyond reductionism[J]. Science, 284(5411): 79.

Gharajedaghi J, 2011. Systems thinking: Managing chaos and complexity: A platform for designing business architecture[M]. Amsterdam: Elsevier.

Goodman M, 1997. Systems thinking: What why when where and how[J]. The Systems Thinker, 8(2): 6-7.

Hall A D, 1969. Three-dimensional morphology of systems engineering[J]. IEEE Transactions on Systems Science & Cybernetics, 5(2):156-160.

Harris H G, Sabnis G, 1999. Structural modeling and experimental techniques[M]. Los Angeles: CRC Press.

Holland J H, 1998. Emergence[M]. Boston: Addison-Wesley Publishing Company.

Hult G T, Ketchen D J, Cui A S, et al., 2006. An assessment of the use of structural equation modeling in international business research[M]. New York: State University of New York Press.

Jackson E A, 1990. Perspectives of nonlinear dynamics[M]. Cambridge: Cambridge University Press.

Jackson M C, 2000. Systems approaches to management[M]. Berlin: Springer-Verlag.

Jackson M C, 2003. Systems thinking: Creative holism for managers[M]. Hoboken: John Wiley & Sons .

Jamshidi M, 2017. Systems of systems engineering: Principles and applications[M]. Los Angeles: CRC Press.

Jeong-Nam K, Grunig J E, 2011. Problem solving and communicative action: A situational theory of problem solving[J]. Journal of Communication, 61(1): 120-149.

Kossiakoff A, Sweet W N, Seymour S J, et al., 2011. Systems engineering principles and practice[M]. Hoboken: John Wiley & Sons.

Marshall S P, 1995. Schemas in problem solving[M]. Cambridge: Cambridge University Press.

Martin J N, 1996. Systems engineering guidebook: A process for developing systems and products[M]. Los Angeles: CRC Press.

May R M, 1972. Will a large complex system be stable?[J]. Nature, 238(5364): 413-414.

Mayer R E, 1992. Thinking problem solving cognition[M]. 2nd ed. New York: W.H. Freeman and Company.

Muntschick J, 2018. Theoretical approach: The situation-structural model as an analytical tool to explain regionalism[M]. New York: Palgrave Macmillan.

Nicolis G, Nicolis C, 2012. Foundations of complex systems: Emergence information and prediction[M]. Hackensack: World Scientific.

Parnell G S, Driscoll P J, Henderson D L, 2011. Decision making in systems engineering and management[M]. Hoboken: John Wiley & Sons.

Proctor R W, Van Zandt T, 2018. Human factors in simple and complex systems[M]. Los Angeles: CRC Press.

Rapoport A, 1986. General system theory: Essential concepts & applications[M]. Los Angeles: CRC Press.

Rubenstein-Montano B, Liebowitz J, Buchwalter J, et al., 2001. Systems thinking framework for knowledge management[J]. Decision Support Systems, 31(1):5-16.

Sage A P, 1977. Methodology for large-scale systems[M]. New York: McGraw Hill.

Sage A P, 1992. Systems engineering[M]. Hoboken: John Wiley & Sons.

Sage A P, Rouse W B, 2014. Handbook of systems engineering and management[M]. Hoboken: John Wiley & Sons.

Sawaragi Y, Naito M, Nakamori Y, 1990. Shinayakana systems approach in environmental management[C]. Proceedings of 11th World Congress on Automatic Control: Automatic Control in the Service of Mankind, 511-516.

Sawyer R K, Sawyer R K S, 2005. Social emergence: Societies as complex systems[M]. Cambridge: Cambridge University Press.

Schoenfeld A H, 1988. Problem solving in context(s)[J]. The Teaching and Assessing of Mathematical Problem Solving (3): 82-92.

Schoenfeld A H, 1992. Learning to think mathematically: Problem solving metacognition and sense making in mathematics[M]. London: Macmillan.

Siljak D D, 2012. Decentralized control of complex systems[M]. Chicago: Courier Corporation, 2011.

Steiger J H, 2010. Structural model evaluation and modification: An interval estimation approach[J]. Multivariate Behavioral Research, 25(2):173-180.

Sterman J D, 1994. Learning in and about complex systems[J]. System Dynamics Review, 10(2-3): 291-330.

Strogatz S H, 1994. Nonlinear dynamics and chaos: With applications to physics, biology, chemistry, and engineering[M]. Boston: Addison-Wesley Publishing Company.

Tompson J M T, Stenmit H B, 1986. Nonlinear dynamics and chaos: Geometrical methods for engineers and scientists[M]. Boston: John Wiley & Sons.

Van A J E, Berends H, 2018. Problem solving in organizations[M]. Cambridge: Cambridge University Press.

Vanek F M, Albright L D, Angenent L T, 2016. Energy systems engineering: Evaluation and implementation[M]. New York: McGraw-Hill Education.

Warfield J N, 1974. Developing subsystem matrices in structural modeling[J]. IEEE Transactions on Systems Man and Cybernetics (1): 74-80.

Warefield J N, 1976. Societal systems: Planning, policy, and complexity[M]. New York: John Wiley & Sons.

Wymore A W, 2018. Model-based systems engineering[M]. Los Angeles: CRC Press.

Zimmerman M A, 1990. Toward a theory of learned hopefulness: A structural model analysis of participation and empowerment[J]. Journal of Research in Personality, 24(1): 71-86.